高效随身查

——Excel 2021必学的函数与公式应用技巧

视频教学版

赛贝尔资讯◎编著

清华大学出版社

北京

内 容 简 介

本书在函数应用方面做到了详尽、实用、易操作，能举一反三，同时这也是一本 Excel 疑难问题解答手册，是您工作中的案头必备工具书，方便随用随查！无论您是初学者，还是经常使用 Excel 的行家，学习本书都会有一个质的飞跃。无论何时何地，当需要查阅时，打开本书就会找到您需要的内容。

本书共 11 章，分别讲解函数是什么，公式要怎么用、逻辑函数范例、文本函数范例、日期与时间函数范例、数学函数范例、统计函数范例、财务函数范例、查找和引用函数范例、信息函数范例、数据库函数范例、用公式设置单元格格式及限制数据输入，以及 Excel 函数与公式问题集等内容。

本书所讲操作技巧皆从实际出发，贴近读者的实际办公需求，全程配以模拟实际办公的数据截图辅助用户学习和掌握。本书内容丰富、涉及全面、语言精练、开本合适，易于翻阅和随身携带，帮您在有限的时间内，保持愉悦的心情的同时快速地学习知识点和技巧。在职场的晋升中，本书将会助您一臂之力。不管您是初入职场，还是工作多年，都能够通过本书的学习获得提升，从而更受企业青睐。

图书在版编目（CIP）数据

高效随身查：Excel 2021 必学的函数与公式应用技巧：视频教学版 / 赛贝尔资讯编著 . 北京：清华大学出版社，2022.8

ISBN 978-7-302-61264-3

Ⅰ. ①高… Ⅱ. ①赛… Ⅲ. ①表处理软件 Ⅳ. ① TP391.13

中国版本图书馆 CIP 数据核字（2022）第 119218 号

责任编辑：贾小红
封面设计：姜 龙
版式设计：文森时代
责任校对：马军令
责任印制：朱雨萌

出版发行：清华大学出版社
    网　　址：http://www.tup.com.cn，http://www.wqbook.com
    地　　址：北京清华大学学研大厦 A 座　　　邮　　编：100084
    社 总 机：010-83470000　　　　　　　　邮　　购：010-62786544
    投稿与读者服务：010-62776969，c-service@tup.tsinghua.edu.cn
    质量反馈：010-62772015，zhiliang@tup.tsinghua.edu.cn
印 装 者：北京同文印刷有限责任公司
经　　销：全国新华书店
开　　本：145mm×210mm　　　印　　张：14.5　　　字　　数：568 千字
版　　次：2022 年 10 月第 1 版　　　　　　　　印　　次：2022 年 10 月第 1 次印刷
定　　价：79.80 元

产品编号：091278-01

前　言
Preface

工作堆积如山，加班加点总也忙不完？

百度搜索很多遍，依然找不到确切的答案？

大好时光，怎能全耗在日常文档、表格与 PPT 操作上？

别人工作很高效、很利索、很专业，我怎么不行？

您是否羡慕他人早早做完工作，下班享受生活？

您是否注意到职场达人，大多都是高效能人士？

没错！

工作方法有讲究，提高效率有捷径：

一两个技巧，可节约半天时间；

一两个技巧，可解除一天烦恼；

一两个技巧，可少走许多弯路；

一本易学书，菜鸟也能变高手；

一本实战书，让您在职场中脱颖而出；

一本高效书，不必再加班加点、匀出时间分给其他爱好。

1. 这是一本什么样的书

（1）**着重于解决日常疑难问题和提高工作效率**：与市场上很多同类图书不同，本书并非单纯讲解工具使用，而是点对点地快速解决日常办公中的疑难和技巧，着重帮助提高工作效率。

（2）**注意解决一类问题，让读者触类旁通**：日常工作问题可能很多，各有不同，事事列举既繁杂也无必要，本书在选择问题时注意选择一类问题，给出思路、方法和应用扩展，方便读者触类旁通。

（3）**应用技巧详尽、丰富**：本书选择了几百个应用技巧，足够满足日常办公方面的工作应用。

（4）**图解方式，一目了然**：读图时代，大家都需要缓解压力，本书图解的方式可以让读者轻松学习，毫不费力。

2. 这本书写给谁看

（1）**想成为职场"白骨精"的小 A**：高效干练，企事业单位的主力骨干，白领中的精英，高效办公是必需的！

（2）**想干点"更重要"的事的小 B**：日常办公耗费了不少时间，掌握点技巧，可节省 2/3 的时间，去干点个人发展的事更重要啊！

（3）**想获得领导认可的文秘小 C**：要想把工作及时、高效、保质保量地做好，让领导满意，怎么能没点办公绝活？

（4）**想早下班逗儿子的小 D**：人生苦短，莫使金樽空对月，享受生活是小 D 的人生追求，一天的事情半天搞定，满足小 D 早早回家陪儿子的愿望。

（5）**不善于求人的小 E**：事事求人，给人的感觉好像很谦虚，但有时候也可能显得自己很笨，所以小 E 这类人，还是自己多学两招。

3. 此书的创作团队

本系列图书的创作团队都是长期从事行政管理、HR 管理、营销管理、市场分析、财务管理和教育 / 培训的工作者，以及微软办公软件专家。他们在电脑知识普及、行业办公中具有十多年的实践经验，出版的书籍广泛受到读者好评。而且本系列图书所有的写作素材都是采用企业工作中使用的真实数据报表，这样编写的内容更能贴近读者使用及操作规范。

本书由赛贝尔资讯组织策划与编写，参与编写的人员有张发凌、吴祖珍、姜楠、韦余靖等老师，在此对他们表示感谢！尽管作者对书中的列举文件精益求精，但疏漏之处仍然在所难免。如果读者朋友在学习的过程中遇到一些难题或是有一些好的建议，欢迎和我们交流。

目　录
contents

高效随身查——Excel 2021 必学的函数与公式应用技巧（视频教学版）

目
录

V

目录

VII

IX

📊 第 6 章　统计函数范例 216

目录

XI

左侧竖排标题：高效随身查——Excel 2021（必学的函数与公式）应用技巧（视频教学版）

第 9 章　信息函数范例 351

高效随身查——Excel 2021 必学的函数与公式应用技巧（视频教学版）

第 1 章 函数是什么，公式要怎么用

1.1 公式的输入与编辑

技巧 1 快速求和（平均值）

Excel 为我们提供了一个"自动求和"功能按钮，该按钮下包含了几个最常用的函数项，如求和、平均值、计数、最大值以及最小值，利用它们可以快速地完成求和、求平均值等操作。

❶ 选中目标单元格，在"公式"→"函数库"选项组中单击"自动求和"按钮，在下拉菜单中选择"求和"命令，如图 1-1 所示。

❷ 此时函数根据当前选中单元格之上的数据自动确认参与运算的单元格区域，如图 1-2 所示。

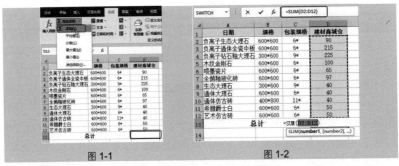

图 1-1

图 1-2

❸ 按 Enter 键，即可得出计算结果，如图 1-3 所示。

	A	B	C	D	E
1	日期	规格	包装规格	建材商城仓	
2	负离子生态大理石	600*600	6*	90	
3	负离子通体全瓷中板	600*600	6*	215	
4	负离子钻石釉大理石	300*600	9*	225	
5	木纹金刚石	600*600	6*	100	
6	喷墨瓷片	600*600	6*	65	
7	全抛釉玻璃砖	600*600	6*	97	
8	生态大理石	300*600	9*	40	
9	通体大理石	600*600	6*	40	
10	通体仿古砖	400*800	11*	40	
11	希腊爵士白	600*600	6*	50	
12	艺术仿古砖	600*600	6*	50	
13	总计			1012	

图 1-3

应用扩展

在单击函数后，一般根据当前选择单元格之上的数据自动确认默认参与运算的单元格区域，如果默认的单元格区域不正确，那么可以利用鼠标重新在数据区域中拖曳选取。例如，在图 1-4 中选中 D13 单元格，选择"求和"命令，接着重新用鼠标拖曳选取参与运算的数据源（见图 1-5），按 Enter 键，求解出的是 D2:E12 单元格区域的总和。

	A	B	C	D	E
1	日期	规格	包装规格	建材商城仓	东城仓
2	负离子生态大理石	600*600	6*	90	78
3	负离子通体全瓷中板	600*600	6*	215	21
4	负离子钻石釉大理石	300*600	9*	225	39
5	木纹金刚石	600*600	6*	100	63
6	喷墨瓷片	600*600	6*	65	41
7	全抛釉玻化砖	600*600	6*	97	56
8	生态大理石	300*600	6*	40	29
9	通体大理石	600*600	6*	40	37
10	通体仿古砖	400*800	11*	40	37
11	希腊爵士白	600*600	6*	50	37
12	艺术仿古砖	600*600	6*	50	37
13	总计			=SUM(D2:D12)	

图 1-4

图 1-5

专家点拨

在"自动求和"按钮的下拉列表中可以看到还有"平均值""计数""最大值""最小值"几个最常用的函数，也可以如同 SUM 函数一样快速使用。

技巧 2　公式函数不分家

公式是 Excel 工作表中进行数据计算的等式，以"="开头。等号后面可以包括函数、单元格引用、运算符和常量。

不使用函数的公式只能解决简易的计算，要想完成特殊的计算或是进行较为复杂的数据计算是必须要使用函数的。因此函数是应用于公式中的一个最重要的元素，有了函数的参与，才可以解决非常复杂的手工运算，甚至是无法通过手工完成的运算，如自动判断条件并返回相应值、按条件求和、统计条目数、按条件查找数据等。因此 Excel 程序中提供了很多类型的函数，为的就是完成各种各样的数据计算与分析的需求。

如图 1-6 所示的公式，以"="开头，后面跟着一个表达式，是相应单元格的相加与相减，很好理解。

	A	B	C	D	E
1	姓名	基本工资	绩效工资	扣缴保险	应发工资
2	张睿	1500	1500	125	2875
3	胡雅萱	2000	1100	204	2896
4	魏敏敏	2000	2145	225	3920
5	任元	2000	1745	225	3520

批量结果

图 1-6

如图 1-7 所示的公式，以 "=" 开头，后面跟着函数名称，紧接着是函数的参数。这个例子是要根据库存数量的多少返回相应的提示文字，当库存的数量小于 10 时，返回 "补货"，否则返回 "充足"。显然这样一个条件的判断，如果不使用函数而只使用表达式是无法得到想要的结果的。

D2		∶	× ✓ fx	=IF(C2<10,"补货","充足")	
▲	A	B	C	D	E
1	商品代码	规格型号	库存	库存提醒	
2	001001	EPSON0012	22	充足	
3	001002	YJ-200W	12	充足	批量结果
4	002001	YJ-100W	4	补货	
5	002002	长城DDX	5	补货	
6	003001	LU-10-02	7	补货	
7	003002	LU-10-03	12	充足	
8	003003	LU-10-04	14	充足	
9	003004	LU-10-05	5	补货	
10	003005	LU-10-06	6	补货	
11	003006	LU-10-07	17	充足	

图 1-7

函数的结构以函数名称开始，后面是左圆括号、以逗号分隔的参数，接着则是标志函数结束的右圆括号。如图 1-7 中的 IF 函数，括号内的 "C2<10" "补货" "充足" 是 3 个参数。

通过为函数设置不同的参数，可以实现解决多种不同问题。例如：

● 公式 "=SUM（B2:B10）" 中，括号中的 "B2:B10" 就是函数的参数，
　且是一个变量值。

● 公式 "=IF(D3=0,0,C3/D3)" 中，括号中的 "D3=0" "0" "C3/D3"，
　分别为 IF 函数的 3 个参数，且参数为常量和表达式两种类型。

● 公式 "=VLOOKUP($A$9,$A$2:$D$6,COLUMN(B1))" 中，除了使用
　了变量值作为参数，还使用了函数表达式 "COLUMN(B1)" 作为参数（以
　该表达式返回的值作为 VLOOKUP 函数的 3 个参数），这个公式是函
　数嵌套使用的例子。

★ 专家点拨

单一函数不能返回值，必须以公式的形式出现，即前面添加上 "=" 才能得到计算结果。因此我们说函数不是一个单独的个体，它是公式中一个重要的组成部分。

技巧 3　启用 "插入函数" 对话框编辑函数

对于初学者而言，如果函数不牵涉嵌套使用的话，可以使用 "插入函数" 对话框来完成对其参数的设置。因为在 "插入函数" 对话框中会对该函数参数

的设置给出提示，相较于完全去牢记函数的参数方便得多。

❶ 选中目标单元格，单击公式编辑栏前的 **fx** 按钮（如图 1-8 所示），弹出"插入函数"对话框，如图 1-9 所示。

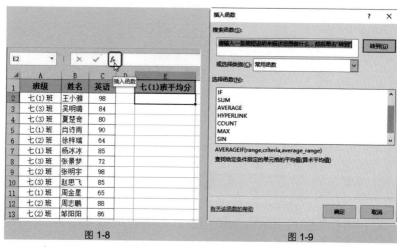

图 1-8　　　　　　　　　　　　　　　　图 1-9

❷ 在"选择函数"列表中找到需要使用的函数，如果完全不知道使用哪个函数，那么也可以在"搜索函数"对话框中按提示输入简短的关键字，例如，此处输入"平均值"，单击"转到"按钮，即可在列表中显示出所有关于求均值的函数，如图 1-10 所示。

❸ 选择"AVERAGEIF"函数，单击"确定"按钮，弹出"函数参数"对话框，将光标定位到第一个参数设置框中，在下方可看到此参数的设置说明，如图 1-11 所示。

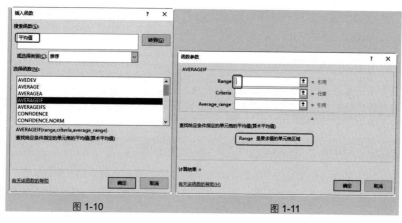

图 1-10　　　　　　　　　　　　　　　图 1-11

❹ 用鼠标拖曳选择数据表中的单元格区域作为参数（如图 1-12 所示），
释放鼠标后即可得到要设置的第一个参数，接着将光标定位到第二个参数设置
框中（如图 1-13 所示），即可看到相应的设置说明。

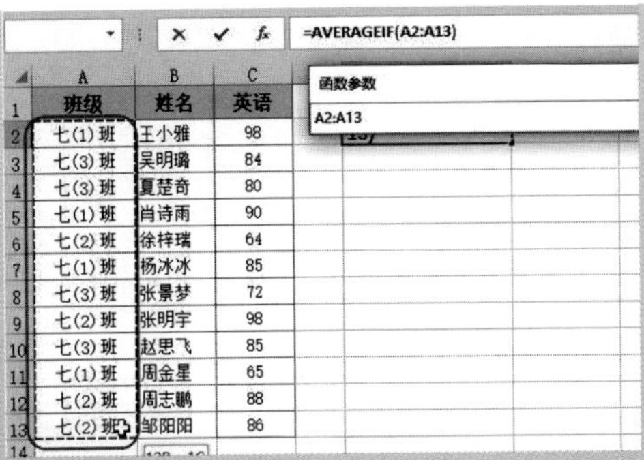

图 1-12

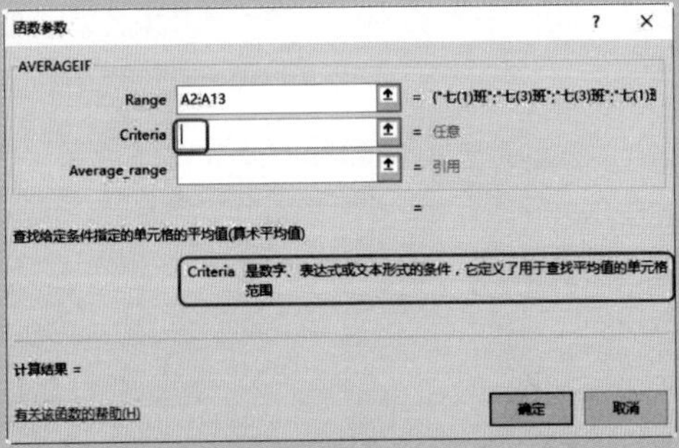

图 1-13

❺ 手动编辑第二个参数，如图 1-14 所示。

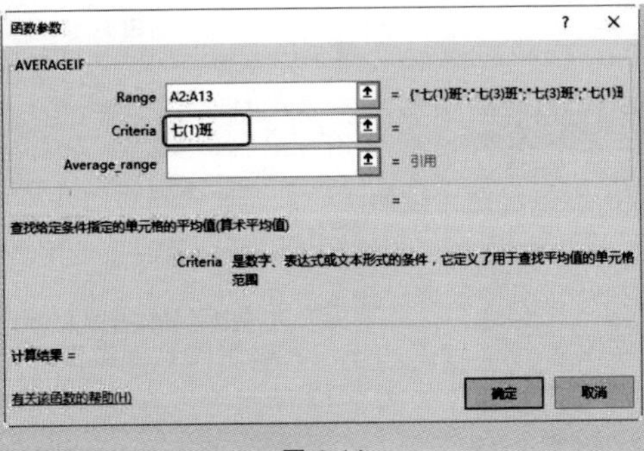

图 1-14

❻ 接着再将光标定位到第三个参数设置框中，在下方可看到第三个参数的设置说明，此参数需要引用单元格的区域，按步骤❹相同的方法去选中单元格区域作为数据源，参数设置完成，如图 1-15 所示。

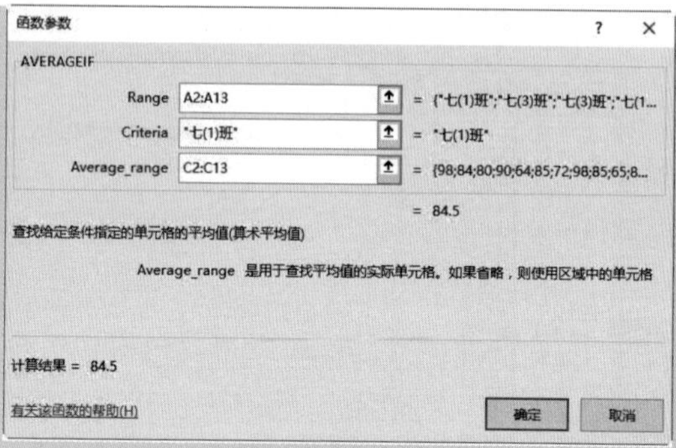

图 1-15

❼ 单击"确定"按钮，即可得到公式的计算结果，如图 1-16 所示。

图 1-16

技巧 4　手写编辑公式

如果对函数的参数已经比较熟悉了，那么也可以直接在编辑栏中手写公式。手写公式时，牵涉到引用单元格区域进行计算时直接用鼠标拖动选择，而文本参数、运算符、常量使用键盘输入即可。

❶ 选中要设置公式的目标单元格，光标定位到编辑栏中，输入"="，接着输入函数名称、左圆括号（如图 1-17 所示），需要引用单元格区域时就用鼠标拖动去选取（如图 1-18 所示），多参数时使用逗号间隔开即可。

图 1-17   图 1-18

❷ 接着设置第二个参数，本例中的第二个参数是需要手工输入的一个常量，如图 1-19 所示。

❸ 接着设置第三个参数，选择单元格区域，如图 1-20 所示。

图 1-19   图 1-20

❹ 全部设置完成后，以右圆括号结束，按 Enter 键结束即可得到结果，如图 1-21 所示。

图 1-21

🔊 专家点拨

在编辑公式时，可以使用手工输入与"插入函数"对话框相结合的方式。

需要手工编辑时就定位到编辑栏的目标位置上并输入；需要使用函数时，可以单击 f_x 按钮，选择函数并设定参数。

技巧 5 公式的修改

公式编辑后按 **Enter** 键即可得到结果，但是也免不了有编辑错误或需要补充编辑的时候，如果想重新修改公式，操作方法如下。

❶ 选中想修改其公式的目标单元格，将光标定位到编辑栏中，选中想要修改的那部分，如图 1-22 所示。

❷ 按修改思路重新输入（如图 1-23 所示），如果是对单元格引用区域的修改，那么也是先选中要修改的区域，然后用鼠标重新选择新区域即可。

图 1-22   图 1-23

❸ 要修改函数的参数，除了可以直接手写编辑外，也可以将光标定位到函数名后括号内的任意位置上，然后单击 f_x 按钮（如图 1-24 所示），打开"函数参数"对话框，即可重新对需要的参数进行修改，如图 1-25 所示。

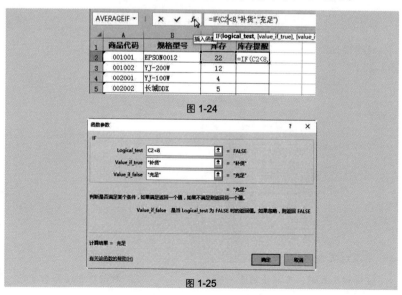

图 1-24

图 1-25

技巧6 不记得函数全称也能正确输入函数

Excel 中的函数种类众多，可能有时候我们并不能记住某个函数的完整写法，此时可以利用函数的记忆功能，只要输入前两个或三个字母，即可从列表中选择相应函数。

❶ 输入 "="，接着输入函数的前两个或三个字母，此时可以看到列表中显示出所有以这些字母开头的函数，选中列表中的函数时，还显示出对该函数功能的解释，如图 1-26 所示。

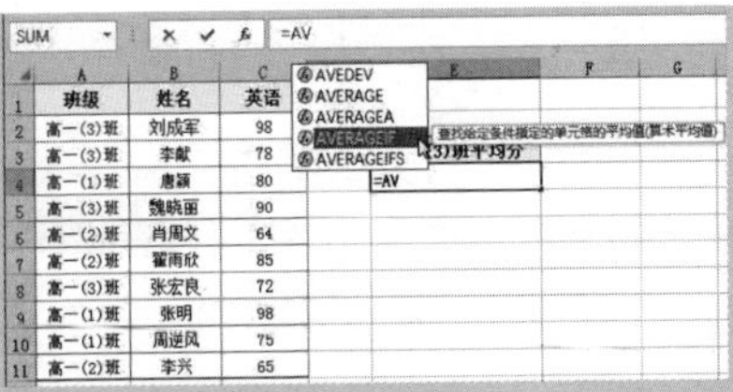

图 1-26

❷ 双击目标函数，可以看到编辑栏中插入了函数且自动添加了左圆括号，在编辑栏下方自动弹出函数的参数列表（如图 1-27 所示），即给予提示现在要设置哪一个参数（当前要设置的参数显示为黑色加粗字体），我们把它称为函数屏幕提示工具。

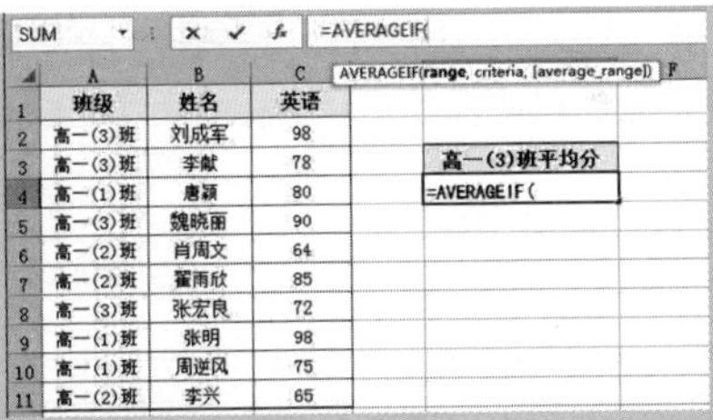

图 1-27

专家点拨

当出现函数屏幕提示工具时，指向函数名可以显示出蓝色链接，单击可快速打开查看该函数的帮助信息。

技巧7 快速查找和学习某函数用法

当对函数的使用还不够精通时，可能无法精确知道要完成当前的计算该使用什么函数。对于初学者而言，只能去找一些便捷的方法，但并不保证就一定能解决问题。因为函数的使用是一个不断学习与积累的过程，只有看得多了，用得多了，才能得心应手。

如果我们大致知道要求解什么，则可以使用搜索函数的功能寻找函数。

❶ 单击编辑栏前的 f_x 按钮，打开"插入函数"对话框。

❷ 在"搜索函数"文本框中输入一个简短的文字，说明你要做什么，例如此处输入"工作日"，如图 1-28 所示。

❸ 单击"转到"按钮，可以看到列表中显示了几个函数都是与工作日的计算有关的，如图 1-29 所示。

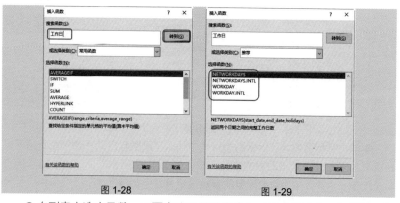

图 1-28　　　　　　　　　　　图 1-29

❹ 在列表中选中函数，下面有该函数的参数与功能介绍文字。如果想了解更加详细的用法，单击"有关该函数的帮助"超链接，将弹出"Excel 帮助"窗口，其中会显示该函数的语法、说明及使用示例，如图 1-30 所示。

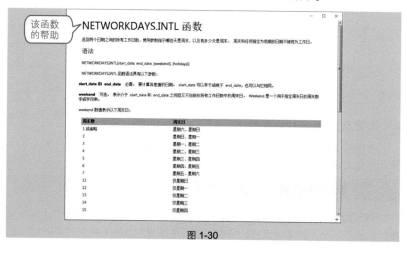

图 1-30

技巧 8　使用批量计算

Excel 中之所以运算能力很强，就是因为公式有批量计算的能力。我们建立公式的初衷并不是只为了得到一项计算，而更重要的是想通过复制公式得到批量结果。当我们完成了一个公式的设置后，则可以通过复制的办法批量建立其他单元格的公式，从而得到批量计算结果。

方法 1：“填充柄”填充公式

❶ 选中 C2 单元格，鼠标指针指向填充柄（单元格右下角处的黑点）。按住鼠标右键向下拖动，如图 **1-31** 所示。

❷ 到达目标位置后，释放鼠标即可实现公式复制并得出批量结果，如图 **1-32** 所示。

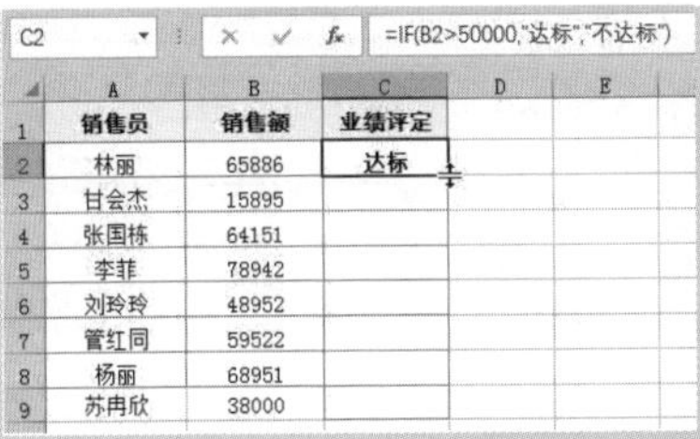

	A	B	C	D	E
1	销售员	销售额	业绩评定		
2	林丽	65886	达标		
3	甘会杰	15895			
4	张国栋	64151			
5	李菲	78942			
6	刘玲玲	48952			
7	管红同	59522			
8	杨丽	68951			
9	苏冉欣	38000			

图 1-31

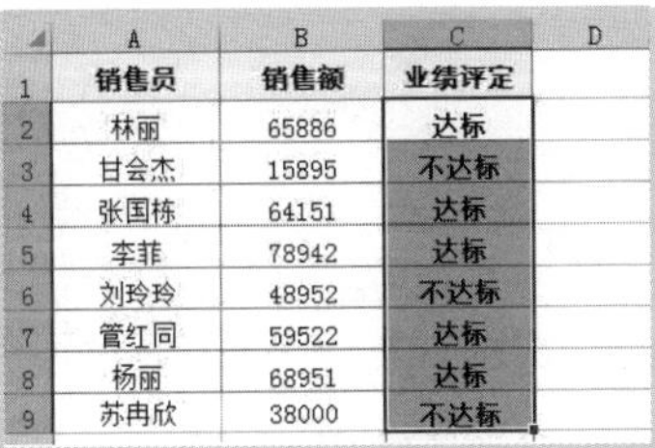

	A	B	C	D
1	销售员	销售额	业绩评定	
2	林丽	65886	达标	
3	甘会杰	15895	不达标	
4	张国栋	64151	达标	
5	李菲	78942	达标	
6	刘玲玲	48952	不达标	
7	管红同	59522	达标	
8	杨丽	68951	达标	
9	苏冉欣	38000	不达标	

图 1-32

方法 2：“Ctrl+D”填充公式

选中包括公式在内的需要填充的目标区域（如图 **1-33** 所示），按 Ctrl+D 组合键即可快速实现公式的填充，如图 **1-34** 所示。

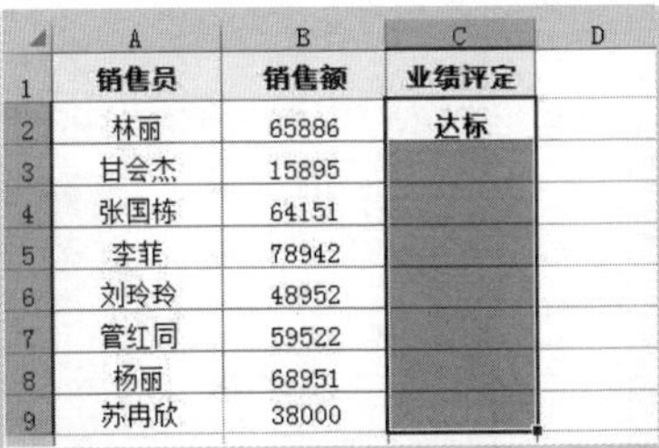

	A	B	C	D
1	销售员	销售额	业绩评定	
2	林丽	65886	达标	
3	甘会杰	15895		
4	张国栋	64151		
5	李菲	78942		
6	刘玲玲	48952		
7	管红同	59522		
8	杨丽	68951		
9	苏冉欣	38000		

图 1-33

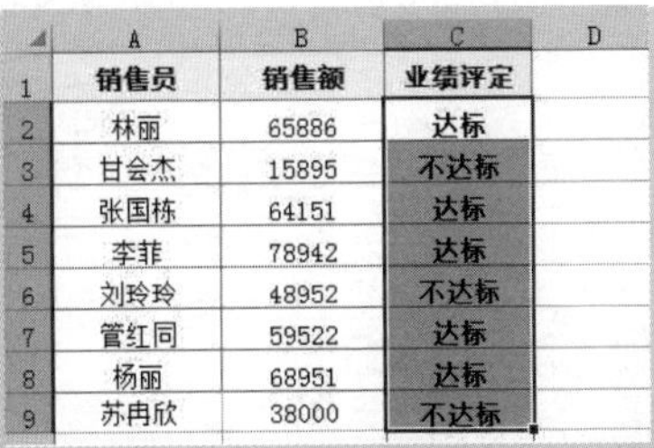

	A	B	C	D
1	销售员	销售额	业绩评定	
2	林丽	65886	达标	
3	甘会杰	15895	不达标	
4	张国栋	64151	达标	
5	李菲	78942	达标	
6	刘玲玲	48952	不达标	
7	管红同	59522	达标	
8	杨丽	68951	达标	
9	苏冉欣	38000	不达标	

图 1-34

技巧 9　大范围公式复制的方法

当某一单元格中设置了公式后，如果该行或该列其他单元格需要使用同一类型公式，常用方法是拖动填充柄进行填充。但如果表格数据非常多（如有2000行），采用此方法会有些不便，此时可按如下技巧操作。

❶ 选中第一个包含公式的单元格，然后在名称栏中输入要使用公式的最后一个单元格的地址（本例为方便显示只选择少量单元格），如图 1-35 所示。

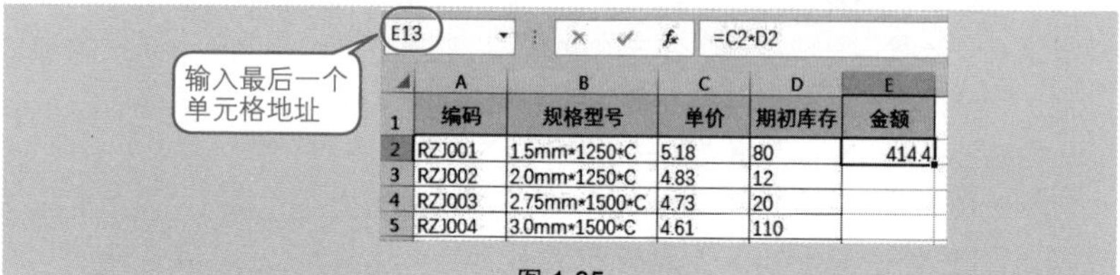

	A	B	C	D	E
1	编码	规格型号	单价	期初库存	金额
2	RZJ001	1.5mm*1250*C	5.18	80	414.4
3	RZJ002	2.0mm*1250*C	4.83	12	
4	RZJ003	2.75mm*1500*C	4.73	20	
5	RZJ004	3.0mm*1500*C	4.61	110	

图 1-35

❷ 按 Shift+Enter 组合键，即可选中第一个单元格到所输入单元格地址之间的区域，如图 1-36 所示。

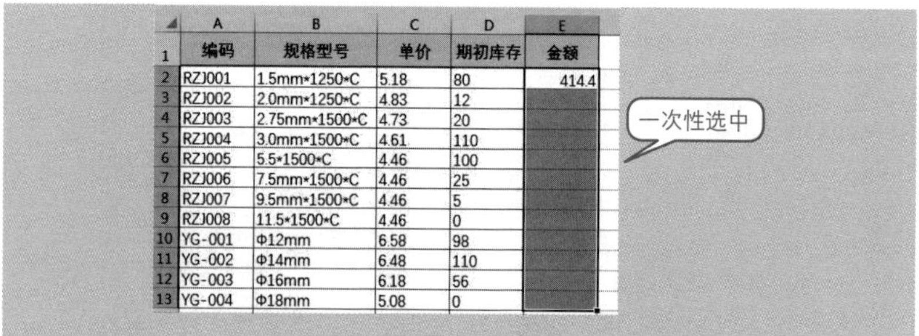

	A	B	C	D	E
1	编码	规格型号	单价	期初库存	金额
2	RZJ001	1.5mm*1250*C	5.18	80	414.4
3	RZJ002	2.0mm*1250*C	4.83	12	
4	RZJ003	2.75mm*1500*C	4.73	20	
5	RZJ004	3.0mm*1500*C	4.61	110	
6	RZJ005	5.5*1500*C	4.46	100	
7	RZJ006	7.5mm*1500*C	4.46	25	
8	RZJ007	9.5mm*1500*C	4.46	5	
9	RZJ008	11.5*1500*C	4.46	0	
10	YG-001	Φ12mm	6.58	98	
11	YG-002	Φ14mm	6.48	110	
12	YG-003	Φ16mm	6.18	56	
13	YG-004	Φ18mm	5.08	0	

图 1-36

❸ 将光标定位到公式编辑栏中（如图 1-37 所示），按 Ctrl+Enter 组合键，即可一次性完成选中单元格的公式复制，如图 1-38 所示。

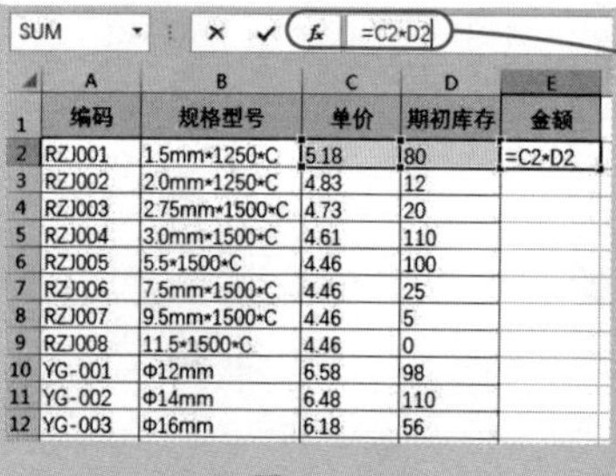

	A	B	C	D	E
1	编码	规格型号	单价	期初库存	金额
2	RZJ001	1.5mm*1250*C	5.18	80	=C2*D2
3	RZJ002	2.0mm*1250*C	4.83	12	
4	RZJ003	2.75mm*1500*C	4.73	20	
5	RZJ004	3.0mm*1500*C	4.61	110	
6	RZJ005	5.5*1500*C	4.46	100	
7	RZJ006	7.5mm*1500*C	4.46	25	
8	RZJ007	9.5mm*1500*C	4.46	5	
9	RZJ008	11.5*1500*C	4.46	0	
10	YG-001	Φ12mm	6.58	98	
11	YG-002	Φ14mm	6.48	110	
12	YG-003	Φ16mm	6.18	56	

图 1-37

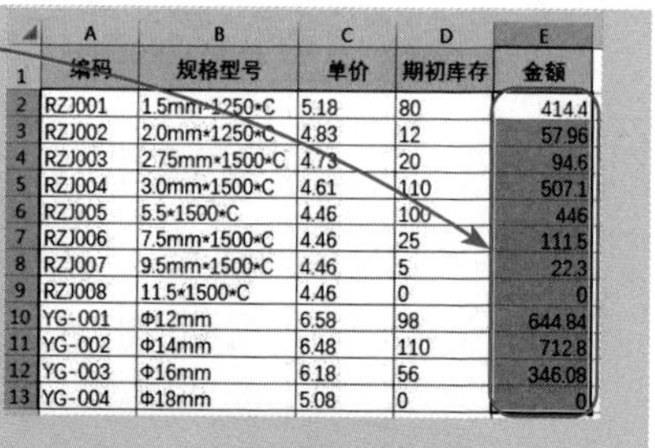

	A	B	C	D	E
1	编码	规格型号	单价	期初库存	金额
2	RZJ001	1.5mm*1250*C	5.18	80	414.4
3	RZJ002	2.0mm*1250*C	4.83	12	57.96
4	RZJ003	2.75mm*1500*C	4.73	20	94.6
5	RZJ004	3.0mm*1500*C	4.61	110	507.1
6	RZJ005	5.5*1500*C	4.46	100	446
7	RZJ006	7.5mm*1500*C	4.46	25	111.5
8	RZJ007	9.5mm*1500*C	4.46	5	22.3
9	RZJ008	11.5*1500*C	4.46	0	0
10	YG-001	Φ12mm	6.58	98	644.84
11	YG-002	Φ14mm	6.48	110	712.8
12	YG-003	Φ16mm	6.18	56	346.08
13	YG-004	Φ18mm	5.08	0	0

图 1-38

技巧 10 跳过非空单元格批量建立公式

当前表格中包含一些特价无返利的记录（在“返利”列中显示“特价无返”

文字），如图 1-39 所示。现在要求跳过这些单元格批量建立公式，一次性计算出各条记录的返利金额。

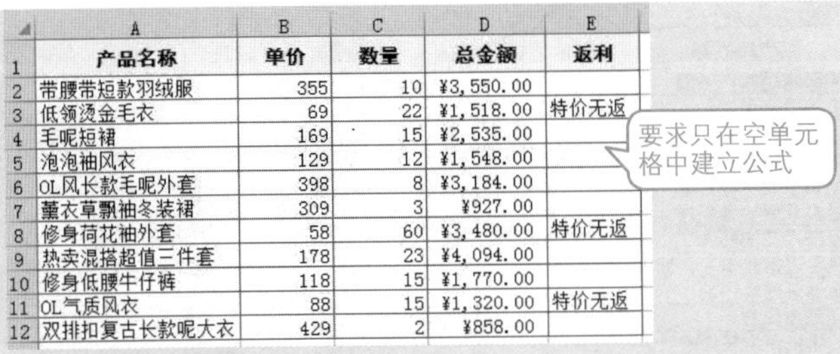

图 1-39

❶ 选中 E 列，按 F5 键，打开"定位"对话框。单击"定位条件"按钮，打开"定位条件"对话框，如图 1-40 所示。选中"空值"单选按钮，单击"确定"按钮，将 E 列中所有空值单元格都选中，如图 1-41 所示。

图 1-40   图 1-41

❷ 将光标定位到公式编辑栏中，输入正确的计算公式，如图 1-42 所示。

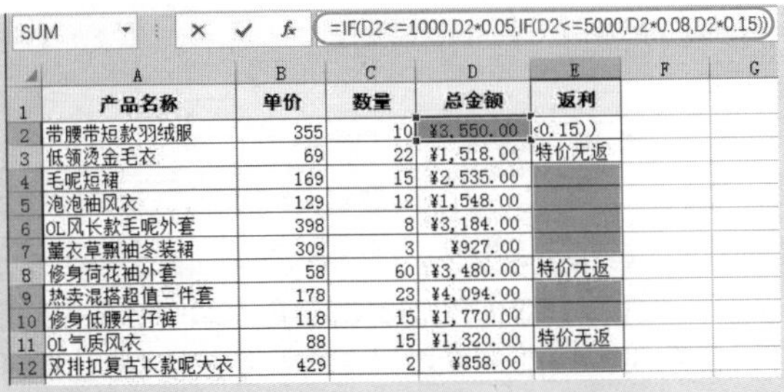

图 1-42

❸ 按 Ctrl+Enter 组合键，即可跳过有数据的单元格批量建立公式，如图 1-43 所示。

	A	B	C	D	E
1	产品名称	单价	数量	总金额	返利
2	带腰带短款羽绒服	355	10	¥3,550.00	284
3	低领烫金毛衣	69	22	¥1,518.00	特价无返
4	毛呢短裙	169	15	¥2,535.00	202.8
5	泡泡袖风衣	129	12	¥1,548.00	123.84
6	OL风长款毛呢外套	398	8	¥3,184.00	254.72
7	薰衣草飘袖冬装裙	309	3	¥927.00	46.35
8	修身荷花袖外套	58	60	¥3,480.00	特价无返
9	热卖混搭超值三件套	178	23	¥4,094.00	327.52
10	修身低腰牛仔裤	118	15	¥1,770.00	141.6
11	OL气质风衣	88	15	¥1,320.00	特价无返
12	双排扣复古长款呢大衣	429	2	¥858.00	42.9

批量建立了公式

图 1-43

技巧 11 普通公式与数组公式

数组公式是指可以在数组的一项或多项上执行多个计算的公式。数组公式可以返回多个结果，也可返回一个结果。数组公式在输入结束后按 Ctrl+Shift+Enter 组合键进行数据计算，计算后公式两端自动添加"{}"，并且数组公式在计算前需要选中多个单元格。下面通过实例来了解数组公式。

单个单元格数组公式：

选中 B11 单元格，在编辑栏输入：=SUM(B2:B9*C2:C9)，按 Enter 键，可以看到结果为错误值显示，如图 1-44 所示。如果使用 Ctrl+Shift+Enter 组合键即可返回正确的结果，如图 1-45 所示。

B11 =SUM(B2:B9*C2:C9)

	A	B	C	D	E
1	产品编号	数量	单价		
2	ML_001	155	88		
3	ML_002	98	92		
4	ML_003	100	89		
5	ML_004	95	88.5		
6	ML_005	201	112		
7	ML_006	78	109		
8	ML_007	86	132		
9	ML_008	80	110		
10					
11	总金	#VALUE!			

图 1-44

B11 {=SUM(B2:B9*C2:C9)}

	A	B	C	D	E
1	产品编号	数量	单价		
2	ML_001	155	88		
3	ML_002	98	92		
4	ML_003	100	89		
5	ML_004	95	88.5		
6	ML_005	201	112		
7	ML_006	78	109		
8	ML_007	86	132		
9	ML_008	80	110		
10					
11	总金额	91129.5			

图 1-45

公式的计算原理是，将 B2*C2、B3*C3、B4*C4……这些计算结果组成一个数组，然后再使用 SUM 函数对该数组中的数据进行求和，得到最终结果。

多个单元格数组公式：

所谓多个单元格数组公式，就是在多个单元格中使用同一公式并按照数组公式的方法按 Ctrl+Shift+Enter 组合键结束编辑形成的公式。使用多单元格数组公式能够保证在同一范围内的公式具有同一性，并在选定的范围内分别显示数组公式的各个运算结果。

选中 E2:E11 单元格区域，输入数组公式："=C2:C11*D2:D11"，如图 1-46 所示。按 Ctrl+Shift+Enter 组合键，可一次性返回多个计算结果，如图 1-47 所示。

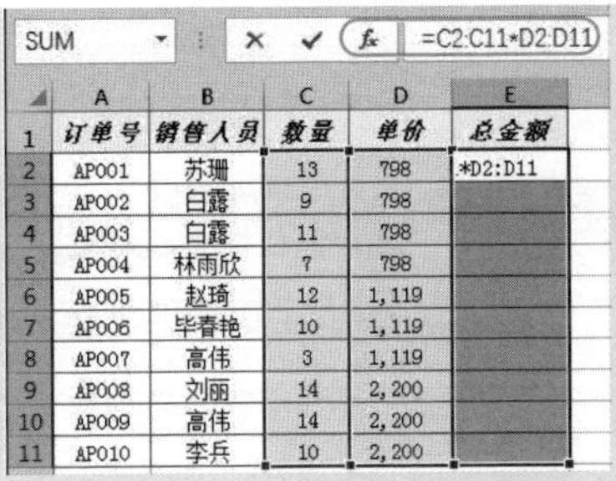

	A	B	C	D	E
1	订单号	销售人员	数量	单价	总金额
2	AP001	苏珊	13	798	*D2:D11
3	AP002	白露	9	798	
4	AP003	白露	11	798	
5	AP004	林雨欣	7	798	
6	AP005	赵琦	12	1,119	
7	AP006	毕春艳	10	1,119	
8	AP007	高伟	3	1,119	
9	AP008	刘丽	14	2,200	
10	AP009	高伟	14	2,200	
11	AP010	李兵	10	2,200	

图 1-46

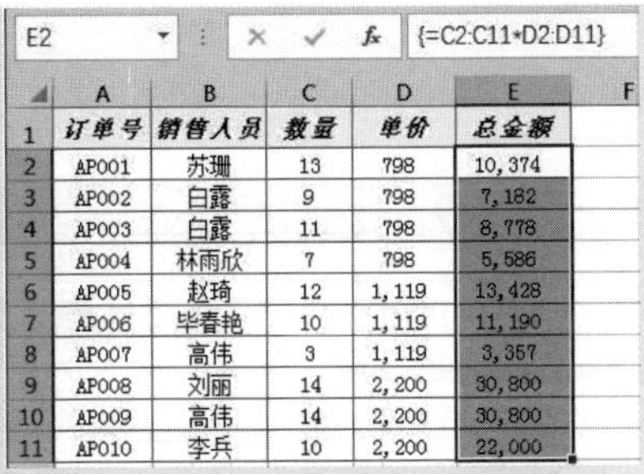

	A	B	C	D	E
1	订单号	销售人员	数量	单价	总金额
2	AP001	苏珊	13	798	10,374
3	AP002	白露	9	798	7,182
4	AP003	白露	11	798	8,778
5	AP004	林雨欣	7	798	5,586
6	AP005	赵琦	12	1,119	13,428
7	AP006	毕春艳	10	1,119	11,190
8	AP007	高伟	3	1,119	3,357
9	AP008	刘丽	14	2,200	30,800
10	AP009	高伟	14	2,200	30,800
11	AP010	李兵	10	2,200	22,000

图 1-47

公式的计算原理是，E2=C2*D2，E3=C3*D3，E3=C3*D3……

专家点拨

使用此类公式后，公式所在的任何单元格都不能被单独编辑，否则会弹出警告对话框。

在后面介绍函数公式的时候，凡是按 Ctrl+Shift+Enter 组合键结束的都是数组公式，读者在学习理解公式时记住要按本例中介绍的数组公式的计算方式去理解。

技巧 12 为什么数字与“空”单元格相加出错

在工作表中对数据进行计算时，有一个单元格为空，用一个数字与其相加时却出现了错误值，这是什么原因呢？出现这种情况是因为这个空单元格是空文本而并非真正的空单元格。对于空单元格 Excel 可自动转换为 0，而对于空文本的单元格 Excel 则无法自动转换为 0，因此出现错误。下面介绍如何避免这种错误的产生。

❶ 选中 C4 单元格，可看到编辑栏中显示“'”，说明该单元格是空文本，而非空单元格，如图 1-48 所示。

❷ 选中 C4 单元格，在编辑栏中删除“'”，同理删除 C7 单元格中的“'”，即可重新得出计算结果，如图 1-49 所示。

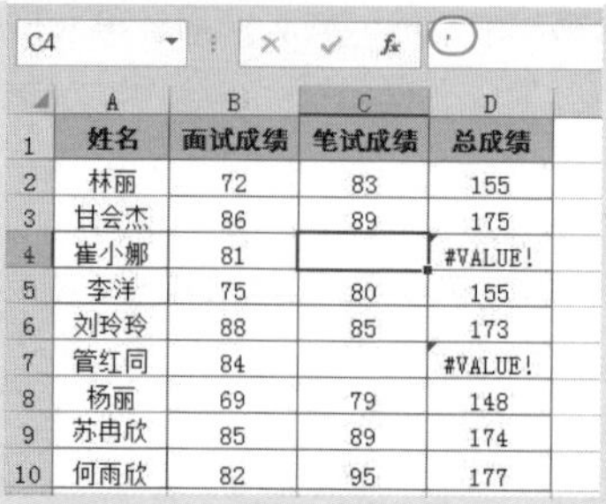

图 1-48

图 1-49

技巧 13 为什么明明显示的是数字而计算结果却为 0

在如图 1-50 所示的表格中，当使用公式求和与求平均值时，出现计算错误的情况。出现这种情况是因为表格中的数字都使用了文本格式，看似显示为数字，实际是无法进行计算的文本格式。

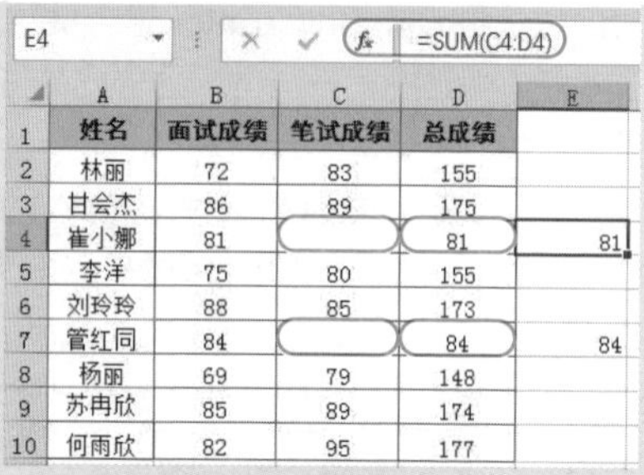

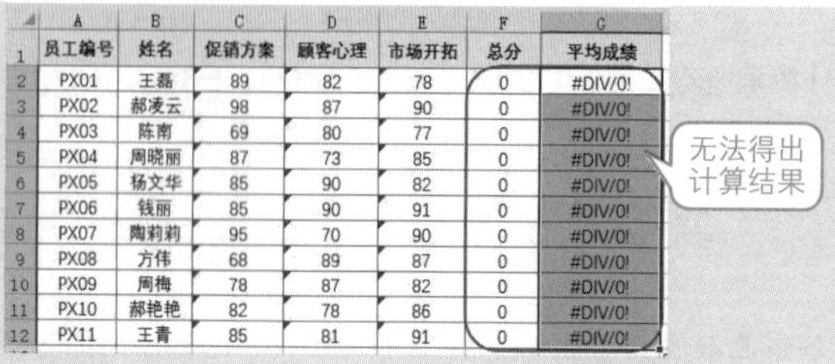

图 1-50

❶ 选中所有左上角带有绿色标志的单元格，然后单击左上角的 ⬦ 按钮，在打开的下拉列表中选中"转换为数字"命令，如图 1-51 所示。

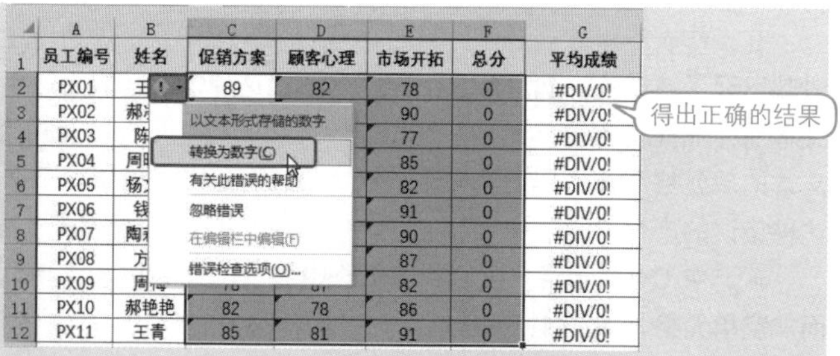

图 1-51

❷ 此时可以看到原来的数字左上角的绿色小三角形消失，同时 F 列与 G 列中得到了正确的计算结果，如图 1-52 所示。

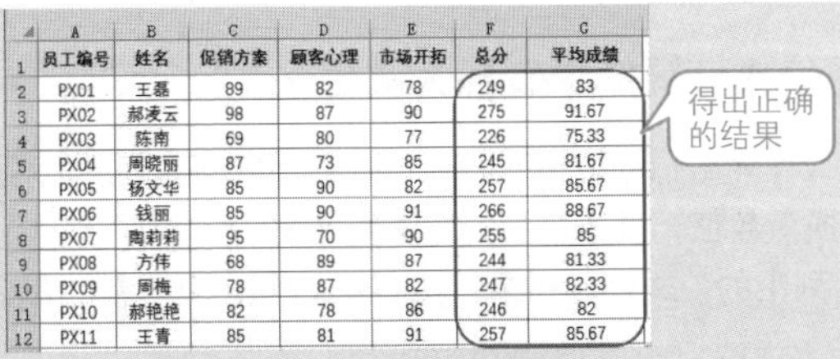

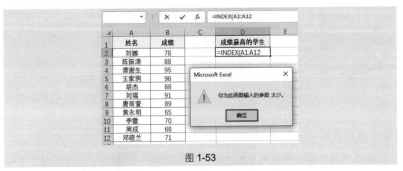

图 1-52

技巧 14　暂时保留没有输入完整的公式

当公式没有输入完整时，没有办法直接退出（退出时会弹出错误提示，如图 1-53 所示），除非将公式全部删除。

图 1-53

通过如下方法可以将没有输入完整的公式保留下来。

❶ 当公式没有输入完整时，在"="前面加上一个空格，公式就可以以文本的形式保留下来，如图 1-54 所示。

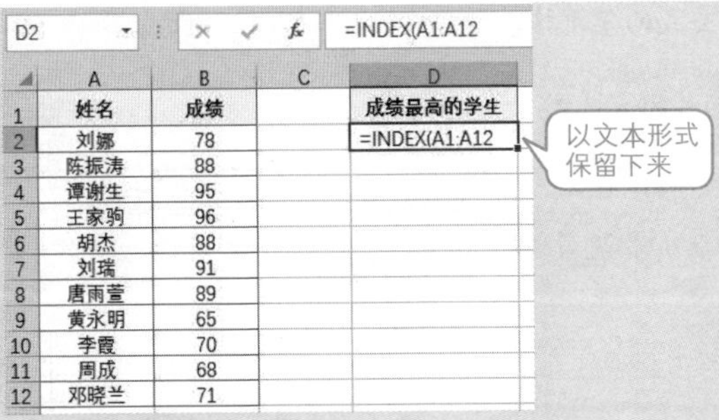

图 1-54

❷ 如果想继续编辑公式，则只需要选中这个单元格，在公式编辑栏中将"="前的空格删除即可。

技巧 15　将公式计算结果转换为数值

当利用公式计算出相应结果后，为了方便对数据的使用，有时需要将公式的计算结果转换为数值，具体转换的方法如下。

❶ 选中 C 列中的公式计算结果，按 Ctrl+C 组合键复制，然后按 Ctrl+V 组合键粘贴。

❷ 单击粘贴区域右下角的 按钮，在打开的下拉列表中单击 按钮（如图 1-55 所示），即可去除公式只粘贴数值。

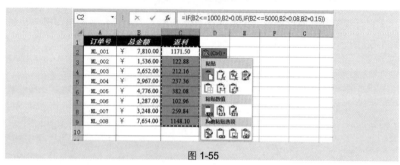

图 1-55

应用扩展

如果想将工作表中的所有公式的计算结果都转换为数值，而又不确定哪些单元格使用了公式，可以使用如下方法一次性选中所有使用了公式的单元格。在"开始"→"编辑"选项组中单击"查找和选择"按钮，在下拉菜单中选择"定位条件"命令，如图 1-56 所示。打开"定位条件"对话框，选中"公式"单选按钮（如图 1-57 所示），单击"确定"按钮即可一次性选中工作表中所有包含公式的单元格。

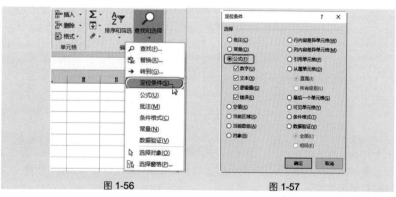

图 1-56　　　　　　　　　　图 1-57

技巧 16 保护公式不被修改

将工作表中的公式进行保护可以防止他人随意对公式进行编辑，防止计算出错。

❶ 在当前工作表中，按 **Ctrl+A** 组合键选中整张工作表中的所有单元格。

❷ 在"开始"→"字体"选项组中单击 按钮（如图 **1-58** 所示），打开"设置单元格格式"对话框。在"保护"选项卡中取消选中"锁定"复选框（默认都是锁定的），选中"隐藏"复选框，如图 **1-59** 所示。

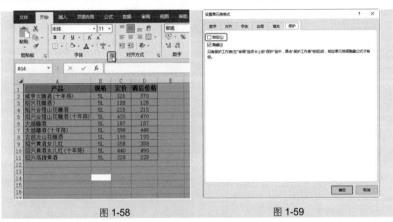

图 1-58   图 1-59

❸ 单击"确定"按钮回到工作表中，选中包含公式的单元格区域（如图 **1-60** 所示），再次打开"设置单元格格式"对话框，重新选中"锁定"复选框，如图 **1-61** 所示。

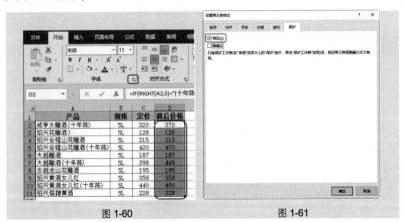

图 1-60   图 1-61

④ 单击"确定"按钮回到工作表中。在"审阅"→"更改"选项组中单击"保护工作表"按钮，打开"保护工作表"对话框，设置保护密码，如图 1-62 所示。单击"确定"按钮，弹出对话框提示重新输入密码。

⑤ 设置完成后，选中输入了公式的单元格，当试图编辑时会弹出无法修改的提示，如图 1-63 所示。

图 1-62　　　　　　　　　　　　　　　图 1-63

专家点拨

通过相同的方法还可以实现在工作表中只保护任意有重要数据的单元格区域。此技巧应用的原理是，工作表的保护只对锁定了的单元格有效。因此，首先取消对整张表的锁定，然后将想保护的那部分单元格区域重新选中，再为其设置"锁定"，设置后再执行工作表保护的操作，那么就会只对这部分单元格有效。

1.2　公式中数据源的引用

技巧 17　相对引用数据源计算

在编辑公式时，当选择某个单元格或单元格区域参与运算时，其默认引用的方式是相对引用。采用相对引用的数据源，当将公式复制到其他位置时，公式中的单元格地址会随之改变。

本例为一份销售员的提成表，需要根据销售员的销售额和销售提成规则来计算出每一名销售员的销售提成金额。

① 选中 C2 单元格，在公式编辑栏中输入公式"=IF(B2>5000,B2*0.1,B2*0.08)"，按 Enter 键即可返回第一位销售员的销售提成金额，如图 1-64 所示。

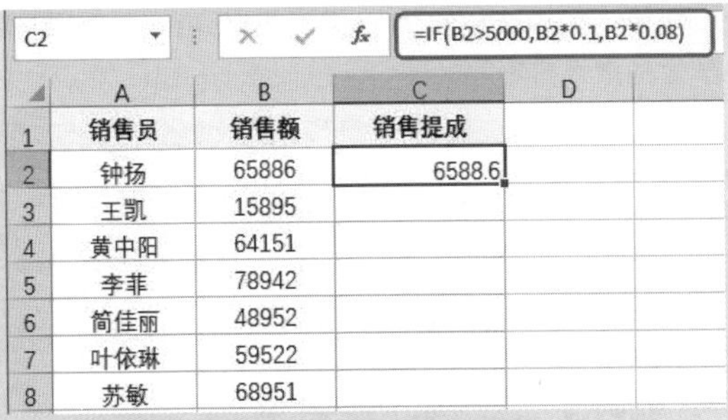

图 1-64

❷ 当需要计算其他销售员的提成金额时，不需要在每个单元格中依次输入公式，只要选中 C2 单元格，向下拖动复制公式即可。可以看到随着公式的复制，单元格引用 B2 将随着其所在位置的不同而自动变为"B3、B4、B5……B8"（如图 1-65 所示），这种引用方式即为相对引用，其引用对象与所在公式的单元格保持相对位置关系。

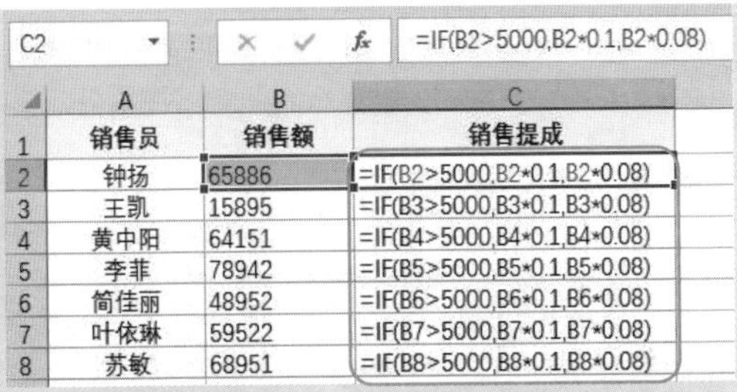

图 1-65

技巧 18　绝对引用数据源计算

数据源的绝对引用，是指把公式复制或者填充到新位置，公式中对单元格的引用保持不变。要对数据源采用绝对引用方式，需要使用"$"符号来标注，可以使单元格地址信息保持固定不变，并且其引用对象也不会随着公式所在单元格的变化而变化，其显示为 $A$1、$A$2: $B$2 的这种形式。

本例为一份学生的总分统计表格，要求根据学生的分数得出其名次。本例中使用 RANK 函数，它的第一个参数为需要计算排名的具体数据，这个参数是需要随着分式的位置自动变化的，第二个参数是需要在哪个数据区域中来判断排名情况，而这个区域是不能发生变化的。

❶ 选中 C2 单元格，在公式编辑栏中输入"=RANK（B2, $B$2: $B$10）"，

按 Enter 即可返回第一位学生的排名，如图 1-66 所示，继续向下进行公式的复制得到其他学生的成绩排名。

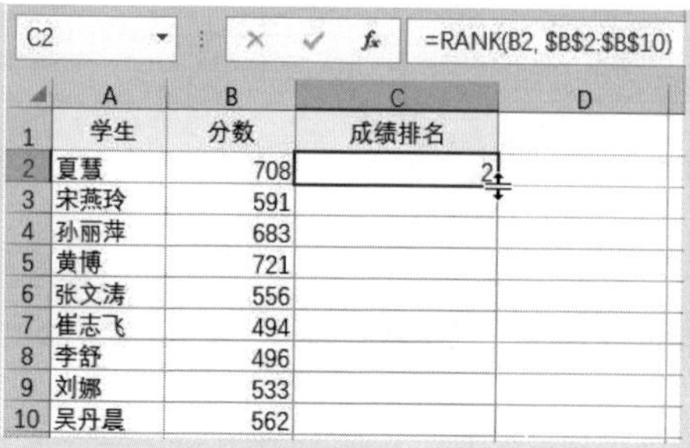
C2 =RANK(B2, $B$2:$B$10)

	A	B	C	D
1	学生	分数	成绩排名	
2	夏慧	708	2	
3	宋燕玲	591		
4	孙丽萍	683		
5	黄博	721		
6	张文涛	556		
7	崔志飞	494		
8	李舒	496		
9	刘娜	533		
10	吴丹晨	562		

图 1-66

❷ 如图 1-67 所示显示了各个单元格的公式，由于 B2:B10 单元格区域需要保持不变，以便作为学生的排名依据，使用绝对引用即可达到效果，这样单元格引用无论所在公式复制到哪一个单元格位置都不会改变其中的引用对象。

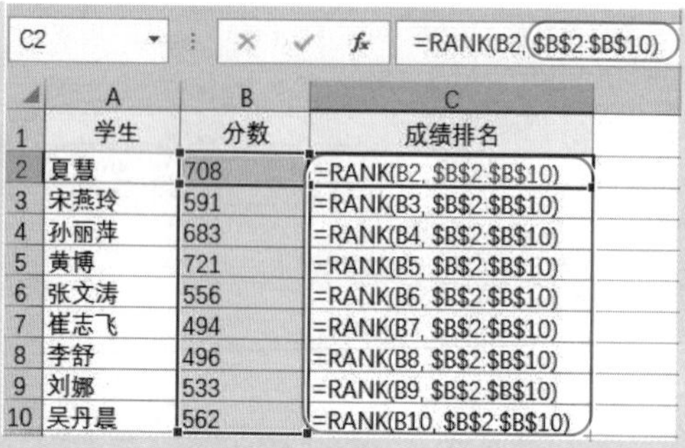
C2 =RANK(B2, $B$2:$B$10)

	A	B	C
1	学生	分数	成绩排名
2	夏慧	708	=RANK(B2, $B$2:$B$10)
3	宋燕玲	591	=RANK(B3, $B$2:$B$10)
4	孙丽萍	683	=RANK(B4, $B$2:$B$10)
5	黄博	721	=RANK(B5, $B$2:$B$10)
6	张文涛	556	=RANK(B6, $B$2:$B$10)
7	崔志飞	494	=RANK(B7, $B$2:$B$10)
8	李舒	496	=RANK(B8, $B$2:$B$10)
9	刘娜	533	=RANK(B9, $B$2:$B$10)
10	吴丹晨	562	=RANK(B10, $B$2:$B$10)

图 1-67

专家点拨

一般来说一个公式中数据源的引用方式全部使用绝对引用不具备太大意义，因为公式复制到任何位置，其计算结果都不改变。一般会采用相对引用与绝对引用的混合方式。

技巧 19　引用当前工作表之外的单元格

在进行公式运算时，很多时候都需要使用其他工作表的数据源来参与计算。例如，当前表格的名称为“单价表”，其中统计了商品的基本信息，如

图 1-68 所示。现在又建立了一张新工作表，称为"销售表"，销售表中需要
根据产品名称从"单价表"中查询对应的单价，如图 1-69 所示。

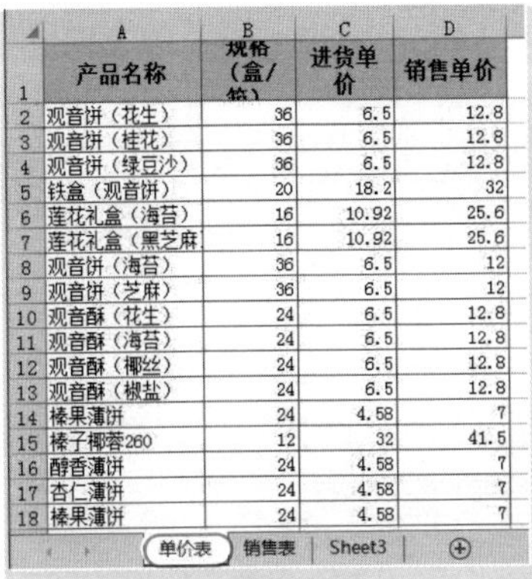

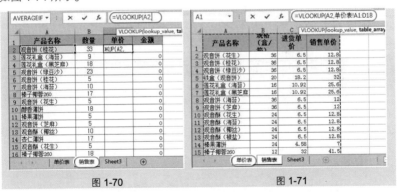

图 1-68

图 1-69

❶ 在"销售表"中选中 C2 单元格，在公式编辑栏中可以看到该单元格的
公式为"=VLOOKUP(A2,"，如图 1-70 所示。

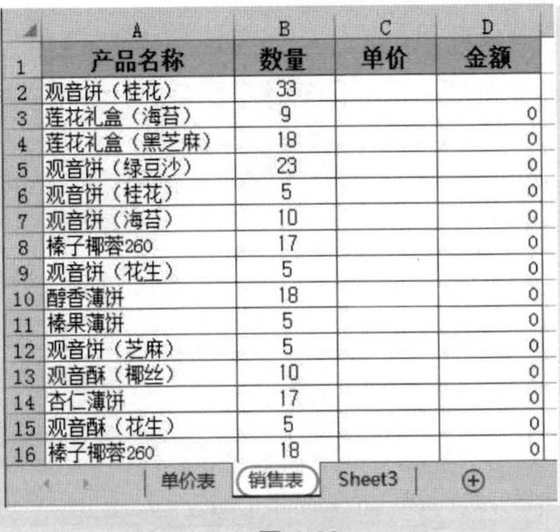

❷ 在"单价表"工作表标签上单击，切换到"单价表"工作表中，选中参
与计算的单元格区域（注意观察引用单元格的前面都添加了工作表名称标识），
如图 1-71 所示。

图 1-70

图 1-71

❸ 接着再设置函数的其他参数，需要引用单元格区域时用鼠标选择，如
图 1-72 所示。

❹ 按 Enter 键完成公式输入，得出计算结果，如图 1-73 所示。

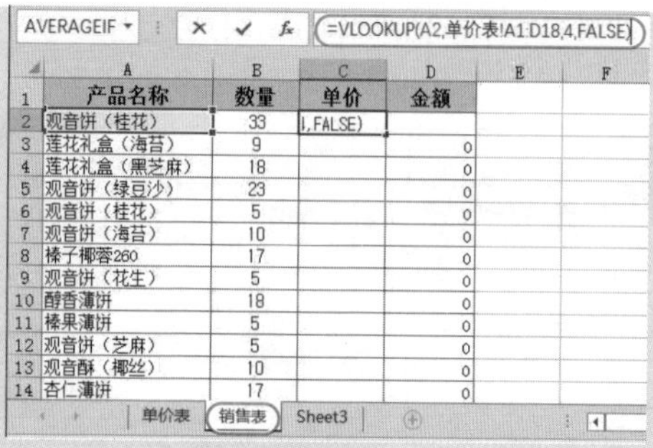

AVERAGEIF　=VLOOKUP(A2,单价表!A1:D18,4,FALSE)

	A	B	C	D	E	F
1	产品名称	数量	单价	金额		
2	观音饼（桂花）	33	,FALSE)			
3	莲花礼盒（海苔）	9		0		
4	莲花礼盒（黑芝麻）	18		0		
5	观音饼（绿豆沙）	23		0		
6	观音饼（桂花）	5		0		
7	观音饼（海苔）	10		0		
8	榛子椰蓉260	17		0		
9	观音饼（花生）	5		0		
10	醇香薄饼	18		0		
11	榛果薄饼	5		0		
12	观音饼（芝麻）	5		0		
13	观音酥（椰丝）	10		0		
14	杏仁薄饼	17		0		

单价表　销售表　Sheet3

图 1-72

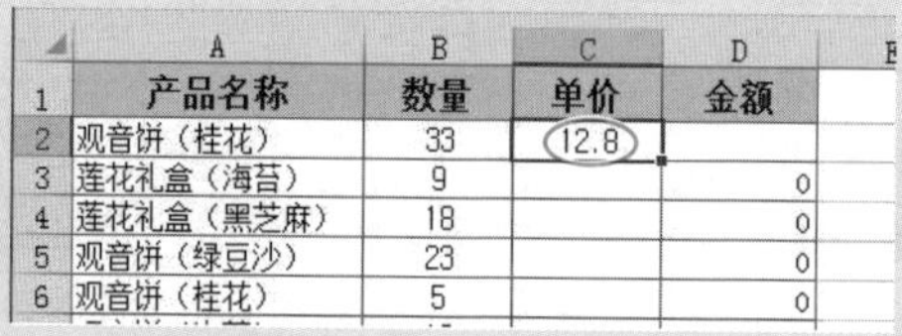

	A	B	C	D
1	产品名称	数量	单价	金额
2	观音饼（桂花）	33	12.8	
3	莲花礼盒（海苔）	9		0
4	莲花礼盒（黑芝麻）	18		0
5	观音饼（绿豆沙）	23		0
6	观音饼（桂花）	5		0

图 1-73

专家点拨

需要引用其他工作表中的单元格时，也可以直接在公式编辑栏中输入公式，不过要使用“工作表名！数据源地址”这种格式。

本例中的公式需要向下复制完成批量返回值，因此可以对“单价表!A1:D18”单元格区域改为绝对引用方式，即“单价表!$A$1:$D$18”。

技巧 20　引用多工作表的同一单元格计算

在公式中可以引用多张工作表中的同一单元格进行计算，如图 1-74 所示为“1 月份报销”工作表，如图 1-75 所示为“2 月份报销”工作表（相同格式的还有“3 月份报销”工作表），现在要一次性引用多张工作表中的相同单元格区域参与运算，具体操作方法如下。

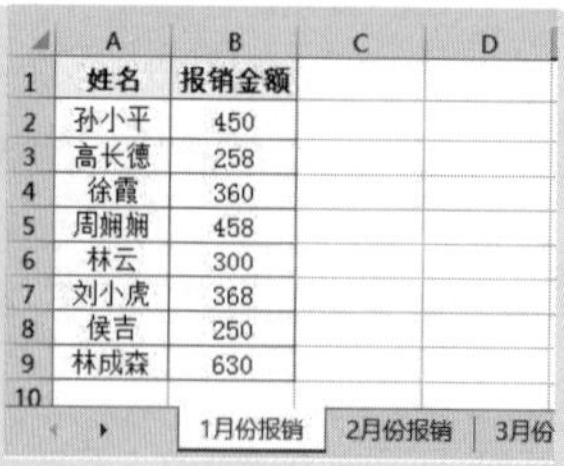

	A	B	C	D
1	姓名	报销金额		
2	孙小平	450		
3	高长德	258		
4	徐霞	360		
5	周娴娴	458		
6	林云	300		
7	刘小虎	368		
8	侯吉	250		
9	林成森	630		
10				

1月份报销　2月份报销　3月份

图 1-74

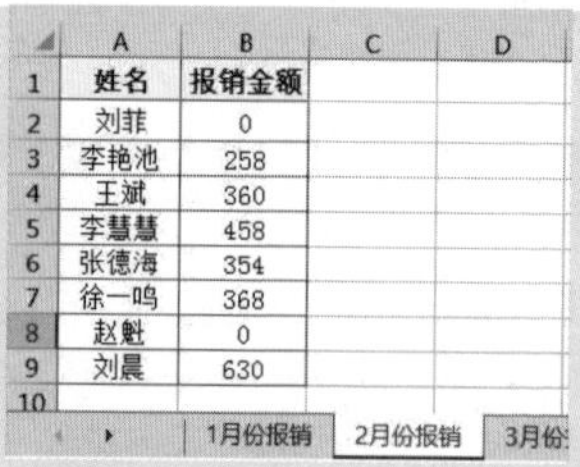

	A	B	C	D
1	姓名	报销金额		
2	刘菲	0		
3	李艳池	258		
4	王斌	360		
5	李慧慧	458		
6	张德海	354		
7	徐一鸣	368		
8	赵魁	0		
9	刘晨	630		
10				

1月份报销　2月份报销　3月份

图 1-75

❶ 在"统计表"中选中要输入公式的单元格，首先输入前半部分公式 "=SUM("，如图 1-76 所示。

图 1-76

❷ 在第一张工作表标签上单击鼠标，然后按住 Shift 键，在最后一张工作表标签上单击鼠标，即选中了所有要参加计算的工作表为 "1 月份报销 :3 月份报销"（3 张工作表）。

❸ 再用鼠标选中参与计算的单元格或单元格区域，此例为 "B2:B9"，接着在公式编辑栏中完成公式的输入，按 Enter 键得到计算结果，如图 1-77 所示。

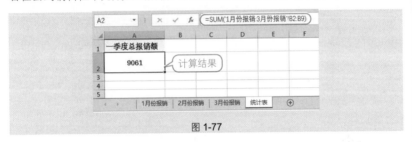

图 1-77

🔊 **专家点拨**

如果要参与运算的工作表不是连续的，则需要在第❷步中按住 Ctrl 键，依次在要参与运算的工作表标签上单击。

技巧 21　引用其他工作簿中的数据源

要引用其他工作簿中的数据参与运算，其引用格式为 [工作簿名称] 工作表名 ! 数据源地址。例如，要引用 "销售统计" 工作簿中 "1 月销售" 工作表中的 H3 单元格，则应输入公式 "=[销售统计]1 月销售 !$H$3"。

例如，下面的例子在 D 列需要计算的值为与去年同期比较的数值，这一结果需要将 C2 单元格的值与另一个名为 "2019 年销售额统计" 的工作簿中的 Sheet1 工作表中的数据相减得到，具体操作如下。

❶ 打开当前工作簿与 "2019 年销售额统计" 工作簿。

❷ 在当前工作簿中选中 D2 单元格,在公式编辑栏中输入部分公式 "=C2-",如图 1-78 所示。

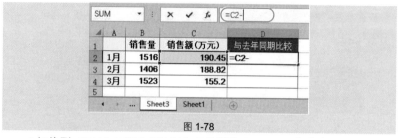

图 1-78

❸ 切换到 "2019 年销售额统计" 工作簿的 Sheet1 工作表中，在 B2 单元格上单击，如图 1-79 所示。

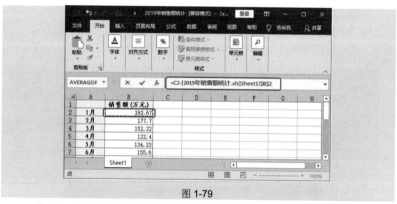

图 1-79

❹ 按 Enter 键，返回到当前工作簿中并显示出计算结果。重新选中 D2 单元格，可以看到编辑栏中的引用效果，如图 1-80 所示。

	A	B	C	D	E	F
1		销售量	销售额(万元)	与去年同期比较		
2	1月	1516	190.45	-2.22		
3	2月	1406	188.82			
4	3月	1523	155.2			

图 1-80

📢 专家点拨

若需要引用的工作簿未打开，则必须在引用地址前输入该工作簿正确的保存路径，并用单引号将路径、工作簿名和工作表名一起括起来。例如，上面的

“2019 年销售额统计”工作簿保存在 E 盘的“销售”目录下，则公式应为“=C2-'E:\ 销售 \[2019 年销售额统计 .xls]Sheet1'!$B$2”。

技巧 22　用 F4 键快速改变数据源引用类型

按 **F4** 键可以快速地在相对引用和绝对引用之间进行切换。

下面以“=SUM(B2:D2)”为例，依次按 **F4** 键，得到结果如下。

❶ 选中公式“=SUM(B2:D2)”中的“B2:D2”全部内容，按 **F4** 键，公式变为“=SUM($B$2:$D$2)”。

❷ 第二次按 **F4** 键，公式变为“=SUM(B$2:D$2)”。

❸ 第三次按 **F4** 键，公式变为“=SUM($B2:$D2)”。

❹ 第四次按 **F4** 键，公式变回到初始状态“=SUM(B2:D2)”。

❺ 继续按 **F4** 键，再次进行循环。

技巧 23　为什么要定义名称

在 Excel 中可以用定义名称的方法来代替单元格区域，定义名称后可以便于数据区域的快速定位，也可以便于公式引用数据源进行计算，还可以配合函数将公式定义为名称，从而实现一些更为复杂的数据计算。

快速定位：

将数据区域定义为名称后，通过单击名称可以实现快速选中这个单元格区域，即实现在大型数据库中进行快速的定位。所在定义的名称都会显示在“名称框”下拉列表中（如图 **1-81** 所示），单击名称，程序则会自动选中特定的单元格区域，如图 **1-82** 所示。

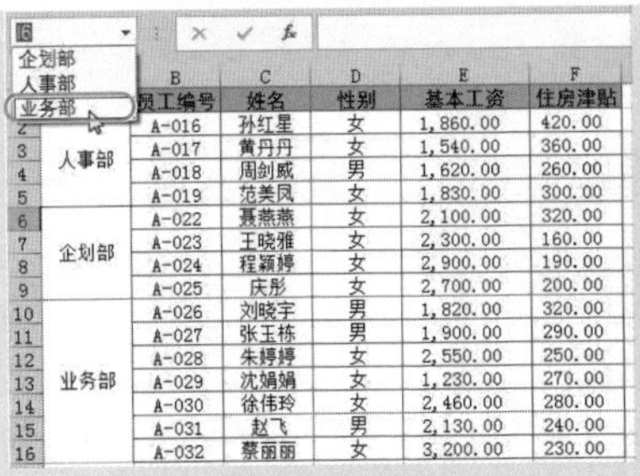

	A	B	C	D	E	F
1		员工编号	姓名	性别	基本工资	住房津贴
2	人事部	A-016	孙红星	女	1,860.00	420.00
3		A-017	黄丹丹	女	1,540.00	360.00
4		A-018	周剑威	男	1,620.00	260.00
5		A-019	范美凤	女	1,830.00	300.00
6	企划部	A-022	聂燕燕	女	2,100.00	320.00
7		A-023	王晓雅	女	2,300.00	160.00
8		A-024	程颖婷	女	2,900.00	190.00
9		A-025	庆彤	女	2,700.00	200.00
10	业务部	A-026	刘晓宇	男	1,820.00	320.00
11		A-027	张玉栋	男	1,900.00	290.00
12		A-028	朱婷婷	女	2,550.00	250.00
13		A-029	沈娟娟	女	1,230.00	270.00
14		A-030	徐伟玲	女	2,460.00	280.00
15		A-031	赵飞	男	2,130.00	240.00
16		A-032	蔡丽丽	女	3,200.00	230.00

图 1-81

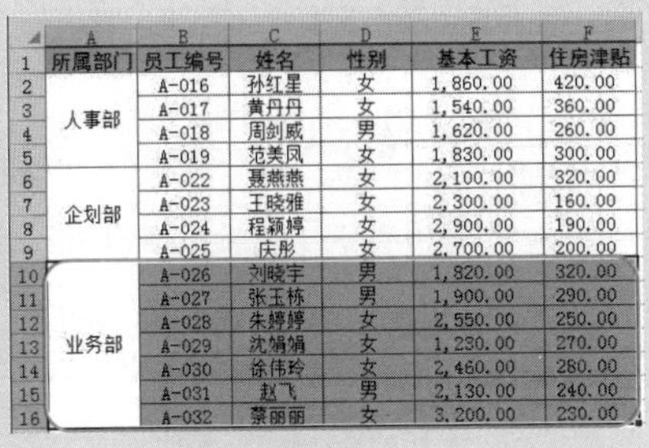

	A	B	C	D	E	F
1	所属部门	员工编号	姓名	性别	基本工资	住房津贴
2	人事部	A-016	孙红星	女	1,860.00	420.00
3		A-017	黄丹丹	女	1,540.00	360.00
4		A-018	周剑威	男	1,620.00	260.00
5		A-019	范美凤	女	1,830.00	300.00
6	企划部	A-022	聂燕燕	女	2,100.00	320.00
7		A-023	王晓雅	女	2,300.00	160.00
8		A-024	程颖婷	女	2,900.00	190.00
9		A-025	庆彤	女	2,700.00	200.00
10	业务部	A-026	刘晓宇	男	1,820.00	320.00
11		A-027	张玉栋	男	1,900.00	290.00
12		A-028	朱婷婷	女	2,550.00	250.00
13		A-029	沈娟娟	女	1,230.00	270.00
14		A-030	徐伟玲	女	2,460.00	280.00
15		A-031	赵飞	男	2,130.00	240.00
16		A-032	蔡丽丽	女	3,200.00	230.00

图 1-82

简化公式：

简化了编辑公式时对单元格区域的引用，以尽可能地减少出错概率。如图 **1-83** 所示为原公式。将“单价表 A1:D18”单元格区域定义为名称“单价表”，则公式可以简化为如图 **1-84** 所示的效果。

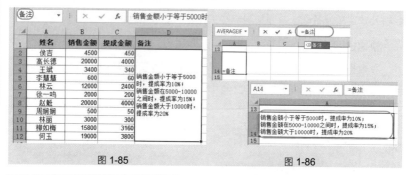

图 1-83　　　　　　　　　　　图 1-84

快速输入：

表格中有一段文字经常需要输入（如表格的备注信息、公司名称、注意事项等），可以将其定义为名称。

❶ 如图 **1-85** 所示选中 D2 单元格，定义名称为"备注"。

❷ 当需要再次输入这段文字时，只需要在编辑栏中输入"＝备注"，按 Enter 键即可自动输入，如图 **1-86** 所示。

图 1-85　　　　　　　　　　　图 1-86

技巧 24　快速定义名称的方法有哪些

Excel 2016 提供了定义名称的功能按钮，另外也可使用名称框来快速定义。

方法一：使用"定义名称"按钮

❶ 选中单元格区域，在"公式"→"定义的名称"选项组，单击"定义名称"按钮（如图 **1-87** 所示），打开"新建名称"对话框。

❷ 在"名称"文本框中输入名称（默认为列标识的名称），单击"确定"按钮（如图 **1-88** 所示）即可完成名称定义。

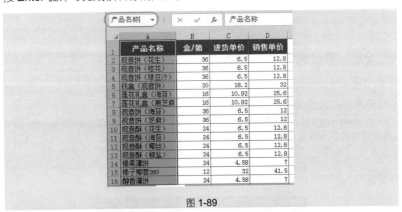

图 1-87   图 1-88

方法二：使用名称框

选中单元格区域，将光标移至名称框并单击，输入名称名(如图 1-89 所示)，按 Enter 键即可完成该名称的定义。

图 1-89

技巧 25 引用定义的名称创建公式

例如，当前工作表中已经定义了几个名称，现在要在另一张工作表中引用名称建立公式。

❶ 选中 B2 单元格，在公式编辑栏中输入部分公式，当需要使用名称时，在 "公式" → "定义的名称" 选项组中单击 "用于公式" 按钮，打开下拉菜单，当前工作簿中定义的所有名称都会显示在此处，如图 1-90 所示。

❷ 单击要应用的名称，即可显示到公式中（如果对名称比较了解，也可以

直接手工输入名称），如图 1-91 所示。

图 1-90　　　　　　　　　　图 1-91

❸ 选择名称后接着完成公式的建立，需要使用名称时按第❷步的方法引用即可，如图 1-92 所示的公式中包含"所属部门"与"基本工资"两个名称。

	A	B	C	D	E	F	G
1	部门	平均工资					
2	人事部	1990					
3	企划部						
4	业务部						
5							

B2 = =AVERAGEIF(所属部门,A2,基本工资)

图 1-92

技巧 26　将公式定义为名称

公式是可以定义为名称的，尤其是在进行一些复杂运算或实现某些动态数据源效果时，经常会将特定的公式定义为名称。

在如图 1-93 所示的表格中，计算工资总额时要先根据销售金额计算出销售提成，而根据不同的销售金额区间，其对应的提成比率也不相同。因此可以定义一个名称用来计算销售提成，那么计算工资总额时，只要使用公式"=C2+销售提成"即可。

	A	B	C	D	E	F
1	员工编号	姓名	基本工资	销售金额	工资总额	
2	A-016	孙红星	1,860	4,500		
3	A-022	聂燕燕	2,100	20,000		
4	A-019	范美凤	1,830	3,400		
5	A-023	王晓雅	2,000	8,600		
6	A-017	黄丹丹	1,540	12,000		
7	A-030	徐伟玲	2,060	2,000		
8	A-018	周剑威	1,620	20,000		

C5 = 2000

图 1-93

● 在"公式"→"定义的名称"选项组中单击"定义名称"按钮，打开"新建名称"对话框。输入名称为"销售提成"，设置引用位置为"=IF(Sheet1!D2<=5000,Sheet1!D2*0.05,IF(Sheet1!D2<=10000,Sheet1!D2*0.08,Sheet1!D2*0.15))"，如图 1-94 所示。

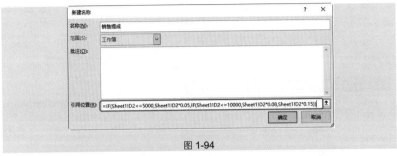

图 1-94

● 单击"确定"按钮完成名称的建立。

● 当需要使用该名称时（例如，在 E2 单元格中设置公式为"= C2+ 销售提成"，按 Enter 键即可得到工资总额，如图 1-95 所示）即可直接使用。

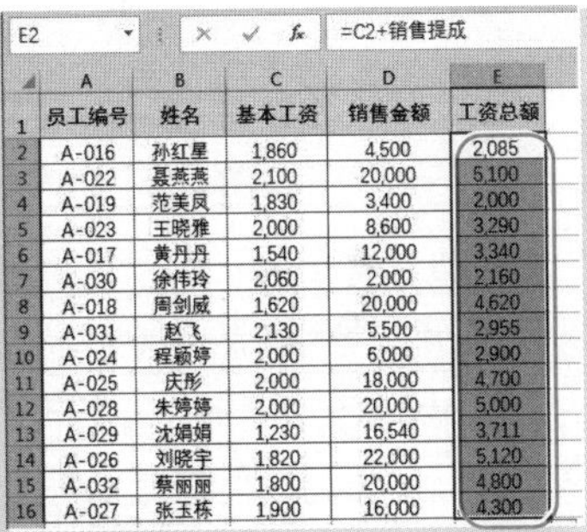

● 向下复制 E2 单元格的公式，即可批量得到每位员工的工资总额，如图 1-96 所示。

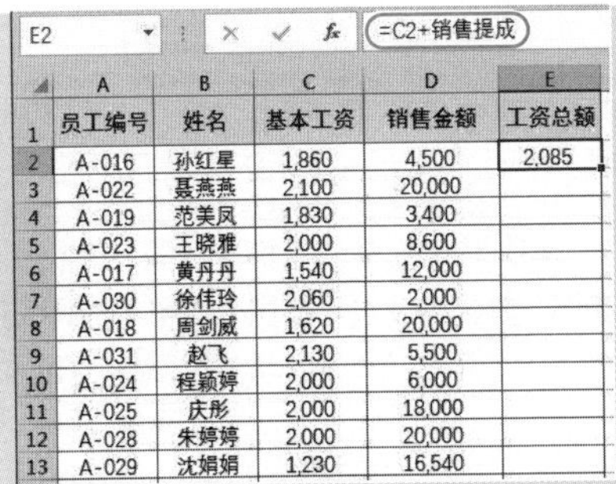

图 1-95

图 1-96

🔧 **专家点拨**

定义的常量名称、公式名称都不会显示在名称框中，这是因为常量名称与公式名称都不属于任何一个可知区域。但是它们可以直接使用，并且出现在"定义的名称"选项组的"用于公式"和"粘贴名称"下拉列表中。

技巧 27　将表格创建为动态名称实现数据计算即时更新

动态名称是指当数据源发生变化时，名称的引用区域也会发生相应变化，例如在建立销售记录表时，由于随时都可能添加新的数据，因此在计算总销售金额时，为了实现计算结果能随着新记录的增加而自动更新，则可以通过下面的方法首先定义动态名称，再引用动态名称进行计算即可实现计算结果根据数据源即时更新。

❶ 在"公式"→"定义的名称"选项组中单击"定义名称"按钮，如图 1-97 所示。

❷ 在"名称"文本框内设置名称为"金额"，设置引用位置为"=销售表!$D$2:$D$15"，单击"确定"按钮完成名称的定义，如图 1-98 所示。

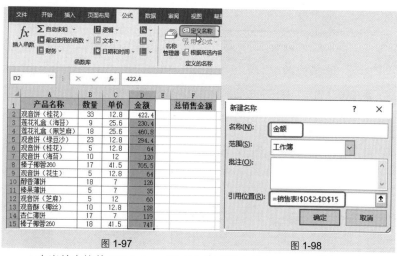

图 1-97　　　　　　　　　　图 1-98

❸ 在当前表格的"插入"→"表格"选项组中单击"表格"按钮，弹出"创建表"对话框，选中"表包含标题"复选框，单击"确定"按钮，如图 1-99 所示。

图 1-99

❹ 在 F2 单元格中输入公式"SUM(金额)"，按 Enter 键得出总销售金额（如图 1-100 所示）。当添加了两行新数据时，总销售金额也自动计算，如图 1-101 所示。

F2 =SUM(金额)

产品名称	数量	单价	金额	E	总销售金额
观音饼（桂花）	33	12.8	422.4		2487.5
莲花礼盒（海苔）	9	25.6	230.4		
莲花礼盒（黑芝麻）	18	25.6	460.8		
观音饼（绿豆沙）	23	12.8	294.4		
观音饼（桂花）	5	12.8	64		
观音饼（海苔）	10	12	120		
橙子椰蓉260	17	41.5	705.5		
观音饼（花生）	5	12.8	64		
醇香薄饼	18	7	126		

图 1-100

产品名称	数量	单价	金额	E	总销售金额
观音饼（桂花）	33	12.8	422.4		2739.5
莲花礼盒（海苔）	9	25.6	230.4		
莲花礼盒（黑芝麻）	18	25.6	460.8		
观音饼（绿豆沙）	23	12.8	294.4		
观音饼（桂花）	5	12.8	64		
观音饼（海苔）	10	12	120		
橙子椰蓉260	17	41.5	705.5		
观音饼（花生）	5	12.8	64		
醇香薄饼	18	7	126		
橙子椰蓉260	5	41.5	126		
观音饼（豆沙）	6	12.8	126		

图 1-101

专家点拨

第❸步的操作是将之前建立的"金额"名称更改为动态名称，即添加数据时，名称的引用区域也自动变更。

技巧 28　重新修改名称的引用位置

定义名称之后，如果需要修改名称（包含修改名称名、引用位置），只需要对其重新编辑即可，而不需要重新定义。

❶ 在"公式"→"定义的名称"选项组中单击"名称管理器"按钮，打开"名称管理器"对话框。在其中选中要重新编辑的名称，单击"编辑"按钮（如图 1-102 所示），打开"编辑名称"对话框，如图 1-103 所示。

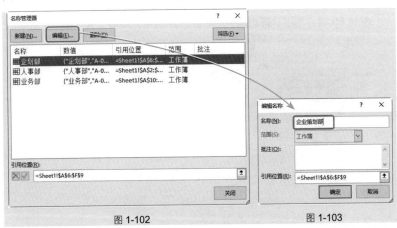

图 1-102　　　　　　　　　图 1-103

❷ 在"名称"文本框中可以重新修改名称，在"引用位置"文本框中可以手工对需要修改的部位进行更改，也可以选中要修改的部分，然后单击右侧的 （拾取器）按钮，回到工作表中重新选择数据源。

1.3 学会分解、理解分式

技巧 29　**查看长公式中某一步的计算结果**

有些公式中嵌套使用了其他函数，此时可以通过只查看部分公式的计算结果来调试公式，以帮助对公式的理解。

❶ 选中目标单元格，在公式编辑栏中选中需要查看其结果的部分公式，如图 1-104 所示。

| SUM | × ✓ fx | =INDEX(A2:A11,MATCH(MAX(B2:B11),B2:B11,)) |

MATCH(**lookup_value**, lookup_array, [match_type])

	A	B	C	D	E
1	姓名	成绩		成绩最高的学生	
2	陈强	87		2:B11),B	
3	吴丹晨	91			
4	谭谢生	88			
5	邹瑞宣	99			
6	刘璐璐	98			
7	黄永明	87			
8	简佳丽	97			
9	肖菲菲	90			
10	简佳丽	98			
11	黄群	87			

选中部分

图 1-104

❷ 按 F9 键，即可计算出选中部分的计算结果，如图 1-105 所示。

| SUM | × ✓ fx | =INDEX(A2:A11,MATCH(99,B2:B11,)) |

MATCH(**lookup_value**, lookup_array, [match_type])

	A	B	C	D	E
1	姓名	成绩		成绩最高的学生	
2	陈强	87		TCH(99,B	
3	吴丹晨	91			
4	谭谢生	88			
5	邹瑞宣	99			
6	刘璐璐	98			
7	黄永明	87			
8	简佳丽	97			
9	肖菲菲	90			
10	简佳丽	98			
11	黄群	87			

显示该步计算结果

图 1-105

❸ 查看后按 Esc 键即可还原公式。

🔊 **专家点拨**

被选中查看运算结果的部分必须是一个完整的、可以得出运算结果的部分，否则不能得到正确的结果，同时还会显示错误提示信息。

技巧 30 追踪公式引用的单元格

所谓追踪引用单元格，是指查看当前公式是引用哪些单元格进行计算的。当公式有错误时，通过该功能也可辅助查找公式错误的原因。

① 选中单元格，在“公式”→“公式审核”选项组中单击 追踪引用单元格 按钮，如图 1-106 所示。

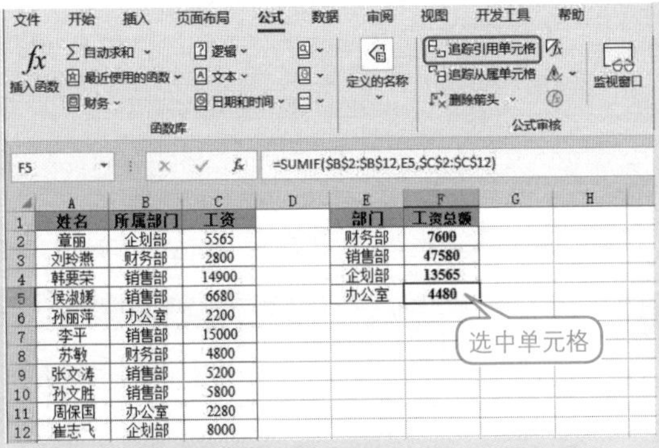

	A	B	C	D	E	F
1	姓名	所属部门	工资		部门	工资总额
2	章丽	企划部	5565		财务部	7600
3	刘玲燕	财务部	2800		销售部	47580
4	韩要荣	销售部	14900		企划部	13565
5	侯淑媛	销售部	6680		办公室	4480
6	孙丽萍	办公室	2200			
7	李平	销售部	15000			
8	苏敏	财务部	4800			
9	张文涛	销售部	5200			
10	孙文胜	销售部	5800			
11	周保国	办公室	2280			
12	崔志飞	企划部	8000			

图 1-106

② 单击完成后，即可使用箭头显示数据源引用指向，如图 1-107 所示。

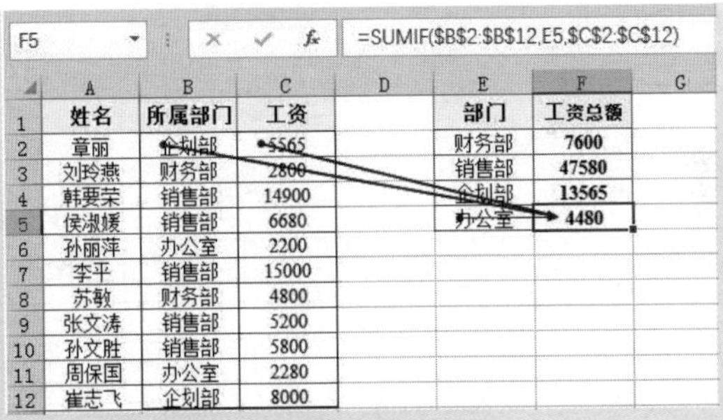

	A	B	C	D	E	F
1	姓名	所属部门	工资		部门	工资总额
2	章丽	企划部	5565		财务部	7600
3	刘玲燕	财务部	2800		销售部	47580
4	韩要荣	销售部	14900		企划部	13565
5	侯淑媛	销售部	6680		办公室	4480
6	孙丽萍	办公室	2200			
7	李平	销售部	15000			
8	苏敏	财务部	4800			
9	张文涛	销售部	5200			
10	孙文胜	销售部	5800			
11	周保国	办公室	2280			
12	崔志飞	企划部	8000			

图 1-107

技巧 31 通过“公式求值”功能逐步分解公式

使用“公式求值”功能可以分步求出公式的计算结果（根据计算的优先级求取），如果公式有错误，可以方便、快速地找出导致错误的发生具体是在哪一步；如果公式没有错误，使用该功能可以便于对公式的理解。

① 选中显示公式的单元格，在“公式”→“公式审核”选项组中单击 公式求值 按钮（如图 1-108 所示），即可弹出“公式求值”对话框。

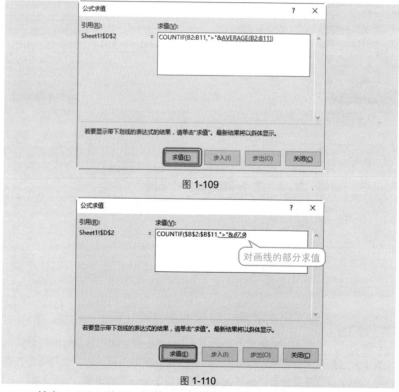

图 1-108

❷ 预备要求值的以下画线效果显示（如图 1-109 所示），单击"求值"按钮，即可对下画线的部分求值，求得平均值，如图 1-110 所示。

图 1-109

图 1-110

❸ 单击"求值"按钮，接着对下画线部分求值，如图 1-111 所示；再单击"求值"按钮，即可求出最终结果，如图 1-112 所示。

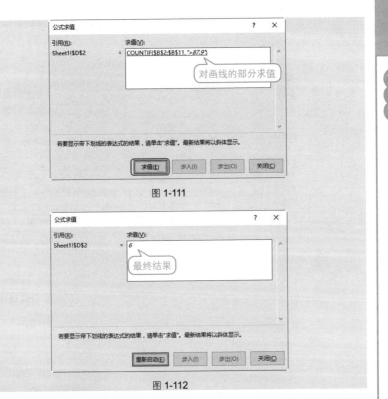

图 1-111

图 1-112

技巧 32 在单元格中显示所有公式

如果想了解整张工作表中使用了哪些公式，则可以让所有设置了公式的单元格显示出其对应的公式。

❶光标定位工作表中，在"公式"→"公式审核"选项组中单击 显示公式 按钮，如图 1-113 所示。

图 1-113

❷ 单击完成后，所有设置公式的单元格显示出其对应的公式，如图 1-114 所示。

	A	B	C	D	E
1	姓名	笔试	面试	总成绩	考评结果
2	徐伟玲	90	78	=SUM(B2:C2)	=IF(D2>170,"合格","不合格")
3	周剑威	85	98	=SUM(B3:C3)	=IF(D3>170,"合格","不合格")
4	赵飞	88	85	=SUM(B4:C4)	=IF(D4>170,"合格","不合格")
5	程颖婷	90	85	=SUM(B5:C5)	=IF(D5>170,"合格","不合格")
6	庆彤	80	98	=SUM(B6:C6)	=IF(D6>170,"合格","不合格")
7	朱婷婷	80	87	=SUM(B7:C7)	=IF(D7>170,"合格","不合格")
8	沈娟娟	72	89	=SUM(B8:C8)	=IF(D8>170,"合格","不合格")
9	刘晓宇	98	90	=SUM(B9:C9)	=IF(D9>170,"合格","不合格")
10	蔡丽丽	75	87	=SUM(B10:C10)	=IF(D10>170,"合格","不合格")
11	张玉栋	85	90	=SUM(B11:C11)	=IF(D11>170,"合格","不合格")

显示出所有公式

图 1-114

第2章　逻辑函数范例

2.1　AND 函数（检验一组数据是否都满足条件）

【功能】

AND 函数用于当所有的条件均为"真"（TRUE）时，返回的运算结果为"真"（TRUE）；反之，返回的运算结果为"假"（FALSE）。所以它一般用来检验一组数据是否都满足条件。

【语法】

AND(logical1,logical2,logical3…)

【参数】

logical1,logical2,logical3…：用来测试的条件值或表达式，但是最多允许有 30 个条件值或表达式。

技巧 1　考评学生的各门课程是否全部及格

当前表格中记录了学生各门功课的考试成绩，现在要考评哪些学生 3 门课程的考试成绩全部及格。如图 2-1 所示，当 3 门功课成绩都及格时，返回 TRUE；只要有一门不及格返回 FALSE。

	A	B	C	D	E
1	姓名	语文	数学	英语	考评
2	苏海涛	78	98	80	TRUE
3	喻可	78	90	59	FALSE
4	苏曼	90	99	98	TRUE
5	蒋苗苗	56	78	90	FALSE
6	胡子强	98	80	88	TRUE
7	刘玲燕	88	78	90	TRUE
8	侯淑媛	90	78	76	TRUE
9	孙丽萍	87	67	88	TRUE

批量结果

图 2-1

❶ 选中 E2 单元格，在公式编辑栏中输入公式：

```
=AND(B2>=60,C2>=60,D2>=60)
```

按 Enter 键得出结果，如图 2-2 所示。

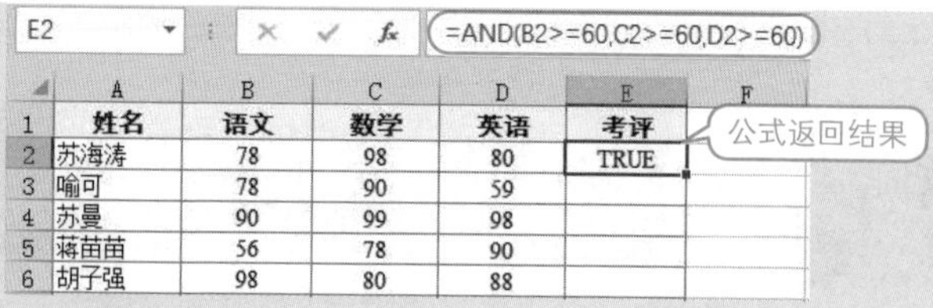

	A	B	C	D	E	F
1	姓名	语文	数学	英语	考评	
2	苏海涛	78	98	80	TRUE	
3	喻可	78	90	59		
4	苏曼	90	99	98		
5	蒋苗苗	56	78	90		
6	胡子强	98	80	88		

图 2-2

❷ 选中 E2 单元格，拖动右下角的填充柄向下复制公式，即可批量考评其他学生的成绩是否全部及格。

公式解析

=AND(B2>=60,C2>=60,D2>=60)

括号中的“B2>=60”“C2>=60”“D2>=60”为 3 个条件。公式为判断这 3 个条件是否同时满足，如果是，则返回 TRUE。

技巧 2 一次性判断一组数据是否都满足条件

要求设置公式判断两次测试结果的值是否都为 0.1 ～ 0.2，如果是，返回 TRUE，否则返回 FALSE。

如图 2-3 所示，所有测试结果的值都为 0.1 ～ 0.2，公式返回值为 TRUE；如图 2-4 所示，B5 单元格的值大于 0.2，因此返回值为 FALSE。

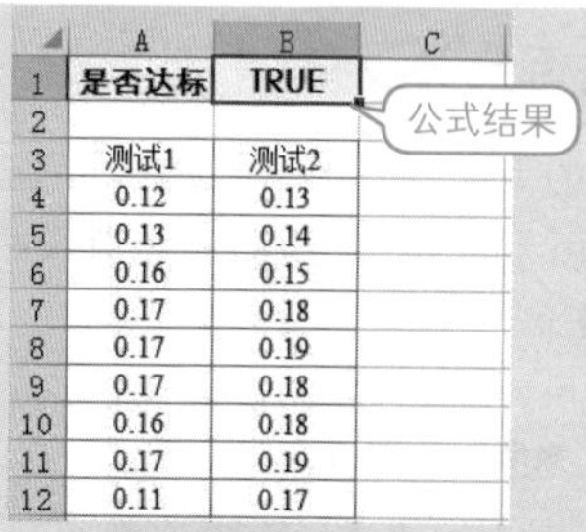

	A	B	C
1	是否达标	TRUE	
2			
3	测试1	测试2	
4	0.12	0.13	
5	0.13	0.14	
6	0.16	0.15	
7	0.17	0.18	
8	0.17	0.19	
9	0.17	0.18	
10	0.16	0.18	
11	0.17	0.19	
12	0.11	0.17	

图 2-3

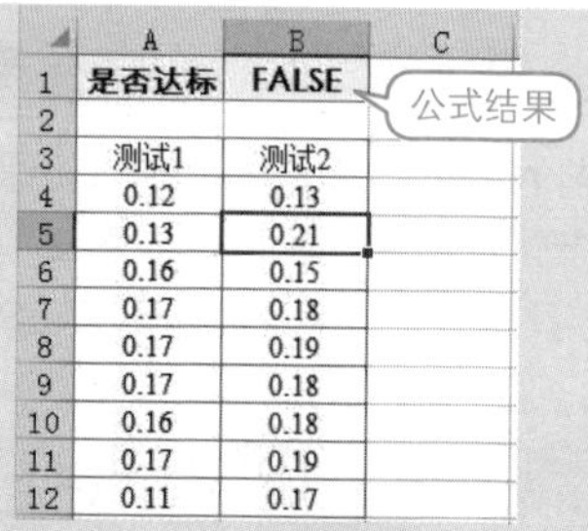

	A	B	C
1	是否达标	FALSE	
2			
3	测试1	测试2	
4	0.12	0.13	
5	0.13	0.21	
6	0.16	0.15	
7	0.17	0.18	
8	0.17	0.19	
9	0.17	0.18	
10	0.16	0.18	
11	0.17	0.19	
12	0.11	0.17	

图 2-4

选中 B1 单元格，在公式编辑栏中输入公式：

```
=AND(A4:B12>0.1,A4:B12<0.2)
```

按 Shift+Ctrl+Enter 组合键得出结果，如图 2-5 所示。

专家点拨

公式中“A4:B12>0.1”用于判断一个数组中的每个数值是否都大于 0.1，因此这是一个数组公式。

数组公式可以同时进行多个计算并返回一种或多种结果。数组公式对两组或多组被称为数组参数的数值进行运算。每个数组参数必须有相同数量的行和列。

数组公式需要按 Shift+Ctrl+Enter 组合键结束才能得出正确结果，并且公式被"{}"括起，如图 2-5 所示。

图 2-5

2.2 NOT 函数（对所给参数求反）

【功能】

NOT 函数用于对参数值求反。当要确保一个值不等于某一特定值时，可以使用 NOT 函数。

【语法】

NOT(logical)

【参数】

logical：表示一个计算结果可以为 TRUE 或 FALSE 的值或表达式。

技巧3 筛选掉小于某一年龄的应聘人员

通过设置公式从应聘名单中筛选掉"25岁以下"的应聘人员。如图 2-6 所示，当年龄大于 25 岁时，公式返回值为 TRUE；反之，返回值为 FALSE。

图 2-6

❶选中 D2 单元格，在公式编辑栏中输入公式：

```
=NOT(B2<25)
```

按 Enter 键得出结果，如图 2-7 所示。

	A	B	C	D	E
	姓名	年龄	学历	筛选结果	
2	孙倩倩	26	本科	TRUE	
3	姚艳洲	24	专科		
4	侯丽	27	本科		
5	李茂良	30	硕士		

D2 单元格 =NOT(B2<25)　　公式返回结果

图 2-7

❷ 选中 D2 单元格，拖动右下角的填充柄向下复制公式，即可根据 B 列中的年龄批量得出筛选结果。

2.3 OR 函数（检验一组数据是否有一个满足条件）

【功能】

给出的参数组中任何一个参数逻辑值为 TRUE，返回 TRUE；任何一个参数的逻辑值为 FALSE，返回 FALSE。

【语法】

OR(logical1, [logical2], ...)

【参数】

logical1, [logical2], ...：logical1 是必需的，后面的逻辑值是可选的。这些是 1~255 个需要进行测试的条件，测试结果可以为 TRUE 或 FALSE。

技巧 4　检验员工是否通过考评

要求通过设置公式判断员工是否通过考评。如图 2-8 所示，当 3 次考评只要有一次超过 80 分时，公式返回值为 TRUE；当 3 次考评都达不到 80 分时，公式返回值为 FALSE。

	A	B	C	D	E
1	姓名	一次考评	二次考评	三次考评	是否通过
2	郑立媛	78	98	79	TRUE
3	艾羽	78	77	59	FALSE
4	童晔	90	99	98	TRUE
5	钟文	56	78	79	FALSE
6	朱安婷	98	80	88	TRUE
7	钟武	88	78	90	TRUE
8	梅香菱	77	78	76	FALSE
9	李霞	77	67	88	TRUE
10	苏海涛	98	78	88	TRUE

批量结果

图 2-8

❶ 选中 E2 单元格，在公式编辑栏中输入公式：

`=OR(B2>=80,C2>=80,D2>=80)`

按 Enter 键得出结果，如图 2-9 所示。

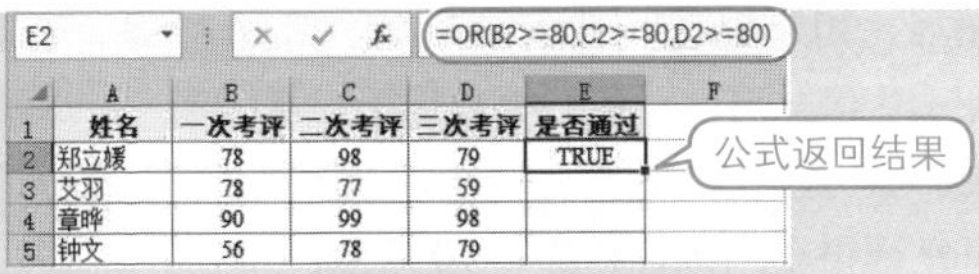

	A	B	C	D	E	F
1	姓名	一次考评	二次考评	三次考评	是否通过	
2	郑立媛	78	98	79	TRUE	
3	艾羽	78	77	59		
4	章晔	90	99	98		
5	钟文	56	78	79		

图 2-9

❷ 选中 E2 单元格，拖动右下角的填充柄向下复制公式，即可根据 B、C、D 这 3 列的考评成绩批量得出考评结果。

公式解析

=OR(B2>=80,C2>=80,D2>=80)

括号中的“B2>=80”“C2>=80”“D2>=80”为 3 个条件。公式判断这 3 个条件是否有一个得到满足，如果有，则返回 TRUE。

专家点拨

OR 函数以及上面的 AND 和 NOT 函数，它们返回的都是 TRUE 或 FALSE 逻辑值，因此它们经常会嵌套在其他函数里面使用。在下面介绍的 IF 函数中，从多个例子都可以看到这几个函数是如何嵌套来完成公式设置的。

数组公式需要按 Shift+Ctrl+Enter 组合键才能得出正确结果，并且公式被“{}”括起。

2.4 IF 函数（根据条件判断真假）

【功能】

IF 函数是根据指定的条件来判断其“真”（TRUE）和“假”（FALSE），从而返回其相对应的结果。

【语法】

IF(logical_test,value_if_true,value_if_false)

【参数】

- logical_test：表示逻辑判断表达式。
- value_if_true：表示当判断条件为逻辑“真”（TRUE）时，显示该处给定的内容。如果忽略，则返回 TRUE。
- value_if_false：表示当判断条件为逻辑“假”（FALSE）时，显示该处给定的内容。如果忽略，则返回 FALSE。

技巧 5 利用 IF 函数进行金额校验

IF 函数的参数可以设置表达式，下面的例子中设置公式自动判断两处的金额是否相等，如果相等，则返回"正确"，不相等，则返回"请检查"。

❶ 选中 D6 单元格，在公式编辑栏中输入公式：

=IF(C6=C3+C4+C5,"正确","请检查")

按 Enter 键得出结果，如图 2-10 所示。

图 2-10

❷ 按相同的方法可以设置 D11 单元格的公式以进行金额校验。

公式解析

=IF(C6=C3+C4+C5,"正确","请检查")

括号中的"C6=C3+C4+C5"是一个表达式，当这个表达式的值为真时，返回"正确"，否则返回"请检查"。

技巧 6　根据不同返利比计算返利金额

根据产品交易总金额的多少，其返利百分比各不相同，具体规则如下。

● 总金额小于或等于 1000 元时，返利比为 5%。

● 总金额为 1000~5000 元时，返利比为 8%。

● 总金额大于 5000 元时，返利比为 15%。

设置公式并复制即可批量得出如图 2-11 所示的结果。

图 2-11

● 选中 **F2** 单元格，在公式编辑栏中输入公式：

```
=IF(E2<=1000,E2*0.05,IF(E2<=5000,E2*0.08,E2*0.15))
```

按 **Enter** 键得出计算结果（本条记录的返利金额为 "3550*0.08"），如图 2-12 所示。

F2			✕ ✓ *fx*	=IF(E2<=1000,E2*0.05,IF(E2<=5000,E2*0.08,E2*0.15))		
	A	B	C	D	E	F	G
1	编号	产品名称	单价	数量	总金额	返利	
2	ML_001	带腰带短款羽绒服	355	10	¥ 3,550.00	284.00	
3	ML_002	低领烫金毛衣	108	22	¥ 2,376.00		
4	ML_003	毛昵短裙	169	15	¥ 2,535.00		
5	ML_004	泡泡袖风衣	129	12	¥ 1,548.00		
6	ML_005	OL风长款毛昵外套	398	8	¥ 3,184.00		

公式返回结果

图 2-12

● 选中 **F3** 单元格，拖动右下角的填充柄向下复制公式，即可根据 E 列中的总金额批量计算出各条交易的返利金额。

📝 **公式解析**

=IF(E2<=1000,E2*0.05,IF(E2<=5000,E2*0.08,E2*0.15))
　　　　　　　①　　　　　　　　　　　　②　　　　　③

① 当 E2<=1000 时，返利金额为 "E2*0.05"。
② 当 E2 为 1000~5000 时，返利金额为 "E2*0.08"。
③ 当 E2 大于 5000 时，返利金额为 "E2*0.15"。

技巧 7　根据业务处理量判断员工业务水平

表格中记录了各业务员的业务处理量，通过设置公式根据业务处理量来自动判断员工业务水平，具体要求如下。

● 当两项业务处理量都大于 **20** 时，返回结果为 "好"。
● 当某一项业务量大于 **30** 时，返回结果为 "好"。
● 否则返回结果为 "一般"。

即设置公式并复制后可批量得出如图 2-13 所示的结果。

	A	B	C	D	E
1	姓名	电话处理量	邮件处理量	业务水平	
2	郑立媛	12	22	一般	
3	艾羽	22	21	好	
4	章晔	7	31	好	
5	钟文	22	45	好	
6	朱安婷	15	16	一般	
7	钟武	12	35	好	
8	梅香菱	16	22	一般	
9	李霞	22	17	一般	
10	苏海涛	15	32	好	

批量结果

图 2-13

❶ 选中 D2 单元格，在公式编辑栏中输入公式：

```
=IF(OR(AND(B2>20,C2>20),(C2>30)),"好","一般")
```

按 Enter 键得出结果，如图 2-14 所示。

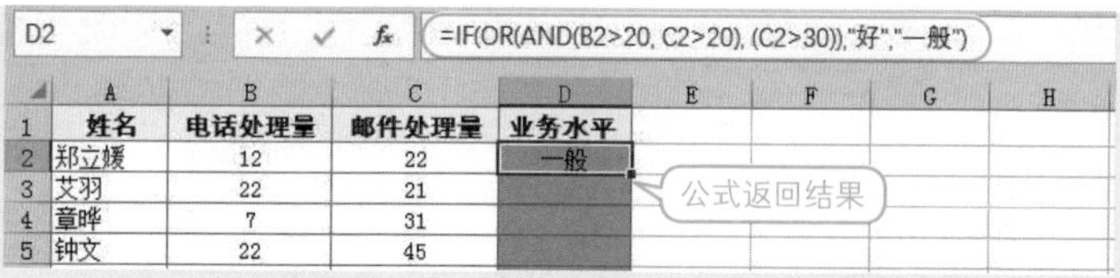

D2 =IF(OR(AND(B2>20, C2>20), (C2>30)),"好","一般")

	A	B	C	D
1	姓名	电话处理量	邮件处理量	业务水平
2	郑立媛	12	22	一般
3	艾羽	22	21	
4	章晔	7	31	
5	钟文	22	45	

图 2-14

❷ 选中 D2 单元格，拖动右下角的填充柄向下复制公式，即可根据 B 列与 C 列中的数量批量判断业务水平。

嵌套函数

- OR 函数属于逻辑函数类型。它用于判断当给出的参数组中任何一个参数的逻辑值为 TRUE，返回 TRUE；任何一个参数的逻辑值为 FALSE，返回 FALSE。
- AND 函数属于逻辑函数类型。它用于判断当所有的条件均为“真”（TRUE）时，返回的运算结果为“真”（TRUE）；反之，返回的运算结果为“假”（FALSE）。所以它一般用来检验一组数据是否都满足条件。

公式解析

=IF(OR(AND(B2>20, C2>20), (C2>30)),"好","一般")

① 判断 B2>20 和 C2>20 这两个条件是否都满足。
② 判断 B2 和 C2 同时大于 20 与 C2>30 这两个条件是否有一个满足。
③ 当第②步中返回结果为 TRUE 时，返回“好”；否则返回“一般”。

技巧 8　分性别判断成绩是否合格

表格中记录了学生的跑步用时，性别不同，其对合格成绩的要求也不同，具体规则如下。

- 当性别为“男”且用时小于 30 时，返回结果为“合格”。
- 当性别为“女”且用时小于 32 时，返回结果为“合格”。
- 否则返回结果为“不合格”。

设置公式并复制后可批量得出如图 2-15 所示的结果。

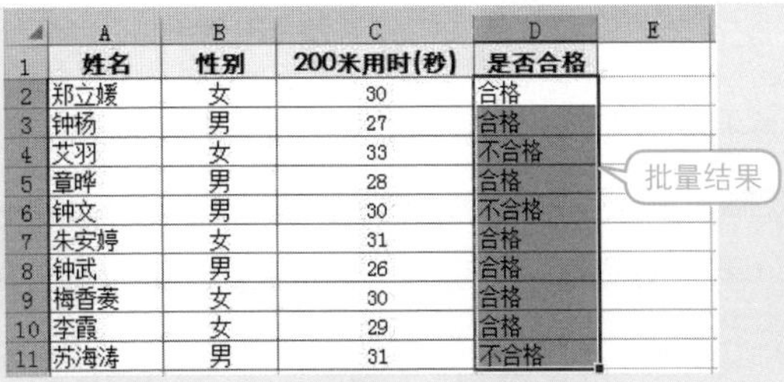

	A	B	C	D	E
1	姓名	性别	200米用时(秒)	是否合格	
2	郑立媛	女	30	合格	
3	钟杨	男	27	合格	
4	艾羽	女	33	不合格	
5	章晔	男	28	合格	
6	钟文	男	30	不合格	
7	朱安婷	女	31	合格	
8	钟武	男	26	合格	
9	梅香菱	女	30	合格	
10	李霞	女	29	合格	
11	苏海涛	男	31	不合格	

图 2-15

❶ 选中 D2 单元格，在公式编辑栏中输入公式：

```
=IF(OR(AND(B2="男",C2<30),AND(B2="女",C2<32)),"合格","不合格")
```

按 Enter 键得出结果，如图 2-16 所示。

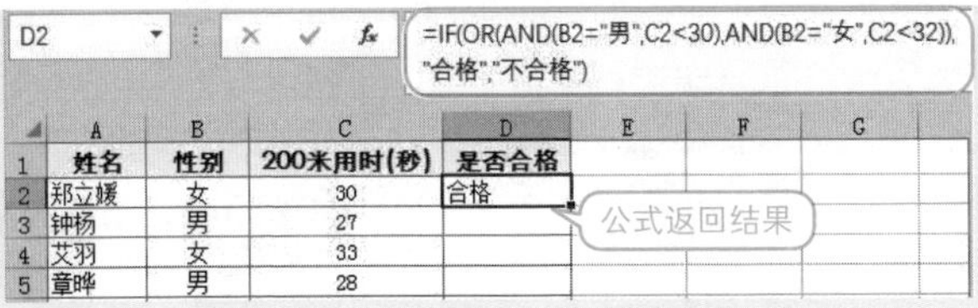

D2 =IF(OR(AND(B2="男",C2<30),AND(B2="女",C2<32)),"合格","不合格")

	A	B	C	D	E	F	G
1	姓名	性别	200米用时(秒)	是否合格			
2	郑立媛	女	30	合格			
3	钟杨	男	27				
4	艾羽	女	33				
5	章晔	男	28				

图 2-16

❷ 选中 D2 单元格，拖动右下角的填充柄向下复制公式，即可根据 C 列中的数据批量判断每位学生的跑步成绩是否合格。

嵌套函数

- OR 函数属于逻辑函数类型。它用于判断当给出的参数组中任何一个参数的逻辑值为 TRUE，返回 TRUE；任何一个参数的逻辑值为 FALSE，返回 FALSE。
- AND 函数属于逻辑函数类型。它用于判断当所有的条件均为“真”（TRUE）时，返回的运算结果为“真”（TRUE）；反之，返回的运算结果为“假”（FALSE）。所以它一般用来检验一组数据是否都满足条件。

公式解析

=IF(OR(AND(B2=" 男 ",C2<30),AND(B2=" 女 ",C2<32)),"合格","不合格")

③ ① ② ④

① 判断 B2=" 男 " 和 C2<30 这两个条件是否都满足。

② 判断 B2=" 女 " 和 C2<32 这两个条件是否都满足。

③①步与②步中任意一个返回结果为 TRUE 时，返回 TRUE，否则返回 FALSE。

④③步结果为 TRUE 时，公式最终结果为"合格"，否则结果为"不合格"。

技巧9 根据消费卡类别与消费额派发赠品

表格中记录了消费者的持卡种类、消费额等信息，现在商场要根据持卡种类与消费额的不同派发不同的赠品，具体要求如下。

- 当卡种为金卡时，消费额小于 2888，赠送"电饭煲"；消费额小于 3888 时，赠送"电磁炉"，否则赠送"微波炉"。
- 当卡种为银卡时，消费额小于 2888，赠送"夜间灯"；消费额小于 3888 时，赠送"雨伞"，否则赠送"摄像头"。
- 未持卡的且消费必须大于 2888，赠送"浴巾"。

即设置公式并复制后可批量得出如图 2-17 所示的结果。

	A	B	C	D
1	用户ID	持卡种类	消费额	派发赠品
2	SL10800101	金卡	2987	电磁炉
3	SL20800212	银卡	3965	摄像头
4	张小姐		5687	浴巾
5	SL20800469	银卡	2697	夜间灯
6	SL10800567	金卡	2056	电饭煲
7	苏先生		2078	
8	SL20800722	银卡	3037	雨伞
9	马先生		2000	
10	SL10800711	金卡	6800	微波炉
11	SL20800798	银卡	7000	摄像头
12	SL10800765	金卡	2200	电饭煲

批量结果

图 2-17

❶ 选中 D2 单元格，在公式编辑栏中输入公式：

```
=IF(AND(B2="",C2<2888),"",IF(B2="金卡",IF(C2<2888,"电饭煲",
IF(C2<3888,"电磁炉","微波炉")),IF(B2="银卡",IF(C2<2888,"夜间灯",
IF(C2<3888,"雨伞","摄像头")),"浴巾")))
```

按 Enter 键得出结果，如图 2-18 所示。

D2		× ✓ fx	=IF(AND(B2="",C2<2888),"",IF(B2="金卡",IF(C2<2888,"电饭煲",IF(C2<3888,"电磁炉","微波炉")),IF(B2="银卡",IF(C2<2888,"夜间灯",IF(C2<3888,"雨伞","摄像头")),"浴巾")))					
	A	B	C	D	E	F	G	H
1	用户ID	持卡种类	消费额	派发赠品				
2	SL10800101	金卡	2987	电磁炉				
3	SL20800212	银卡	3965					
4	张小姐		5687					
5	SL20800469	银卡	2697					

公式返回结果

图 2-18

❷ 选中 D2 单元格，拖动右下角的填充柄向下复制公式，即可根据 B 列与 C 列中的数据批量得出应派发的赠品。

嵌套函数

AND 函数属于逻辑函数类型。它用于当所有的条件均为"真"（TRUE）时，返回的运算结果为"真"（TRUE）；反之，返回的运算结果为"假"（FALSE）。所以它一般用来检验一组数据是否都满足条件。

公式解析

=IF(AND(B2="",C2<2888),"",IF(B2="金卡",IF(C2<2888,"电饭煲",IF(C2<3888,
①
"电磁炉","微波炉")),IF(B2="银卡",IF(C2<2888,"夜间灯",IF(C2<3888,"雨伞",
②
"摄像头")),"浴巾")))
③

① 未持卡并且消费额小于 2888 时，无赠品。
② 对于持金卡的消费者按消费额派发赠品。
③ 对于持银卡的消费者按消费额派发赠品。

技巧 10 根据职工性别和职务判断退休年龄

下面的例子中，要通过设置公式根据职工性别和职务自动判断退休年龄，具体要求如下。

● 男职工退休年龄为 60 岁。
● 女职工退休年龄为 55 岁。
● 如果是领导（总经理和副总经理），则退休年龄可以延迟 5 岁。

设置公式并复制后即可批量得出如图 2-19 所示的结果。

	A	B	C	D	E
1	序号	姓名	性别	职务	退休年龄
2	1	胡子强	男	总经理	65
3	2	刘玲燕	女	副总经理	60
4	3	韩要荣	男	销售经理	60
5	4	侯淑媛	女	职员	55
6	5	孙丽萍	女	销售经理	55
7	6	李平	男	职员	60
8	7	苏敏	女	财务经理	55
9	8	张文涛	男	职员	60
10	9	孙文胜	男	职员	60
11	10	周保国	男		60

批量结果

图 2-19

● 选中 **E2** 单元格，在公式编辑栏中输入公式：

`=IF(C2="男",60,55)+IF(OR(D2="总经理",D2="副总经理"),5,0)`

按 **Enter** 键得出结果，如图 2-20 所示。

E2 =IF(C2="男",60,55)+IF(OR(D2="总经理",D2="副总经理"),5,0)

	A	B	C	D	E	F	G
1	序号	姓名	性别	职务	退休年龄		
2	1	胡子强	男	总经理	65		
3	2	刘玲燕	女	副总经理			
4	3	韩要荣	男	销售经理			
5	4	侯淑媛	女	职员			

公式返回结果

图 2-20

❷ 选中 E2 单元格，拖动右下角的填充柄向下复制公式，即可根据 C 列与 D 列中的数据批量得出每位职工的退休年龄。

嵌套函数

OR 函数属于逻辑函数类型。它用于判断当给出的参数组中任何一个参数的逻辑值为 TRUE，返回 TRUE；任何一个参数的逻辑值为 FALSE，返回 FALSE。

公式解析

=IF(C2=" 男 ",60,55)+IF(OR(D2=" 总经理 ",D2=" 副总经理 "),5,0)

① ② ③ ④

① 如果 C2=" 男 "，返回 60；否则返回 55。
② 判断 D2=" 总经理 " 和 D2=" 副总经理 " 两个条件是否有一个满足。
③ 如果②步满足，返回 5，否则返回 0。
④ 将①步与③步得出的结果相加。

技巧 11 根据年龄与学历对应聘人员二次筛选

下面的例子中，要通过设置公式根据年龄与学历对应聘人员进行二次筛选，具体要求如下。

- 如果年龄大于 45 岁，或者学历为“专科以下”，取消资格。
- 如果学历为“研究生”，不考虑年龄，直接聘用。

设置公式并复制后即可批量得出如图 2-21 所示 D 列的结果。

	A	B	C	D	E
1	姓名	年龄	学历	筛选结果	
2	孙倩倩	46	本科	取消	
3	姚艳洲	24	专科	聘用	
4	侯丽	27	本科	聘用	
5	李茂良	30	研究生	聘用	
6	崔娜	22	专科以下	取消	
7	简志能	28	本科	聘用	
8	刘永飞	48	研究生	聘用	
9	钟杨	26	本科	聘用	
10	苏沐晗	22	专科以下	取消	

批量结果

图 2-21

①选中 D2 单元格，在公式编辑栏中输入公式：

```
=IF(AND(OR(B2>45,C2="专科以下"),C2<>"研究生"),"取消","聘用")
```

按 Enter 键得出结果，如图 2-22 所示。

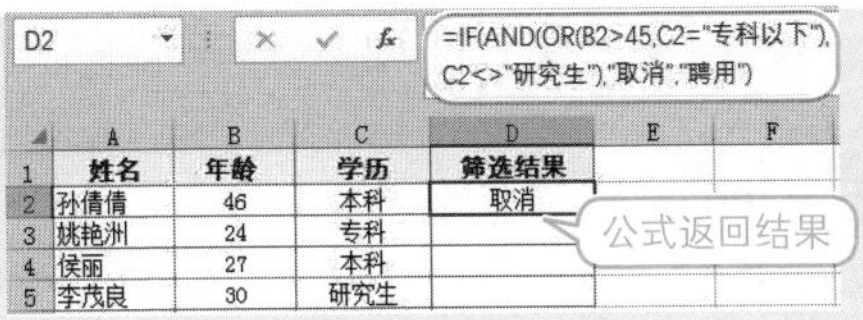

	A	B	C	D	E	F
1	姓名	年龄	学历	筛选结果		
2	孙倩倩	46	本科	取消		
3	姚艳洲	24	专科			
4	侯丽	27	本科			
5	李茂良	30	研究生			

图 2-22

②选中 D2 单元格，拖动右下角的填充柄向下复制公式，即可根据 B 列与 C 列中的数据批量得出筛选结果。

公式解析

=IF(AND(OR(B2>45,C2="专科以下"),C2<>"研究生"),"取消","聘用")

① 判断“B2>45”与“C2="专科以下"”这两个条件是否有一个满足。有一个满足返回 TRUE，否则返回 FALSE。

② 判断①与“C2<>"研究生"”是否同时为 TRUE。同时为 TRUE，该步结果为 TRUE，否则结果为 FALSE。

③ 当②步结果为 TRUE 时，返回“取消”，否则返回“聘用”。

技巧 12 根据商品的名称与颜色进行一次性调价

下面的例子中，要通过设置公式根据商品的名称与颜色进行一次性调价，具体要求如下。

- 只对洗衣机调价，其他商品保持原价。
- 白色洗衣机上调 50 元，其他颜色洗衣机上调 200 元。

设置公式并复制后即可批量得出如图 2-23 所示的结果。

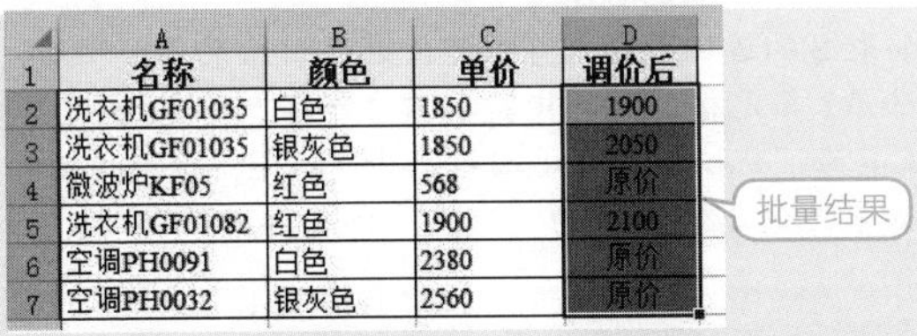

	A	B	C	D
1	名称	颜色	单价	调价后
2	洗衣机GF01035	白色	1850	1900
3	洗衣机GF01035	银灰色	1850	2050
4	微波炉KF05	红色	568	原价
5	洗衣机GF01082	红色	1900	2100
6	空调PH0091	白色	2380	原价
7	空调PH0032	银灰色	2560	原价

图 2-23

①选中 D2 单元格，在公式编辑栏中输入公式：

```
=IF(NOT(LEFT(A2,3)=" 洗衣机 ")," 原价 ",IF(AND(LEFT (A2,3)="
洗衣机 ",NOT(B2=" 白色 ")),C2+200,C2+50))
```

按 Enter 键得出结果，如图 2-24 所示。

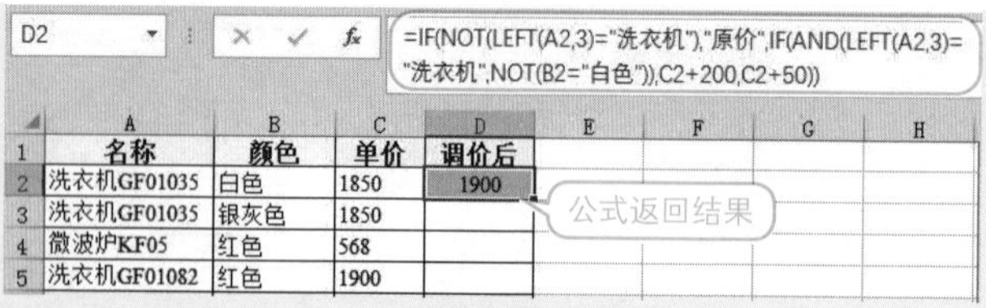

图 2-24

❷ 选中 D2 单元格，拖动右下角的填充柄向下复制公式，即可根据 A 列中的名称与 B 列中的颜色批量得出调整后的价格。

嵌套函数

● AND 函数属于逻辑函数类型。它用于当所有的条件均为"真"（TRUE）时，返回的运算结果为"真"（TRUE）；反之，返回的运算结果为"假"（FALSE）。所以它一般用来检验一组数据是否都满足条件。

● NOT 函数属于逻辑函数类型。它用于对参数值求反，当要确保一个值不等于某一特定值时，可以使用 NOT 函数。

● LEFT 函数属于文本函数类型。它用于根据所指定的字符数返回文本字符串中第一个字符或前几个字符。

公式解析

```
=IF(NOT(LEFT(A2,3)=" 洗衣机 ")," 原价 ",IF(AND(LEFT(A2,3)=" 洗衣机 ",
      ①                   ②         ③
NOT(B2=" 白色 ")),C2+200,C2+50))
    ④              ⑤
```

① 从 A2 单元格的数据中提取前 3 个字。

② 判断①中提取的数据是否不是"洗衣机"。

③ 如果②的返回结果为 TRUE，则返回结果为"原价"。

④ 从 A2 单元格的数据中提取前 3 个字，如果为"洗衣机"并且 B2 单元格中的值不为"白色"，则返回结果为 TRUE，否则返回结果为 FALSE。

⑤ 如果④的返回结果为 TRUE，公式返回结果为"C2+200"，否则返回"C2+50"。

技巧 13 　根据 3 项业务的完成率计算综合完成率

下面的表格中记录了每位销售员对 3 项业务的完成率情况，现在要求计算出每位销售员的综合完成率，具体要求如下。

- 如果 3 项业务都有成绩，则综合完成率为主业务 *50%+ 附属业务 1*30%+ 附属业务 2*20%。
- 如果主业务没有成绩，则综合完成率为（附属业务 1+ 附属业务 2）*50%。
- 如果主业务有成绩，两项附属业务有任意一项没有成绩时，则综合完成率为主业务 *60%+（附属业务 1+ 附属业务 2）*40%。
- 如果只有主业务有成绩，则综合完成率为主业务的完成率。

设置公式并复制后即可批量得出如图 2-25 所示 E 列的结果。

	A	B	C	D	E
1	姓名	主业务	附属业务1	附属业务2	综合完成率
2	钟杨		83%	88%	85.5%
3	孙倩倩	80%		79%	79.6%
4	姚艳洲	79%	79%	68%	76.8%
5	侯丽	90%	60%		78.0%
6	简志能	95%			95.0%
7	张丽	89%	75%	80%	83.0%
8	邹文涛	90%		79%	85.6%
9					

批量结果

图 2-25

① 选中 E2 单元格，在公式编辑栏中输入公式：

```
=IF(AND(B2>0,C2>0,D2>0),B2*50%+C2*30%+D2*20%,IF(AND(B2=
0,C2>0,D2>0),(C2+D2)*50%,IF(AND(B2>0,OR(C2>0,D2>0)),B2*60%+
(C2+D2)*40%,B2)))
```

按 Enter 键得出第一位销售员的综合完成率，如图 2-26 所示。

E2		×	✓	fx	=IF(AND(B2>0,C2>0,D2>0),B2*50%+C2*30%+D2*20%, IF(AND(B2=0,C2>0,D2>0),(C2+D2)*50%,IF(AND(B2>0, OR(C2>0,D2>0)),B2*60%+(C2+D2)*40%,B2)))

	A	B	C	D	E	F	G
1	姓名	主业务	附属业务1	附属业务2	综合完成率		
2	钟杨		83%	88%	85.5%		
3	孙倩倩	80%		79%			
4	姚艳洲	79%	79%	68%			
5	侯丽	90%	60%				

公式返回结果

图 2-26

② 选中 E2 单元格，拖动右下角的填充柄向下复制公式，即可计算出每一位销售员的综合完成率。

📄✍️ **公式解析**

=IF(AND(B2>0,C2>0,D2>0),B2*50%+C2*30%+D2*20%,IF(AND(B2=0, C2>0,
D2>0),(C2+D2)*50%,IF(AND(B2>0,OR(C2>0,D2>0)),B2*60%+(C2+D2)*40%,B2)))

① ② ③ ④

① 判断"B2>0""C2>0""D2>0"这 3 个条件是否都满足，如果是，则返回"B2*50%+C2*30%+D2*20%"的计算结果。

② 判断"B2=0""C2>0""D2>0"这 3 个条件是否都满足，如果是，则返回"(C2+D2)*50%"的计算结果。

③ 判断"C2>0""D2>0"这两个条件是否有一个满足，如果是，则返回 TRUE，否则返回 FALSE。

④ 判断"B2>0"与③的结果是否同时为 TRUE。如果同时为 TRUE，则进行"B2*60%+(C2+D2)*40%"计算。

当上述 4 步条件都不满足时，则直接返回 B2 单元格的值。

技巧 14 比较两个采购部门的采购价格

下面的例子要求通过建立公式一次性比较两个采购部门的采购价格是否相同，如果不同，则返回商品的编号。

选中 E2:E14 单元格区域，在公式编辑栏中输入公式：

```
=IF(NOT(C2:C14=D2:D14),A2:A14,"")
```

按 Shift+Ctrl+Enter 组合键得出结果，如图 2-27 所示。从图中可以看到编号为"YG-003"和"PX-002"的商品两个采购部门的采购价格不同。

	A	B	C	D	E	F	G
1	编号	产品名称	采购1部	采购2部	不同价格商品编号		
2	YG-001	圆钢	6.58	6.58			
3	YG-002	圆钢	6.48	6.48			
4	YG-003	圆钢	6.18	6.11	YG-003		
5	YG-004	圆钢	5.08	5.08			
6	ZGX-001	准高线	5.05	5.05			
7	ZGX-002	准高线	5.05	5.05			
8	PX-001	普线	5.05	5.05			
9	PX-002	普线	4.43	4.33	PX-002		
10	GX-001	高线	4.43	4.43			
11	GX-002	高线	4.1	4.1			
12	GX-003	高线	4.1	4.1			
13	IIILWG001	III级螺纹钢	4.15	4.15			
14	IIILWG002	III级螺纹钢	4.15	4.15			
15							

批量结果

图 2-27

公式解析

=IF(NOT(C2:C14=D2:D14),A2:A14,"")
①②

① 依次判断 C2:C14 单元格区域中的值是否不等于 D2:D14 单元格区域中的值。

② 如果①步结果为 TRUE，则返回对应 A2:A14 单元格区域上的值，如果①步结果为 FALSE，则返回空。

专家点拨

本例中的公式是一个数组公式，它的参数是数组的形式，因此其返回结果也是一组数据。在选择显示公式的结果的单元格区域时，需要根据数据源多少，有多少条记录就选择到什么位置。

2.5 IFS 函数（多层条件判断）

【功能】

IF（条件 1，结果 1，[条件 2，结果 2]…[条件 127，结果 127]）

IFS 函数允许测试显示最多 127 个不同的条件。但不建议在 IF 或 IFS 语句中嵌套过多条件。这是因为多个条件需要按正确顺序输入，并且可能非常难构建、测试和更新。

技巧 15　比较 IF 与 IFS

IF 函数可以通过不断嵌套来解决多重条件判断问题，但是出 IFS 函数诞生后，则可以很好地解决多重条件问题，而且参数书写起来非常简易和易于理解。

例如，下面的例子中有五层条件：当"面试成绩 =100"时，返回"满分"文字；当"100> 面试成绩 >=95"时，返回"优秀"文字；当"95> 面试成绩 >=80"时，返回"良好"文字；当"80> 面试成绩 >=60"时，返回"及格"文字；"面试成绩 <60"时，返回"不及格"文字。此时则可以使用 IFS 函数的设计公式。

❶ 选中 C2 单元格，在编辑栏中输入公式：

```
=IFS(B2=100," 满分 ",B2>=95," 优秀 ",B2>=80," 良好 ",B2>=60,
" 及格 ",B2<60," 不及格 ")
```

按 Enter 键，判断 B2 单元格中的值并返回结果，如图 2-28 所示。

| C2 | | × ✓ fx | =IFS(B2=100,"满分",B2>=95,"优秀",B2>=80,"良好",B2>=60,"及格",B2<60,"不及格") |
| A | B | C | D | E | F | G | H | I | J |

	A	B	C
1	姓名	面试	测评结果
2	何启新	90	良好
3	周志鹏	55	
4	夏奇	77	
5	周金星	95	

图 2-28

❷ 选中 C2 单元格，拖动右下角的填充柄向下复制公式，可批量判断其他面试成绩并返回测评结果，如图 2-29 所示。

图 2-29

比较一下，如果这项判断使用 IF 函数的话，那么公式要写为 =IF(B2=100, "满分 ",IF(B2>=95,"优秀 ",IF(B2>=80," 良好 ",IF(B2>=60," 及格 "," 不及格 "))))，这么多层的括号书写起来稍不仔细就很容易出错，而使用 IFS 实现起来非常简单，只需要条件和值成对出现就可以了。

技巧 16　分男女性别判断跑步成绩是否合格

如图 2-30 所示，表格统计的是某公司团建活动中的跑步成绩，按规定，男员工必须 8 分钟之内跑完 1000 米才合格；女员工则必须 10 分钟之内跑完 1000 米才合格，判断结果如图 2-30 所示中 F 列数据。要完成这项判断可以使用 IFS 函数来设计公式。

图 2-30

❶ 选中 F2 单元格，在编辑栏中输入公式：

```
=IFS(AND(D2="男 ",E2<=8)," 合格 ",AND(D2="女 ",E2<=10)," 合格 ",E2>=8," 不合格 ")
```

按 Enter 键，判断 D2 与 E2 中的值并返回结果，如图 2-31 所示。

	A	B	C	D	E	F	G	H	I	J
1	员工编号	姓名	年龄	性别	完成时间(分)	是否合格				
2	GSY-001	何志新	35	男	12	不合格				
3	GSY-017	周志鹏	28	男	7.9					
4	GSY-008	夏楚奇	25	男	7.6					
5	GSY-004	周金星	27	女	9.4					

F2: `=IFS(AND(D2="男",E2<=8),"合格",AND(D2="女",E2<=10),"合格",E2>=8,"不合格")`

图 2-31

❷ 选中 F2 单元格，拖动右下角的填充柄向下复制公式，即可批量根据其他员工的性别和完成时间判断是否合格。

📖 公式解析

=IFS(AND(D2=" 男 ",E2<=8)," 合格 ",AND(D2=" 女 ",E2<=10)," 合格 ",E2>=8," 不合格 ")

① 第 1 组判断条件和返回结果。AND 函数判断 D2 单元格中的性别是否为"男"并且 E2 单元格中完成时间是否小于或等于 8，若同时满足则返回"合格"。
② 第 2 组判断条件和返回结果。AND 函数判断 D2 单元格中的性别是否为"女"并且 E2 单元格中完成时间是否小于或等于 10，若同时满足则返回"合格"。
③ 第 3 组判断条件和返回结果。既不满足①，也不满足②，则返回"不合格"。

技巧 17　实现智能调薪

企业想对职位为"研发员"的人员调整工资，其调整规则为职位不是"研发员"的，基本工资都保持不变；职位是"研发员"并且工龄大于 5 年的，则基本工资加 1000 元；职位是"研发员"但工龄小于或等于 5 年的，则基本工资加 500 元。经过设置公式，可以得到如图 2-32 所示中 E 列的结果。

	A	B	C	D	E
1	姓名	职位	工龄	基本工资	调薪后工资
2	何志新	设计员	1	4000	不变
3	周志鹏	研发员	3	5000	5500
4	夏楚奇	会计	5	3500	不变
5	周金星	设计员	4	5000	不变
6	张明宇	研发员	2	4500	5000
7	赵思飞	测试员	4	3500	不变
8	韩佳人	研发员	6	6000	7000
9	刘莉莉	测试员	8	5000	不变
10	吴世芳	研发员	3	5000	5500

图 2-32

● 选中 E2 单元格，在编辑栏中输入公式：

=IFS(NOT(B2=" 研发员 ")," 不变 ",AND(B2=" 研发员 ",C2>5), D2+1000, B2=" 研发员 ",D2+500)

按 Enter 键，即可根据 B2 与 C2 中的值判断并返回结果，如图 2-33 所示。

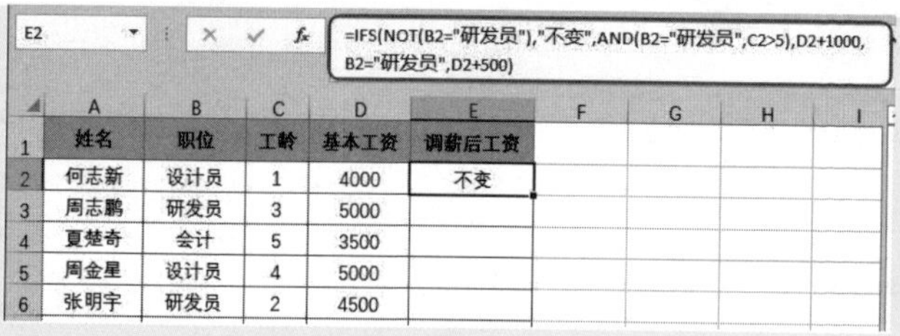

图 2-33

● 选中 E2 单元格，拖动右下角的填充柄向下复制公式，即可批量根据其他员工的职位与工龄判断其调薪后的结果。

公式解析

=IFS(NOT(B2=" 研发员 ")," 不变 ",AND(B2=" 研发员 ",C2>5),D2+1000,B2=" 研发员 ",D2+500)

① 第 1 组判断条件和返回结果。NOT 函数判断 B2 单元格中的值是否不是"研发员"，如果不是，则返回"不变"，这一步排除所有职位为非研发员的。

② 第 2 组判断条件和返回结果。AND 函数判断 B2 单元格中的职位是否为"研发员"并且 C2 单元格中工龄是否大于 5，若同时满足，则返回结果为"D2+1000"。

③ 第 3 组判断条件和返回结果。如果只有 B2 单元格中的值为"研发员"这一个条件满足，则返回结果为"D2+500"。

技巧 18　计算个人所得税

个人所得税的缴费有规定的起征点，未达起征点的不缴税，达到起征点按阶梯式的比例缴费。可以使用 IFS 函数来完成对个人所得税的核算。

个人所得税的缴费相关规则，如表 2-1 所示。

● 起征点为 5000 元。

● 税率及速算扣除数如表 2-1 所示。

表 2-1　税率及速算扣除数

应纳税所得额（元）	税率（%）	速算扣除数（元）
不超过 3000	3	0
3001 ~ 12000	10	210
12001 ~ 25000	20	1410
25001 ~ 35000	25	2660
35001 ~ 55000	30	4410
55001 ~ 80000	35	7160
超过 80000	45	15160

❶ 选中 E3 单元格，在编辑栏中输入公式：

```
=IF(D3<5000,0,D3-5000)
```

按 Enter 键，即可计算出应缴税所得额，如图 2-34 所示。

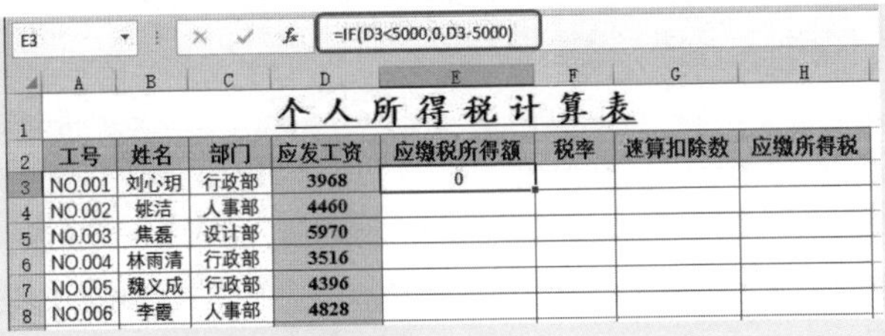

	A	B	C	D	E	F	G	H
1	个人所得税计算表							
2	工号	姓名	部门	应发工资	应缴税所得额	税率	速算扣除数	应缴所得税
3	NO.001	刘心玥	行政部	3968	0			
4	NO.002	姚洁	人事部	4460				
5	NO.003	焦磊	设计部	5970				
6	NO.004	林雨清	行政部	3516				
7	NO.005	魏义成	行政部	4396				
8	NO.006	李霞	人事部	4828				

图 2-34

❷ 选中 E3 单元格，拖动右下角的填充柄向下填充公式，批量计算其他员工的应缴税所得额，如图 2-35 所示。从公式返回结果可以看到，当应发工资小于 5000 元时，是不缴税的。

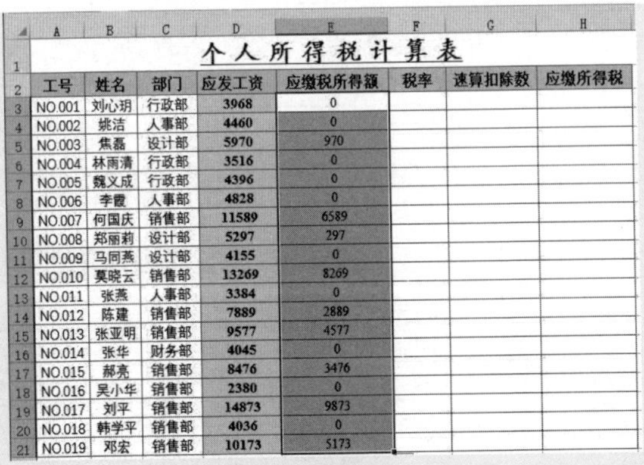

	A	B	C	D	E	F	G	H
1	个人所得税计算表							
2	工号	姓名	部门	应发工资	应缴税所得额	税率	速算扣除数	应缴所得税
3	NO.001	刘心玥	行政部	3968	0			
4	NO.002	姚洁	人事部	4460	0			
5	NO.003	焦磊	设计部	5970	970			
6	NO.004	林雨清	行政部	3516	0			
7	NO.005	魏义成	行政部	4396	0			
8	NO.006	李霞	人事部	4828	0			
9	NO.007	何国庆	销售部	11589	6589			
10	NO.008	郑丽莉	设计部	5297	297			
11	NO.009	马同燕	设计部	4155	0			
12	NO.010	莫晓云	销售部	13269	8269			
13	NO.011	张燕	人事部	3384	0			
14	NO.012	陈建	销售部	7889	2889			
15	NO.013	张亚明	销售部	9577	4577			
16	NO.014	张华	财务部	4045	0			
17	NO.015	郝亮	销售部	8476	3476			
18	NO.016	吴小华	销售部	2380	0			
19	NO.017	刘平	销售部	14873	9873			
20	NO.018	韩学平	销售部	4036	0			
21	NO.019	邓宏	销售部	10173	5173			

图 2-35

在计算应缴所得税时需要考虑两个因素，即税率、速算扣除数，此时可以通过建立公式实现根据应缴税所得额进行自动判断，之后再求解出应缴所得税。

③ 选中 F3 单元格，在编辑栏中输入公式：

```
=IFS(E3<=3000,0.03,E3<=12000,0.1,E3<=25000,0.2,E3<=35000,0.25,E3<= 55000,0.3,E3<=80000,0.35,E3>80000,0.45)
```

按 Enter 键，即可根据应缴税所得额判断出其税率，如图 2-36 所示。

F3 fx =IFS(E3<=3000,0.03,E3<=12000,0.1,E3<=25000,0.2,E3<=35000,0.25,E3<= 55000,0.3,E3<=80000,0.35,E3>80000,0.45)

个人所得税计算表							
工号	姓名	部门	应发工资	应缴税所得额	税率	速算扣除数	应缴所得税
NO.001	刘心玥	行政部	3968	0	0.03		
NO.002	姚洁	人事部	4460	0			
NO.003	焦磊	设计部	5970	970			
NO.004	林雨清	行政部	3516	0			
NO.005	魏义成	行政部	4396	0			
NO.006	李霞	人事部	4828	0			
NO.007	何国庆	销售部	11589	6589			
NO.008	郑丽莉	设计部	5297	297			

图 2-36

专家点拨

如果当前使用的还是 Excel 2019 以下的版本，可以将公式写为 IF 函数：

```
=IF(E3<=3000,0.03,IF(E3<=12000,0.1,IF(E3<=25000,0.2,IF(E3<=35000,0.25, IF(E3<=55000,0.3,IF(E3<=80000,0.35,0.45))))))
```

④ 选中 G3 单元格，在公式编辑栏中输入公式：

```
=IFS(F3=0.03,0,F3=0.1,210,F3=0.2,1410,F3=0.25,2660,F3=0.3,4410,F3=0.35,7160,F3=0.45,15160)
```

按 Enter 键，即可计算出速算扣除数，如图 2-37 所示。

G3 fx =IFS(F3=0.03,0,F3=0.1,210,F3=0.2,1410,F3=0.25,2660,F3=0.3,4410,F3=0.35,7160,F3=0.45,15160)

个人所得税计算表							
工号	姓名	部门	应发工资	应缴税所得额	税率	速算扣除数	应缴所得税
NO.001	刘心玥	行政部	3968	0	0.03	0	
NO.002	姚洁	人事部	4460	0			
NO.003	焦磊	设计部	5970	970			
NO.004	林雨清	行政部	3516	0			
NO.005	魏义成	行政部	4396	0			
NO.006	李霞	人事部	4828	0			
NO.007	何国庆	销售部	11589	6589			

图 2-37

⑤ 选中 H3 单元格，在编辑栏中输入公式：

```
=E3*F3-G3
```

按 Enter 键，即可计算出应缴所得税，如图 2-38 所示。

H3 =E3*F3-G3

	A	B	C	D	E	F	G	H
1	个人所得税计算表							
2	工号	姓名	部门	应发工资	应缴税所得额	税率	速算扣除数	应缴所得税
3	NO.001	刘心玥	行政部	3968	0	0.03	0	0
4	NO.002	姚洁	人事部	4460	0			
5	NO.003	焦磊	设计部	5970	970			
6	NO.004	林雨清	行政部	3516	0			
7	NO.005	魏义成	行政部	4396	0			
8	NO.006	李霞	人事部	4828	0			
9	NO.007	何国庆	销售部	11589	6589			

图 2-38

⑥ 选中 F3:H3 单元格区域，拖动右下角的填充柄，向下填充公式批量计算其他员工的应缴所得税，如图 2-39 所示。

	A	B	C	D	E	F	G	H
1	个人所得税计算表							
2	工号	姓名	部门	应发工资	应缴税所得额	税率	速算扣除数	应缴所得税
3	NO.001	刘心玥	行政部	3968	0	0.03	0	0
4	NO.002	姚洁	人事部	4460	0	0.03	0	0
5	NO.003	焦磊	设计部	5970	970	0.03	0	29.1
6	NO.004	林雨清	行政部	3516	0	0.03	0	0
7	NO.005	魏义成	行政部	4396	0	0.03	0	0
8	NO.006	李霞	人事部	4828	0	0.03	0	0
9	NO.007	何国庆	销售部	11589	6589	0.1	210	448.9
10	NO.008	郑丽莉	设计部	5297	297	0.03	0	8.91
11	NO.009	马同燕	设计部	4155	0	0.03	0	0
12	NO.010	莫晓云	销售部	13269	8269	0.1	210	616.9
13	NO.011	张燕	人事部	3384	0	0.03	0	0
14	NO.012	陈建	销售部	7889	2889	0.03	0	86.67
15	NO.013	张亚明	销售部	9577	4577	0.1	210	247.7
16	NO.014	张华	财务部	4045	0	0.03	0	0
17	NO.015	郝亮	销售部	8476	3476	0.1	210	137.6
18	NO.016	吴小华	销售部	2380	0	0.03	0	0
19	NO.017	刘平	销售部	14873	9873	0.1	210	777.3
20	NO.018	韩学平	销售部	4036	0	0.03	0	0
21	NO.019	邓宏	销售部	10173	5173	0.1	210	307.3

图 2-39

公式解析

=IFS(E3<=3000,0.03,E3<=12000,0.1,E3<=25000,0.2,E3<=35000,0.25,E3<=55000,0.3,E3<=80000,0.35,E3>80000,0.45)

依据 IFS 函数参数设置规则，依次写入各个判断条件与返回值。如“E3<=3000”对应值为 0.03，“E3<=12000”对应值为 0.1，“E3<=25000”对应值为 0.2……

2.6 SWITCH 函数（根据表达式的返回值匹配结果）

【功能】

SWITCH 函数是 Excel 2019 新增的函数，它可以根据表达式计算一个值，并返回与该值所匹配的结果；如果不匹配，那么就返回可选默认值。

【语法】

SWITCH(expression ,value1,result1, [value2,result2],...,[value126,result126],[default])

【参数】

- expression：必需参数，要计算的表达式，其结果与 valueN 相对应。
- value1,result1：必需参数，是要与表达式进行比较的值。如满足条件则返回对应的 result1。至少出现 1 组，最多可出现 126 组。
- default：可选参数，是在对应值与表达式匹配时要返回的结果。当在 valueN 表达式中没有找到匹配值时，则返回 default 值；当没有对应的 resultN 表达式时，则标识为 default 参数。default 必须是函数中的最后一个参数。

技巧 19　只安排周一至周三值班

在本例中要求根据给定的日期来建立一个只在周一至周三安排值班的值班表。即如果日期对应的是星期一、星期二、星期三，则返回对应的星期数，对于其他星期数统一返回"无值班"。

❶ 选中 B2 单元格，在编辑栏中输入公式：

`=SWITCH(WEEKDAY(A2),2,"星期一",3,"星期二",4,"星期三 ","无值班")`

按 Enter 键，判断 A2 单元格中日期值并返回结果，如图 2-40 所示。

| B2 | ▼ | : | × | ✓ | fx | =SWITCH(WEEKDAY(A2),2,"星期一",3,"星期二",4,"星期三","无值班") |

	A	B	C	D	E	F	G	H
1	日期	星期数	值班员工					
2	2020/10/10	无值班						
3	2020/10/11							
4	2020/10/12							
5	2020/10/13							

图 2-40

❷ 选中 B2 单元格，向下填充公式到 B13 单元格，可批量判断其他日期并返回对应的值班星期数及是否安排值班，如图 2-41 所示。

图 2-41

公式解析

①──────────────── ②

=SWITCH(WEEKDAY(A2),2," 星期一 ",3," 星期二 ",4," 星期三 "," 无值班 ")

① 使用 WEEKDAY(A2) 的值作为表达式，WEEKDAY 函数用于返回一个日期对应的星期数，返回的是数字 1、2、3、4、5、6、7，分别对应的是星期日、星期一、星期二、星期三、星期四、星期五、星期六。

② 如果①步的返回值为 2，则返回"星期一"。如果①步的返回值为 3，则返回"星期二"。如果①步的返回值为 4，则返回"星期三"。除此之外都返回"无值班"。

技巧 20　提取纸张大小的规格分类

在本例表格的 B 列中显示了纸张的品名规格，其中包含了纸张的大小规格，即纸张名称后的数字 1 表示 A1 型纸张，数字 2 表示 A2 型纸张，以此类推。现在需要快速地提取纸张的大小规格。

❶ 选中 D2 单元格，在编辑栏中输入公式：

```
=SWITCH(MID(B2,FIND(":",B2)-1,1),"1","A1 纸 ","2","A2 纸 ",
"3","A3 纸 ","4","A4 纸 ","5","A5 纸 ")
```

按 Enter 键，判断 B2 单元格中的值并返回结果，如图 2-42 所示。

图 2-42

❷ 选中 **D2** 单元格，向下填充公式到 D8 单元格，可批量判断 B 列中的其他值并返回对应大小规格，如图 2-43 所示。

	A	B	C	D
1	序号	品名规格(A类)	包数	规格
2	1	黄塑纸1:594mm×840mm	300	A1纸
3	2	白塑纸2:420×594mm	829	A2纸
4	3	牛硅纸5:148×210mm	475	A5纸
5	4	武汉黄纸2:420×594mm	490	A2纸
6	5	赤壁白纸4:210×297mm	590	A4纸
7	6	黄硅纸1:594mm×840mm	755	A1纸
8	6	黄硅纸3:297×420mm	1000	A3纸

图 2-43

公式解析

=SWITCH(MID(B2,FIND(":",B2)-1,1),"1","A1 纸 ","2","A2 纸 ","3","A3 纸 ","4","A4 纸 ", "5","A5 纸 ")

①使用 MID 函数和 FIND 函数提取数据，这里的提取规则为先使用 FIND 函数找到 "："符号的位置，找到后从这个位置的减 1 处开始提取，共提取一位，即提取的是冒号后的那一位数字。

②如果①步的返回值为 1，则返回 "A1 纸"。如果①步的返回值为 2，则返回 "A2 纸"。如果①步的返回值为 3，则返回 "A3 纸"。以此类推。

2.7 IFERROR 函数（根据条件判断真假）

【功能】

当公式的计算结果为错误，返回指定的值；否则将返回公式的结果。使用 IFERROR 函数可以捕获和处理公式中的错误。

【语法】

IFERROR(value, value_if_error)

【参数】

● value：表示检查是否存在错误的参数。
● value_if_error：表示公式的计算结果为错误时要返回的值。返回的错误类型有 #N/A、#VALUE!、#REF!、#DIV/0!、#NUM!、#NAME? 或 #NULL!。

当被除数为空值（或0值）时返回"计算数据源有错误"文字

当除数或被除数为空值（或0值）时，返回"计算数据源有错误"的提示文字。

① 选中 C2 单元格，在公式编辑栏中输入公式：

```
=IFERROR(A2/B2,"计算数据源有错误")
```

按 Enter 键可返回计算结果。

② 选中 C2 单元格，拖动右下角的填充柄向下复制公式，即可批量返回结果，如图 2-44 所示。

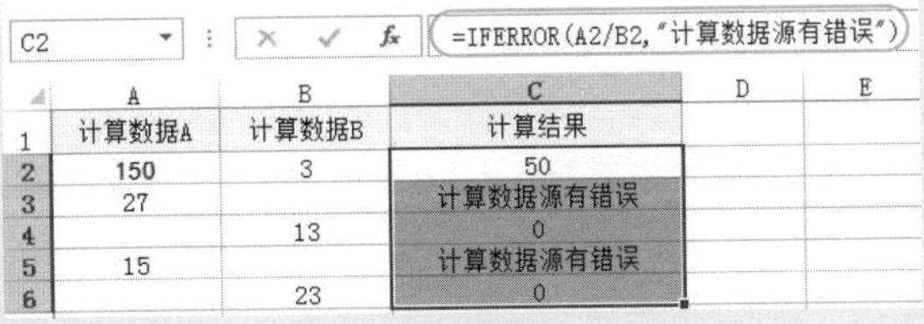

	A	B	C	D	E
	C2		fx =IFERROR(A2/B2,"计算数据源有错误")		
1	计算数据A	计算数据B	计算结果		
2	150	3	50		
3	27		计算数据源有错误		
4		13	0		
5	15		计算数据源有错误		
6		23	0		

图 2-44

第 3 章 文本函数范例

3.1 提取文本

3.1.1 LEFT 函数（从最左侧开始提取指定数目的字符）

【功能】

LEFT 函数用于从给定字符串的最左侧开始提取指定数目的字符。

【语法】

LEFT(text, [num_chars])

【参数】

● text：给定的文本字符串。

● num_chars：可选，指定要由 LEFT 函数提取的字符的数量。

技巧 1 提取分部名称

如果要提取的字符串在左侧，并且要提取的字符宽度一致，则可以直接使用 LEFT 函数提取。如图 3-1 所示，从 B 列中提取分部名称。

	A	B	C	D	E
1	姓名	部门	销售额(元)	分部名称	
2	陈霞	盛大分公司1部	105500	盛大分公司	
3	方同明	盛大分公司1部	99180	盛大分公司	
4	张亚明	盛大分公司2部	76100	盛大分公司	
5	张华	盛大分公司2部	57200	盛大分公司	
6	郝亮	巨河分公司1部	85500	巨河分公司	
7	穆宇飞	巨河分公司1部	46800	巨河分公司	
8	于青青	巨河分公司2部	82500	巨河分公司	
9	吴小华	巨河分公司2部	59700	巨河分公司	
10	刘雨霏	静安分公司1部	88200	静安分公司	
11	韩学平	静安分公司2部	116400	静安分公司	

图 3-1

❶ 选中 D2 单元格，在编辑栏中输入公式：

```
=LEFT(B2,5)
```

按 Enter 键，可提取 B2 单元格中字符串的前 5 个字符，如图 3-2 所示。

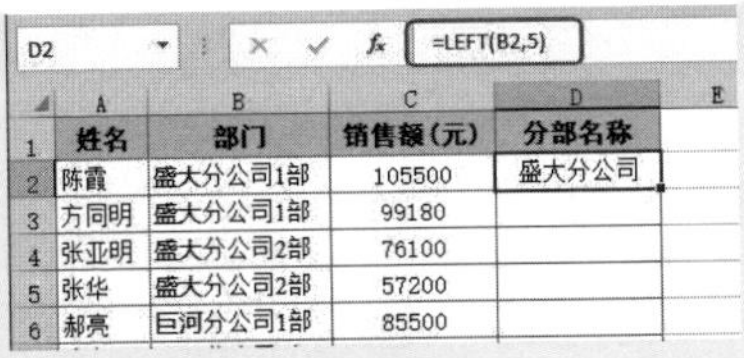

图 3-2

❷ 选中 D2 单元格，拖动右下角的填充柄向下复制公式，即可批量提取分部名称。

技巧2　从特产名称中提取产地信息

如图 3-3 所示表格的 B 列中显示了特产的名称，要求从特产名称中提取该特产的产地，即得到 C 列的结果。

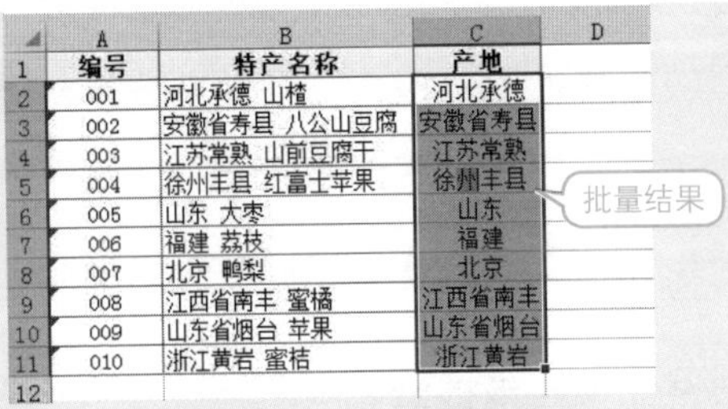

图 3-3

❶ 选中 C2 单元格，在公式编辑栏中输入公式：

```
=LEFT(B2,(FIND(" ",B2)-1))
```

按 Enter 键得出结果，如图 3-4 所示。

图 3-4

❷ 选中 C2 单元格，拖动右下角的填充柄向下复制公式，即可批量得出其他各特产的产地信息。

嵌套函数

FIND 函数属于文本函数类型。它用于在第二个文本串中定位第一个文本串，并返回第一个文本串的起始位置的值。

📑 公式解析

=LEFT(B2,(FIND(" ",B2)-1)) ②
　　　　　　　　　①

① 在 B2 单元格中寻找空格，并返回其位置。

② 提取 B2 单元格中前几个字符，数量为①步返回值减去 1。

3.1.2 LEFTB 函数（按字节数从最左侧提取指定数目的字符）

【功能】

LEFTB 函数用于从给定字符串的最左侧开始提取指定数目的字符（一个字符等于两个字节）。

【语法】

LEFTB(text,num_chars)

【参数】

● text：是包含要提取的字符的文本字符串。

● num_chars：按字节指定要由 LEFTB 所提取的字符数。函数执行成功时，返回 text 字符串左侧 num_bytes 个字符，发生错误时返回空字符串（" "）。

技巧 3　根据产品编号提取类别

如图 3-5 所示要实现从产品的编号中提取类别编码，即得到 A 列的结果。

	A	B	C	D	E
1	类别	编　号	名称	规格	重量
2	CM111114	CM111114-04	武汉黄纸	1300*70	735
3	CM111114	CM111114-19	武汉黄纸	1300*70	731
4	CM111107	CM111107-42	赤壁白纸	1300*80	724
5	CM111107	CM111107-44	赤壁白纸	1300*80	801
6	CA111116	CA111116-05	黄塑纸	945*70	743
7	CA111116	CA111116-06	白塑纸	945*80	772
8	SB111123	SB111123-07	牛硅纸	1160*45	340
9	CBA11112	CBA11112-03	白硅纸	940*80	965
10	SB111120	SB111120-01	黄硅纸	1540*70	775
11	SB111120	SB111120-03	黄硅纸	1540*70	676
12	YA111123	YA111123-01	牛塑纸	1163*80	683
13	YH111122	YH111122-34	运宏牛皮	1250*45	744

批量结果

图 3-5

❶ 选中 A2 单元格，在公式编辑栏中输入公式：

```
=LEFTB(B2,8)
```

按 Enter 键得出结果，如图 3-6 所示。

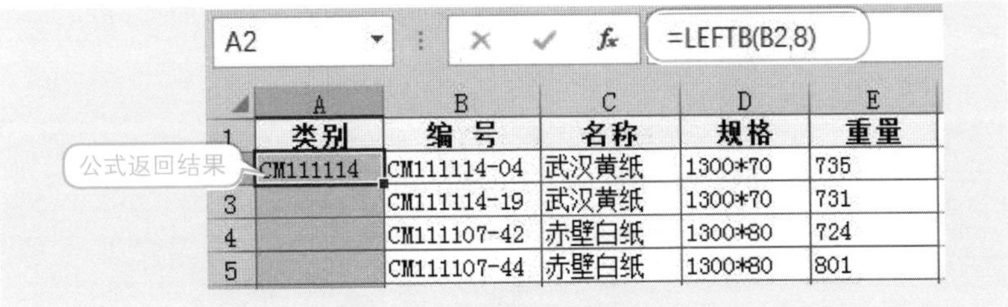

图 3-6

❷ 选中 A2 单元格，拖动右下角的填充柄向下复制公式，即可批量得出其他各产品的类别编码。

公式解析

=LEFTB(B2,8)

B2 为目标单元格，即从 B2 单元格的最左侧开始提取，共提取 8 个字符。

3.1.3 RIGHT 函数（从最右侧开始提取指定数目的字符）

【功能】

RIGHT 函数用于从给定字符串的最右侧开始提取指定数目的字符（与 LEFT 函数相反）。

【语法】

RIGHT(text,num_chars)

【参数】

● text：给定的文本字符串。
● num_chars：指定要由 RIGHT 提取的字符的数量。num_chars 必须大于或等于 0。如果 num_chars 大于文本长度，则 RIGHT 返回所有文本；如果省略 num_chars，则假设其值为 1。

技巧 4　从右侧提取字符并自动转换为数值

如图 3-7 所示，表格的 A 列中数据的后 3 位表示产品的价格（不足 3 位的前面加了 0）。现在要将价格提取出来，如果前面有 0 则自动省略，即得到 B 列中的数据。

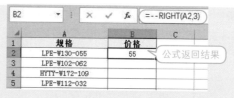

图 3-7

● 选中 B2 单元格，在公式编辑栏中输入公式：

```
=--RIGHT(A2,3)
```

按 Enter 键得出结果，如图 3-8 所示。

图 3-8

❷ 选中 B2 单元格，拖动右下角的填充柄向下复制公式，即可批量得出价格。

专家点拨

公式前面加上 "--" 符号表示将文本型数值转换为真正的数值，因此当前面有 0 时就自动省略了。

技巧 5　只为满足条件的产品提价

例如，下面的表格中统计的是一系列产品的定价，现在需要对部分产品进行调价。具体规则为：当产品包含 "十年陈" 时，价格上调 50 元，其他产品保持不变。如图 3-9 所示中 D 列为调价后的数据。

	A	B	C	D
1	产品	规格	定价	调后价格
2	咸亨太雕酒(十年陈)	5L	320	370
3	绍兴雕酒	5L	128	128
4	绍兴会稽山花雕酒	5L	215	215
5	绍兴会稽山雕酒(十年陈)	5L	420	470
6	大越雕酒	5L	187	187
7	大越雕酒(十年陈)	5L	398	448
8	古越龙山花雕酒	5L	195	195
9	绍兴黄酒女儿红	5L	358	358
10	绍兴黄酒女儿红(十年陈)	5L	440	490
11	绍兴塔牌黄酒	5L	228	228

图 3-9

要完成这项自动判断，需要公式能自动找出"十年陈"这项文字，从而实现当满足条件时进行提价的运算。由于"十年陈"文字都显示在产品名称的后面，因此可以使用 RIGHT 这个文本函数实现提取。

❶ 选中 D2 单元格，在编辑栏中输入公式：

`=IF(RIGHT(A2,5)="（十年陈）",C2+50,C2)`

❷ 按 Enter 键即可根据 A2 单元格中的产品名称，判断其是否满足"十年陈"这个条件，从图 3-10 中可以看到当前是满足条件的，因此计算结果是"C2+50"的值。

	A	B	C	D	E	F
1	产品	规格	定价	调后价格		
2	咸亨太雕酒(十年陈)	5L	320	370		
3	绍兴花雕酒	5L	128			
4	绍兴会稽山花雕酒	5L	215			
5	绍兴会稽山花雕酒(十年陈)	5L	420			
6	大越雕酒	5L	187			
7	大越雕酒(十年陈)	5L	398			

D2 单元格编辑栏：`=IF(RIGHT(A2,5)="（十年陈）",C2+50,C2)`

图 3-10

❸ 选中 D2 单元格，拖动右下角的填充柄向下复制公式，即可一次性得到批量判断结果。

函数说明

IF 函数用于根据指定的条件来判断其"真"（TRUE）、"假"（FALSE），从而返回其相对应的内容。

公式解析

`=IF(RIGHT(A2,5)="（十年陈）",C2+50,C2)`
①　　　　　　　　②

① 这项是此公式的关键，表示从 A2 单元格中数据的右侧开始提取，共提取 5 个字符。

② 提取后判断其是否是"（十年陈）"，如果是，则返回"C2+50"，否则只返回 C2 的值，即不调价。

专家点拨

在设置 RIGHT(A2,5)="（十年陈）"，注意"（十年陈）"中前后的括号是区分全半角的，即如果在单元格中使用的是全角括号，那么公式中也需要使用全角括号，否则会导致公式错误。

技巧 6 发票金额的分列填写

如图 3-11 所示，通过设置公式实现发票金额的自动填写且分列到各个单元格中。当各项明细金额发生改变时，合计金额自动发生改变。

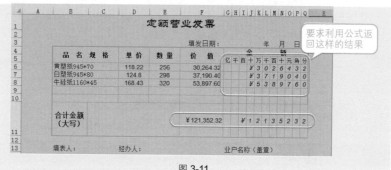

图 3-11

❶ 选中 F6 单元格，在公式编辑栏中输入公式：

```
=IF(D6="","",D6*E6)
```

按 Enter 键得出结果，向下复制公式计算各项总金额，如图 3-12 所示。

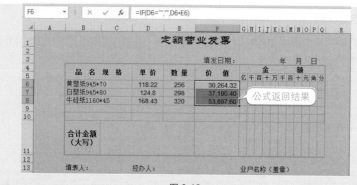

图 3-12

❷ 选中 F11 单元格，在公式编辑栏中输入公式：

```
=SUM(F6:F10)
```

按 Enter 键计算出合计金额，如图 3-13 所示。

❸ 选中 G6 单元格，在公式编辑栏中输入公式：

```
=IF($F6="","",LEFT(RIGHT("¥"&$F6*100,18-COLUMN()),1))
```

按 Enter 键得出结果（由于 F6 单元格的值达不到亿元，因此返回值为空），如图 3-14 所示。

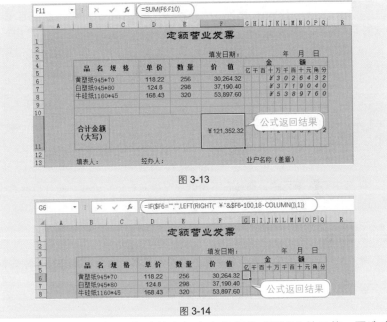

图 3-13

图 3-14

④ 选中 G6 单元格，拖动填充柄向右复制公式到 Q6 单元格，再选中 G6:Q6 单元格区域，拖动填充柄向下复制公式，如图 3-15 所示。

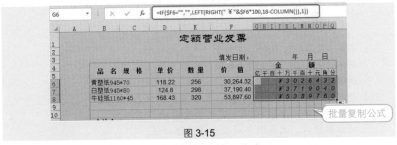

图 3-15

⑤ 选中 G11 单元格，在公式编辑栏中输入公式：

`=IF($F11="","",LEFT(RIGHT("￥"&$F11*100,18-COLUMN()),1))`

按 Enter 键得出结果（由于 F11 单元格的值达不到亿元，因此返回值为空），如图 3-16 所示。

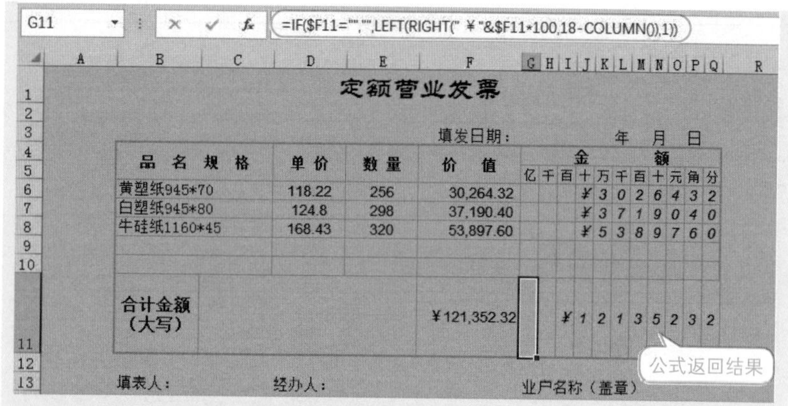

图 3-16

⑥ 选中 **G11** 单元格，拖动右下角的填充柄向右复制公式，即可根据 **F11** 单元格的值填写金额到各单元格中。

嵌套函数

- LEFT 函数属于文本函数类型。它用于根据所指定的字符数返回文本字符串中第一个字符或前几个字符。
- COLUMN 函数属于查找函数类型。它用于返回指定单元格引用的列号。

公式解析

=IF($F6="","",LEFT(RIGHT("¥"&$F6*100,18-COLUMN()),1))

① 如果 F6 单元格为空，返回空。

② 将 F6 单元格的值转换为整数并在前面加上 ¥ 符号。

③ 返回当前列数。

④ 表格中从 G 列开始显示第一位金额，因此 COLUMN() 的返回值为 7，而从"亿"到"分"共有 11 位，因此这里要用"18-COLUMN()"。

⑤ 从右侧提取，共提取字符数为④的返回值。

⑥ 从左侧提取，提取 1 个字符。

专家点拨

公式同时使用 LEFT 与 RIGHT 函数。公式中 COLUMN() 返回值是变化的，当复制公式到 H 列时 COLUMN() 的返回值为 8，到 I 列时 COLUMN() 的返回值为 9，以此类推。这个控制了 RIGHT 与 LEFT 函数的最终返回结果。

3.1.4 RIGHTB函数（按字节数从最右侧提取指定数目的字符）

【功能】

RIGHTB 函数是根据所指定的字节数返回文本字符串中最后一个或多个字符。

【语法】

RIGHTB(text,num_bytes)

【参数】

● text：给定的文本字符串。

● num_bytes：按字节指定要由 RIGHTB 提取的字符的数量。如果 num_bytes 大于文本长度，则 RIGHT 返回所有文本；如果省略 num_bytes，则假设其值为 1。

技巧 7 提取产品的规格数据

如图 3-17 所示，当前表格中"品名规格"列中包含商品的规格。现在想将规格数据单独提取出来，即得到 C 列中的数据。

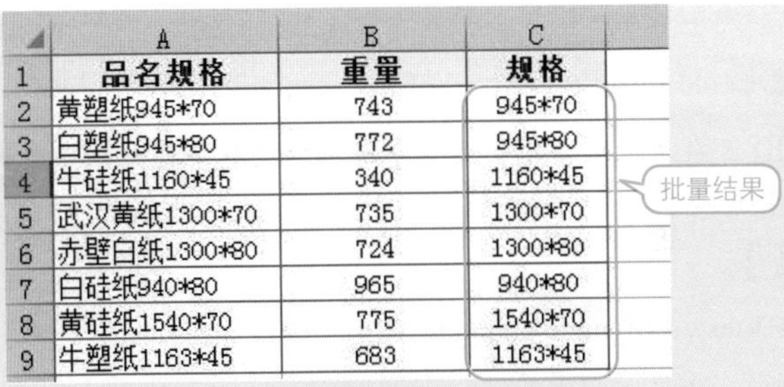

	A	B	C
1	品名规格	重量	规格
2	黄塑纸945*70	743	945*70
3	白塑纸945*80	772	945*80
4	牛硅纸1160*45	340	1160*45
5	武汉黄纸1300*70	735	1300*70
6	赤壁白纸1300*80	724	1300*80
7	白硅纸940*80	965	940*80
8	黄硅纸1540*70	775	1540*70
9	牛塑纸1163*45	683	1163*45

批量结果

图 3-17

① 选中 C2 单元格，在公式编辑栏中输入公式：

`=RIGHT(A2,LEN(A2)-FIND("纸",A2))`

按 Enter 键得出结果，如图 3-18 所示。

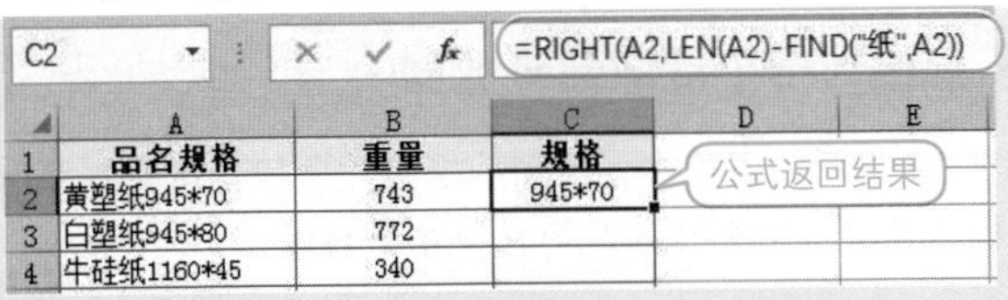

| C2 | | × ✓ fx | =RIGHT(A2,LEN(A2)-FIND("纸",A2)) |

	A	B	C	D	E
1	品名规格	重量	规格		
2	黄塑纸945*70	743	945*70		
3	白塑纸945*80	772			
4	牛硅纸1160*45	340			

公式返回结果

图 3-18

❷ 选中 **C2** 单元格，拖动右下角的填充柄向下复制公式，即可批量提取 A 列中各产品的规则数据。

嵌套函数

● FIND 函数属于文本函数类型。它用于在第二个文本串中定位第一个文本串，并返回第一个文本串的起始位置的值，该值从第二个文本串的第一个字符算起。
● LEN 函数属于文本函数类型。它用于统计出给定文本字符串的字符数。

公式解析

④   ③
=RIGHT(A2,LEN(A2)-FIND(" 纸 ",A2))
　　　　　①　　　　　②

① 判断 A2 单元格中字符串的长度。
② 在 A2 单元格中确定"纸"的位置。
③ ①步返回值减去②步返回值为需要提取的字符的长度。
④ 从右侧提取字符，提取长度为③步返回值指定的长度。

3.1.5　MID 函数（从指定位置开始提取字符）

【功能】

MID 函数用于从给定的文本字符串中提取字符，并且提取的起始位置与提取的数目都可以用参数来指定。

【语法】

MID(text, start_num, num_chars)

【参数】

● text：给定的文本字符串。
● start_num：表示文本中要提取的第一个字符的位置。文本中第一个字符的 start_num 为 1，以此类推。
● num_chars：表示指定希望从文本中提取字符的个数。

技巧 8　从规格数据中提取部分数据

在如图 3-19 所示的表格中，A 列的规格数据包含产品的厚度信息。现在要将厚度数据单独提取出来，即得到 B 列中的数据。

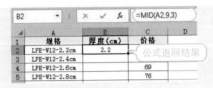

图 3-19

❶ 选中 **B2** 单元格，在公式编辑栏中输入公式：

`=MID(A2,9,3)`

按 **Enter** 键得出结果，如图 3-20 所示。

图 3-20

❷ 选中 **B2** 单元格，拖动右下角的填充柄向下复制公式，即可从 A 列数据中批量得出产品的厚度数据。

公式解析

=MID(A2,9,3)

A2 为目标单元格，即从 A2 单元格中的字符串提取，从第 9 位开始提取，并提取 3 位。

技巧9 从身份证号码中提取出生年份

身份证号码中包含有持证人的出生年份信息，使用 **MID** 函数来设置公式可以从身份证号码中提取出生年份，如图 3-21 所示。

图 3-21

❶选中 E2 单元格，在公式编辑栏中输入公式：

`=MID(D2,7,4)`

按 Enter 键得出结果，如图 3-22 所示。

	A	B	C	D	E
1	员工工号	姓名	所属部门	身份证号码	出生年份
2	NO.001	许开盛	研发部	340001197803088452	1978
3	NO.002	柳小续	行政部	342701198904018543	
4	NO.003	陈霞	市场部	340025199203240647	
5	NO.004	方同明	财务部	340025196902138578	
6	NO.005	张亚明	市场部	340025198306100214	
7	NO.006	张华	财务部	342001198007202528	
8	NO.007	郝亮	市场部	342701197702178573	

公式返回结果

图 3-22

❷选中 E2 单元格，拖动右下角的填充柄向下复制公式，即可批量返回出生年份。

技巧 10　从身份证号码中提取性别

身份证号码中包含有持证人的性别信息，其规则是如果第 17 位是偶数，则性别为女；如果第 17 位是奇数，则性别为男。使用 IF、MOD 和 MID 几个函数来设置公式，可以从身份证号码中提取性别，如图 3-23 所示。

	A	B	C	D	E
1	员工工号	姓名	所属部门	身份证号码	性别
2	NO.001	许开盛	研发部	340001197803088452	男
3	NO.002	柳小续	行政部	342701198904018543	女
4	NO.003	陈霞	市场部	340025199203240647	女
5	NO.004	方同明	财务部	340025196902138578	男
6	NO.005	张亚明	市场部	340025198306100214	男
7	NO.006	张华	财务部	342001198007202528	女
8	NO.007	郝亮	市场部	342701197702178573	男
9	NO.008	穆宇飞	研发部	342701198202138579	男
10	NO.009	于青青	研发部	342701198202148521	女
11	NO.010	吴小华	销售部	342701197902138528	女
12	NO.011	刘雨霏	销售部	340025199502138548	女
13	NO.012	韩学平	销售部	340025198908281235	男

批量结果

图 3-23

❶选中 E2 单元格，在公式编辑栏中输入公式：

`=IF(MOD(MID(D2,17,1),2)=1," 男 "," 女 ")`

按 Enter 键得出结果，如图 3-24 所示。

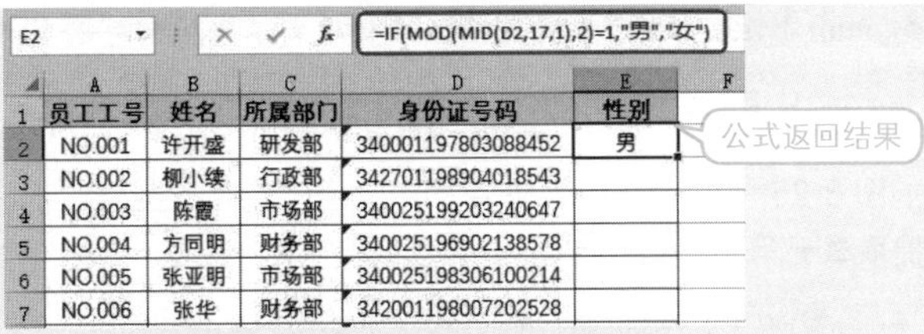

图 3-24

❷ 选中 E2 单元格，拖动右下角的填充柄向下复制公式，即可批量提取出性别。

嵌套函数

● MID 函数属于数学函数类型。它用于从给定的文本字符串中提取字符，并且提取的起始位置与提取的数目都可以用参数来指定。
● MOD 函数属于数学函数类型。它用于求两个数值相除后的余数，其结果的正负号与除数相同。

公式解析

=IF(MOD(MID(D2,17,1),2)=1," 男 "," 女 ")

① 提取 D2 单元格字符串的第 17 位。
② 判断①步中提取的值是否能被 2 整除。
③ 函数如果能整除，则返回性别"女"；不能整除，则返回性别"男"。

3.1.6 MIDB 函数（按字节数从指定位置开始提取字符）

【功能】

MIDB 函数用于按字节数从给定的文本字符串中提取字符，并且提取的起始位置与提取的数目都可以用参数来指定。与 MID 函数用法相同，只是 MIDB 是按字节数提取的（一个字符等于两个字节）。

【语法】

MIDB(text,start_num,num_bytes)

【参数】

● text：给定的文本字符串。
● start_num：是文本中要提取的第一个字符的位置。文本中第一个字符的 start_num 为 1，以此类推。

- num_bytes：指定希望 MIDB 函数从文本中返回字符的个数（按字节）。

技巧 11　从房号数据中提取单元号

如图 3-25 所示，当前表格 A 列中显示了完整的房号。现在要求从 A 列数据中提取单元号，即得到 C 列中的数据。

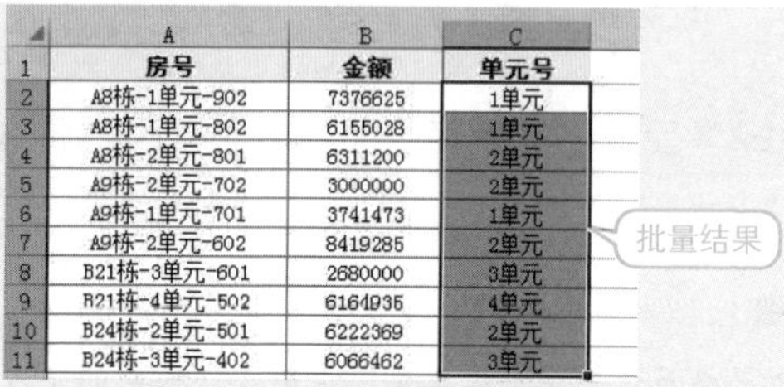

	A	B	C
1	房号	金额	单元号
2	A8栋-1单元-902	7376625	1单元
3	A8栋-1单元-802	6155028	1单元
4	A8栋-2单元-801	6311200	2单元
5	A9栋-2单元-702	3000000	2单元
6	A9栋-1单元-701	3741473	1单元
7	A9栋-2单元-602	8419285	2单元
8	B21栋-3单元-601	2680000	3单元
9	B21栋-4单元-502	6164936	4单元
10	B24栋-2单元-501	6222369	2单元
11	B24栋-3单元-402	6066462	3单元

图 3-25

① 选中 C2 单元格，在公式编辑栏中输入公式：

```
=MIDB(A2,FIND("-",A2)+2,5)
```

按 Enter 键得出结果，如图 3-26 所示。

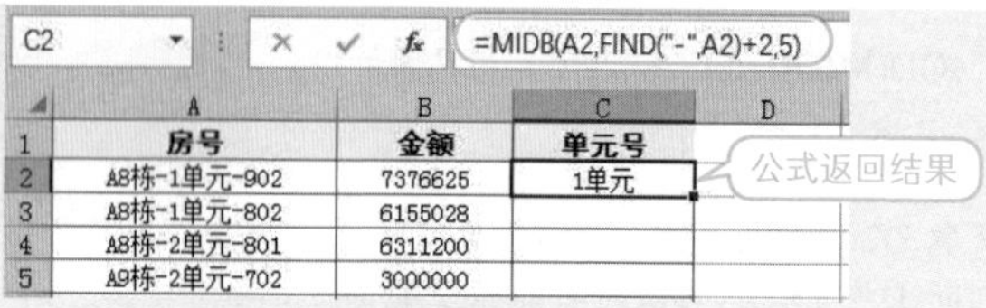

	A	B	C	D
1	房号	金额	单元号	
2	A8栋-1单元-902	7376625	1单元	
3	A8栋-1单元-802	6155028		
4	A8栋-2单元-801	6311200		
5	A9栋-2单元-702	3000000		

图 3-26

② 选中 C2 单元格，拖动右下角的填充柄向下复制公式，即可批量提取单元号数据。

嵌套函数

FIND 函数属于文本函数类型。它用于在第二个文本串中定位第一个文本串，并返回第一个文本串的起始位置的值，该值从第二个文本串的第一个字符算起。

公式解析

=MIDB(A2,FIND("-",A2)+2,5)　①　②

① 在 A2 单元格查找“-”，并返回其位置。

② 使用 MIDB 函数从 A2 单元格提取字符，即从①步返回值加 2 位置开始提取，共提取 5 个字符。

3.1.7 CONCATENATE 函数（合并多个字符）

【功能】

CONCATENATE 函数用于将两个或多个文本字符串合并为一个文本字符串。

【语法】

CONCATENATE(text1,text2,...)

【参数】

text1, text2, ...：表示 2 ~ 255 个将要合并的文本项。这些文本项可以为文本字符串、数字或对单个单元格的引用。

技巧 12 合并商品货号、码数及颜色

当前表格中包含退货商品的货号、码数及颜色，现在想生成如图 3-27 所示中 E 列的完整编码，且中间用“-”分隔。

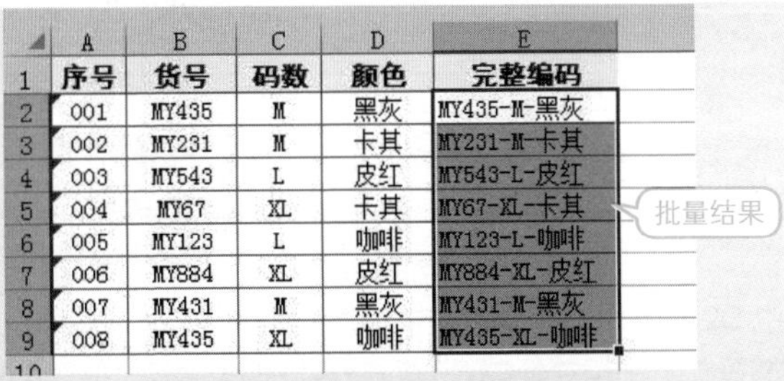

	A	B	C	D	E
1	序号	货号	码数	颜色	完整编码
2	001	MY435	M	黑灰	MY435-M-黑灰
3	002	MY231	M	卡其	MY231-M-卡其
4	003	MY543	L	皮红	MY543-L-皮红
5	004	MY67	XL	卡其	MY67-XL-卡其
6	005	MY123	L	咖啡	MY123-L-咖啡
7	006	MY884	XL	皮红	MY884-XL-皮红
8	007	MY431	M	黑灰	MY431-M-黑灰
9	008	MY435	XL	咖啡	MY435-XL-咖啡

图 3-27

❶ 选中 E2 单元格，在公式编辑栏中输入公式：

```
=CONCATENATE(B2,"-",C2,"-",D2)
```

按 Enter 键得出结果，如图 3-28 所示。

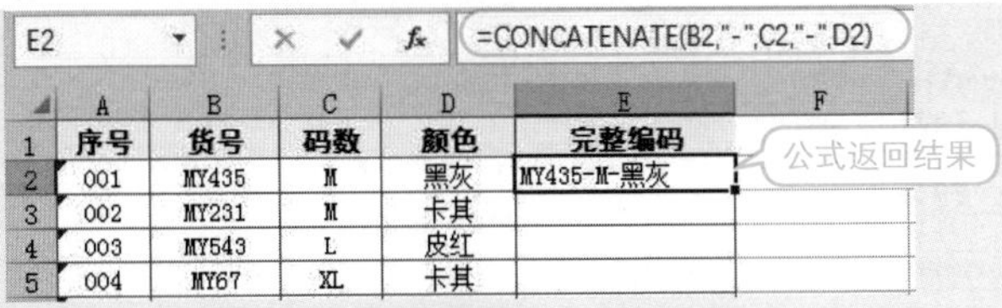

	A	B	C	D	E	F
1	序号	货号	码数	颜色	完整编码	
2	001	MY435	M	黑灰	MY435-M-黑灰	
3	002	MY231	M	卡其		
4	003	MY543	L	皮红		
5	004	MY67	XL	卡其		

图 3-28

❷ 选中 E2 单元格，拖动右下角的填充柄向下复制公式，即可批量生成完整的编码。

公式解析

=CONCATENATE(B2,"-",C2,"-",D2)

将括号内各个参数合并起来，双引号内（"-"）为文本字符，可用于将指定的各个单元格的值连接起来。

技巧 13　合并面试人员的总分数与录取情况

CONCATENATE 函数不仅只能合并单元格引用的数据、文字等，还可以将函数的返回结果也进行连接。例如在如图 3-29 所示的表格中，可以对成绩进行判断（这里规定面试成绩和笔试成绩在 120 分及以上的人员即可给予录取），并将总分数与录取情况合并。

	A	B	C	D	E
1	姓名	考核1	考核2	是否录取	
2	王华均	62	87	149/未录取	
3	李成杰	82	88	170/录取	
4	夏正霆	69	78	147/未录取	
5	万文锦	55	66	121/未录取	
6	刘岚轩	81	83	164/录取	
7	孙悦	80	90	170/录取	
8	徐梓瑞	85	65	150/未录取	
9	许宸浩	78	65	143/未录取	
10	王硕彦	80	82	162/录取	
11	姜美	83	81	164/录取	

图 3-29

① 选中 D2 单元格，在编辑栏中输入公式：

=CONCATENATE(SUM(B2:C2),"/",IF(AND(B2>=80,C2>=80),"录取","未录取"))

按 Enter 键即可得出第一位面试人员总成绩与录取结果的合并项，如图 3-30 所示。

D2		✕ ✓ fx	=CONCATENATE(SUM(B2:C2),"/",IF(AND(B2>=80,C2>=80),"录取","未录取"))

	A	B	C	D	E	F	G	H	I
1	姓名	考核1	考核2	是否录取					
2	王华均	62	87	149/未录取					
3	李成杰	82	88						
4	夏正霆	69	78						
5	万文锦	55	66						
6	刘岚轩	81	83						

图 3-30

② 选中 D2 单元格，拖动右下角的填充柄向下复制公式，即可将其他面试人员的合计分数与录取情况进行合并。

③
=CONCATENATE(SUM(B2:C2),"/",IF(AND(B2>=80,C2>=80)," 录取 "," 未录取 "))
①   ②

①对 B2:C2 单元格中的各项成绩进行求和运算。

②判断"B2>=80"和"C2>=80"这两个条件是否同时成立，如果是，则返回"录取"，否则返回"未录取"。

③将①步返回值与"/"和②步返回值相连接。

3.2 查找与替换文本

3.2.1 FIND 函数（查找指定字符并返回其位置）

【功能】

FIND 函数是用于在第二个文本串中定位第一个文本串，并返回第一个文本串的起始位置的值，该值从第二个文本串的第一个字符算起。

【语法】

FIND(find_text,within_text,start_num)

【参数】

● find_text：要查找的文本。
● within_text：包含要查找文本的文本。
● start_num：指定要从其开始搜索的字符。within_text 中的首字符是编号为 1 的字符。如果省略 start_num，则假设其值为 1。

技巧 14　**查找品名所在位置并提取**

如图 3-31 所示，当前表格中"品名规格"列中包含商品的名称。现在想将品名数据单独提取出来，即得到 C 列中的数据。注意商品名称有 3 个字的，也有 4 个字的，因此无法直接使用 LEFT 函数提取，而是需要使用 FIND 函数进行查找并确定提取位置。

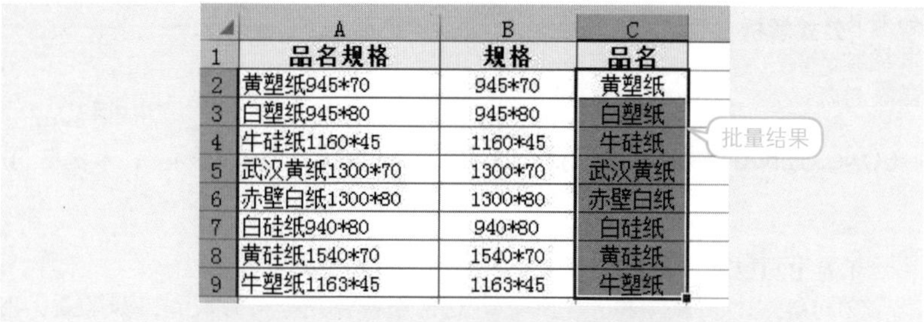

图 3-31

● 选中 C2 单元格，在公式编辑栏中输入公式：

```
=MID(A2,1,FIND(" 纸 ",A2))
```

按 Enter 键得出结果，如图 3-32 所示。

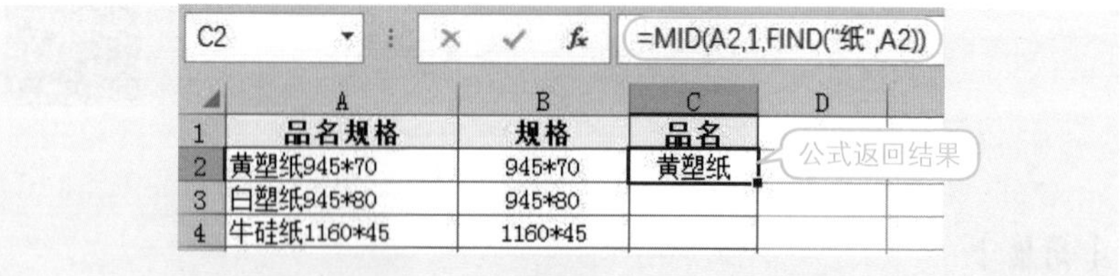

图 3-32

● 选中 C2 单元格，拖动右下角的填充柄向下复制公式，即可批量提取品名数据。

嵌套函数

MID 函数属于数学函数类型。它用于从给定的文本字符串中提取字符，并且提取的起始位置与提取的数目都可以用参数来指定。

公式解析

=MID(A2,1,FIND(" 纸 ",A2))

① 在 A2 单元格中查找"纸"的位置。

② 从 A2 单元格中提取字符，提取起始位置为第 1 个字符，结束位置为①步返回值。

专家点拨

FIND 函数用于返回一个字符串在另一个字符串中的起始位置。例如，本例中"FIND(" 纸 ",A2)"返回的是"纸"这个字在 A2 单元格的位置，返回值是"3"，如果只是返回位置似乎并不具备太大意义，更多的时候查找位置是为了辅助文本提取，因此 FIND 函数的返回值通常作为 MID 函数的参数使用，通过 FIND 函数判断位置，然后再使用 MID 函数去提取相应位置处的字符。

技巧 15　提取产品的货号

在如图 3-33 所示的表格中，B 列中数据的中间部分为产品的货号。现在要将货号单独提取出来，即得到 D 列中的数据。

	A	B	C	D	E
1	序号	完整编码	品牌	货号	
2	001	明妮-MY435-M	明妮	MY435	
3	002	明妮-MY231-M	明妮	MY231	
4	003	欧曼亚-PQ681-L	欧曼亚	PQ681	
5	004	欧曼亚-PQ681-XL	欧曼亚	PQ681	批量结果
6	005	欧曼亚-PQ681-L	欧曼亚	PQ681	
7	006	堡轩士-MY884-XL	堡轩士	MY884	
8	007	堡轩士-MY431-M	堡轩士	MY431	
9	008	静影-MY435-XL	静影	MY435	

图 3-33

❶ 选中 D2 单元格，在公式编辑栏中输入公式：

```
=MID(B2,FIND("-",B2)+1,5)
```

按 Enter 键得出结果，如图 3-34 所示。

D2	▼	:	× ✓ fx	=MID(B2,FIND("-",B2)+1,5)	
	A	B	C	D	E
1	序号	完整编码	品牌	货号	公式返回结果
2	001	明妮-MY435-M	明妮	MY435	
3	002	明妮-MY231-M	明妮		
4	003	欧曼亚-PQ681-L	欧曼亚		
5	004	欧曼亚-PQ681-XL	欧曼亚		

图 3-34

❷ 选中 D2 单元格，拖动右下角的填充柄向下复制公式，即可批量提取货号。

🖐 嵌套函数

MID 函数用于从给定的文本字符串中提取字符，并且提取的起始位置与提取的数目都可以用参数来指定。

📝 公式解析

=MID(B2,FIND("-",B2)+1,5)

① 在 B2 单元格中找 "-" 符号所在位置。

② 在 B2 单元格中提取字符，提取的起始位置为①步返回值加 1，提取的总位置为 5。

技巧 16 问卷调查时实现自动统计答案

如图 3-35 所示的表格在问卷调查时经常会出现，B 列中统计了每位被调查人所填写的答案序号。

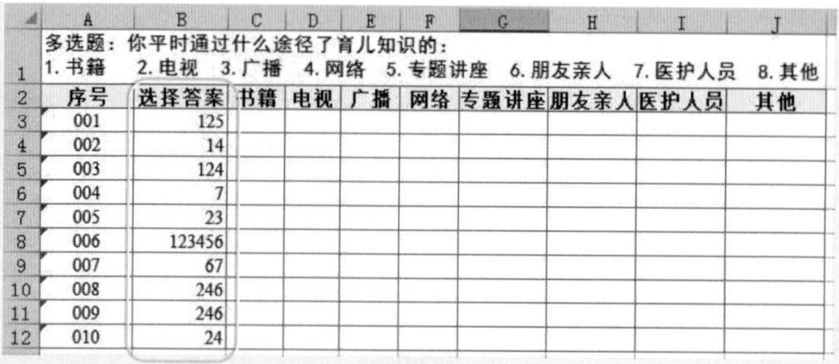

	A	B	C	D	E	F	G	H	I	J
1	多选题：你平时通过什么途径了育儿知识的： 1. 书籍　2. 电视　3. 广播　4. 网络　5. 专题讲座　6. 朋友亲人　7. 医护人员　8. 其他									
2	序号	选择答案	书籍	电视	广播	网络	专题讲座	朋友亲人	医护人员	其他
3	001	125								
4	002	14								
5	003	124								
6	004	7								
7	005	23								
8	006	123456								
9	007	67								
10	008	246								
11	009	246								
12	010	24								

图 3-35

现在要求根据 B 列中选择的答案自动进行统计，即被选择时填写 1，未选择的填写 0，得到如图 3-36 所示的数据。

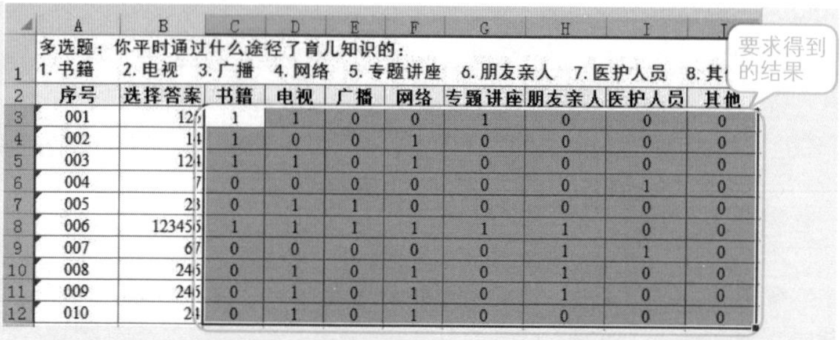

	A	B	C	D	E	F	G	H	I	J
1	多选题：你平时通过什么途径了育儿知识的： 1. 书籍　2. 电视　3. 广播　4. 网络　5. 专题讲座　6. 朋友亲人　7. 医护人员　8. 其他									
2	序号	选择答案	书籍	电视	广播	网络	专题讲座	朋友亲人	医护人员	其他
3	001	125	1	1	0	0	1	0	0	0
4	002	14	1	0	0	1	0	0	0	0
5	003	124	1	1	0	1	0	0	0	0
6	004	7	0	0	0	0	0	0	1	0
7	005	23	0	1	1	0	0	0	0	0
8	006	123456	1	1	1	1	1	1	0	0
9	007	67	0	0	0	0	0	1	1	0
10	008	246	0	1	0	1	0	1	0	0
11	009	246	0	1	0	1	0	1	0	0
12	010	24	0	1	0	1	0	0	0	0

图 3-36

❶ 选中 C3 单元格，在公式编辑栏中输入公式：

```
=IF(ISNUMBER(FIND(COLUMN()-2,$B3)),1,0)
```

按 Enter 键得出结果，如图 3-37 所示。

	A	B	C	D	E	F	G	H	I	J
1	多选题：你平时通过什么途径了育儿知识的： 1. 书籍　2. 电视　3. 广播　4. 网络　5. 专题讲座　6. 朋友亲人　7. 医护人员　8. 其他									
2	序号	选择答案	书籍	电视	广播	网络	专题讲座	朋友亲人	医护人员	其他
3	001	125	1							
4	002	14								
5	003	124								

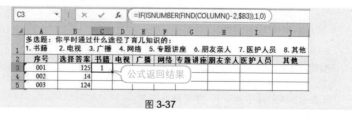

图 3-37

② 选中 C3 单元格，拖动右下角的填充柄向右复制公式，可以得出第一位被调查人的答案，如图 3-38 所示。

	A	B	C	D	E	F	G	H	I	J
1	多选题：你平时通过什么途径了育儿知识的： 1. 书籍　2. 电视　3. 广播　4. 网络　5. 专题讲座　6. 朋友亲人　7. 医护人员　8. 其他									
2	序号	选择答案	书籍	电视	广播	网络	专题讲座	朋友亲人	医护人员	其他
3	001	125	1	1	0	0	1	0	0	0
4	002	14								
5	003	124								

向右复制公式

图 3-38

③ 选中 C3:J3 单元格区域，拖动该单元格区域右下角的填充柄向下复制公式，可以批量得出每位被调查人的答案。

嵌套函数

- COLUMN 函数属于查找函数类型。它用于返回指定单元格引用的列号。
- ISNUMBER 函数属于信息函数类型。它可以判断引用的参数或指定单元格中的值是否都为数字，如果是，则返回 TRUE，否则返回 FALSE。

公式解析

=IF(ISNUMBER(FIND(COLUMN()-2,$B3)),1,0)

① 用当前列号减 2，C3 单元格中的公式，在这一步的返回值为 1；C4 单元格的公式，在这一步返回值为 2，以此类推。

② 查找①步返回值在 B3 单元格中的位置。

③ 判断②步中找到的值是否为数字（如果未找到，则将返回错误值）。

④ 如果③步返回值为 TRUE，则返回 1，否则返回 0。

专家点拨

① 公式中 COLUMN() 的返回值是变化的，当向右复制公式时，这里的返回值依次递增，从而实现用 FIND 函数依次查找 1、2、…、8。

② 与 FIND 函数用法相同的还有 LENB 函数。二者的区别在于，前者以字符为单位，后者以字节为单位（一个字符等于两个字节）。

3.2.2 REPLACE 函数（替换字符中的部分字符）

【功能】

REPLACE 函数使用其他文本字符串并根据所指定的字符数替换某文本字

符串中的部分文本。无论默认语言设置如何，始终将每个字符（不管是单字节还是双字节）按 1 计数。

【语法】

REPLACE(old_text, start_num, num_chars, new_text)

【参数】

- old_text：表示要替换其部分字符的文本。
- start_num：指定替换的位置。
- num_chars：指定要替换的字符的个数。
- new_text：用于替换的新文本。

技巧 17　屏蔽中奖手机号码的后几位数

一般在抽奖活动公布中奖号码时，会屏蔽中奖号码的后几位数（如图 3-39 所示），此时可以使用 **REPLACE** 函数实现该效果。

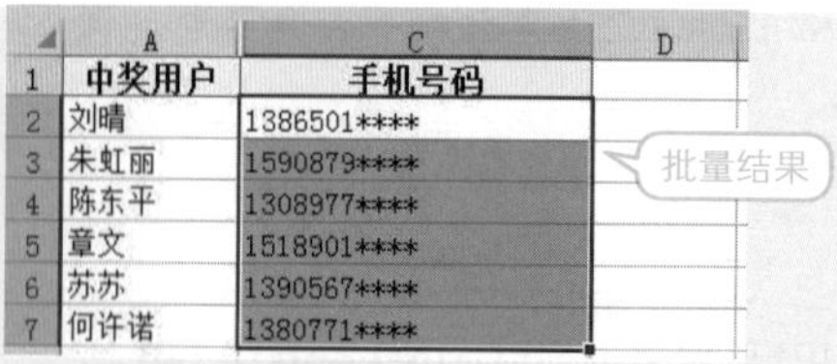

图 3-39

❶ 选中 **C2** 单元格，在公式编辑栏中输入公式：

=REPLACE(B2,8,4,"****")

按 Enter 键，可以看到第一个号码的后 4 位用 * 代替了，如图 3-40 所示。

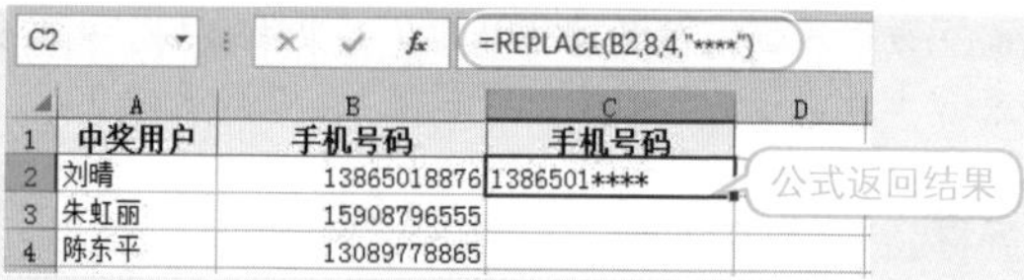

图 3-40

❷ 选中 **C2** 单元格，拖动右下角的填充柄向下复制公式，即可实现一次性屏蔽所有中奖号码的后 4 位。

公式解析

=REPLACE(B2,8,4,"****")

B2 为要替换其部分字符的文本，替换位置为从第 8 位开始替换，并替换4 位，使用 "****" 来进行替换。

3.2.3 SEARCH 函数（查找字符并返回其起始位置）

【功能】

SEARCH 函数用于在第二个文本串中定位第一个文本串，并返回第一个文本串的起始位置的值，该值从第二个文本串的第一个字符算起。

【语法】

SEARCH(find_text,within_text,start_num)

【参数】

- find_text：要查找的文本。
- within_text：要在其中搜索的文本。
- start_num：指定开始进行查找的字符数。例如 start_num 为 1，则从单元格内第一个字符开始查找关键字。如果忽略 start_num，则假设其为 1。

技巧 18 从产品的名称中提取重量数据

如图 3-41 所示表格的 A 列是产品的名称，其中包含了产品的克重，现在要求提取产品的重量数据，即得到 C 列的数据。

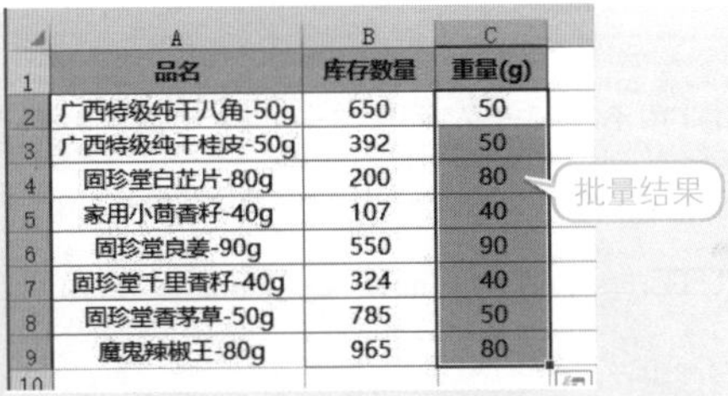

	A	B	C
1	品名	库存数量	重量(g)
2	广西特级纯干八角-50g	650	50
3	广西特级纯干桂皮-50g	392	50
4	固珍堂白芷片-80g	200	80
5	家用小茴香籽-40g	107	40
6	固珍堂良姜-90g	550	90
7	固珍堂千里香籽-40g	324	40
8	固珍堂香茅草-50g	785	50
9	魔鬼辣椒王-80g	965	80
10			

图 3-41

① 选中 C2 单元格，在公式编辑栏中输入公式：

```
=MID(A2,SEARCH("-",A2)+1,2)
```

按 Enter 键得出结果，如图 3-42 所示。

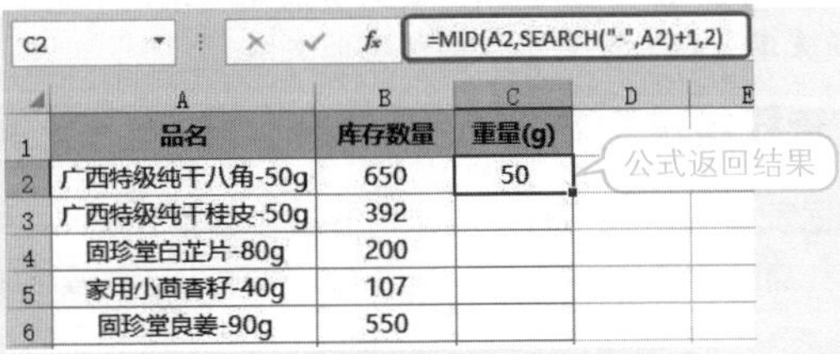

C2 =MID(A2,SEARCH("-",A2)+1,2)

	A	B	C	D	E
1	品名	库存数量	重量(g)		
2	广西特级纯干八角-50g	650	50		
3	广西特级纯干桂皮-50g	392			
4	固珍堂白芷片-80g	200			
5	家用小茴香籽-40g	107			
6	固珍堂良姜-90g	550			

图 3-42

❷ 选中 **C2** 单元格，拖动右下角的填充柄向下复制公式，即可从每件产品的名称信息中查找并提取产品的重量数据。

嵌套函数

MID 函数属于数学函数类型。它用于从给定的文本字符串中提取字符，并且提取的起始位置与提取的数目都可以用参数来指定。

公式解析

$$=MID(A2,SEARCH("-",A2)+1,2)$$
②
①

① 查找 "-" 在 A2 单元格字符串中的位置。

② 使用 MID 函数从 A2 单元格中提取字符，从①步返回值加 1 的位置开始提取，提取长度为两个字符。

3.2.4 SUBSTITUTE 函数（用新文本替换旧文本）

【功能】

SUBSTITUTE 函数用于在文本字符串中用新文本替换旧文本。

【语法】

SUBSTITUTE(text,old_text,new_text,instance_num)

【参数】

● text：表示需要替换其中字符的文本，可以是单元格的引用。
● old_text：表示需要替换的旧文本。
● new_text：用于替换 old_text 的新文本。
● instance_num：为一数值，用来指定以新文本替换第几次出现的旧文本。如果指定了 instance_num，则只有满足要求的旧文本被替换；否则将用新文本替换 text 中出现的所有旧文本。

技巧 19 查找特定文本且将第一次出现的删除，其他保留

当前数据表如图 **3-43** 所示，要求将 B 列中的第一个 "-" 替换或直接删除，而第二个 "-" 需要保留，此时使用 SUBSTITUTE 函数时需要指定第四个参数。

	A	B	C	D
1	名称	类别	更新类别	
2	武汉黄纸	04-CM111114-04	04CM111114-04	
3	武汉黄纸	19-CM111114-19	19CM111114-19	
4	赤壁白纸	42-CM111107-42	42CM111107-42	
5	赤壁白纸	44-CM111107-44	44CM111107-44	
6	黄塑纸	05-CA111116-05	05CA111116-05	
7	白塑纸	06-CA111116-06	06CA111116-06	
8	牛硅纸	07-SB111123-07	07SB111123-07	
9	白硅纸	03-CBA11112-03	03CBA11112-03	
10	黄硅纸	01-SB111120-01	01SB111120-01	

需要的结果

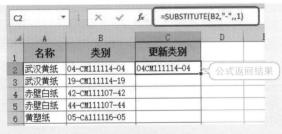

图 3-43

此时可以按如下方法来设置公式。

❶ 选中 C2 单元格，在公式编辑栏中输入公式：

```
=SUBSTITUTE(B2,"-",,1)
```

按 Enter 键可以看到 B2 单元格中的数据只有前一个“-”被替换了，第二个“-”被保留了，如图 3-44 所示。

C2　=SUBSTITUTE(B2,"-",,1)

	A	B	C	D
1	名称	类别	更新类别	
2	武汉黄纸	04-CM111114-04	04CM111114-04	
3	武汉黄纸	19-CM111114-19		
4	赤壁白纸	42-CM111107-42		
5	赤壁白纸	44-CM111107-44		
6	黄塑纸	05-CA111116-05		

公式返回结果

图 3-44

❷ 选中 C2 单元格，拖动右下角的填充柄向下复制公式，即可实现批量替换。

公式解析

=SUBSTITUTE(B2,"-",,1)

公式表示使用空白字符替换“-”字符，并且指定了最后一个参数为“1”，表示只替换第一个“-”，其他的不替换。

专家点拨

如果需要在某一文本字符串中替换指定位置处的任意文本，使用函数 REPLACE。如果需要在某一文本字符串中替换指定的文本，使用函数 SUBSTITUTE。按位置还是按指定字符替换，是 REPLACE 函数与 SUBSTITUTE 函数的区别。

技巧 20 根据报名学员统计人数

在如图 3-45 所示的表格中统计了各项舞种报名的学员姓名。要求将实际人数统计出来，即根据 C 列数据得到 D 列数据。

	A	B	C	D
1	舞种	预订人数	报名学员	实际人数
2	少儿中国舞	8	柯娜,廖菲,朱小丽,张伊琳,钟扬,胡杰,胡琦,高丽雯	8
3	少儿芭蕾舞	6	张兰,方嘉欣,徐紫沁,曾蕉蓓,张兰	5
4	少儿爵士舞	5	周伊伊,周芷娴,龚梦莹,侯娜	4
5	少儿踢踏舞	4	崔丽纯,毛杰,黄中洋,刘瑞	4

批量结果

图 3-45

● 选中 **D2** 单元格，在公式编辑栏中输入公式：

```
=LEN(C2)-LEN(SUBSTITUTE(C2,",",""))+1
```

按 Enter 键得出第一项舞种的实际人数，如图 3-46 所示。

D2		× ✓ fx	=LEN(C2)-LEN(SUBSTITUTE(C2,",",""))+1

	A	B	C	D
1	舞种	预订人数	报名学员	实际人数
2	少儿中国舞	8	柯娜,廖菲,朱小丽,张伊琳,钟扬,胡杰,胡琦,高丽雯	8
3	少儿芭蕾舞	6	张兰,方嘉欣,徐紫沁,曾蕉蓓,张兰	
4	少儿爵士舞	5	周伊伊,周芷娴,龚梦莹,侯娜	
5	少儿踢踏舞	4	崔丽纯,毛杰,黄中洋,刘瑞	

公式返回结果

图 3-46

● 选中 **D2** 单元格，拖动右下角的填充柄向下复制公式，即可批量得出各项舞种的实际人数。

嵌套函数

LEN 函数属于文本函数类型，用于统计出给定文本字符串的字符数。

公式解析

=LEN(C2)-LEN(SUBSTITUTE(C2,",",""))+1
　　①　　　　　　　　　　②

① 统计 C2 单元格中字符串的长度。
② 将 C2 单元格中的逗号替换为空。

③ 统计取消了逗号后 C2 单元格中字符串的长度。

④ ①步结果与③步结果相减为逗号数量，逗号数量加 1 为姓名的数量。

📣 **专家点拨**

本例中巧妙运用了统计逗号数量的方法来变相统计人数，人数为逗号数量加 1。

3.3 转换文本格式

3.3.1 FIXED 函数（按指定的小数位数进行取整）

【功能】

FIXED 函数用于将数字按指定的小数位数进行取整，利用句号和逗号，以小数格式对该数进行格式设置，并以文本形式返回结果。

【语法】

FIXED(number,decimals,no_commas)

【参数】

● number：要进行舍入并转换为文本的数字。

● decimals：表示十进制数的小数位数。

● no_commas：表示一个逻辑值，如果为 TRUE，则会禁止 FIXED 函数在返回的文本中包含逗号。

技巧 21 **解决因四舍五入而造成的显示误差问题**

财务人员在进行数据计算时，小金额的误差也是不允许的，为了避免因数据的四舍五入而造成金额误差，使用 FIXED 函数来避免小误差的出现，可以更好地提高工作效率。

选中 D2 单元格，在公式编辑栏中输入公式：

`=FIXED(B2,2)+FIXED(C2,2)`

按 Enter 键，得到与显示相一致的计算结果，如图 3-47 所示。

| D2 | ▼ | : | × ✓ | fx | =FIXED(B2,2)+FIXED(C2,2) |

▲	A	B	C	D	E
1	序号	收入1	收入2	收入	
2	1	1068.48	1598.46	2666.94	
3	2	1347.66	1317.87	2665.53	
4	3	2341.58	1028.63	3370.21	

无误差

图 3-47

📑✍ **公式解析**

= FIXED(B2,2)

将 B2 中单元格的数字转换为保留两位小数的文本数字。

3.3.2 WIDECHAR 函数（半角字母转换为全角字母）

【**功能**】

WIDECHAR 函数用于将字符串中的半角（单字节）字母转换为全角（双字节）字母。

【**语法**】

WIDECHAR(text)

【**参数**】

text：要转换的文本，也可以是单元格的引用。如果文本中不包含任何半角英文字母或片假名，则文本不会更改。

技巧 22　将半角英文字母转换为全角英文字母

要求将 A 列中的半角英文字母转换为全角英文字母，如图 3-48 所示。

	A	B
1	舞种（Dance）	舞种（Ｄａｎｃｅ）
2	中国舞（Chinese Dance）	中国舞（Ｃｈｉｎｅｓｅ　Ｄａｎｃｅ）
3	芭蕾舞（Ballet）	芭蕾舞（Ｂａｌｌｅｔ）
4	爵士舞（Jazz）	爵士舞（Ｊａｚｚ）
5	踢踏舞（Tap dance）	踢踏舞（Ｔａｐ　ｄａｎｃｅ）

批量结果

图 3-48

❶ 选中 B1 单元格，在公式编辑栏中输入公式：

```
=WIDECHAR(A1)
```

按 Enter 键得出转换后的结果，如图 3-49 所示。

公式返回结果

图 3-49

❷ 选中 B1 单元格，拖动右下角的填充柄向下复制公式，即可批量进行转换。

3.3.3 UPPER 函数 (将文本转换为大写形式)

【功能】

UPPER 函数用于将文本转换为大写形式。

【语法】

UPPER(text)

【参数】

text：需要转换为大写形式的文本。text 可以为引用或文本字符串。

技巧 23 **将小写英文文本一次性转换为大写**

要求将 A 列的小写英文文本转换为大写，如图 3-50 所示。

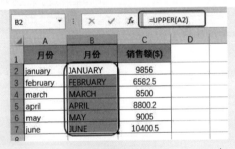

图 3-50

选中 B1 单元格，在公式编辑栏中输入公式：

```
=UPPER(A2)
```

按 Enter 键得出转换后的结果，拖动 B1 单元格右下角的填充柄向下复制公式即可批量转换。

3.3.4 LOWER 函数（大写字母转换为小写字母）

【功能】

LOWER 函数用于将一个文本字符串中的所有大写字母转换为小写字母。

【语法】

LOWER(text)

【参数】

text：是要转换为小写字母的文本。LOWER 函数不改变文本中非字母的字符。

技巧 24　将大写字母转换为小写字母

要求将 A 列中的英文字母转换为小写字母，如图 3-51 所示。

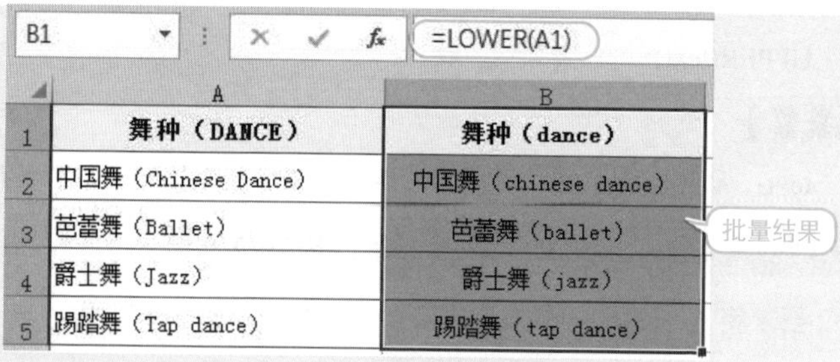

| B1 | ▼ | ： | × | ✓ | fx | =LOWER(A1) |

	A	B
1	舞种（DANCE）	舞种（dance）
2	中国舞（Chinese Dance）	中国舞（chinese dance）
3	芭蕾舞（Ballet）	芭蕾舞（ballet）
4	爵士舞（Jazz）	爵士舞（jazz）
5	踢踏舞（Tap dance）	踢踏舞（tap dance）

批量结果

图 3-51

选中 B1 单元格，在公式编辑栏中输入公式：

=LOWER(A1)

按 Enter 键得出转换后的结果，拖动 B1 单元格右下角的填充柄向下复制公式可批量转换。

3.3.5　PROPER 函数（将首字母转换为大写）

【功能】

PROPER 函数是将文本字符串的首字母及任何非字母字符之后的首字母转换成大写，将其余的字母转换成小写。

【语法】

PROPER(text)

【参数】

text：包括在一组双引号中的文本字符串、返回文本值的公式或是对包含文本的单元格的引用。

技巧 25　一次性将每个单词的首字母转换为大写

如图 3-52 所示，希望 A 列中所有单词都以大写字母开头，通过使用 PROPER 函数可以实现一次性将每个单词的首字母转换为大写，即得到 B 列的数据。

	A	B	C	D	E
13	Item	转换后正确Item	Strongly Agree	Agree	Undecided
14	Store locations are convenient	Store Locations Are Convenient	12%	14%	21%
15	Store hours are convenient	Store Hours Are Convenient	15%	18%	24%
16	Stores are well-maintained	Stores Are Well-Maintained	9%	11%	32%
17	Sou are easy to reach by phone	Sou Are Easy To Reach By Phone	1%	5%	9%
18	I like your web site	I Like Your Web Site	18%	32%	32%
19	Employees are friendly	Employees Are Friendly	2%	6%	32%
20	Employees are helpful	Employees Are Helpful	3%	4%	21%
21	Pricing is competitive	Pricing Is Competitive	38%	24%	21%
22	I like your TV ads	I Like Your Tv Ads	5%	9%	32%
23	You sell quality products	You Sell Quality Products	24%	21%	28%

图 3-52

选中 **B2** 单元格，在公式编辑栏中输入公式：

```
=PROPER(A2)
```

按 **Enter** 键得出转换后的结果，拖动 **B2** 单元格右下角的填充柄向下复制公式可批量转换。

3.3.6 RMB 函数（四舍五入数值，并添加千分位符号和￥符号）

【功能】

RMB 函数是依照货币格式将小数四舍五入到指定的位数并转换成人民币格式文本。使用的格式为 (￥#,##0.00_);(￥#,##0.00)。

【语法】

RMB(number,decimals)

【参数】

● number：表示数字、包含数字的单元格引用，或是计算结果为数字的公式。
● decimals：表示十进制数的小数位数。如果 decimals 为负，则 number 在小数点左侧进行舍入；如果省略 decimals，则假设其值为 2。

技巧 26 将销售额一次性转换为人民币格式

如图 3-53 所示，要求将 B 列中的销售金额都转换为 C 列中的带人民币符号的格式。

C2		× ✓ fx	=RMB(B2,2)
	A	B	C
1	姓名	销售额	销售额
2	周志成	24508.6	￥24,508.60
3	江晓丽	30630.65	￥30,630.65
4	叶文静	44108.4	￥44,108.40
5	刘霜	2989	￥2,989.00
6	邓晓兰	32170	￥32,170.00
7	陈浩	45320	￥45,320.00

图 3-53

选中 **C2** 单元格，在公式编辑栏中输入公式：

```
=RMB(B2,2)
```

按 **Enter** 键得出转换后的结果，拖动 **C2** 单元格右下角的填充柄向下复制公式可批量转换。

📑 **公式解析**

=RMB(B2,2)

将 B2 单元格中的数值转换成人民币格式并保留两位小数。

3.3.7　DOLLAR 函数（四舍五入数值，并添加千分位符号和 $ 符号）

【功能】

DOLLAR 函数依照货币格式，将小数四舍五入到指定的位数并转换为美元货币格式文本。使用的格式为 ($#,##0.00_);($#,##0.00)。

【语法】

DOLLAR(number,decimals)

【参数】

● number：表示数字、包含数字的单元格引用，或是计算结果为数字的公式。

● decimals：表示十进制数的小数位数。如果 decimals 为负数，则 number 在小数点左侧进行舍入；如果省略 decimals，则假设其值为 2。

技巧 27　将销售金额一次性转换为美元货币格式

如图 **3-54** 所示，要求将 B 列中的销售金额都转换为 C 列中的带美元货币符号的格式。

	C2	▼	:	×	✓	fx	=DOLLAR(B2,2)	
	A		B		C		D	
1	月份		销售额		销售额($)			
2	JANUARY		9856		$9,856.00			
3	FEBRUARY		6582.5		$6,582.50			
4	MARCH		8500		$8,500.00			
5	APRIL		8800.2		$8,800.20			
6	MAY		9005		$9,005.00			
7	JUNE		10400.5		$10,400.50			

图 3-54

选中 **C2** 单元格，在公式编辑栏中输入公式：

```
=DOLLAR(B2,2)
```

按 **Enter** 键得出转换后的结果，拖动 **C2** 单元格右下角的填充柄向下复制公式可批量转换。

📝 公式解析

=DOLLAR(B2,2)

将 B2 单元格中的数值转换成美元格式并保留两位小数。

3.3.8　TEXT 函数（将数值转换为指定格式的文本）

【功能】

TEXT 函数是将数值转换为按指定数字格式表示的文本。

【语法】

TEXT(value,format_text)

【参数】

- value：表示数值、计算结果为数字值的公式，或对包含数字值的单元格的引用。
- format_text：是作为用引号括起的文本字符串的数字格式。打开"设置单元格格式"对话框，在"数字"选项卡的"类别"列表框中选择"数字""日期""时间""货币"或"自定义"选项，可以查看不同的数字格式。

技巧 28　让计算得到金额显示为"余款：15,850.00"形式

在计算未收金额时，想让计算得到金额显示为如图 3-55 所示的 D 列效果。

	A	B	C	D
1	发票号码	应收金额	已收金额	未收金额
2	12023	20850.00	5000.00	余款：15,850.00
3	12584	5000.00	0.00	余款：5,000.00
4	20596	15600.00	5600.00	余款：10,000.00
5	23562	120000.00	5000.00	余款：115,000.00
6	63001	15000.00	0.00	余款：15,000.00
7				

批量结果

图 3-55

❶ 选中 **D2** 单元格，在公式编辑栏中输入公式：

```
=TEXT(B2-C2,"!余!款!：0,000.00")
```

按 **Enter** 键得出结果，如图 3-56 所示。

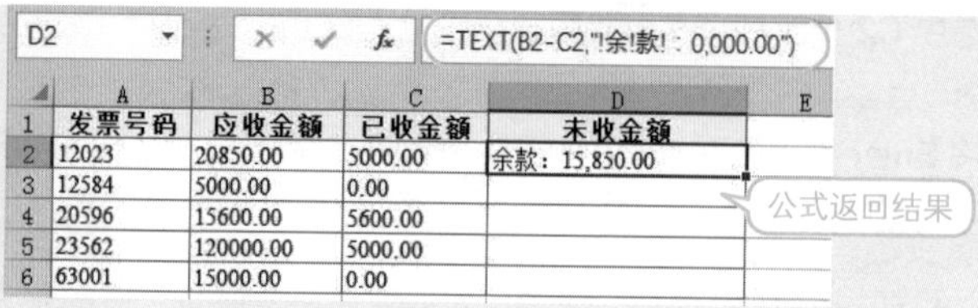

图 3-56

❷选中 D2 单元格，拖动右下角的填充柄向下复制公式，即可按指定格式得到多项计算结果。

📋 **公式解析**

=TEXT(B2-C2,"!余!款!：0,000.00")

先计算 B2 与 C2 单元格的差值，然后将差值转换为带千分位符并包含两位小数且前面带上中文字为"余款："这种形式。

技巧 29 返回值班日期对应的星期数

如图 3-57 所示为一份值班统计表，要求返回值班日期对应的星期数，即得到 C 列的结果。

❶选中 C2 单元格，在公式编辑栏中输入公式：

=TEXT(B2,"AAAA")

按 Enter 键得出结果，如图 3-58 所示。

图 3-57

图 3-58

❷选中 C2 单元格，拖动该单元格右下角的填充柄向下填充，可以得到其他值班人员的值班日期对应的星期数。

📋 **公式解析**

=TEXT(B2,"AAAA")

将 B2 单元格中的日期转换为中文表示的星期数。

技巧30 按上下班时间计算加班时长并显示为“*小时*分”形式

如图 3-59 所示为一份加班人员的工作表，想统计加班人员的加班时长，如果直接将加班结束时间减去开始时间，那么得到的结果如图 3-59 所示。现在想让结果显示为“*小时*分”的形式，则可以使用 TXET 函数来设置公式，具体操作步骤如下。

D2 =C2-B2

	A	B	C	D	E
1	加班人员	开始时间	结束时间	加班时长	
2	刘雨晨	18:00	20:50	2:50	
3	李杰	18:30	21:10	2:40	
4	崔丽纯	19:30	20:00	0:30	
5	刘玲燕	19:40	20:30	0:50	
6	黄群群	20:00	20:30	0:30	
7	宋韵	20:20	21:30	1:10	
8	李海云	21:00	22:00	1:00	
9	章萱敏	21:00	23:00	2:00	
10	肖菲菲	22:00	0:00	2:00	

不是需要的结果

图 3-59

① 选中 D2 单元格，在公式编辑栏中输入公式：

```
=TEXT(C2-B2,"h小时m分")
```

按 Enter 键得出结果，如图 3-60 所示。

D2 =TEXT(C2-B2,"h小时m分")

	A	B	C	D	E
1	加班人员	开始时间	结束时间	加班时长	
2	刘雨晨	18:00	20:50	2小时50分	
3	李杰	18:30	21:10		
4	崔丽纯	19:30	20:40		
5	刘玲燕	19:40	20:50		

公式返回结果

图 3-60

② 选中 D2 单元格，拖动该单元格右下角的填充柄向下填充，可以得到批量结果，如图 3-61 所示。

	A	B	C	D	E
1	加班人员	开始时间	结束时间	加班时长	
2	刘雨晨	18:00	20:50	2小时50分	
3	李杰	18:30	21:10	2小时40分	
4	崔丽纯	19:30	20:40	1小时10分	
5	刘玲燕	19:40	20:50	1小时10分	
6	黄群群	20:00	21:30	1小时30分	
7	宋韵	20:20	21:30	1小时10分	
8	李海云	21:00	22:00	1小时0分	
9	章萱敏	21:00	23:00	2小时0分	
10	肖菲菲	22:00	0:00	2小时0分	

得到需要的结果

图 3-61

公式解析

=TEXT(C2-B2,"h 小时 m 分 ")

先求 C2 与 B2 单元格中两个时间的差值，并将差值转换成“2 小时 50 分”这种表示形式。

技巧 31 解决日期计算返回日期序列号问题

如图 3-62 所示为一份产品清单，可以通过生产日期及保质期使用 EDATE 函数来计算到期日期，如果不使用 TEXT 函数，直接计算到期日期，返回的是时间序列号，如图 3-63 所示。如果想得到正确显示的日期，可以使用 TEXT 函数来进行转换，具体操作步骤如下。

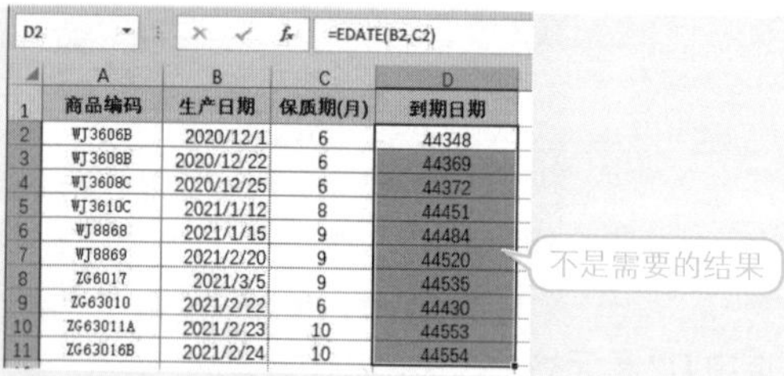

	A	B	C	D
1	商品编码	生产日期	保质期(月)	到期日期
2	WJ3606B	2020/12/1	6	44348
3	WJ3608B	2020/12/22	6	44369
4	WJ3608C	2020/12/25	6	44372
5	WJ3610C	2021/1/12	8	44451
6	WJ8868	2021/1/15	9	44484
7	WJ8869	2021/2/20	9	44520
8	ZG6017	2021/3/5	9	44535
9	ZG63010	2021/2/22	6	44430
10	ZG63011A	2021/2/23	10	44553
11	ZG63016B	2021/2/24	10	44554

图 3-62

❶ 选中 D2 单元格，在公式编辑栏中输入公式：

```
=TEXT(EDATE(B2,C2),"yyyy-mm-dd")
```

按 Enter 键得出结果，如图 3-63 所示。

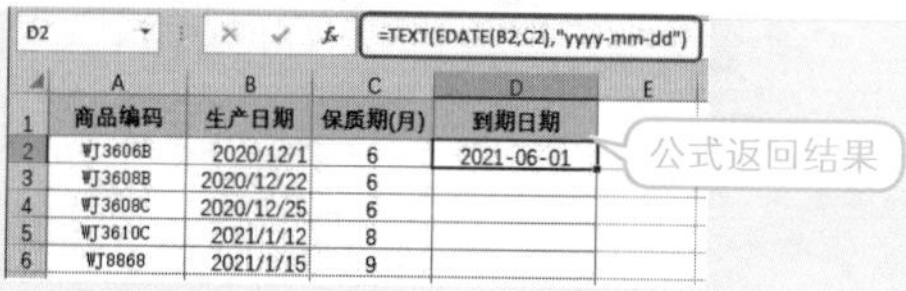

	A	B	C	D	E
1	商品编码	生产日期	保质期(月)	到期日期	
2	WJ3606B	2020/12/1	6	2021-06-01	
3	WJ3608B	2020/12/22	6		
4	WJ3608C	2020/12/25	6		
5	WJ3610C	2021/1/12	8		
6	WJ8868	2021/1/15	9		

图 3-63

❷ 选中 D2 单元格，拖动该单元格右下角的填充柄向下填充，可以得到批量结果，如图 3-64 所示。

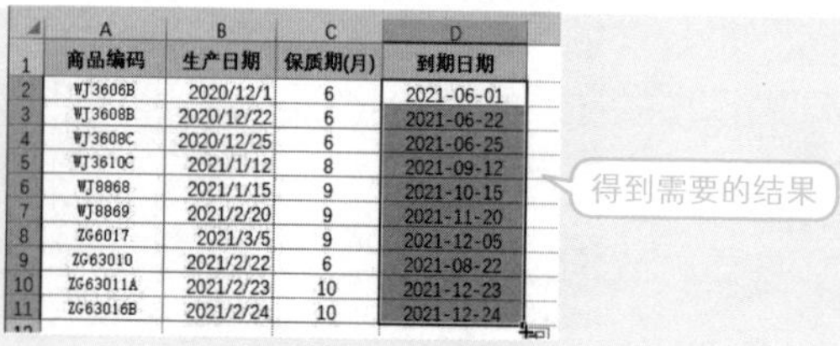

	A	B	C	D
1	商品编码	生产日期	保质期(月)	到期日期
2	WJ3606B	2020/12/1	6	2021-06-01
3	WJ3608B	2020/12/22	6	2021-06-22
4	WJ3608C	2020/12/25	6	2021-06-25
5	WJ3610C	2021/1/12	8	2021-09-12
6	WJ8868	2021/1/15	9	2021-10-15
7	WJ8869	2021/2/20	9	2021-11-20
8	ZG6017	2021/3/5	9	2021-12-05
9	ZG63010	2021/2/22	6	2021-08-22
10	ZG63011A	2021/2/23	10	2021-12-23
11	ZG63016B	2021/2/24	10	2021-12-24

图 3-64

嵌套函数

EDATE 函数用于返回表示某个日期的序列号，该日期与指定日期（startdate）相隔（之前或之后）的月份数。

公式解析

=TEXT(EDATE(B2,C2),"yyyy-mm-dd")
      ①   ②

①以 B2 单元格日期为开始日期，返回的是加上 C2 中给定月份数后的日期。
②将①步返回的日期转换为"2021-06-01"这种日期格式。

技巧 32 让数据统一显示固定的位数

利用 TEXT 函数可以实现将长短不一的数据显示为固定的位数，例如，图 3-65 中在进行编码整理时希望将编码都显示为 6 位数（原编码长短不一），不足 6 位的前面用 0 补齐，即把 A 列中的编码转换成 B 列中的形式，如图 3-65 所示。

图 3-65

❶ 选中 B2 单元格，在编辑栏中输入公式：

```
=TEXT(A2,"000000")
```

按 Enter 键即可将 A2 单元格中的编码转换为 6 位数，如图 3-66 所示。

❷ 选中 B2 单元格，拖动该单元格右下角的填充柄向下填充，可以得到批量转换结果，如图 3-67 所示。

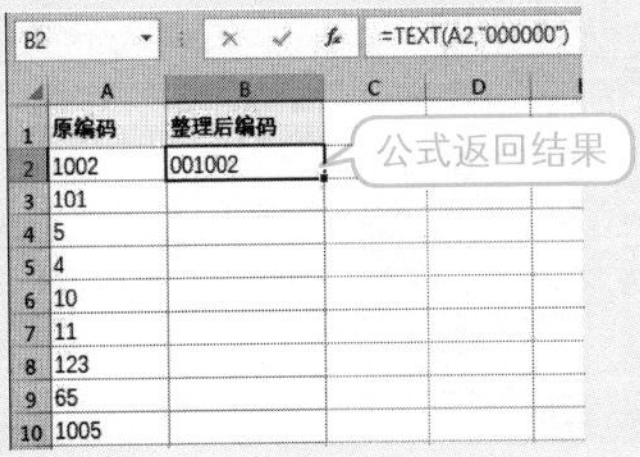

图 3-66

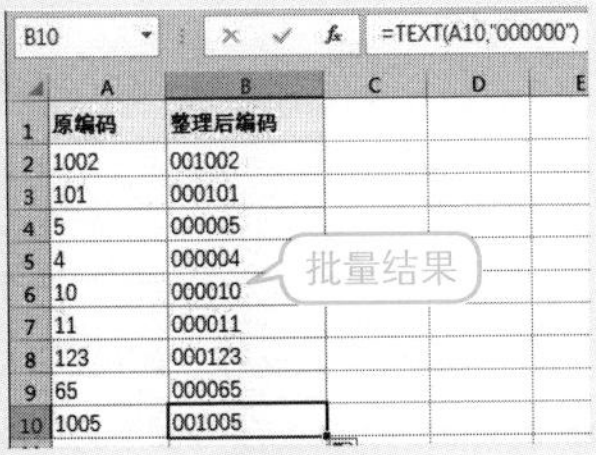

图 3-67

公式解析

=TEXT(A2,"000000")

A2 为要设置格式的对象。"000000" 为数字设置格式的格式代码。

技巧 33 让合并的日期显示正确格式

如图 3-68 所示，A 列中显示的是工单日期，如果将 A、B、C 列直接合并，那么日期将被显示为序列号（从 D 列中可以看到）。

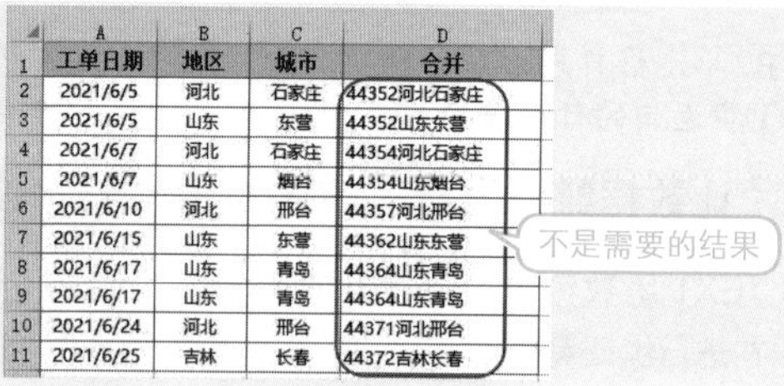

	A	B	C	D
1	工单日期	地区	城市	合并
2	2021/6/5	河北	石家庄	44352河北石家庄
3	2021/6/5	山东	东营	44352山东东营
4	2021/6/7	河北	石家庄	44354河北石家庄
5	2021/6/7	山东	烟台	44354山东烟台
6	2021/6/10	河北	邢台	44357河北邢台
7	2021/6/15	山东	东营	44362山东东营
8	2021/6/17	山东	青岛	44364山东青岛
9	2021/6/17	山东	青岛	44364山东青岛
10	2021/6/24	河北	邢台	44371河北邢台
11	2021/6/25	吉林	长春	44372吉林长春

图 3-68

此时需要按如下技巧来完成单元格数据的合并。

❶ 选中 D2 单元格，在公式编辑栏中输入公式：

```
=TEXT(A2,"yyyy-m-d")&B2&C2
```

按 Enter 键得出合并后的结果，如图 3-69 所示。

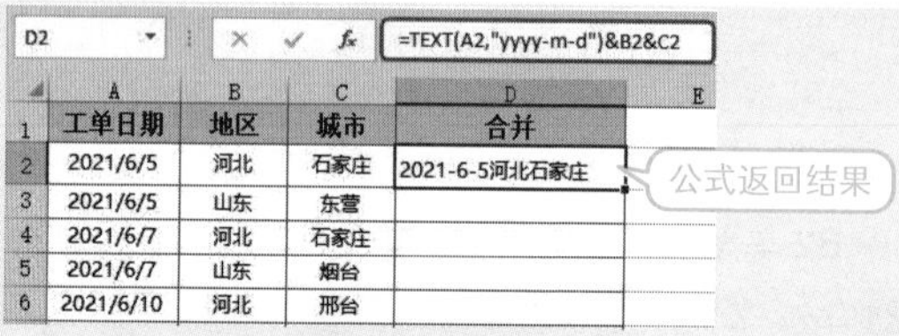

	A	B	C	D	E
1	工单日期	地区	城市	合并	
2	2021/6/5	河北	石家庄	2021-6-5河北石家庄	
3	2021/6/5	山东	东营		
4	2021/6/7	河北	石家庄		
5	2021/6/7	山东	烟台		
6	2021/6/10	河北	邢台		

图 3-69

❷ 选中 D2 单元格，拖动该单元格右下角的填充柄向下填充，可以得到其他合并结果，如图 3-70 所示。

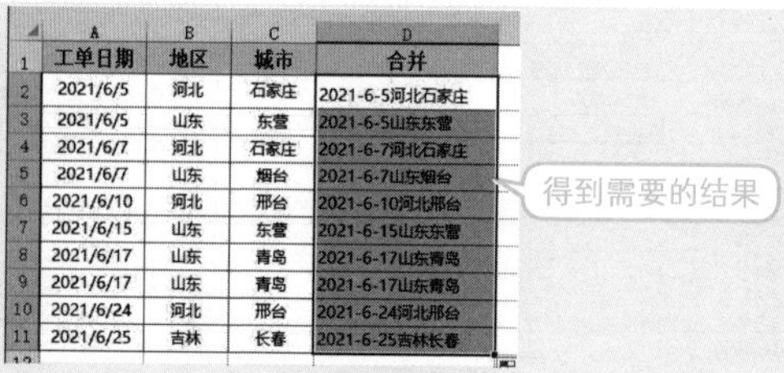

	A	B	C	D
1	工单日期	地区	城市	合并
2	2021/6/5	河北	石家庄	2021-6-5河北石家庄
3	2021/6/5	山东	东营	2021-6-5山东东营
4	2021/6/7	河北	石家庄	2021-6-7河北石家庄
5	2021/6/7	山东	烟台	2021-6-7山东烟台
6	2021/6/10	河北	邢台	2021-6-10河北邢台
7	2021/6/15	山东	东营	2021-6-15山东东营
8	2021/6/17	山东	青岛	2021-6-17山东青岛
9	2021/6/17	山东	青岛	2021-6-17山东青岛
10	2021/6/24	河北	邢台	2021-6-24河北邢台
11	2021/6/25	吉林	长春	2021-6-25吉林长春

图 3-70

公式解析

=TEXT(A2,"yyyy-m-d")&B2&C2

　　　　①　　　　②

① 将 A2 单元格中的数据转换为"2021-6-5"形式。

② 将①步结果与 B2、C2 单元格的数据相连接。

3.3.9　VALUE 函数（将文本型数字转换成数值型数字）

【功能】

VALUE 函数是将代表数字的文本字符串转换成数值型的数字。

【语法】

VALUE(text)

【参数】

text：表示要转换的文本，可以是单元格的引用。text 可以是 Microsoft Excel 中可识别的任意常数、日期或时间格式。如果 text 不为这些格式，则函数 VALUE 将返回错误值"#VALUE!"。

技巧 34　解决总金额无法计算的问题

在表格中计算总金额时，由于单元格的格式被设置成文本格式，会导致总金额无法计算，如图 3-71 所示。

B9	▾	:	×	✓	fx	=SUM(B2:B8)

▲	A	B	C	D
1	品名规格	总金额		
2	黄塑纸945*70	30264		
3	白硅纸945*80	37829		
4	牛硅纸1160*45	48475		
5	武汉黄纸1300*70	50490		
6	赤壁白纸1300*80	59458		
7	白硅纸940*80	90755		
8	黄硅纸1540*70	76854		
9		0		

无法计算

图 3-71

● 选中 C2 单元格，在公式编辑栏中输入公式：

```
=VALUE(B2)
```

按 Enter 键，然后向下复制公式，从而将 B 列中的数据转换为数值型可用于运算的数据，如图 3-72 所示。

● 转换后，C2:C9 单元格区域中的数据可用于求和运算，如图 3-73 所示。

| C2 | ▼ | : | × | ✓ | *fx* | =VALUE(B2) |

转换格式

	A	B		C
1	品名规格	总金额		
2	黄塑纸945*70	30264		30264
3	白塑纸945*80	37829		37829
4	牛硅纸1160*45	48475		48475
5	武汉黄纸1300*70	50490		50490
6	赤壁白纸1300*80	59458		59458
7	白硅纸940*80	90755		90755
8	黄硅纸1540*70	76854		76854
9		0		

图 3-72

| C9 | ▼ | : | × | ✓ | *fx* | =SUM(C2:C8) |

	A	B	C
1	品名规格	总金额	
2	黄塑纸945*70	30264	30264
3	白塑纸945*80	37829	37829
4	牛硅纸1160*45	48475	48475
5	武汉黄纸1300*70	50490	50490
6	赤壁白纸1300*80	59458	
7	白硅纸940*80	90755	76854
8	黄硅纸1540*70	76854	
9		0	394125

正确计算

图 3-73

3.4 其他文本函数

3.4.1 LEN 函数（返回字符串的字符数）

【功能】

LEN 函数用于统计出给定文本字符串的字符数。

【语法】

LEN(text)

【参数】

text：是要统计其长度的文本。空格将作为字符计数。

技巧 35　将电话号码的区号与号码分离开

在如图 3-74 所示的表格中，要求将电话号码的区号与号码分离开来，分别显示在不同的列中。

	A	B	C	D
1	姓名	电话	区号	号码
2	郑立嫒	025-87667654	025	87667654
3	艾羽	0517-45442322	0517	45442322
4	章晔	0571-23442323	0571	23442323
5	钟文	020-34254222	020	34254222
6	朱安婷	0551-67565554	0551	67565554
7	陈东平	0565-34333218	0565	34333218

批量结果

图 3-74

❶ 选中 **C2** 单元格，在公式编辑栏中输入公式：

```
=IF(LEN(B2)=12,LEFT(B2,3),LEFT(B2,4))
```

按 **Enter** 键得出结果，如图 3-75 所示。

图 3-75

② 选中 **D2** 单元格，在公式编辑栏中输入公式：

```
=RIGHT(B2,8)
```

按 **Enter** 键得出结果，如图 **3-76** 所示。

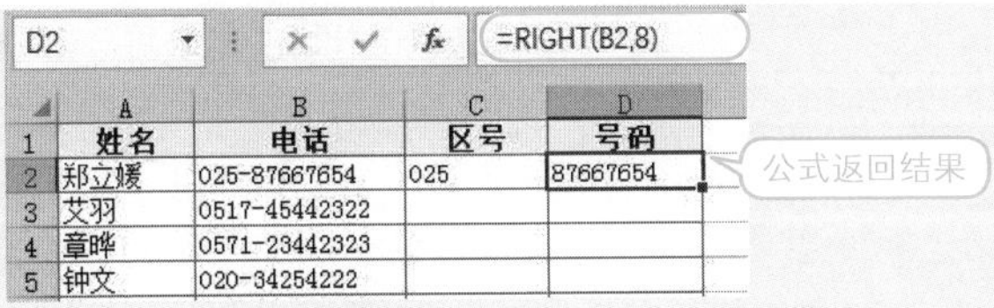

图 3-76

③ 选中 **C2:D2** 单元格区域，拖动右下角的填充柄向下复制公式，即可批量分离各电话号码的区号与号码。

嵌套函数

LEFT 函数属于文本函数类型。它用于根据所指定的字符数返回文本字符串中第一个字符或前几个字符。

公式解析

=IF(LEN(B2)=12,LEFT(B2,3),LEFT(B2,4))

① 判断 B2 单元格中数据是否是 12 个字符。如果是，则执行②步操作；如果不是，则执行③步操作。
② 提取 B2 单元格中字符串的前 3 个字符。
③ 提取 B2 单元格中字符串的前 4 个字符。

3.4.2 REPT 函数（重复文本）

【功能】

REPT 函数按照给定的次数重复显示文本。

【语法】

REPT(text, number_times)

【参数】

● text：表示需要重复显示的文本。
● number_times：表示用于指定文本重复次数的正数。

技巧 36　输入身份证号码填写框

在个人简历表中通常要使用到身份证号码填写框，如图 3-77 所示。

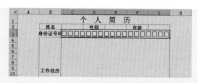

图 3-77

选中 C3 单元格，在公式编辑栏中输入公式（如图 3-78 所示）：

`=REPT("□",18)`

按 Enter 键可一次得到 18 个方框。

图 3-78

技巧 37　根据销售额用"★"评定等级

在销售统计表中，要求根据销售额用"★"评定等级，具体要求如下。

● 如果销售额小于 5 万元，等级为 3 颗星。
● 如果销售额为 5 万 ~10 万元，等级为 5 颗星。
● 如果销售额大于 10 万元，等级为 8 颗星。

即通过公式设置返回如图 3-79 所示 C 列中的结果。

	A	B	C
1			★
2	姓名	销售额(万元)	等级
3	郑立媛	11.6	★★★★★★★★
4	艾羽	3.22	★★★
5	童晔	6.45	★★★★★
6	钟文	8.74	★★★★★
7	朱安婷	12.8	★★★★★★★★
8	陈东平	6.3	★★★★★
9	周洋	5.5	★★★★★

批量结果

图 3-79

❶ 在空白单元格中输入"★"（本例中在 C1 单元中输入）。

❷ 选中 C3 单元格，在公式编辑栏中输入公式：

```
=IF(B3<5,REPT($C$1,3),IF(B3<10,REPT($C$1,5),REPT($C$1,8)))
```

按 Enter 键得出结果，如图 3-80 所示。

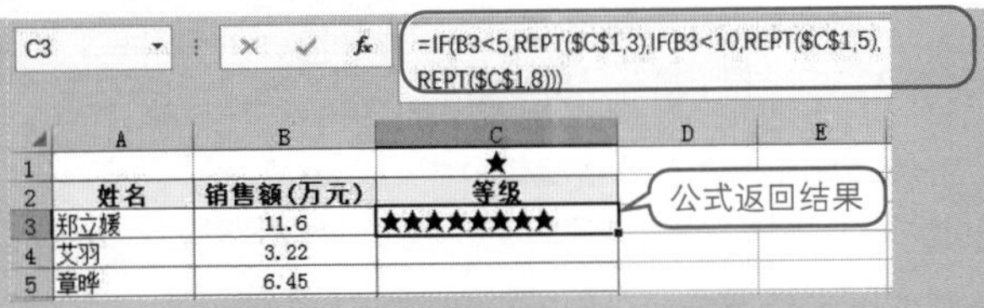

图 3-80

❸ 选中 C3 单元格，拖动右下角的填充柄向下复制公式，即可批量用"★"进行等级评定。

公式解析

=IF(B3<5,REPT($C$1,3),IF(B3<10,REPT($C$1,5),REPT($C$1,8)))
　　　　　　　　　　①　　　　　　　　　　　　　　　　②

①如果 B3 的值小于 5，则重复 C1 中的星号 3 次。

②如果 B3 的值小于 10，则重复 C1 中的星号 5 次；大于 10 时，重复 C1 中的星号 8 次。

3.4.3　TRIM 函数（清除空格）

【功能】

除了单词之间的单个空格外，清除文本中所有的空格。在从其他应用程序中获取带有不规则空格的文本时，一般都需要使用到 TRIM 函数。

【语法】

TRIM(text)

【参数】

text：表示需要删除其中空格的文本。

技巧 38　删除文本单词中多余的空格

如图 3-81 所示，表格的 A 列中包含很多不必要的空格，通过使用 TRIM 函数，可以得到 B 列中的数据。

	A	B
1	Item	转换后正确Item
2	Store locations are convenient	Store locations are convenient
3	Store hours are convenient	Store hours are convenient
4	Stores are well-maintained	Stores are well-maintained
5	Sou are easy to reach by phone	Sou are easy to reach by phone
6	I like your web site	I like your web site
7	Employees are friendly	Employees are friendly
8	Employees are helpful	Employees are helpful
9	Pricing is competitive	Pricing is competitive
10	I like your TV ads	I like your TV ads
11	You sell quality products	You sell quality products

批量结果

图 3-81

❶ 选中 B2 单元格，在公式编辑栏中输入公式：

```
=TRIM(A2)
```

按 Enter 键得出结果。

❷ 选中 B2 单元格，拖动右下角的填充柄向下复制公式，即可实现批量删除 A 列中各单元格中不必要的空格。

3.4.4 EXACT 函数（比较两个字符串是否相同）

【功能】

EXACT 函数用于比较两个字符串，如果它们完全相同，则返回 TRUE；否则，返回 FALSE。该函数区分大小写，但忽略格式上的差异。

【语法】

EXACT(text1, text2)

【参数】

- text1：表示第一个文本字符串。
- text2：表示第二个文本字符串。

技巧 39 比较两个店铺的平均售价是否相同

如图 3-82 所示，表格中统计了两个店铺中各商品的销售价格。现在需要批量比较两个店铺对同一商品的销售价格是否相同，即得到 D 列中的数据。

	A	B	C	D
1	品名	军达店平均价格	鸿业店平均价格	比较
2	老百年	155.20	155.20	相同
3	三星迎驾	123.56	123.56	相同
4	五粮春	164.98	163.50	1.48
5	新月亮	133.00	133.00	相同
6	新地球	181.33	184.00	-2.67
7	四开国缘	383.00	383.00	相同
8	新品兰十	143.00	143.00	相同
9	今缘兰地球	171.00	171.00	相同
10	珠江金小麦	116.00	116.00	相同
11	张裕赤霞珠	161.45	161.45	相同

批量结果

图 3-82

● 选中 D2 单元格，在公式编辑栏中输入公式：

`=IF(EXACT(B2,C2)=FALSE,B2-C2," 相同 ")`

按 Enter 键得出结果，如图 3-83 所示。

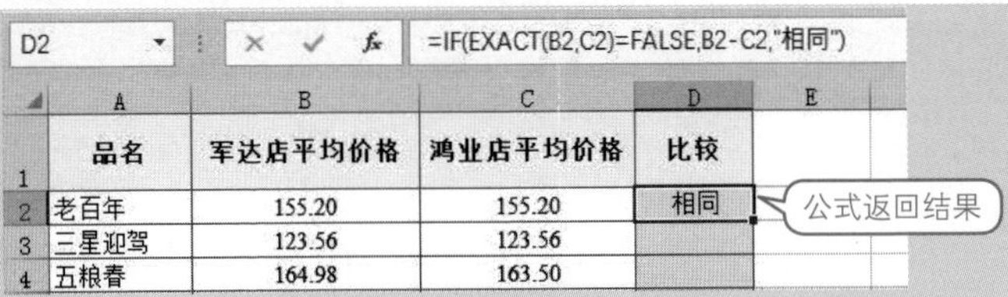

	A	B	C	D	E
1	品名	军达店平均价格	鸿业店平均价格	比较	
2	老百年	155.20	155.20	相同	
3	三星迎驾	123.56	123.56		
4	五粮春	164.98	163.50		

D2 ▼ : × ✓ fx =IF(EXACT(B2,C2)=FALSE,B2-C2,"相同")

公式返回结果

图 3-83

● 选中 D2 单元格，拖动右下角的填充柄向下复制公式，即可批量得出比较结果。

📋 公式解析

=IF(EXACT(B2,C2)=FALSE,B2-C2," 相同 ")
　　　　　①　　　　　　　　　②

① 判断 B2 与 C2 单元格的值是否相同，即结果是否是 FALSE。

② 如果①步返回值为 FALSE，则返回 B2 与 C2 单元格的差值，否则返回"相同"。

第 4 章　日期与时间函数范例

4.1　返回日期

4.1.1　NOW 函数（返回当前日期时间）

【功能】

NOW 函数表示返回当前日期和时间的序列号。

【语法】

NOW()

技巧 1　为打印报表添加打印时间

如图 4-1 所示，在打印报表时希望在表格旁显示现在的时间。这时则可以使用 NOW 函数。

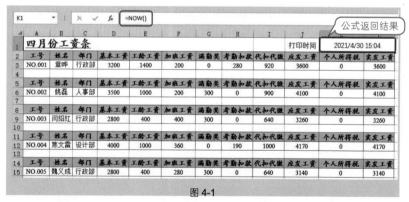

图 4-1

选中 K1 单元格，在公式编辑栏中输入公式：

=NOW()

按 Enter 键即可显示出当前的年月日及时间。

4.1.2 TODAY 函数（返回当前日期）

【功能】

TODAY 函数返回当前日期的序列号。

【语法】

TODAY()

技巧 2　计算员工在职天数

如图 4-2 所示，表格中记录了员工的入职日期与离职日期。要求计算员工的在职天数，即得到 E 列的结果。

	A	B	C	D	E
1	编号	姓名	入职日期	离职日期	在职天数
2	NN001	闫绍红	2012/6/23	2015/1/10	931
3	NN002	罗婷	2013/12/6		2710
4	NN003	杨增	2015/7/28		2111
5	NN004	王倩	2014/8/4	2016/1/5	519
6	NN005	姚磊	2017/11/22		1263
7	NN006	郑燕媚	2018/4/27		1107
8	NN007	洪新成	2019/4/27		742
9	NN008	罗婷	2019/5/7		732

批量结果

图 4-2

❶选中 E2 单元格，在公式编辑栏中输入公式：

`=IF(D2<>"",D2-C2,TODAY()-C2)`

按 Enter 键得出第一位员工的在职天数，如图 4-3 所示。

E2		× ✓ fx	=IF(D2<>"",D2-C2,TODAY()-C2)	
	A	B	C	D	E	F

	A	B	C	D	E	F
1	编号	姓名	入职日期	离职日期	在职天数	
2	NN001	闫绍红	2012/6/23	2015/1/10	931	
3	NN002	罗婷	2013/12/6			
4	NN003	杨增	2015/7/28			
5	NN004	王倩	2014/8/4	2016/1/5		
6	NN005	姚磊	2017/11/22			

公式返回结果

图 4-3

❷选中 E2 单元格，拖动右下角的填充柄向下复制公式，即可批量得出如图 4-2 所示的结果。

📝 **公式解析**

=IF(D2< >"",D2-C2,TODAY()-C2)

① 当前日期减去 C2 单元格的日期。

② 如果 D2 单元格不是空值（即填写了离职日期），则返回 D2-C2 的值，否则返回①步结果。

技巧 3　判断借出图书是否到期

表格统计了图书的借出日期，本例规定：借阅时间超过 60 天时，即显示"到期"，否则显示"未到期"，判断后得到如图 4-4 所示中 C 列的数据。

	A	B	C
1	图书	借出日期	是否到期
2	财务管理	2021/3/24	未到期
3	工程管理	2021/3/3	到期
4	HR必备	2021/4/10	未到期
5	会计基础	2021/3/7	到期
6	计算机基础	2021/5/18	未到期
7	读者	2021/5/19	未到期
8	瑞丽时尚	2018/3/5	到期
9	汽车之间	2021/3/16	未到期

图 4-4

❶ 选中 C2 单元格，在公式编辑栏中输入公式：

=IF(TODAY()-B2>60,"到期","未到期")

按 Enter 键即可判断出借阅的图书是否到期，如图 4-5 所示。

C2	▼	× ✓ fx	=IF(TODAY()-B2>60,"到期","未到期")		
	A	B	C	D	E
1	图书	借出日期	是否到期		
2	财务管理	2021/3/24	未到期		
3	工程管理	2021/3/3			
4	HR必备	2021/4/10			
5	会计基础	2021/3/7			
6	计算机基础	2021/5/18			

图 4-5

❷ 选中 C2 单元格，拖动右下角的填充柄向下复制公式，即可快速判断出其他图书是否到期。

📝 **公式解析**

=IF(TODAY()-B2>60,"到期","未到期")

① 求"TODAY()-B2"的差值，判断差值是否大于 60。

② 如果①步为真，返回"到期"，否则返回"未到期"。

技巧 4　判断应收账款是否到期

如图 4-6 所示表格，要求根据还款日期判断各项应收账款是否到期，如果到期（约定超过还款日期 90 天为到期），则返回"到期"；如果未到期，则返回"未到期"，即得到 E 列的数据。

	A	B	C	D	
1	公司名称	账款金额	还款日期	是否到期	
2	宏运佳建材公司	¥ 20,850.00	2021/4/11	未到期	
3	海兴建材有限公司	¥ 5,000.00	2021/3/13	未到期	
4	孚盛装饰公司	¥ 15,600.00	2021/1/6	到期	← 批量结果
5	澳菲建材有限公司	¥ 120,000.00	2021/2/1	到期	
6	拓帆建材有限公司	¥ 15,000.00	2021/4/28	未到期	
7	雅得丽装饰公司	¥ 18,000.00	2021/4/1	未到期	
8	海玛装饰公司	¥ 30,000.00	2021/3/11	未到期	

图 4-6

❶ 选中 D2 单元格，在公式编辑栏中输入公式：

```
=IF(TODAY()-C2>90,"到期","未到期")
```

按 Enter 键得出结果，如图 4-7 所示。

		D2	▼	× ✓ fx	=IF(TODAY()-C2>90,"到期","未到期")	
	A	B	C	D	E	
1	公司名称	账款金额	还款日期	是否到期		
2	宏运佳建材公司	¥ 20,850.00	2021/4/11	未到期		
3	海兴建材有限公司	¥ 5,000.00	2021/3/13		← 公式返回结果	
4	孚盛装饰公司	¥ 15,600.00	2021/1/6			
5	澳菲建材有限公司	¥ 120,000.00	2021/2/1			
6	拓帆建材有限公司	¥ 15,000.00	2021/4/28			
7	雅得丽装饰公司	¥ 18,000.00	2021/4/1			
8	海玛装饰公司	¥ 30,000.00	2021/3/11			

图 4-7

❷ 选中 D2 单元格，拖动右下角的填充柄向下复制公式，即可批量得出如图 4-6 所示（D 列数据）的结果。

📖 公式解析

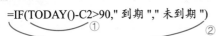

=IF(TODAY()-C2>90,"到期","未到期")
　　　　　　①　　　　　　　　　②

① 用当前日期减去 C2 单元格的日期。

② 如果①步结果大于 90，返回"到期"，否则返回"未到期"。

4.1.3 DATE 函数（返回指定日期的序列号）

【功能】

DATE 函数返回特定日期的序列号。

【语法】

DATE(year,month,day)

【参数】

● year：表示 year 参数的值可以包含一到四位数字。

● month：表示一个正整数或负整数，表示一年中从 1 月至 12 月（一月到十二月）的各个月。

● day：表示一个正整数或负整数，表示一月中从 1 日到 31 日的各天。

技巧 5 建立倒计时显示牌

为了特殊表达某一个日期的重要性，通常会建立一个倒计时牌。可以使用 **DATE** 函数配合 **TODAY** 函数来建立公式。

选中 **C2** 单元格，在公式编辑栏中输入公式：

`=DATE(2021,12,12)-TODAY()&"（天）"`

按 Enter 键得出倒计时天数，如图 **4-8** 所示。

图 4-8

公式解析

=DATE(2021,12,12)-TODAY()&"（天）"

计算指定日期与当前日期相差的天数。

技巧 6 计算临时工的工作天数

表格中统计了一段时间内临时工的工作起始日期，工作统一结束日期为 "2021-5-20"，要求计算出每位临时工的实际工作天数，如图 **4-9** 所示。

	A	B	C
1	姓名	开始日期	工作天数
2	张文军	2021/3/4	77
3	孙涛	2021/3/3	78
4	周保国	2021/3/10	71
5	崔志飞	2021/3/7	74
6	郑淑娟	2021/4/18	32
7	左卫	2021/4/19	31
8	刘美玲	2021/4/3	47
9	周彤	2021/4/16	34

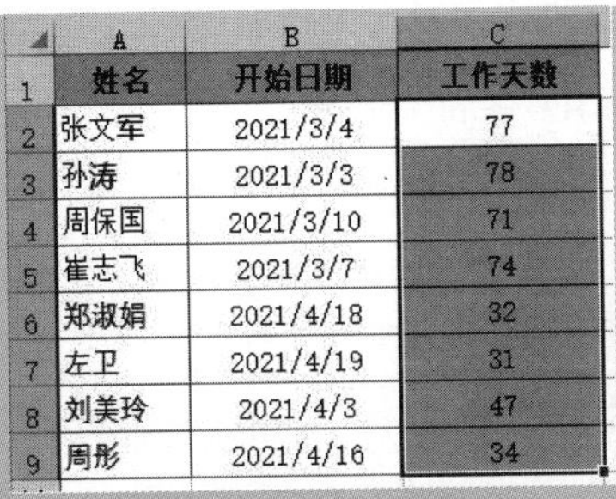

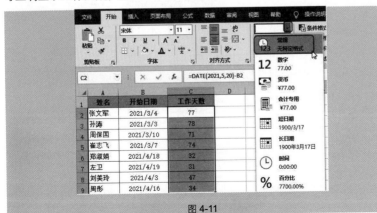

图 4-9

❶选中 C2 单元格，在公式编辑栏中输入公式：

```
=DATE(2021,5,20)-B2
```

按 Enter 键即可计算出 B2 单元格中的日期距离“2021-5-20”这个日期的间隔天数（但默认返回的是日期值），如图 4-10 所示。

	A	B	C	D
1	姓名	开始日期	工作天数	
2	张文军	2021/3/4	1900/3/17	
3	孙涛	2021/3/3		
4	周保国	2021/3/10		
5	崔志飞	2021/3/7		

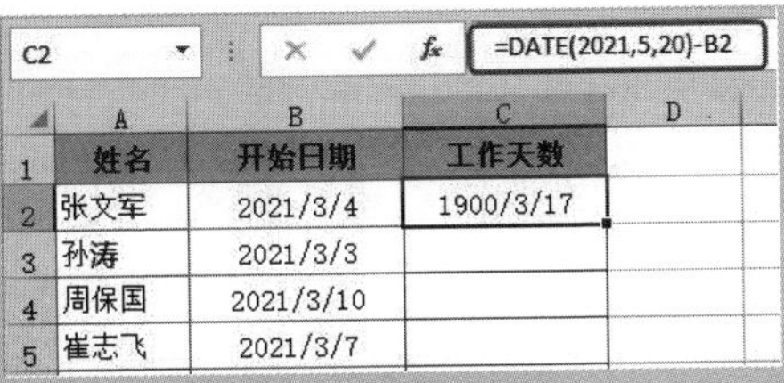

图 4-10

❷选中 C2 单元格，拖动右下角的填充柄向下复制公式。选中 C2:C9 单元格区域，在“开始”→“数字”选项组的下拉列表中选择“常规”格式，即可正确显示工作天数，如图 4-11 所示。

	A	B	C	D
1	姓名	开始日期	工作天数	
2	张文军	2021/3/4	77	
3	孙涛	2021/3/3	78	
4	周保国	2021/3/10	71	
5	崔志飞	2021/3/7	74	
6	郑淑娟	2021/4/18	32	
7	左卫	2021/4/19	31	
8	刘美玲	2021/4/3	47	
9	周彤	2021/4/16	34	

图 4-11

✏️ 公式解析

$$=\underbrace{DATE(2021,5,20)}_{①}-\underbrace{B2}_{②}$$

① 将"2021,5,20"这个日期构建为可计算的标准日期。
② 用①步日期减去 B2 单元格中的日期。

4.1.4　DAY 函数（返回某日期的天数）

【功能】

DAY 函数返回特定日期的天数。

【语法】

DAY(serial_number)

【参数】

serial_number：表示要查找的那一天的日期。

技巧7　计算本月上旬的出库数量

表格中按日期统计了本月中商品的出库记录，现在要求统计出本月上旬的出库总量。可以使用 DAY 函数配合 SUM 求取，注意这里要使用数组公式。

选中 F2 单元格，在编辑栏中输入公式：

`=SUM(D2:D20*(DAY(A2:A20)<=10))`

按 Ctrl+Shift+Enter 组合键，即可统计出上旬的出库总量，如图 4-12 所示。

日期	商品编号	规格	出货数量		本月上旬出库量
2020/10/8	ZG63012A	300*600	856		6356
2020/10/12	ZG63012B	300*600	460		
2020/10/19	ZG63013B	300*600	1015		
2020/10/18	ZG63013C	300*600	930		
2020/10/15	ZG63015A	300*600	1044		
2020/10/2	ZG63016A	300*600	550		
2020/10/8	ZG63016B	300*600	846		
2020/10/7	ZG63016C	300*600	902		
2020/10/6	ZG6605	600*600	525		
2020/10/5	ZG6606	600*600	285		
2020/10/4	ZG6607	600*600	453		
2020/10/4	ZG6608	600*600	910		
2020/10/13	ZGR80001	600*600	806		
2020/10/15	ZGR80001	800*800	1030		
2020/10/14	ZGR80002	800*800	988		
2020/10/13	ZGR80005	800*800	980		
2020/10/12	ZGR80008	600*600	1049		
2020/10/11	ZGR80008	800*800	965		
2020/10/10	ZGR80012	800*800	1029		

图 4-12

公式解析

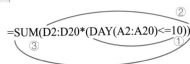

=SUM(D2:D20*(DAY(A2:A20)<=10))

① 依次提取 A2:A20 单元格区域中各日期的日数，并依次判断是否小于或等于 10，如果是，则返回 TRUE；否则返回 FALSE，返回的是一个数组。

② 将①步数组中是 TRUE 值的，对应在 D2:D20 单元格区域上取值，返回一个数组。

③ 对②步数组进行行求和运算。

技巧 8 按本月缺勤天数计算缺勤扣款

如图 4-13 所示的表格中统计了 5 月份现场客服人员缺勤天数，要求计算每位人员应扣款金额，即得到 C 列中的统计结果。要达到此统计需要根据当月天数求出单日工资（假设月工资为 3000）。

5月现场客服人员缺勤统计表		
姓名	缺勤天数	扣款金额
李锐	1	96.77
张文涛	2	193.55
李平	2	193.55
侯淑媛	1	96.77
刘智南	5	483.87
苏敏	6	580.65
李平	4	387.10
孙丽萍	2	193.55
张文涛	3	290.32

图 4-13

❶ 选中 C3 单元格，在编辑栏中输入公式：

`=B3*(3000/(DAY(DATE(2021,6,0))))`

按 Enter 键，即可求出第一位人员的扣款金额，如图 4-14 所示。

C3		× ✓ fx	=B3*(3000/(DAY(DATE(2021,6,0))))		
	A	B	C	D	E
1	5月现场客服人员缺勤统计表				
2	姓名	缺勤天数	扣款金额		
3	李锐	1	96.77		
4	张文涛	2			
5	李平	2			
6	侯淑媛	1			

图 4-14

❷ 选中 C3 单元格，拖动右下角的填充柄向下复制公式，即得到批量计算结果。

$$=B3*(3000/(DAY(DATE(2021,6,0)))))$$

①②③

① 构建"2021,6,0"这个日期，注意，当最后一个参数为 0 时，实际获取的日期就是上月的最后一天。因为不能确定上月的最后一天是 30 还是 31，使用此方法指定，就可以让程序自动获取最大日期。

② 提取①步日期中的天数，即 5 月的最后一天。用 3000 除以天数获取单日工资。

③ 获取单日工资后，与缺勤天数相乘即可得到扣款金额。

技巧 9　显示出全年中各月的天数

如图 4-15 所示，A 列中显示的是全年中的各个月份。要求得到 B 列的数据，即返回每个月的天数。

	A	B	C
1	**月份**	**天数**	
2	2021年1月	31	
3	2021年2月	28	
4	2021年3月	31	
5	2021年4月	30	
6	2021年5月	31	
7	2021年6月	30	批量结果
8	2021年7月	31	
9	2021年8月	31	
10	2021年9月	30	
11	2021年10月	31	
12	2021年11月	30	
13	2021年12月	31	

图 4-15

❶ 选中 **B2** 单元格，在公式编辑栏中输入公式：

```
=DAY(DATE(YEAR(A2),ROW(),0))
```

按 Enter 键得出 2021 年 1 月的天数，如图 4-16 所示。

B2			fx	=DAY(DATE(YEAR(A2),ROW(),0))		
	A	B	C	D	E	F
1	**月份**	**天数**				
2	2021年1月	31	公式返回结果			
3	2021年2月					
4	2021年3月					
5	2021年4月					
6	2021年5月					

图 4-16

❷ 选中 **B2** 单元格，拖动右下角的填充柄向下复制公式，即可批量得出各个月份的天数。

嵌套函数

● DATE 函数属于日期函数类型，用于返回特定日期的序列号。
● YEAR 函数属于日期函数类型，用于返回某日期对应的年份。
● ROW 函数属于查找函数类型，用于返回引用的行号。

公式解析

①返回 A2 单元格中日期的年份。

②返回当前行号，B2 单元格的公式，ROW() 的返回值为 2；B3 单元格的公式，ROW() 的返回值为 3，以此类推。

③将①和②步的返回值与 0 转换为一个日期值，B2 单元格的公式，本步为 DATE(2021,2,0)。

④返回③步中日期的天数。

专家点拨

要求出某月份的最大天数，可以求下个月份的第 0 日的值，虽然 0 日不存在，但 DATE 函数也可以接受此值。根据此特性，便会自动返回 0 日的前一天的日期，即上一月的最后一天。

4.1.5　YEAR 函数（返回某日期中的年份）

【功能】

YEAR 函数表示某日期对应的年份，返回值为 1900 ～ 9999 的整数。

【语法】

YEAR(serial_number)

【参数】

serial_number：一个日期值，其中包含要查找年份的日期。应使用 DATE 函数输入日期，或者将日期作为其他公式或函数的结果输入。

121

技巧 10　计算出员工年龄

如图 4-17 所示表格的 C 列中显示了各员工的出生日期。要求根据出生日期快速得出各员工的年龄，即得到 D 列的结果。

❶ 选中 D2 单元格，在公式编辑栏中输入公式：

```
=YEAR(TODAY())-YEAR(C2)
```

按 Enter 键得出结果（是一个日期值），如图 4-18 所示。

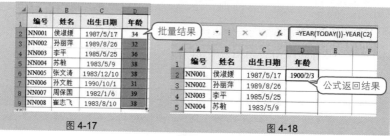

图 4-17　　　　　　　　　　　　　　　　图 4-18

❷ 选中 D2 单元格，拖动右下角的填充柄向下复制公式，即可批量得出一列日期值。选中"年龄"列函数返回的日期值，在"开始"→"数字"选项组的下拉列表中选择"常规"格式，即可得出正确的年龄值，如图 4-19 所示。

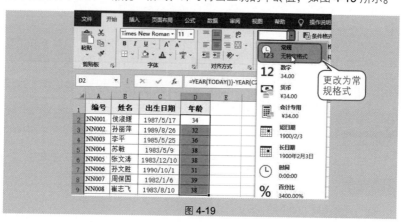

图 4-19

📖 公式解析

$$=YEAR(TODAY())-YEAR(C2)$$

① 返回当前日期。

② 提取 C2 单元格中日期的年份。

③ ①步结果减去②步结果，返回年份值。

技巧11 计算出员工工龄

如图 4-20 所示表格的 C 列中显示了各员工的入职日期。要求根据入职日期计算员工的工龄，即得到 D 列的结果。

❶ 选中 D2 单元格，在公式编辑栏中输入公式：

```
=YEAR(TODAY())-YEAR(C2)
```

按 Enter 键得出结果（是一个日期值），如图 4-21 所示。

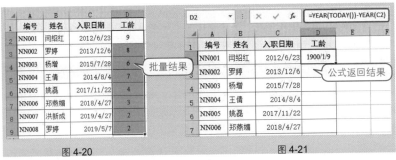

图 4-20　　　　　　　　　　　　　　　　图 4-21

❷ 选中 D2 单元格，拖动右下角的填充柄向下复制公式，即可批量得出一列日期值。选中"工龄"列函数返回的日期值，在"开始"→"数字"选项组的下拉列表中选择"常规"格式，即可得出正确的工龄值，如图 4-22 所示。

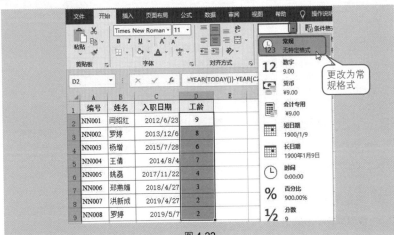

图 4-22

4.1.6 WEEKDAY 函数（返回某日期为星期几）

【功能】

WEEKDAY 函数返回某日期为星期几。默认值为 1（星期天）~ 7（星期六）的整数。

【语法】

WEEKDAY(serial_number,[return_type])

【参数】

- serial_number：一个序列号，代表尝试查找的那一天的日期。应使用 DATE 函数输入日期，或者将日期作为其他公式或函数的结果输入。
- return_type：可选，用于确定返回值类型的数字。

技巧 12 返回值班日期对应的星期数

表格的 B 列中显示了各员工的值班日期，要求根据值班日期快速得出对应的星期数，即得到如图 4-23 所示中 C 列的结果。

❶ 选中 C2 单元格，在公式编辑栏中输入公式：

```
=WEEKDAY(B2,2)
```

按 Enter 键返回星期数，如图 4-24 所示。

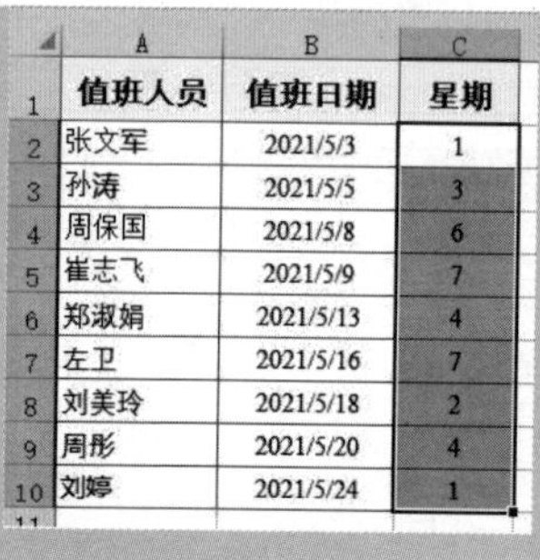

	A	B	C
1	值班人员	值班日期	星期
2	张文军	2021/5/3	1
3	孙涛	2021/5/5	3
4	周保国	2021/5/8	6
5	崔志飞	2021/5/9	7
6	郑淑娟	2021/5/13	4
7	左卫	2021/5/16	7
8	刘美玲	2021/5/18	2
9	周彤	2021/5/20	4
10	刘婷	2021/5/24	1

图 4-23

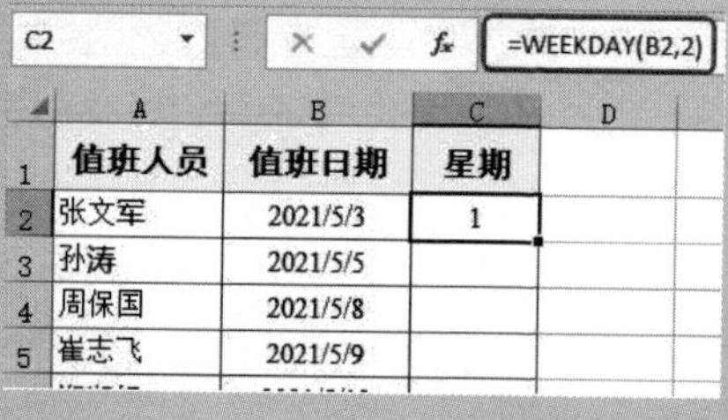

	A	B	C	D
1	值班人员	值班日期	星期	
2	张文军	2021/5/3	1	
3	孙涛	2021/5/5		
4	周保国	2021/5/8		
5	崔志飞	2021/5/9		

图 4-24

❷ 选中 C2 单元格，拖动右下角的填充柄向下复制公式，即可批量根据值班日期返回对应的星期数。

公式解析

=WEEKDAY(B2,2)

返回 B2 单元格中的值班日期是星期几。

专家点拨

如果 WEEKDAY 函数的第 2 个参数不设置或者设置为 1 时，则星期天返回 1，星期一返回 2，星期二返回 3……；如果设置第 2 个参数为 2，则星期一返回 1，星期二返回 2，星期三返回 3，以此类推。

技巧 13　判断值班日期是平时加班还是双休日加班

如图 4-25 所示表格的 A 列中显示了加班日期，要求根据 A 列中的加班日期判断是双休日加班还是平时加班，即得到 E 列的结果。

	A	B	C	D	E	
1	加班日期	员工工号	员工姓名	加班时数	加班类型	
2	2021/4/4	NN290	刘智南	5	双休日加班	
3	2021/4/7	NN283	李锐	2.5	平时加班	批量结果
4	2021/4/12	NN295	侯淑媛	5	平时加班	
5	2021/4/12	NN297	李平	2	平时加班	
6	2021/4/13	NN560	张文涛	3	平时加班	
7	2021/4/15	NN860	苏敏	2	平时加班	
8	2021/4/15	NN560	张文涛	2	平时加班	
9	2021/4/18	NN295	侯淑媛	4	双休日加班	
10	2021/4/18	NN297	李平	5	双休日加班	
11	2021/4/20	NN291	孙丽萍	2	平时加班	
12	2021/4/20	NN560	张文涛	1	平时加班	

图 4-25

❶ 选中 E2 单元格，在公式编辑栏中输入公式：

```
=IF(OR(WEEKDAY(A2,2)=6,WEEKDAY(A2,2)=7),"双休日加班","平时加班")
```

按 Enter 键得出加班类型，如图 4-26 所示。

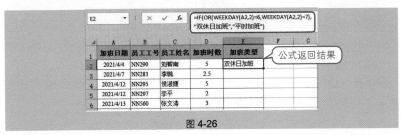

E2		× ✓ fx	=IF(OR(WEEKDAY(A2,2)=6,WEEKDAY(A2,2)=7),"双休日加班","平时加班")				
	A	B	C	D	E	F	G
1	加班日期	员工工号	员工姓名	加班时数	加班类型	公式返回结果	
2	2021/4/4	NN290	刘智南	5	双休日加班		
3	2021/4/7	NN283	李锐	2.5			
4	2021/4/12	NN295	侯淑媛	5			
5	2021/4/12	NN297	李平	2			
6	2021/4/13	NN560	张文涛	3			

图 4-26

❷ 选中 E2 单元格，拖动右下角的填充柄向下复制公式，即可批量根据加班日期得出加班类型。

嵌套函数

OR 函数属于逻辑函数类型。给出的参数组中任何一个参数逻辑值为 TRUE，即返回 TRUE；任何一个参数的逻辑值为 FALSE，即返回 FALSE。

📖✏️ **公式解析**

=IF(OR(WEEKDAY(A2,2)=6,WEEKDAY(A2,2)=7)," 双 休 日 加 班 "," 平 时 加班 ")

① 判断 A2 单元格中的星期数是否为 6。
② 判断 A2 单元格中的星期数是否为 7。
③ 判断①步结果与②步结果中是否有一个满足。
④ 如果③步结果成立，则返回"双休日加班"，否则返回"平时加班"。

技巧 14　计算平常日与周末日的加班工资

表格中统计了员工的加班日期与加班时长，其中平常日加班工资为 30/ 小时，周末日加班工资为 60/ 小时。现在想自动判断加班日是平常日还是周末日，并自动计算出加班工资，即得到如图 4-27 所示 D 列的数据。

	A	B	C	D
1	日期	员工姓名	加班时长（小时）	加班工资（元）
2	4月1日	刘智南	1	30
3	4月2日	李锐	2	60
4	4月3日	侯淑媛	3	180
5	4月4日	李平	4	240
6	4月5日	张文涛	2	60
7	4月6日	苏敏	1	30
8	4月7日	张文涛	2.5	75
9	4月8日	侯淑媛	1	30
10	4月9日	李平	2	60
11	4月10日	孙丽萍	4	240

图 4-27

❶ 选中 D2 单元格，在编辑栏中输入公式：

`=IF(WEEKDAY(A2,2)<6,C2*30,C2*60)`

按 Enter 键即可计算出第一项加班条目的加班工资。

❷ 选中 D2 单元格，拖动右下角的填充柄向下复制公式，即可得出各条加班记录的加班工资，如图 4-28 所示。

D2		× ✓ fx	=IF(WEEKDAY(A2,2)<6,C2*30,C2*60)		
	A	B	C	D	E
1	日期	员工姓名	加班时长（小时）	加班工资（元）	
2	4月1日	刘智南	1	30	
3	4月2日	李锐	2		
4	4月3日	侯淑媛	3		
5	4月4日	李平	4		
6	4月5日	张文涛	2		
7	4月6日	苏敏	1		

图 4-28

📖 **公式解析**

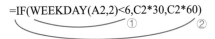

=IF(WEEKDAY(A2,2)<6,C2*30,C2*60)
　　　　　　①　　　　　　　②

① 返回 A2 单元格日期对应的星期数，并判断是否小于 6，小于 6 表示非周末。

② 如果①步为真，则计算 "C2*30"，否则计算 "C2*60"。

4.1.7　MONTH 函数（返回某日期中的月份）

【功能】

MONTH 函数表示返回以序列号表示的日期中的月份。月份是 1（一月）～ 12（十二月）的整数。

【语法】

MONTH(serial_number)

【参数】

serial_number：要查找的那一月的日期。应使用 DATE 函数输入日期，或者将日期作为其他公式或函数的结果输入。

技巧 15　自动填写销售报表中的月份

有些报表每月都需要建立并且结构相似，对于表头信息需要更改月份值，此时可以使用 **MONTH** 和 **TODAY** 函数来实现月份的自动填写。

选中 **C1** 单元格，在公式编辑栏中输入公式：

```
=MONTH(TODAY())
```

按 **Enter** 键即可根据当前日期填写月份值，如图 **4-29** 所示。

C1			× ✓ fx	=MONTH(TODAY())		
	A	B	C	D	E	F	G
公式返回结果			5 月 份 个 人 所 得 税 核 算				
2	工号	姓名	应发工资	缴税所得	税率	速算扣除数	应缴所得税
3	NO.001	刘心玥	3968	0	0.03	0	0
4	NO.002	姚洁	4460	0	0.03	0	0
5	NO.003	焦磊	5970	970	0.03	0	29.1
6	NO.004	林雨清	3516	0	0.03	0	0
7	NO.005	魏义成	4396	0	0.03	0	0
8	NO.006	李霞	4828	0	0.03	0	0
9	NO.007	何国庆	11589	6589	0.1	210	448.9
10	NO.008	郑丽莉	5297	297	0.03	0	8.91
11	NO.009	马同燕	4155	0	0.03	0	0
12	NO.010	莫晓云	13269	8269	0.1	210	616.9
13	NO.011	张燕	3384	0	0.03	0	0
14	NO.012	陈建	7889	2889	0.03	0	86.67

图 4-29

嵌套函数

TODAY 函数属于日期函数类型，用于返回当前日期的序列号。

公式解析

=MONTH(TODAY())

根据 TODAY() 返回的当前日期，自动返回当前日期的月份值。

技巧 16　计算本月账款金额总计

表格中统计了各项账款的日期，现在要求统计出本月中所有账款的合计金额。可以使用 MONTH 函数配合 SUM 和 IF 函数来设置公式。

选中 E2 单元格，在公式编辑栏中输入公式：

=SUM(IF(MONTH(B2:B11)=MONTH(TODAY()),B2:B11))

按 Shift+Ctrl+Enter 组合键，即可计算出本月中所有账款的合计金额，如图 4-30 所示。

	A	B	C	D	E	F
				E2	{=SUM(IF(MONTH(B2:B11)=MONTH(TODAY()),B2:B11))}	
1	公司名称	开票日期	应收金额		本月的账款合计	
2	宏运佳建材公司	2020/12/29	¥ 22,000.00		177313	公式返回结果
3	海兴建材有限公司	2021/4/11	¥ 10,000.00			
4	孚盛装饰公司	2021/3/13	¥ 29,000.00			
5	澳菲建材有限公司	2021/2/6	¥ 28,700.00			
6	拓帆建材有限公司	2021/2/1	¥ 22,000.00			
7	澳菲建材有限公司	2021/5/19	¥ 18,000.00			
8	宏运佳建材公司	2021/4/1	¥ 30,000.00			
9	雅得丽装饰公司	2021/5/6	¥ 8,000.00			
10	海玛装饰公司	2021/5/10	¥ 8,500.00			
11	海兴建材有限公司	2021/5/14	¥ 8,500.00			

图 4-30

嵌套函数

● SUM 函数属于数学函数类型，用于返回某一单元格区域中所有数字之和。

● TODAY 函数属于日期函数类型，用于返回当前日期的序列号。

公式解析

=SUM(IF(MONTH(B2:B11)=MONTH(TODAY()),B2:B11))

① 返回当前日期并提取月份数。

② 依次提取 B2:B11 单元格区域中的日期的月份数，并判断其值与①步返回值是否相等，如果是，则返回对应在 B2:B11 上的值，返回的是一个数组。

③ 将②步返回的数组进行求和。

4.1.8　EOMONTH 函数（返回某个月份最后一天的序列号）

【功能】

EOMONTH 函数返回某个月份最后一天的序列号。

【语法】

EOMONTH(start_date, months)

【参数】

● start_date：一个代表开始日期的日期。应使用 DATE 函数输入日期，或者将日期作为其他公式或函数的结果输入。

● months：表示 start_date 之前或之后的月份数。months 为正值将生成未来日期，为负值将生成过去日期。如果 months 不是整数，则将截尾取整。

技巧 17　根据活动开始日期计算各月活动的促销天数

如图 4-31 所示表格中显示了企业制定的活动计划的开始时间，结束时间都是到月底。现在要求根据活动开始日期返回各月活动的促销天数，即得到 C 列的数据。

	A	B	C	D	
1	促销产品	促销价格	开始日期	促销天数	
2	年华似锦补水仪	69.9	2021/5/3	28	批量结果
3	罗莱秋冬卧室毛绒拖鞋	19.9	2021/5/5	26	
4	博洋刺绣锻面抱枕	19.9	2021/5/10	21	
5	卧室香薰摆件	9.9	2021/5/15	16	
6	柔丝草 干花花束真花	29.9	2021/5/20	11	
7	车载汽车香薰摆件	9.9	2021/5/22	9	
8	轻奢床上四件套	129.9	2021/5/25	6	

图 4-31

❶ 选中 D2 单元格，在公式编辑栏中输入公式：

```
=EOMONTH(C2,0)-C2
```

按 Enter 键得出的结果是"2021-5-3"到本月最后一天的天数（默认为一个日期值），如图 4-32 所示。

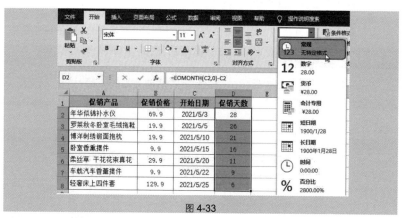

图 4-32

② 选中 D2 单元格，拖动右下角的填充柄向下复制公式，即可批量得出一列日期值。选中"促销天数"列函数返回的日期值，在"开始"→"数字"选项组的下拉列表中选择"常规"格式，即可显示出正确的促销天数，如图 4-33 所示。

图 4-33

📖✍ 公式解析

= EOMONTH(C2,0)-C2

① 返回 C2 单元格中日期的最后一天的序列号。

② 使用最后一天的序列号减去 C2 单元格日期的当前序列号，即可计算出当前日期到最后一天的天数。

技巧 18　计算优惠券有效期的截止日期

某商场发放的优惠券的使用规则是：在发出日期起的特定几个月的最后一

天内使用有效,现在要在表格中返回各种优惠券的有效截止日期,如图4-34所示。

	A	B	C	D
1	优惠券名称	放发日期	有效期(月)	截止日期
2	A券	2020/5/1	6	2020/11/30
3	B券	2021/5/1	8	2022/1/31
4	C券	2021/1/20	10	2021/11/30

图 4-34

❶ 选中 D2 单元格,在编辑栏中输入公式:

```
=EOMONTH(B2,C2)
```

❷ 按 Enter 键返回一个日期的序列号,如图4-35所示。

| D2 | ▼ | : | × | ✓ | fx | =EOMONTH(B2,C2) |

	A	B	C	D
1	优惠券名称	放发日期	有效期(月)	截止日期
2	A券	2020/5/1	6	44165
3	B券	2021/5/1	8	
4	C券	2021/1/20	10	

公式返回结果

图 4-35

❸ 选中 D2 单元格,拖动右下角的填充柄向下复制公式。选中返回值的单元格区域,在"开始"选项卡的"数字"组中重新设置单元格的格式为"短日期"即可得到截止日期。

技巧 19　在考勤表中根据当前月份自动建立日期序列

根据当前月份自动显示本月日期在报表的制作中非常实用。例如,在考勤记录表中,要按日来对员工出勤情况进行记录,但不同月份的实际天数却不一定相同(如 1 月份有 31 天,而 2 月份有可能有 28 天、29 天)。如图 4-36 所示,显示了 2021 年 2 月的日期序列(中间有部分隐藏);如图 4-37 所示,显示了 2021 年 3 月的日期序列(中间有部分隐藏)。

图 4-36

图 4-37

❶选中 A4 单元格，在公式编辑栏中输入公式：

```
=IF(ROW(A1)<=DAY(EOMONTH($B$1,0)),DAY(DATE(YEAR($B$1),
MONTH($B$1),ROW(A1))),"")
```

按 Enter 键得出当前月份中的第一个日期，如图 4-38 所示。

图 4-38

❷选中 A4 单元格，拖动右下角的填充柄向下复制公式，即可自动获取本月对应的所有天数序号（最关键的是最后一天的数字）。

❸当进入下一个月时，日期序列即可根据当前月份的天数自动返回序列。

嵌套函数

● ROW 函数属于查找函数类型，用于返回引用的行号。
● DAY 函数属于日期函数类型，用于返回以序列号表示的某日期的天数，用整数 1～31 表示。
● DATE 函数属于日期函数类型，用于返回特定日期的序列号。
● YEAR 函数属于日期函数类型，用于某日期对应的年份。
● MONTH 函数属于日期函数类型，用于返回以序列号表示的日期中的月份。

公式解析

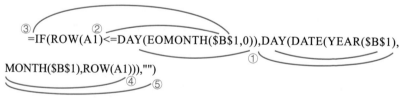

①返回 B1 单元格中给定日期的该月份的最后一天的日期。
②提取①步中返回日期的天数。
③如果 ROW(A1) 小于或等于②步返回值，则进入④步以后的运算，否则返回空值。

④ 提取 B1 单元格中给定日期的年份、月份，并与 ROW(A1) 组成一个日期值。

⑤ 从④步返回的日期值中提取天数。

📢 **专家点拨**

公式中②步返回值已经确定了当前月份的最大天数，用 ROW(A1)<=DAY(EOMONTH($B$1,0)) 这样一个判断，来控制再向下复制公式时，日期显示到哪一个为止。该公式是多个日期函数嵌套使用的典型例子。

技巧 20　在考勤表中根据各日期自动返回对应的星期数

在报表的制作过程中除了经常需要根据当前月份返回日期序列，有时还需要根据日期序列再自动返回其对应的星期数（例如建立考勤表）。如图 4-39 所示，显示了 2021 年 3 月中各日期对应的星期数；如图 4-40 所示，显示了 2021 年 4 月中各日期对应的星期数。

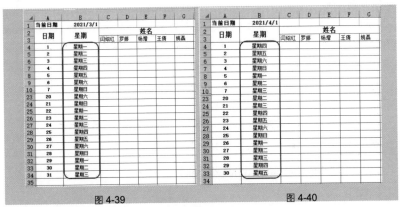

图 4-39　　　　　　　　　　　　　图 4-40

❶ 选中 B4 单元格，在公式编辑栏中输入公式：

```
=IF(ROW(A1)<=DAY(EOMONTH($B$1,0)),WEEKDAY(DATE(YEAR($B$1),MONTH($B$1),A4),1),"")
```

按 Enter 键得出结果，如图 4-41 所示。

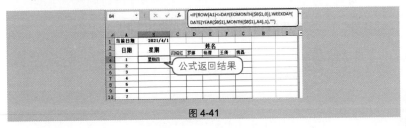

图 4-41

❷ 选中 B4 单元格，拖动右下角的填充柄向下复制公式，即可自动获取各日期对应的星期数。

❸ 当进入下一个月时，日期序列发生改变，同时对应的星期数也发生改变。

嵌套函数

- ROW 函数属于查找函数类型，用于返回引用的行号。
- DAY 函数属于日期函数类型，用于返回以序列号表示的某日期的天数，用整数 1 ~ 31 表示。
- DATE 函数属于日期函数类型，用于返回特定日期的序列号。
- WEEKDAY 函数属于日期函数类型，用于返回某日期为星期几。
- YEAR 函数属于日期函数类型，用于返回某日期对应的年份。
- MONTH 函数属于日期函数类型，用于返回以序列号表示的日期中的月份。

专家点拨

本公式的解析可以参照技巧 19，只是在公式解析中第⑤步将 DAY 函数换成了 WEEKDAY 函数，因此可以返回各日期对应的星期数。

4.1.9 WEEKNUM 函数（返回指定日期是第几周）

【功能】

WEEKNUM 函数返回一个数字，该数字代表一年中的第几周。

【语法】

WEEKNUM(serial_number,[return_type])

【参数】

- serial_number：一个给定日期。应使用 DATE 函数输入日期，或者将日期作为其他公式或函数的结果输入。
- return_type：可选。一个数字，确定星期从哪一天开始。如果是 1 或省略则表示把星期日作为一周的第一天；如果是 2 则表示把星期一作为一周的第一天。

技巧 21　计算借书历经周数

如图 4-42 所示表格中记录了图书的借阅日期与归还日期，要求快速得知各项借阅条目共历经几周，即得到 D 列的结果。

A	B	C	D
借阅人	借阅日期	归还日期	历经周数
李锐	2021/3/3	2021/3/30	4
张文涛	2021/3/5	2021/3/22	3
李平	2021/3/7	2021/4/5	5
侯淑媛	2021/3/16	2021/4/27	6
刘智南	2021/3/24	2021/4/10	2
侯淑媛	2021/4/10	2021/5/10	5
李平	2021/5/5	2021/5/27	3
孙丽萍	2021/5/14	2021/5/31	3
张文涛	2021/5/18	2021/6/5	2
苏敏	2021/5/19	2021/6/22	5

批量结果

图 4-42

❶ 选中 D2 单元格，在公式编辑栏中输入公式：

```
=WEEKNUM(C2,2)-WEEKNUM(B2,2)
```

按 Enter 键得出结果，如图 4-43 所示。

D2		× ✓ fx	=WEEKNUM(C2,2)-WEEKNUM(B2,2)		
A	B	C	D	E	F
借阅人	借阅日期	归还日期	历经周数		
李锐	2021/3/3	2021/3/30	4	公式返回结果	
张文涛	2021/3/5	2021/3/22			
李平	2021/3/7	2021/4/5			
侯淑媛	2021/3/16	2021/4/27			
刘智南	2021/3/24	2021/4/10			

图 4-43

❷ 选中 D2 单元格，拖动右下角的填充柄向下复制公式，即可批量得出结果。

📖 公式解析

=WEEKNUM(C2,2)-WEEKNUM(B2,2)

使用"WEEKNUM(C2,2)"返回 C2 单元格中的日期在一年中的周数，使用"WEEKNUM(B2,2)"返回 B2 单元格中的日期在一年中的周数，二者之差为历经的周数。

4.2 日 期 计 算

4.2.1 DATEDIF 函数（计算两个日期之间的年、月和天数）

【功能】

DATEDIF 函数用于计算两个日期之间的年数、月数和天数（用不同的参数指定）。

135

【语法】

DATEDIF(date1,date2,code)

【参数】

- date1：起始日期。
- date2：结束日期。
- code：表示要返回两个日期的参数代码，如表 4-1 所示。

表 4-1　DATEDIF 函数的 code 参数与返回值

code 参数	DATEDIF 函数返回值
Y	返回两个日期之间的年数
M	返回两个日期之间的月数
D	返回两个日期之间的天数
YM	忽略两个日期的年数和天数，返回之间的月数
YD	忽略两个日期的年数，返回之间的天数
MD	忽略两个日期的月数和天数，返回之间的年数

技巧 22　计算总借款天数

如图 4-44 所示表格中显示了开票日期与还款日期，要求计算借款天数，即得到 E 列的结果。

	A	B	C	D	E
1	公司名称	开票日期	还款日期	应收金额	借款天数
2	宏运佳建材公司	2020/11/6	2020/12/29	¥ 22,000.00	53
3	海兴建材有限公司	2020/12/22	2021/4/11	¥ 10,000.00	110
4	孚盛装饰公司	2020/11/10	2021/3/13	¥ 29,000.00	123
5	澳菲建材有限公司	2021/1/17	2021/2/6	¥ 28,700.00	20
6	拓帆建材有限公司	2021/1/17	2021/2/1	¥ 22,000.00	15
7	澳菲建材有限公司	2021/1/28	2021/4/28	¥ 18,000.00	90
8	宏运佳建材公司	2020/10/2	2021/4/1	¥ 30,000.00	181
9	雅得丽装饰公司	2021/3/1	2021/3/11	¥ 8,000.00	10
10	海玛装饰公司	2020/10/3	2021/3/28	¥ 8,500.00	176
11	海兴建材有限公司	2021/1/14	2021/3/24	¥ 8,500.00	69

批量结果

图 4-44

❶ 选中 E2 单元格，在公式编辑栏中输入公式：

```
=DATEDIF(B2,C2,"D")
```

按 Enter 键得出第一项借款的借款天数，如图 4-45 所示。

图 4-45

❷选中 E2 单元格，拖动右下角的填充柄向下复制公式，即可批量得出结果。

技巧 23 根据员工入职时间自动追加工龄工资

如图 4-46 所示表格中显示了员工的入职时间，现在要求根据入职时间计算工龄工资（每满一年，工龄工资自动增加 100 元），即得到 D 列的数据。

图 4-46

❶选中 D2 单元格，在公式编辑栏中输入公式：

`=DATEDIF(C2,TODAY(),"y")*100`

按 Enter 键得到一个日期值，如图 4-47 所示。

图 4-47

❷ 选中 **D2** 单元格，拖动右下角的填充柄向下复制公式，即可批量得出一列日期值。选中"工龄工资"列函数返回的日期值，在"开始"→"数字"选项组的下拉列表中选择"常规"格式，即可显示出正确的工龄工资，如图 4-48 所示。

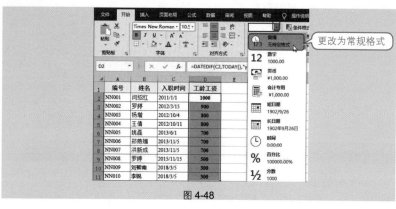

图 4-48

公式解析

=DATEDIF(C2,TODAY(),"y")*100

① 返回当前日期。
② 判断 C2 单元格日期与①的日期之间的年数（用"y"参数指定）。
③ 将②步结果乘以 100。

4.2.2 DAYS360 函数（计算两日期间相差的天数）

【功能】

DAYS360 函数表示按照一年 360 天的算法（每个月以 30 天计算），返回两日期间相差的天数，这在一些会计计算中将会用到。

【语法】

DAYS360(start_date,end_date,[method])

【参数】

● start_date：要计算期间天数的开始日期。
● end_date：要计算的结束日期。如果 start_date 在 end_date 之后，则

DAYS360 将返回一个负数。应使用 DATE 函数来输入日期，或者将日期作为其他公式或函数的结果输入。

- method：可选。一个逻辑值，它指定在计算中是采用欧洲方法还是美国方法。

技巧 24 计算还款剩余天数

如图 4-49 所示表格的 C 列中显示了借款的应还日期，要求计算出各项借款的还款剩余天数，即得到 D 列的结果（如果为负数，则表示已经到期）。

	A	B	C	D
1	公司名称	借款金额	应还日期	还款剩余天数
2	宏运佳建材公司	¥ 20,850.00	2021/7/15	68
3	海兴建材有限公司	¥ 5,000.00	2020/12/17	-140
4	孚盛装饰公司	¥ 15,600.00	2021/3/23	-44
5	澳菲建材有限公司	¥ 120,000.00	2021/9/15	128
6	拓帆建材有限公司	¥ 15,000.00	2021/7/10	63
7	澳菲建材有限公司	¥ 20,000.00	2021/7/10	63
8	宏运佳建材公司	¥ 8,500.00	2021/3/11	-56

批量结果

图 4-49

❶ 选中 D2 单元格，在公式编辑栏中输入公式：

```
=DAYS360(TODAY(),C2)
```

按 Enter 键得出结果为 68，表示该项借款还有 68 天到期，如图 4-50 所示。

D2 =DAYS360(TODAY(),C2)

	A	B	C	D
1	公司名称	借款金额	应还日期	还款剩余天数
2	宏运佳建材公司	¥ 20,850.00	2021/7/15	68
3	海兴建材有限公司	¥ 5,000.00	2020/12/17	
4	孚盛装饰公司	¥ 15,600.00	2021/3/23	
5	澳菲建材有限公司	¥ 120,000.00	2021/9/15	
6	拓帆建材有限公司	¥ 15,000.00	2021/7/10	
7	澳菲建材有限公司	¥ 20,000.00	2021/7/10	
8	宏运佳建材公司	¥ 8,500.00	2021/3/11	

公式返回结果

图 4-50

❷ 选中 D2 单元格，拖动右下角的填充柄向下复制公式，即可批量得出各项借款是否到期或还有多少天到期。

公式解析

=DAYS360(TODAY(),C2)

根据 TODAY() 返回的当前日期与 C2 单元格中的还款日期间的差计算还款剩余天数。

如图 4-51 所示表格中显示了各项固定资产的增加日期，要求计算出各项固定资产已使用的月份，即得到 E 列的结果。

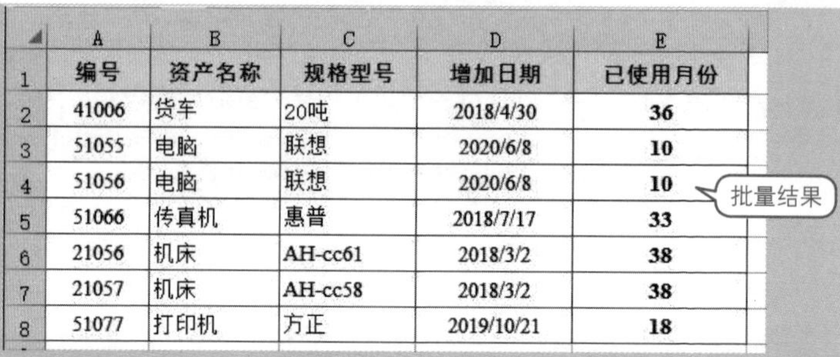

	A	B	C	D	E
1	编号	资产名称	规格型号	增加日期	已使用月份
2	41006	货车	20吨	2018/4/30	36
3	51055	电脑	联想	2020/6/8	10
4	51056	电脑	联想	2020/6/8	10
5	51066	传真机	惠普	2018/7/17	33
6	21056	机床	AH-cc61	2018/3/2	38
7	21057	机床	AH-cc58	2018/3/2	38
8	51077	打印机	方正	2019/10/21	18

批量结果

图 4-51

❶ 选中 E2 单元格，在公式编辑栏中输入公式：

```
=INT(DAYS360(D2,TODAY())/30)
```

按 Enter 键得出结果，如图 4-52 所示。

E2		× ✓ fx	=INT(DAYS360(D2,TODAY())/30)		
	A	B	C	D	E
1	编号	资产名称	规格型号	增加日期	已使用月份
2	41006	货车	20吨	2018/4/30	36
3	51055	电脑	联想	2020/6/8	
4	51056	电脑	联想	2020/6/8	
5	51066	传真机	惠普	2018/7/17	
6	21056	机床	AH-cc61	2018/3/2	
7	21057	机床	AH-cc58	2018/3/2	
8	51077	打印机	方正	2019/10/21	

公式返回结果

图 4-52

❷ 选中 E2 单元格，拖动右下角的填充柄向下复制公式，即可批量得出各项固定资产的已使用月份。

嵌套函数

- TODAY 函数属于日期函数类型，用于返回当前日期的序列号。
- INT 函数属于数学函数类型，用于将指定数值向下取整为最接近的整数。通俗地说，如果值为正数，则 INT 函数的值为直接去掉小数位后的值；如果值为负数，则 INT 函数的值为去掉小数位后加 –1 后的值。

公式解析

=INT(DAYS360(D2,TODAY())/30)

① 计算 D2 单元格日期与今日日期间的差值，即相差天数，然后用结果除以 30 得出月份值。

② 对月份值取整。

技巧 26 利用 DAYS360 函数判断借款是否逾期

如图 4-53 所示表格中显示了各项借款的到期日期，要求判断各项借款是否到期，如果到期，则显示逾期天数；否则显示 "未逾期"，即得到 E 列的结果。

序号	借款金额	借款日期	到期日期	是否逾期
1	20850.00	2020/10/5	2021/3/6	已逾期61天
2	5000.00	2020/8/6	2021/4/7	已逾期30天
3	15600.00	2020/10/7	2021/5/15	未逾期
4	120000.00	2021/1/7	2021/4/27	已逾期10天
5	15000.00	2020/11/9	2021/8/30	未逾期

批量结果

图 4-53

❶ 选中 E2 单元格，在公式编辑栏中输入公式：

=IF(DAYS360(TODAY(),D2)<0,"已逾期"&-DAYS360(TODAY(), D2)&"天", "未逾期")

按 Enter 键得出结果，如图 4-54 所示。

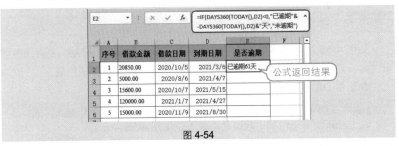

图 4-54

❷ 选中 E2 单元格，拖动右下角的填充柄向下复制公式，即可批量判断出各项借款是否到期，如图 4-53 所示。

专家点拨

这部分公式 "-DAYS360(TODAY(),D2)" 前面带了一个 "-"，表示将计算的日期转换为正数（默认为负数）。

公式解析

=IF(DAYS360(TODAY(),D2)<0," 已逾期 "&-DAYS360(TODAY(),D2)&" 天 ",
　　　　　　　①　　　　　　　　　　　　　　　　　②

" 未逾期 ")
　③

① 以一年 360 天计算，返回当前日期与 D2 单元格日期之间的天数。

② 如果①步结果小于 0，那么在该步结果前添加负号将其转换为正数，并在前面添加"已逾期"文字。

③ 如果①步结果不小于 0，则返回"未逾期"文字。

4.2.3　YEARFRAC 函数（计算两日期间天数占全年天数的百分比）

【功能】

YEARFRAC 函数用于计算开始日期和结束日期之间的天数占全年天数的百分比。

【语法】

YEARFRAC(start_date, end_date, [basis])

【参数】

- start_date：一个代表开始日期的日期。
- end_date：一个代表结束日期的日期。
- basis：可选，要使用的日计数基准类型。

技巧 27　计算休假天数占全年天数的百分比

如图 4-55 所示表格中显示了假期开始日期与假期结束日期，要求通过设置公式自动显示休假天数占全年天数的百分比，即得到 D 列的结果。

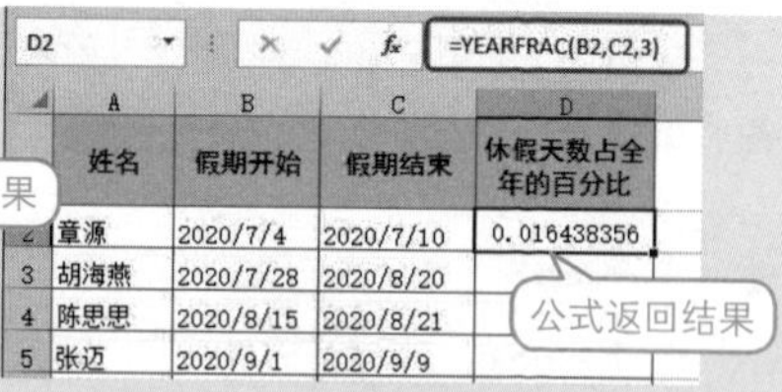

❶ 选中 D2 单元格，在公式编辑栏中输入公式：

```
=YEARFRAC(B2,C2,3)
```

按 Enter 键得出结果（默认是小数），如图 4-56 所示。

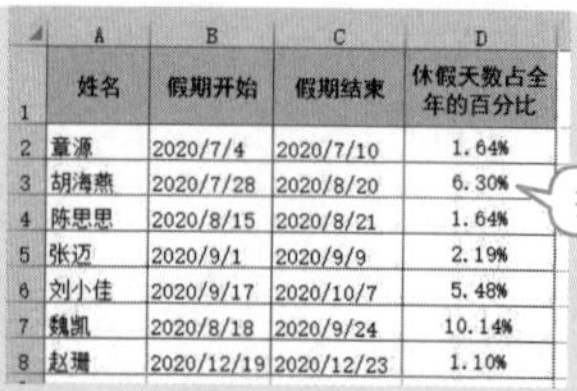

图 4-55　　　　　　　　　　　　　图 4-56

❷ 选中 D2 单元格，拖动右下角的填充柄向下复制公式，即可批量得出一列百分比值。选中"休假天数占全年的百分比"列函数返回的百分比值，在"开始"→"数字"选项组的下拉菜单中选择"百分比"命令，即可显示出正确的百分比值，如图 4-57 所示。

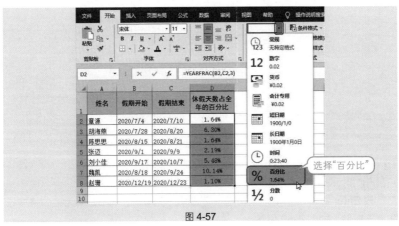

图 4-57

公式解析

=YEARFRAC(B2,C2,3)

计算 B2 单元格中的假期开始到 C2 单元格中的假期结束的天数占全年天数的百分比。

4.2.4 WORKDAY 函数（获取间隔若干工作日后的日期）

【功能】

WORKDAY 函数返回在某日期（起始日期）之前或之后、与该日期相隔指定工作日的某一日期的日期值。工作日不包括周末和专门指定的假日。

【语法】

WORKDAY(start_date, days, [holidays])

【参数】

● start_date：一个代表开始日期的日期。
● days：表示 start_date 之前或之后不含周末及节假日的天数。days 为正值将生成未来日期，为负值将生成过去日期。
● holidays：可选。一个可选列表，其中包含需要从工作日历中排除的一个或多个日期。

技巧 28　根据休假天数计算休假结束日期

如图 4-58 所示表格中显示了休假开始日期与休假天数，要求通过设置公式自动显示出休假结束日期，即得到 D 列的结果。

	A	B	C	D
1	姓名	休假开始日期	休假天数	休假结束日期
2	闫绍红	2021/4/10	22	2021/5/11
3	罗婷	2021/4/2	15	2021/4/23
4	杨增	2021/5/1	30	2021/6/11
5	王一倩	2021/5/22	40	2021/7/16
6	姚磊	2021/6/25	8	2021/7/7
7	胡海燕	2021/6/28	20	2021/7/26
8	陈思思	2021/7/15	12	2021/8/2

批量结果

图 4-58

❶ 选中 D2 单元格，在公式编辑栏中输入公式：

```
=WORKDAY(B2,C2)
```

按 Enter 键得出结果（默认是一个日期序列号），将 D2 单元格的格式设置为日期值，如图 4-59 所示。

D2		×	✓	fx	=WORKDAY(B2,C2)

公式返回结果

	A	B	C	D
1	姓名	休假开始日期	休假天数	休假结束日期
2	闫绍红	2021/4/10	22	2021/5/11
3	罗婷	2021/4/2	15	
4	杨增	2021/5/1	30	
5	王一倩	2021/5/22	40	

图 4-59

❷ 选中 D2 单元格，拖动右下角的填充柄向下复制公式，即可批量得出结果。

公式解析

=WORKDAY(B2,C2)

根据 B2 单元格中的休假开始日期和 C2 单元格中的休假天数，自动返回休假结束日期。

4.2.5　WORKDAY.INTL 函数

【功能】

WORKDAY.INTL 函数返回指定的若干个工作日之前或之后的日期的序列号（使用自定义周末参数）。周末参数指明周末有几天以及是哪几天。工作日不包括周末和专门指定的假日。

【语法】

WORKDAY.INTL(start_date, days, [weekend], [holidays])

【参数】

- start_date：表示开始日期（将被截尾取整）。
- days：表示 start_date 之前或之后的工作日的天数。
- weekend：可选，表示一周中属于周末的日子和不作为工作日的日子。
- holidays：可选。一个可选列表，其中包含需要从工作日历中排除的一个或多个日期。

注意，与 WORKDAY 所不同的是在于 weekend 参数，此参数可以自定义周末日，如表 4-2 所示。

表 4-2　WORKDAY.INTL 函数的 weekend 参数与返回值

weekend 参数	WORKDAY.INTL 函数返回值
1 或省略	星期六、星期日
2	星期日、星期一
3	星期一、星期二
4	星期二、星期三
5	星期三、星期四
6	星期四、星期五
7	星期五、星期六
11	仅星期日
12	仅星期一
13	仅星期二
14	仅星期三
15	仅星期四
16	仅星期五
17	仅星期六
自定义参数 0000011	0000011 周末日为星期六、星期日（周末字符串值的长度为 7 个字符，从周一开始，分别表示一周的一天。1 表示非工作日，0 表示工作日）

技巧 29　根据休假天数计算休假结束日期（指定一天为法定假日）

沿用上面的例子，要求指定每周只有周日为法定假日，现在要根据休假开始日期、休假天数来计算休假结束日期，可以使用 WORKDAY.INTL 函数来建立公式。

选中 D2 单元格，在编辑栏中输入公式（如图 4-60 所示）：

```
=WORKDAY.INTL(B2,C2,11)
```

按 Enter 键，然后拖动右下角的填充柄向下复制公式，即可批量得出结果（可将返回结果与上一例子做比较）。

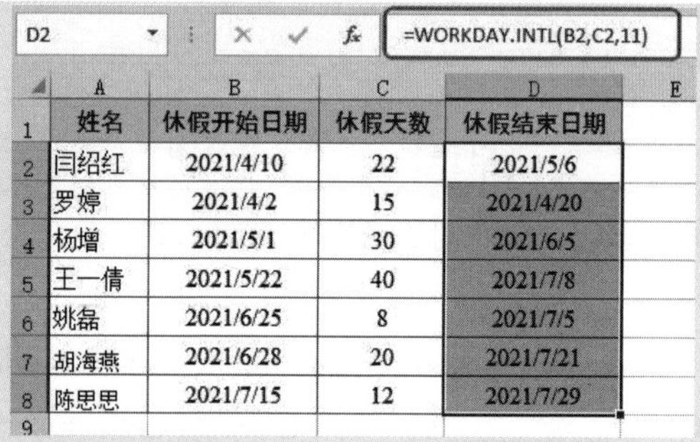

	A	B	C	D	E
1	姓名	休假开始日期	休假天数	休假结束日期	
2	闫绍红	2021/4/10	22	2021/5/6	
3	罗婷	2021/4/2	15	2021/4/20	
4	杨增	2021/5/1	30	2021/6/5	
5	王一倩	2021/5/22	40	2021/7/8	
6	姚磊	2021/6/25	8	2021/7/5	
7	胡海燕	2021/6/28	20	2021/7/21	
8	陈思思	2021/7/15	12	2021/7/29	
9					

图 4-60

公式解析

=WORKDAY.INTL(B2,C2,11)

因为指定第三个参数为“11”，所以一周只有星期日作为休息日。

4.2.6 NETWORKDAYS 函数（计算两个日期间的工作日）

【功能】

NETWORKDAYS 函数表示返回参数 start_date 和 end_date 之间完整的工作日数值。工作日不包括周末和专门指定的假期。

【语法】

NETWORKDAYS(start_date, end_date, [holidays])

【参数】

- start_date：一个代表开始日期的日期。
- end_date：一个代表结束日期的日期。
- holidays：可选，不在工作日历中的一个或多个日期所构成的可选区域。

技巧 30 计算两个日期间的工作日数

假设企业在某一段时间使用一批临时工，要求根据开始日期与结束日期计算每位人员的实际工作天数（如图 4-61 所示 D 列的数据），以方便对他们的工资进行核算。注意这里的工作日数要排除周末日期与指定的节假日。

图 4-61

● 选中 D2 单元格，在公式编辑栏中输入公式：

```
=NETWORKDAYS(B2,C2,"2021/1/1")
```

按 Enter 键，得出给定的两个日期间的工作日并且去除指定的假期，如图 4-62 所示。

图 4-62

● 选中 D2 单元格，拖动右下角的填充柄向下复制公式，即可计算出每位临时工的工作天数。

函数说明

NETWORKDAYS 函数表示返回参数 start_date 和 end_date 之间完整的工作日数值。工作日不包括周末和专门指定的假期。

公式解析

=NETWORKDAYS(B2,C2,"2021/1/1")

计算 B2 与 C2 单元格中两个单元格日期间隔的工作日数，并且去除"2021/1/1"这个日期。

4.2.7　NETWORKDAYS.INTL 函数

【功能】

NETWORKDAYS.INTL 函数表示返回两个日期之间的所有工作日数，使用参数指示哪些天是周末，以及有多少天是周末。工作日不包括周末和专门指定的假期。

【语法】

NETWORKDAYS.INTL(start_date, end_date, [weekend], [holidays])

【参数】

- start_date 和 end_date：表示要计算其差值的日期。start_date 可以早于或晚于 end_date，也可以与它相同。
- weekend：表示介于 start_date 和 end_date 之间但又不包括在所有工作日数中的周末日。
- holidays：可选，表示要从工作日日历中排除的一个或多个日期。holidays 应是一个包含相关日期的单元格区域，或者是一个由表示这些日期的序列值构成的数组常量。holidays 中的日期或序列值的顺序可以是任意的。

注意，与 NETWORKDAYS 所不同的在于 weekend 参数，此参数可以自定义周末日，如表 4-3 所示。

表 4-3　NETWORKDAYS.INTL 函数的 weekend 参数与返回值

weekend 参数	NETWORKDAYS.INTL 函数返回值
1 或省略	星期六、星期日
2	星期日、星期一
3	星期一、星期二
4	星期二、星期三
5	星期三、星期四
6	星期四、星期五
7	星期五、星期六
11	仅星期日
12	仅星期一
13	仅星期二
14	仅星期三
15	仅星期四
16	仅星期五
17	仅星期六
自定义参数 0000011	0000011 周末日为星期六、星期日（周末字符串值的长度为 7 个字符，从周一开始，分别表示一周的一天。1 表示非工作日，0 表示工作日）

技巧 31　计算两个日期间的工作日数（指定只有周一为休息日）

沿用上面的例子，要求根据临时工的开始工作日期与结束日期计算工作日数，但此时要求指定每周只有周——天为休息日，此时则可以使用 NETWORKDAYS.INTL 函数来建立公式。

❶ 选中 D2 单元格，在编辑栏中输入公式：

```
=NETWORKDAYS.INTL(B2,C2,12)
```

❷ 按 Enter 键计算出的是开始日期为"2020/12/1"，结束日期为 "2021/1/10"这期间的工作日数（这期间只有周一为休息日）。然后向下复制 D2 单元格的公式可以依次返回满足指定条件的工作日数，如图 4-63 所示。

| D2 | | ▼ | : | × | ✓ | fx | =NETWORKDAYS.INTL(B2,C2,12) |

▲	A	B	C	D	E	F
1	姓名	开始日期	结束日期	工作日数		
2	周保军	2020/12/1	2021/1/10	36		
3	崔志飞	2020/12/5	2021/1/10	32		
4	李平	2020/12/12	2021/1/10	26		
5	苏敏	2020/12/18	2021/1/10	21		
6	张文涛	2020/12/20	2021/1/10	19		
7	孙文静	2020/12/20	2021/1/10	19		

图 4-63

📖 公式解析

=NETWORKDAYS.INTL(B2,C2,12)
因为指定第三个参数为"12"，所以一周只有周一为休息日。

4.2.8　EDATE 函数（计算与指定日期相隔指定月份数的日期）

【功能】

EDATE 函数用于返回表示某个日期的序列号，该日期与指定日期（start_date）相隔（之前或之后）指示的月份数。

【语法】

EDATE(start_date,months)

【参数】

● start_date：表示一个代表开始日期的日期。应使用 DATE 函数输入日期，或者将日期作为其他公式或函数的结果输入。

● months：表示 start_date 之前或之后的月份数。months 为正值将生成未来日期，为负值将生成过去日期。

技巧 32　根据账龄计算应收账款的到期日期

如图 4-64 所示表格的 B 列中显示了借款日期，C 列显示了账龄，要求计算到期日期，即得到 D 列的结果。

❶ 选中 D2 单元格，在公式编辑栏中输入公式：

```
=EDATE(B2,C2)
```

按 Enter 键得出第一个发票的到期日期，如图 4-65 所示。

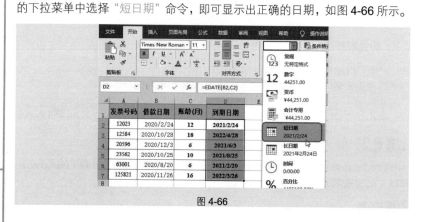

图 4-64

图 4-65

❷ 选中 D2 单元格，拖动右下角的填充柄向下复制公式，即可批量得出到期日期。选中"到期日期"列函数返回的日期，在"开始"→"数字"选项组的下拉菜单中选择"短日期"命令，即可显示出正确的日期，如图 4-66 所示。

图 4-66

公式解析

=EDATE(B2,C2)

根据 B2 单元格中的借款日期和 C2 单元格中的账龄（即月份数），返回结果为 B2 单元格中的借款日期加上 C2 单元格中月份数后的日期值。

4.3 时间函数

4.3.1 HOUR 函数（返回某时间中的小时数）

【功能】

HOUR 函数返回时间值的小时数。

【语法】

HOUR(serial_number)

【参数】

serial_number：表示一个时间值，其中包含要查找的小时。

技巧 33 计算登录访问的时间的区间

如图 4-67 所示表格的 B 列中记录了网页的访问时间，要求根据访问时间显示时间区间，即得到 C 列的结果。

序号	访问时间	时间区间
1	8:15:20	8:00-9:00
2	8:18:12	8:00-9:00
3	8:38:56	8:00-9:00
4	8:42:10	8:00-9:00
5	9:05:20	9:00-10:00
6	10:21:20	10:00-11:00
7	10:26:11	10:00-11:00
8	10:42:09	10:00-11:00
9	10:45:05	10:00-11:00
10	11:15:02	11:00-12:00

批量结果

图 4-67

❶ 选中 C2 单元格，在公式编辑栏中输入公式：

`=HOUR(B2)&":00-"&HOUR(B2)+1&":00"`

按 Enter 键得出结果，如图 4-68 所示。

C2 `=HOUR(B2)&":00-"&HOUR(B2)+1&":00"`

序号	访问时间	时间区间
1	8:15:20	8:00-9:00
2	8:18:12	
3	8:38:56	
4	8:42:10	
5	9:05:20	

公式返回结果

图 4-68

❷ 选中 **C2** 单元格，拖动右下角的填充柄向下复制公式，即可批量得出结果。

📝 **公式解析**

$= \underbrace{\text{HOUR(B2)}}_{①}\&":00-"\&\underbrace{\text{HOUR(B2)+1}}_{②}\&":00"$

① 根据 B2 单元格中时间提取小时数。

② 提取 B2 单元格中的小时数并加 1，得出时间区间。然后使用"&"进行相连接。

4.3.2 MINUTE 函数（返回某时间中的分钟数）

【**功能**】

MINUTE 函数返回时间值的分钟数。

【**语法**】

MINUTE(serial_number)

【**参数**】

serial_number：一个时间值，其中包含要查找的分钟。

技巧 34　计算停车时间

如图 **4-69** 所示表格的 **B** 列与 **C** 列中显示车辆的进入时间与离开时间，要求计算出停车时间（以分钟计算），即得到 **D** 列的结果。

图 4-69

❶ 选中 **D2** 单元格，在公式编辑栏中输入公式：

`=(HOUR(C2)*60+MINUTE(C2)-HOUR(B2)*60-MINUTE(B2))`

按 **Enter** 键得出第一辆车的停车时间，如图 **4-70** 所示。

图 4-70

❷ 选中 D2 单元格，拖动右下角的填充柄向下复制公式，即可批量得出各辆车的停车时间。

📝 公式解析

=(HOUR(C2)*60+MINUTE(C2)-HOUR(B2)*60-MINUTE(B2))

① 将 C2 单元格的时间转换为分钟数。
② 将 B2 单元格的时间转换为分钟数。
③ ①步结果减去②步结果。

4.3.3　SECOND 函数（返回某时间中的秒数）

【功能】

SECOND 函数返回时间值的秒数。

【语法】

SECOND(serial_number)

【参数】

serial_number：一个时间值，其中包含要查找的秒数。

技巧 35　计算机器运行秒数

如图 4-71 所示表格的 B 列与 C 列中显示机器运行的开始时间与停止时间，要求计算出运行的秒数，即得到 D 列的结果。

	A	B	C	D
1	机器编号	开始时间	停止时间	运行秒数
2	A1001	9:55:20	9:59:00	220
3	A1002	10:18:12	10:28:10	598
4	A1003	10:38:56	10:50:12	676
5	A1004	10:42:10	11:01:58	1188
6	A1005	10:55:08	10:55:56	48
7	A1006	11:21:20	11:29:56	516

批量结果

图 4-71

❶ 选中 D2 单元格，在公式编辑栏中输入公式：

```
=HOUR(C2-B2)*60*60+MINUTE(C2-B2)*60+SECOND(C2-B2)
```

按 Enter 键得出的是一个时间值（暂未显示出秒数），如图 4-72 所示。

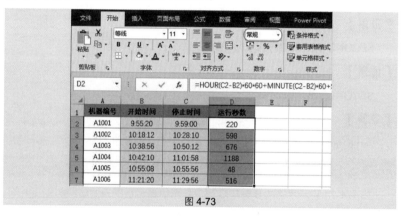

图 4-72

❷ 选中 D2 单元格，拖动右下角的填充柄向下复制公式得出批量结果，选中结果数据区域，在"开始"→"数字"选项组中将数字的格式更改为"常规"格式即可显示正确结果，如图 4-73 所示。

图 4-73

📝 公式解析

$$= \underbrace{\text{HOUR}(C2-B2)*60*60}_{①} + \underbrace{\text{MINUTE}(C2-B2)*60}_{②} + \underbrace{\text{SECOND}(C2-B2)}_{③}^{④}$$

① 计算 C2 与 B2 单元格时间的差值并返回小时数。两次乘以 60 表示转换为秒数。

② 计算 C2 与 B2 单元格时间的差值并返回分钟数。乘以 60 表示转换为秒数。

③ 计算 C2 与 B2 单元格时间的差值并返回秒数。乘以 60 表示转换为秒数。

④ ①步、②步、③步结果相加为最终运行秒数。

技巧 36　显示高于或低于标准时间的值

如图 4-74 所示，给出了某项仪器的测试时间及标准时间，要求显示出每次测试时间与标准时间相比较的结果，即得到 C 列的结果。

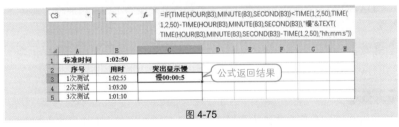

图 4-74

❶ 选中 C3 单元格，在公式编辑栏中输入公式：

```
=IF(TIME(HOUR(B3),MINUTE(B3),SECOND(B3))<TIME(1,2,50),
TIME(1,2,50)-TIME(HOUR(B3),MINUTE(B3),SECOND(B3))," 慢 "&TEXT
(TIME(HOUR(B3),MINUTE(B3),SECOND(B3))-TIME(1,2,50),"hh:mm:s"))
```

按 Enter 键得出结果，如图 4-75 所示。

图 4-75

❷ 选中 C3 单元格，拖动右下角的填充柄向下复制公式，即可批量得出比较结果。

📝 公式解析

=IF(TIME(HOUR(B3),MINUTE(B3),SECOND(B3))<TIME(1,2,50),TIME
(1,2,50)-TIME(HOUR(B3),MINUTE(B3),SECOND(B3))," 慢 "&TEXT(TIME (HOUR(B3),
MINUTE(B3),SECOND(B3))-TIME(1,2,50),"hh:mm:s"))

① 分别提取 B3 单元格中时间的小时、分钟和秒数。
② 用 TIME 函数将时间值转换为小数。
③ 将 "1,2,50" 时间转换为对应的小数。

④ 判断②步结果是否小于③结果。如果是，则执行④步操作；如果不是，则执行⑤步操作。

✦ 专家点拨

这个公式看似复杂，但其实并不难。它完全应用了几个时间函数来设计。TIME 函数用于将时间值转换为小数，从而便于与给定的标准时间相比较。

4.4 日期与时间转换

4.4.1 DATEVALUE 函数（将文本日期转换为可识别的日期序列号）

【功能】

DATEVALUE 函数可将存储为文本的日期转换为 Excel 识别为日期的序列号。

【语法】

DATEVALUE(date_text)

【参数】

date_text：表示要转换为序列号方式显示的日期的文本字符串。例如，"2022-1-30" 或 "30-Jan-22" 就是带引号的文本，用于代表日期。

技巧 37　计算到某一指定日期截止的总天数

某天猫店在 5 月份陆续推出了一些促销商品，这一活动统一在 2021 年 6 月 15 日结束，现在需要显示出各商品的促销天数，即得到如图 4-76 所示中的 D 列的数据。如果直接使用 "2021-6-15" 这个日期去减 C2 单元格的日期，则无法得到正确结果，这时需要使用 DATEVALUE 这个函数将 "2021-6-15" 转换为可计算的日期序列。

❶ 选中 D2 单元格，在编辑栏中输入公式：

```
=DATEVALUE("2021-6-15")-C2
```

按 Enter 键即可计算出 C2 单元格上架日期至 2021 年 6 月 15 日的总天数，如图 4-77 所示。

	A	B	C	D
1	促销产品	促销价格	开始日期	促销天数
2	年华似锦补水仪	69.9	2021/5/3	43
3	罗莱秋冬卧室毛绒拖鞋	19.9	2021/5/5	41
4	博洋刺绣锻面抱枕	19.9	2021/5/10	36
5	卧室香薰摆件	9.9	2021/5/15	31
6	柔丝草 干花花束真花	29.9	2021/5/20	26
7	车载汽车香薰摆件	9.9	2021/5/22	24
8	轻奢床上四件套	129.9	2021/5/25	21

图 4-76

D2 ▼ : × ✓ fx =DATEVALUE("2021-6-15")-C2

	A	B	C	D
1	促销产品	促销价格	开始日期	促销天数
2	年华似锦补水仪	69.9	2021/5/3	43
3	罗莱秋冬卧室毛绒拖鞋	19.9	2021/5/5	
4	博洋刺绣锻面抱枕	19.9	2021/5/10	
5	卧室香薰摆件	9.9	2021/5/15	

图 4-77

❷ 选中 D2 单元格，拖动右下角的填充柄向下复制公式，即可批量求出各促销商品的总促销天数。

📝 公式解析

=DATEVALUE("2021-6-15")-C2

① 将 "2021-6-15" 转换为可计算的日期序列号。
② 计算①步返回值与 C2 单元格中日期的差值。

4.4.2 TIMEVALUE 函数（将时间转换为对应的小数值）

【功能】

TIMEVALUE 函数表示返回由文本字符串所代表的小数值。

【语法】

TIMEVALUE(time_text)

【参数】

time_text：表示一个文本字符串，代表以任意一种 Microsoft Excel 时间格式表示的时间。

技巧 38 根据下班打卡时间计算加班时间

表格中记录了某日几名员工的下班打卡时间，正常下班时间为 17 点 50 分，根据下班打卡时间可以变向计算出几位员工的加班时长，即通过计算得到如图 4-78 所示中 C 列的数据。

	A	B	C
1	姓名	下班打卡	加班时长
2	张志	19时28分	1时38分
3	周奇兵	18时20分	0时30分
4	韩家墅	18时55分	1时05分
5	夏子博	19时05分	1时15分
6	吴智敏	19时11分	1时21分
7	杨元夕	20时32分	2时42分

图 4-78

由于下班打卡时间是文本形式的，因此在进行时间计算时需要使用 TIMEVALUE 函数转换。

❶ 选中 C2 单元格，在编辑栏中输入公式：

```
=B2-TIMEVALUE("17:50")
```

按 Enter 键计算出的值是时间对应的小数值。鼠标指针指向 C2 单元格的右下角，拖动填充柄向下复制公式，得到的数据如图 4-79 所示。

C2 =B2-TIMEVALUE("17:50")

	A	B	C	D	E
1	姓名	下班打卡	加班时长		
2	张志	19时28分	0.068055556		
3	周奇兵	18时20分	0.020833333		
4	韩家墅	18时55分	0.045138889		
5	夏子博	19时05分	0.052083333		
6	吴智敏	19时11分	0.05625		
7	杨元夕	20时32分	0.1125		

图 4-79

❷ 选中公式返回的结果，在“开始”选项卡的“数字”组中单击 按钮，打开“设置单元格式”对话框，在“分类”下拉列表中选择“时间”选项，在“类型”下拉列表中选择“13 时 30 分”样式，如图 4-80 所示。

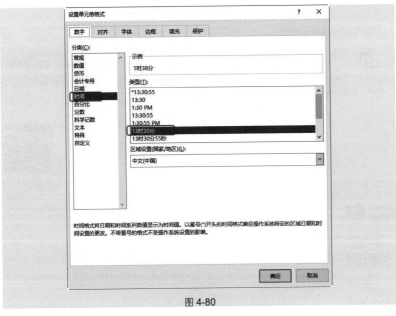

图 4-80

❸ 单击"确定"按钮即可显示出正确的加班时长。

公式解析

=B2-TIMEVALUE("17:50")

①将 "17:50" 转换为可计算的时间序列。
②计算 C2 单元格时间与①步返回值的差值，即需要得到的加班时长。

第5章 数学函数范例

5.1 求和及按条件求和函数

5.1.1 SUM 函数（求和）

【功能】

SUM 函数用于返回某一单元格区域中所有数字之和。

【语法】

SUM(number1,number2,...)

【参数】

number1,number2,...: 表示参加计算的 1 ~ 30 个参数，包括逻辑值、文本表达式、区域和区域引用。

技巧 1 一次性对多列数据求和

如图 5-1 所示表格中统计了各类别费用 1 月、2 月、3 月的预算金额。要求用一个公式计算出总预算费用（各费用类别各月份的总计）。

	A	B	C	D
1	费用类别	1月预算	2月预算	3月预算
2	差旅费	￥4,000	￥2,000	￥3,000
3	餐饮费	￥2,000	￥2,000	￥1,000
4	通讯费	￥2,000	￥4,000	￥4,000
5	交通费	￥1,000	￥1,000	￥4,000
6	办公用品采购费	￥5,000	￥2,000	￥1,000
7	业务拓展费	￥4,000	￥10,000	￥7,000
8	招聘培训费	￥1,000	￥5,000	￥2,000
9				
10	总预算费用	￥67,000		

数据表

图 5-1

选中 B10 单元格，在公式编辑栏中输入公式：

```
=SUM(B2:B8,C2:C8,D2:D8)
```

按 Shift+Ctrl+Enter 组合键得出结果，如图 5-2 所示。

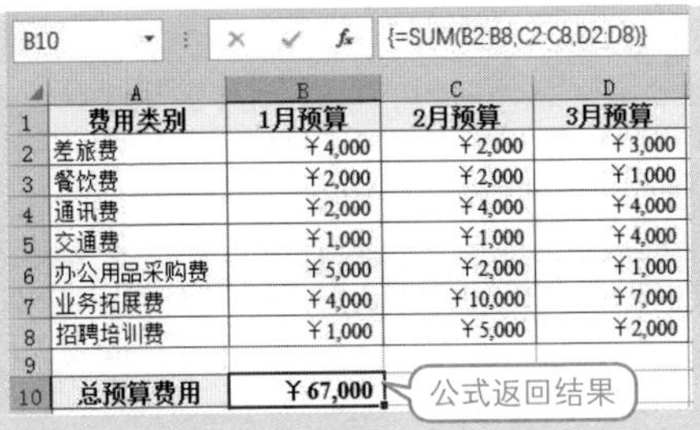

图 5-2

📝 **公式解析**

= SUM(B2:B8,C2:C8,D2:D8)

这是一个数组公式，依次将 B2:B8、C2:C8、D2:D8 单元格区域中的值相加得出最终结果。

技巧 2 根据销售数量与单价计算总销售额

如图 5-3 所示表格中统计了各产品的销售数量与单价。现在要求用一个公式计算出所有产品的总销售金额。

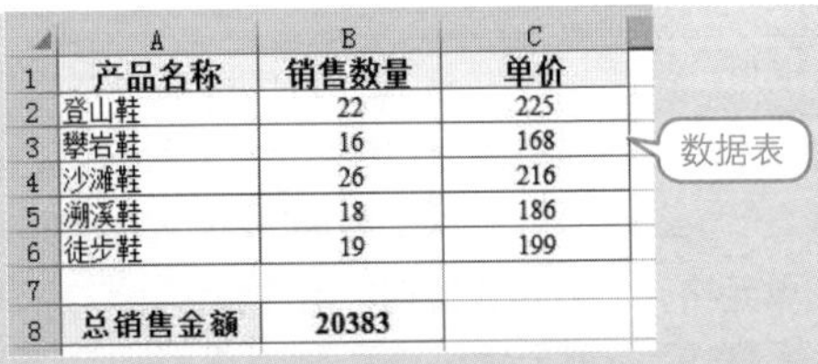

图 5-3

选中 B8 单元格，在公式编辑栏中输入公式：

```
=SUM(B2:B6*C2:C6)
```

按 Shift+Ctrl+Enter 组合键得出结果，如图 5-4 所示。

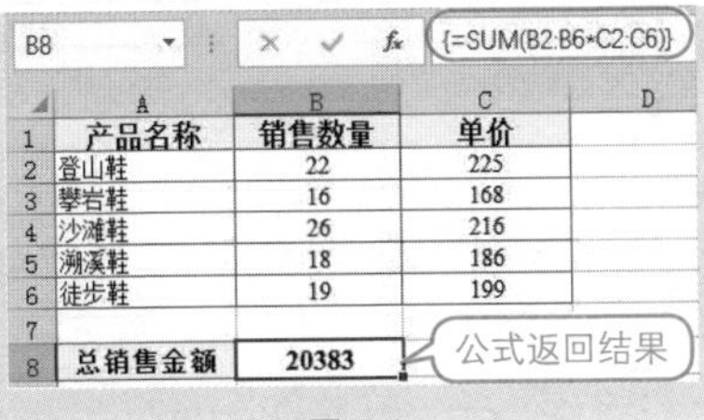

图 5-4

📝✏️ **公式解析**

= SUM(B2:B6*C2:C6)

这是一个数组公式，依次将 B2:B6 单元格区域上的值与 C2:C6 单元格区域上的值相乘，即 B2*C2、B3*C3、B4*C4……得到一个数组，再利用 SUM 函数对数组进行求和。

技巧 3 只统计某两个店铺的合计金额

如图 5-5 所示表格中统计了各产品的销售金额，现在要求只计算某两个店铺的合计金额。

	A	B	C	D	E
1	产品编码	销售平台	销售金额(元)		京东和唯品会合计金额
2	ZG63012A	天猫	298		4186
3	ZG63012B	天猫	880		
4	ZG63012A	唯品会	298		
5	ZG63013C	京东	522		
6	ZG63015A	天猫	748		
7	ZG63016A	京东	458		
8	ZG63016B	天猫	560		
9	ZG63016C	京东	465		
10	ZG6605	唯品会	565		
11	ZG6606	天猫	292		
12	ZG6607	天猫	365		
13	ZG6608	京东	229		
14	ZG63015A	唯品会	759		
15	ZGR80001	天猫	352		
16	ZG63012B	京东	890		
17	ZGR80005	天猫	532		

数据表

图 5-5

选中 **E2** 单元格，在公式编辑栏中输入公式：

`=SUM((B2:B17={"京东","唯品会"})*C2:C17)`

按 **Shift+Ctrl+Enter** 组合键得出结果，如图 5-6 所示。

E2	▼	× ✓	fx	{=SUM((B2:B17={"京东","唯品会"})*C2:C17)}

	A	B	C	D	E
1	产品编码	销售平台	销售金额(元)		京东和唯品会合计金额
2	ZG63012A	天猫	298		4186
3	ZG63012B	天猫	880		
4	ZG63012A	唯品会	298		
5	ZG63013C	京东	522		
6	ZG63015A	天猫	748		
7	ZG63016A	京东	458		
8	ZG63016B	天猫	560		
9	ZG63016C	京东	465		
10	ZG6605	唯品会	565		

公式返回结果

图 5-6

📖 公式解析

$$=SUM((B2:B17=\{" 京东 "," 唯品会 "\})*C2:C17)$$

② （大括号指向整个公式）

① （下划线指向 (B2:B17={" 京东 "," 唯品会 "}) 部分）

① 依次判断 B2:B17 单元格区域中的值是否等于"京东"或"唯品会"，如果是两者中的任意一个，则返回 TRUE，否则返回 FALSE。

② 将①步结果中为 TRUE 的对应在 C2:C17 单元格区域中的值求和。

技巧 4　分奇偶行统计数据

如图 5-7 所示表格统计了出入库数量（为便于显示，只显示少量数据），其中入库与出库交错显示，现在要求分别统计出入库总数量。由于入库都显示在偶数行，出库都显示在奇数行，分析这一特点可以便于我们对公式的设计。

	A	B	C	D
1	日期	进/出库	数量	
2	2021/4/1	入库	90	
3	2021/4/1	出库	97	
4	2021/4/2	入库	88	
5	2021/4/2	出库	78	
6	2021/4/3	入库	88	数据表
7	2021/4/3	出库	89	
8	2021/4/4	入库	92	
9	2021/4/4	出库	90	
10	2021/4/5	入库	89	
11	2021/4/5	出库	90	

图 5-7

● 选中 **E2** 单元格，在公式编辑栏中输入公式：

`=SUM(MOD(ROW(2:11)+1,2)*C2:C11)`

按 **Ctrl+Shift+Enter** 组合键得出入库总量，如图 **5-8** 所示。

E2				fx	{=SUM(MOD(ROW(2:11)+1,2)*C2:C11)}	
	A	B	C	D	E	F
1	日期	进/出库	数量		入库总量	
2	2021/4/1	入库	90		447	
3	2021/4/1	出库	97			公式返回结果
4	2021/4/2	入库	88			
5	2021/4/2	出库	78			
6	2021/4/3	入库	88			
7	2021/4/3	出库	89			
8	2021/4/4	入库	92			
9	2021/4/4	出库	90			
10	2021/4/5	入库	89			
11	2021/4/5	出库	90			

图 5-8

第 5 章　数学函数范例

163

❷ 选中 **F2** 单元格，在公式编辑栏中输入公式：

```
=SUM(MOD(ROW(2:11),2)*C2:C11)
```

❸ 按 **Ctrl+Shift+Enter** 组合键得出出库总量，如图 **5-9** 所示。

▲	A	B	C	D	E	F
F2				fx	{=SUM(MOD(ROW(2:11),2)*C2:C11)}	
1	日期	进/出库	数量		入库总量	出库总量
2	2021/4/1	入库	90		447	444
3	2021/4/1	出库	97			公式返回结果
4	2021/4/2	入库	88			
5	2021/4/2	出库	78			
6	2021/4/3	入库	88			
7	2021/4/3	出库	89			
8	2021/4/4	入库	92			
9	2021/4/4	出库	90			
10	2021/4/5	入库	89			
11	2021/4/5	出库	90			

图 5-9

嵌套函数

● ROW 函数属于查找函数类型，用于返回引用的行号。
● MOD 函数属于数学函数类型，用于求两个数值相除后的余数，其结果的正负号与除数相同。

公式解析

=SUM(MOD(ROW(2:11)+1,2)*C2:C11)
　　　　　　　　①　　　②　　③

① 提取 2 ～ 11 单元格的各个行号。
② 判断①步返回的行号加 1 后是否能被 2 整除。
③ 将不能整除的对应在 C 列的数据进行求和得出入库总量。

5.1.2 SUMIF 函数（按条件求和）

【功能】

SUMIF 函数用于按照指定条件对若干单元格、区域或引用求和。

【语法】

SUMIF(range,criteria,sum_range)

【参数】

● range：用于条件判断的单元格区域。

- criteria：由数字、逻辑表达式等组成的判定条件。
- sum_range：需要求和的单元格、区域或引用。

技巧5 按经办人计算销售金额

如图 5-10 所示表格中按经办人统计了各产品的销售金额，现在要求统计出各经办人的总销售金额，即得到 G2:G4 单元格区域的数据。

	A	B	C	D	E	F	G
1	序号	品名	经办人	销售金额		经办人	销售金额
2	1	老百年	杨佳丽	4950		杨佳丽	16437
3	2	三星迎驾	张瑞煊	2688		张瑞煊	8336
4	3	五粮春	杨佳丽	5616		唐小军	8600
5	4	新月亮	唐小军	3348			
6	5	新地球	杨佳丽	3781			
7	6	四开国缘	张瑞煊	2358			
8	7	新品兰十	唐小军	3122			
9	8	今世缘兰地	张瑞煊	3290			
10	9	珠江金小麦	杨佳丽	2090			
11	10	张裕赤霞珠	唐小军	2130			

批量结果

图 5-10

❶ 选中 G2 单元格，在公式编辑栏中输入公式：

=SUMIF($C$2:$C$11,F2,$D$2:$D$11)

按 Enter 键得出第一位经办人的销售金额，如图 5-11 所示。

G2		× ✓ fx	=SUMIF($C$2:$C$11,F2,$D$2:$D$11)			

	A	B	C	D	E	F	G
1	序号	品名	经办人	销售金额		经办人	销售金
2	1	老百年	杨佳丽	4950		杨佳丽	16437
3	2	三星迎驾	张瑞煊	2688		张瑞煊	
4	3	五粮春	杨佳丽	5616		唐小军	
5	4	新月亮	唐小军	3348			
6	5	新地球	杨佳丽	3781			

公式返回结果

图 5-11

❷ 选中 G2 单元格，拖动右下角的填充柄至 G4 单元格，即可批量得出其他经办人的销售金额。

📢 专家点拨

F2:F4 单元格区域的数据需要被公式引用，因此必须事先建立好，并确保正确。

📖 公式解析

=SUMIF($C$2:$C$11,F2,$D$2:$D$11)

依次判断 $C$2:$C$11 单元格区域中的值是否等于 F2 单元格中的姓名，如果是，则返回对应在 $D$2:$D$11 单元格区域上的值，并对它们求和。

技巧 6　统计各部门工资总额

如图 **5-12** 所示表格中，统计了各员工的工资（分属于不同的部门），要求统计出各个部门的工资总额，即得到 **F2:F5** 单元格区域的数据。

	A	B	C	D	E	F
1	姓名	所属部门	工资		部门	工资总额
2	章丽	企划部	5565		财务部	7600
3	刘玲燕	财务部	2800		销售部	47580
4	韩要荣	销售部	14900		企划部	13565
5	侯淑媛	销售部	6680		办公室	4480
6	孙丽萍	办公室	2200			
7	李平	销售部	15000			
8	苏敏	财务部	4800			
9	张文涛	销售部	5200			
10	孙文胜	销售部	5800			
11	周保国	办公室	2280			
12	崔志飞	企划部	8000			

批量结果

图 5-12

❶ 选中 **F2** 单元格，在公式编辑栏中输入公式：

```
=SUMIF($B$2:$B$12,E2,$C$2:$C$12)
```

按 Enter 键得出“财务部”的工资总额，如图 **5-13** 所示。

F2　=SUMIF($B$2:$B$12,E2,$C$2:$C$12)

	A	B	C	D	E	F
1	姓名	所属部门	工资		部门	工资总额
2	章丽	企划部	5565		财务部	7600
3	刘玲燕	财务部	2800		销售部	
4	韩要荣	销售部	14900		企划部	
5	侯淑媛	销售部	6680		办公室	
6	孙丽萍	办公室	2200			

公式返回结果

图 5-13

❷ 选中 **F2** 单元格，拖动右下角的填充柄向下复制公式，即可得出其他部门的工资总额。

公式解析

= SUMIF($B$2:$B$12,E2,$C$2:$C$12)

依次判断 $B$2:$B$12 单元格区域中的值是否等于 E2 单元格中的部门，如果是，则返回对应在 $C$2:$C$12 单元格区域上的值，并对它们求和。

技巧 7　分别统计前半个月与后半个月的销售额

如图 **5-14** 所示表格中按日期统计了当月的销售记录，要求分别统计出前半个月与后半个月的销售总额。

图 5-14

❶ 选中 E2 单元格，在公式编辑栏中输入公式：

```
=SUMIF(A2:A15,"<=2021-6-15",C2:C15)
```

按 Enter 键得出前半个月的销售总金额，如图 5-15 所示。

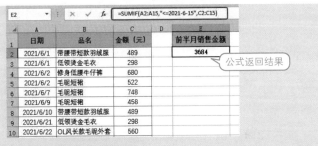

图 5-15

❷ 选中 F2 单元格，在公式编辑栏中输入公式：

```
=SUMIF(A2:A15,">2021-6-15",C2:C15)
```

按 Enter 键得出后半个月的销售总金额，如图 5-16 所示。

日期	品名	金额（元）		前半月销售金额	后半月销售金额
2021/6/1	带腰带短款羽绒服	489		3684	2982
2021/6/1	低领烫金毛衣	298			
2021/6/2	修身低腰牛仔裤	680			
2021/6/2	毛呢短裙	522			
2021/6/7	毛呢短裙	748			
2021/6/9	毛呢短裙	458			
2021/6/10	带腰带短款羽绒服	489			
2021/6/21	低领烫金毛衣	298			
2021/6/22	OL风长款毛呢外套	560			
2021/6/24	薰衣草飘袖冬装裙	465			
2021/6/25	修身荷花袖外套	565			
2021/6/25	低领烫金毛衣	298			
2021/6/27	V领全羊毛打底毛衣	228			
2021/6/28	小香风羽绒服	568			

图 5-16

📝 公式解析

=SUMIF(A2:A15,"<=2021-6-15",C2:C15)

从 A2:A15 单元格区域中匹配条件为"<=2021-6-15"的所有销售日期，并将满足条件的记录对应在 C2:C15 单元格区域上的值求和。

=SUMIF(A2:A15," > 2021-6-15",C2:C15)

从 A2:A15 单元格区域中匹配条件为">2021-6-15"的所有销售日期，并将满足条件的记录对应在 C2:C15 单元格区域上的值求和。

技巧 8　用通配符对某一类数据求和

如图 5-17 所示表格中统计了各服装（包括男、女服装）的销售金额，要求统计出女装的合计金额。

	A	B	C	
1	序号	名称	金额	
2	1	泡泡袖长袖T恤 女	1061	
3	2	男装新款体恤 男	1169	
4	3	新款纯棉男士短袖T恤 男	1080	
5	4	修身简约V领T恤上衣 女	1299	
6	5	日韩版打底衫T恤 男	1388	数据表
7	6	大码修身V领字母长袖T恤 女	1180	
8	7	韩版拼接假两件包臀打底裤 女	1180	
9	8	加厚抓绒绒韩版卫裤 男	1176	
10	9	韩版条纹圆领长袖T恤修身 女	1849	
11	10	卡通创意个性恤 男	1280	
12	11	女长袖冬豹纹泡泡袖T恤 女	1560	
13	12	韩版抓收脚休闲长裤 女	1699	

图 5-17

选中 E2 单元格，在公式编辑栏中输入公式：

=SUMIF(B2:B13,"* 女 ",C2:C9)

按 Enter 键得出结果，如图 5-18 所示。

E2		× ✓ fx	=SUMIF(B2:B13,"*女",C2:C9)		
	A	B	C	D	F
1	序号	名称	金额		女装合计金额
2	1	泡泡袖长袖T恤 女	1061		9828
3	2	男装新款体恤 男	1169		公式返回结果
4	3	新款纯棉男士短袖T恤 男	1080		
5	4	修身简约V领T恤上衣 女	1299		
6	5	日韩版打底衫T恤 男	1388		

图 5-18

📝 公式解析

=SUMIF(B2:B13,"* 女 ",C2:C9)

从 B2:B13 单元格区域中匹配条件为"* 女"的所有女装，并将满足条件的记录对应在 C2:C9 单元格区域上的值求和。

技巧 9 计算销售金额前 3 名合计值

如图 5-19 所示表格中,要求只统计前 3 名的销售额,即得到一个总计值。

	A	B	C	D
1	序号	品名	经办人	销售金额
2	1	老百年	杨佳丽	4950
3	2	三星迎驾	张瑞煊	2688
4	3	五粮春	杨佳丽	5616
5	4	新月亮	唐小军	3348
6	5	新地球	杨佳丽	3781
7	6	四开国缘	张瑞煊	2358
8	7	新品兰十	唐小军	3122
9	8	今世缘兰地球	张瑞煊	3290
10	9	珠江金小麦	杨佳丽	2090
11	10	张裕赤霞珠	唐小军	2130

数据表

图 5-19

选中 F2 单元格,在公式编辑栏中输入公式:

`=SUMIF(D2:D11,">="&LARGE(D2:D11,3))`

按 Enter 键得出结果,如图 5-20 所示。

F2		× ✓ fx	=SUMIF(D2:D11,">="&LARGE(D2:D11,3))			
	A	B	C	D	E	F
1	序号	品名	经办人	销售金额		销售金额前3名合计值
2	1	老百年	杨佳丽	4950		14347
3	2	三星迎驾	张瑞煊	2688		
4	3	五粮春	杨佳丽	5616		
5	4	新月亮	唐小军	3348		
6	5	新地球	杨佳丽	3781		
7	6	四开国缘	张瑞煊	2358		
8	7	新品兰十	唐小军	3122		
9	8	今世缘兰地球	张瑞煊	3290		
10	9	珠江金小麦	杨佳丽	2090		
11	10	张裕赤霞珠	唐小军	2130		

公式返回结果

图 5-20

嵌套函数

LARGE 函数属于统计函数类型,用于返回某一数据集中的某个(可以指定)最大值。

公式解析

=SUMIF(D2:D11,">="&LARGE(D2:D11,3))

① ②

① 取 D2:D11 单元格区域中前 3 名的值。

② 将 D2:D11 单元格区域中前 3 名的值求和。

5.1.3 SUMIFS 函数（按多条件求和）

【功能】

SUMIFS 函数是对某一区域内满足多重条件的单元格求和。

【语法】

SUMIFS(sum_range,criteria_range1,criteria1,criteria_range2,criteria2…)

【参数】

- sum_range：用来求和的一个或多个单元格，可以是数字或包含数字的名称、数组或引用。空值和文本值会被忽略。仅当 sum_range 中的每一单元格满足为其指定的所有关联条件时，才对这些单元格进行求和。sum_range 中包含"TRUE"的单元格计算为"1"；包含"FALSE"的单元格计算为"0"（零）。与 SUMIF 函数中的区域和条件参数不同，SUMIFS 中每个 criteria_range 的大小和形状必须与 sum_range 相同。

- criteria_range1, criteria_range2,…：表示计算关联条件的 1 ~ 127 个区域。

- criteria1, criteria2,…：表示数字、表达式、单元格引用或文本形式的 1 ~ 127 个条件。例如，条件可以表示为 32、"32"、">32"、"apples" 或 B4。

🔫 **专家点拨**

在条件中使用通配符，即问号（?）和星号（*）。问号匹配任一单个字符，星号匹配任一字符序列。如果要查找实际的问号或星号，那么请在字符前输入波形符（~）。

技巧 10 **统计指定仓库指定商品的出库总数量**

在下面的范例中，想分不同的仓库统计某种商品的出库总数量。要同时判断两个条件进行求和，需要使用 SUMIFS 函数实现。

❶ 选中 **H2** 单元格，在编辑栏中输入公式：

`=SUMIFS($E$2:$E$26,$C$2:$C$26,G2,$D$2:$D$26,$H$1)`

按 **Enter** 键得到"西城仓"中"瓷片"的出库总数量，如图 5-21 所示。

图 5-21

● 选中 H2 单元格,拖动右下角的填充柄至 H4 单元格,即可批量得出其他仓库中"瓷片"商品的总出库数量。如图 5-22 所示中显示的是 H3 单元格的公式。

H3			fx	=SUMIFS($E$2:$E$26,$C$2:$C$26,G3,$D$2:$D$26,$H$1)			
	A	B	C	D	E	F	G	H
1	出单日期	商品编码	仓库名称	商品类别	销售件数		仓库	瓷片
2	2021/4/8	WJ3606B	建材商城仓库	瓷片	35		西城仓	2751
3	2021/4/8	WJ3608B	建材商城仓库	瓷片	900		建材商城仓库	2015
4	2021/4/3	WJ3608C	东城仓	瓷片	550		东城仓	1411
5	2021/4/4	WJ3610C	东城仓	瓷片	170			
6	2021/4/2	WJ8868	建材商城仓库	大理石	90			
7	2021/4/2	WJ8869	东城仓	大理石	230			
8	2021/4/8	WJ8870	西城仓	大理石	600			
9	2021/4/7	WJ8871	东城仓	大理石	636			

图 5-22

函数说明

SUMIFS 函数用于对一组给定条件指定的单元格进行求和。

公式解析

=SUMIFS($E$2:$E$26,$C$2:$C$26,G2,$D$2:$D$26,$H$1)②
            ①   ②   ③

① 在 $C$2:$C$26 单元格区域中找所有与 G2 中相同名称的仓库。

② 在 $D$2:$D$26 单元格区域中找所有与 H1 单元格中相同的商品名称。

③ 同时满足①步与②步时，将对应在 $E$2:$E$26 单元格区域上的值取出并求和。

📢 专家点拨

由于建立的公式需要向下复制完成其他批量运算，所以这个公式要注意对单元格的引用，不能变动的区域一定要使用绝对引用方式，如用于求和的区域和条件判断的区域。而需要变动的引用一定要使用相对引用方式，如 G 列中对不同仓库的引用。

技巧 11　按月汇总出库数量

表格中统计了 4 月和 5 月某些日的出库数量，现在要求将 4 月和 5 月的出库总量分别统计出来。

❶ 选中 G2 单元格，在编辑栏中输入公式：

`=SUMIFS(D2:D20,A2:A20,">=21-4-1",A2:A20,"<=21-4-30")`

按 Enter 键得出 4 月出库量，如图 5-23 所示。

	A	B	C	D	E	F	G	H
	G2	:	× ✓ fx	=SUMIFS(D2:D20,A2:A20,">=21-4-1",A2:A20,"<=21-4-30")				
1	日期	商品编号	规格	出货数量		月份	出库量	
2	2021/4/5	ZG63012A	300*600	856		4月	8500	
3	2021/4/8	ZG63012B	300*600	460		5月		
4	2021/4/19	ZG63013B	300*600	1015				公式返回结果
5	2021/4/18	ZG63013C	300*600	930				
6	2021/5/22	ZG63015A	300*600	1044				
7	2021/5/2	ZG63016A	300*600	550				
8	2021/5/8	ZG63016B	300*600	846				
9	2021/4/7	ZG63016C	300*600	902				
10	2021/5/6	ZG6605	600*600	525				
11	2021/4/5	ZG6606	600*600	285				
12	2021/5/4	ZG6607	600*600	453				
13	2021/4/4	ZG6608	600*600	910				
14	2021/5/3	ZGR80001	600*600	806				
15	2021/4/15	ZGR80001	800*800	1030				
16	2021/5/14	ZGR80002	800*800	988				
17	2021/4/23	ZGR80005	800*800	980				
18	2021/4/12	ZGR80008	800*800	500				
19	2021/5/11	ZGR80008	800*800	965				
20	2021/4/10	ZGR80012	800*800	632				

图 5-23

❷ 选中 G3 单元格，在编辑栏中输入公式：

`=SUMIFS(D2:D20,A2:A20,">=21-5-1",A2:A20,"<=21-5-31")`

按 Enter 键得出 5 月出库量，如图 5-24 所示。

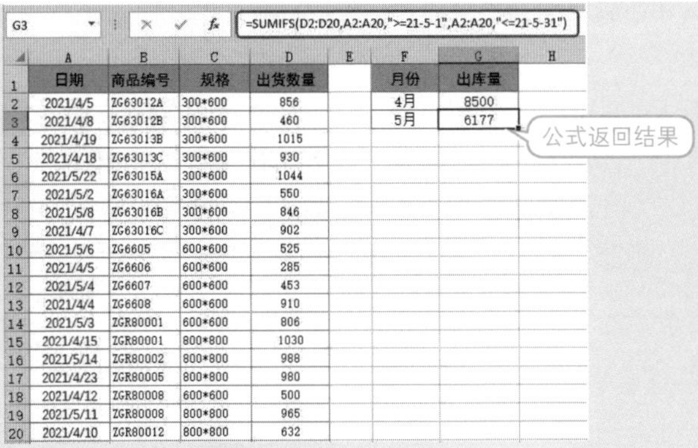

图 5-24

函数说明

SUMIFS 函数用于对一组给定条件指定的单元格进行求和。

公式解析

$$=SUMIFS(D2:D20,A2:A20,">=21-4-1",A2:A20,"<=21-4-30")$$
　　　　　　①　　　　　　②　　　　　　③

① 在 A2:A20 单元格区域中找所有 "$>=21-4-1$" 的记录。
② 在 A2:A20 单元格区域中找所有 "$<=21-4-30$" 的记录。
③ 同时满足①步与②步时，将对应在 D2:D20 单元格区域上的值求和。

技巧 12　多条件统计某一类数据总和

如图 5-25 所示表格中按不同店面统计了商品的销售金额，要求计算出 1 店面中男装的总销售金额。

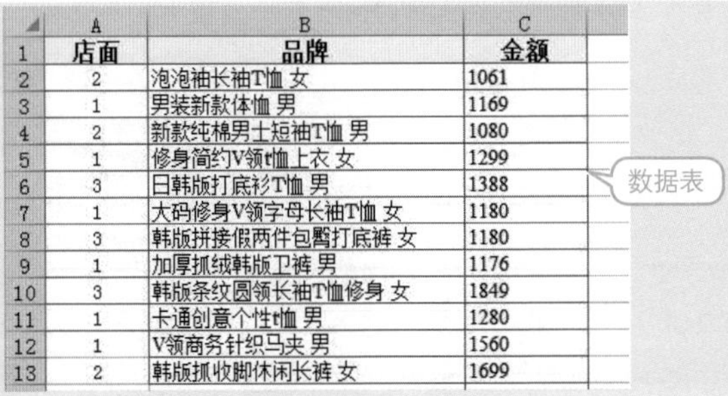

图 5-25

第 5 章

数学函数范例

选中 C15 单元格，在公式编辑栏中输入公式：

```
=SUMIFS(C2:C13,A2:A13,"=1",B2:B13,"* 男 ")
```

按 Enter 键计算出 1 店面男装的合计金额，如图 5-26 所示。

C15			f_x	=SUMIFS(C2:C13,A2:A13,"=1",B2:B13,"*男")	
	A	B	C	D	E
1	店面	品牌	金额		
2	2	泡泡袖长袖T恤 女	1061		
3	1	男装新款体恤 男	1169		
4	2	新款纯棉男士短袖T恤 男	1080		
5	1	修身简约V领恤上衣 女	1299		
6	3	日韩版打底衫T恤 男	1388		
7	1	大码修身V领字母长袖T恤 女	1180		
8	3	韩版拼接假两件包臀打底裤 女	1180		
9	1	加厚抓绒韩版卫裤 男	1176		
10	3	韩版条纹圆领长袖T恤修身 女	1849		
11	1	卡通创意个性恤 男	1280		
12	1	V领商务针织马夹 男	1560		
13	2	韩版抓绒脚休闲长裤 女	1699		
14					
15	1店面男装金额合计		5185		

公式返回结果

图 5-26

📝 公式解析

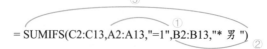

= SUMIFS(C2:C13,A2:A13,"=1",B2:B13,"* 男 ")

①从 A2:A13 单元格区域中匹配条件为"=1"的所有记录，即 1 店面的所有记录。

②从 B2:B13 单元格区域中匹配条件为"* 男"的所有记录。

③满足①②条件后，在 C2:C13 单元格区域中计算出 1 店面所有男装的销售金额。

技巧 13　按不同性质统计应收款

如图 5-27 所示表格中，从第 9 行开始是数据区，E3:E8 单元格区域中需要通过计算得到结果（注意统计时要求去除负值）。

	A	B	C	D	E
1	序号	二级公司	性质	客户	期末余额
2					
3				内部应收累计	1081013.1
4				外部应收累计	456935.21
5				应收账款总计	1537948.31
6				11公司合计:	495012
7				22公司合计:	994949.11
8				33公司合计:	47987.2
9	1	11	内部	张瑞萱	495012
10	2	11	外部	徐学民	-22688.42
11	3	22	内部	唐小军	561600.9
12	4	22	外部	李飞	433348.21
13	5	33	内部	程再友	24400.2
14	6	33	内部	彭同庆	-5000
15	7	33	外部	扬佳丽	23587

统计结果

图 5-27

❶ 选中 E3 单元格，在公式编辑栏中输入公式：

`=SUMIFS(E9:E100,C9:C100," 内部 ",E9:E100,">0")`

按 Enter 键得出内部应收累计，如图 5-28 所示。

	A	B	C	D	E	F
	E3	▾	:	× ✓ *fx*	=SUMIFS(E9:E100,C9:C100,"内部",E9:E100,">0")	
1	序号	二级公司	性质	客户	期末余额	
2						
3				内部应收累计	**1081013.1**	公式返回结果
4				外部应收累计		
5				应收账款总计		
6				11公司合计：	**495012**	
7				22公司合计：	**994949.11**	
8				33公司合计：	**47987.2**	
9	1	11	内部	张瑞煊	495012	
10	2	11	外部	徐学民	-22688.42	
11	3	22	内部	唐小军	561600.9	
12	4	22	外部	李飞	433348.21	
13	5	33	内部	程再友	24400.2	
14	6	33	内部	彭同庆	-5000	
15	7	33	外部	杨佳丽	23587	

图 5-28

❷ 选中 E4 单元格，在公式编辑栏中输入公式：

`=SUMIFS(E9:E100,C9:C100," 外部 ",E9:E100,">0")`

按 Enter 键得出外部应收累计，如图 5-29 所示。

	A	B	C	D	E	F
	E4	▾	:	× ✓ *fx*	=SUMIFS(E9:E100,C9:C100,"外部",E9:E100,">0")	
1	序号	二级公司	性质	客户	期末余额	
2						
3				内部应收累计	**1081013.1**	公式返回结果
4				外部应收累计	**456935.21**	
5				应收账款总计		
6				11公司合计：	**495012**	
7				22公司合计：	**994949.11**	
8				33公司合计：	**47987.2**	
9	1	11	内部	张瑞煊	495012	
10	2	11	外部	徐学民	-22688.42	
11	3	22	内部	唐小军	561600.9	
12	4	22	外部	李飞	433348.21	
13	5	33	内部	程再友	24400.2	
14	6	33	内部	彭同庆	-5000	
15	7	33	外部	杨佳丽	23587	

图 5-29

❸ 选中 E6 单元格，在公式编辑栏中输入公式：

`=SUMIFS($E$9:$E$100,$B$9:$B$100,LEFT(D6,2),$E$9:$E$100,">0")`

按 Enter 键得出 "11" 公司应收合计，如图 5-30 所示。

	A	B	C	D	E	F	G
1	序号	二级公司	性质	客户	期末余额		
2							
3				内部应收累计	1081013.1		
4				外部应收累计	456935.21		
5				应收账款总计	1537948.31		
6				11公司合计：	495012		
7				22公司合计：			
8				33公司合计：			
9	1	11	内部	张璐瑄	495012		
10	2	11	外部	徐学民	-22688.42		
11	3	22	内部	唐小军	561600.9		
12	4	22	外部	李飞	433348.21		
13	5	33	内部	程再友	24400.2		
14	6	33	内部	彭同庆	-5000		
15	7	33	外部	杨佳丽	23587		

E6 单元格公式：=SUMIFS($E$9:$E$100,$B$9:$B$100,LEFT(D6,2),$E$9:$E$100,">0")

公式返回结果

图 5-30

❹ 选中 E6 单元格，拖动右下角的填充柄到 E8 单元格中，得出其他几个公司的合计金额。

嵌套函数

LEFT 函数属于文本函数类型，用于从给定字符串的最左侧开始提取指定数目的字符。

专家点拨

E6 单元格的公式，有些单元格区域运用了绝对引用方式，这是为了便于单元格的公式的复制。另外该单元格的公式中包含 "LEFT(D6,2)"（返回结果为 11）这样一部分，也是为了公式复制才做这样的处理。当公式复制到 E7 单元格时，这一部分变为 "LEFT(D7,2)"（返回结果为 22）。如果不复制公式，则可以像上面的公式一样，直接使用 "11"。

公式解析

=SUMIFS($E$9:$E$100,$B$9:$B$100,LEFT(D6,2),$E$9:$E$100,">0")
④   ①   ②   ③

① 用于求和的单元格区域。

② 第一个条件。"LEFT(D6,2)" 表示从 D6 单元格提取前两个字符。因此该条件为在 B9:B100 单元格区域寻找与提取结果相同数据的记录。

③ 第二个条件。依次判断 E9:E100 单元格区域中的值是否大于 0。

④ 同时满足②和③两个条件时，将对应在①单元格区域上的值求和。

5.1.4 SUMPRODUCT 函数（求多组数的乘积之和）

【功能】

SUMPRODUCT 函数用于在指定的几组数组中，将数组间对应的元素相乘，并返回乘积之和。

【语法】

SUMPRODUCT(array1,array2,array3,...)

【参数】

array1,array2,array3,...：要进行计算的 2 ～ 30 个数组。

专家点拨

SUMPRODUCT 函数是一个数学函数，SUMPRODUCT 函数最基本的用法是对数组间对应的元素相乘，并返回乘积之和。

如图 5-31 所示，可以理解 SUMPRODUCT 函数实际是进行了“1*3+8*2”的计算。

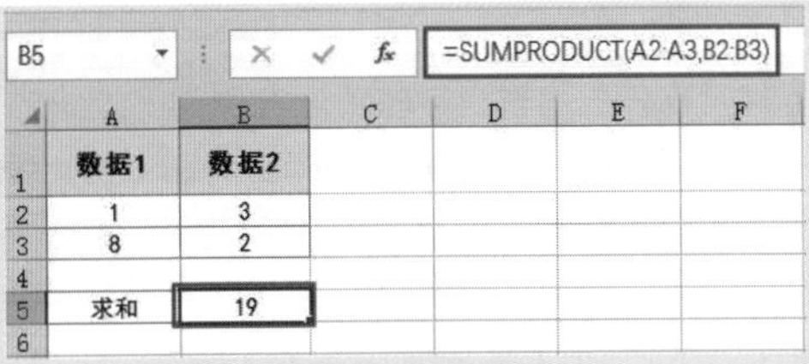

B5 =SUMPRODUCT(A2:A3,B2:B3)

	A	B	C	D	E	F
1	数据1	数据2				
2	1	3				
3	8	2				
4						
5	求和	19				
6						

图 5-31

实际上 SUMPRODUCT 函数的作用非常强大，它可以代替 SUMIF 和 SUMIFS 函数进行条件求和，也可以代替 COUNTIF 和 COUNTIFS 函数进行计数运算。例如针对技巧 10 中的例子，完全可以使用 SUMPRODUCT 函数来写公式，如图 5-32 所示。

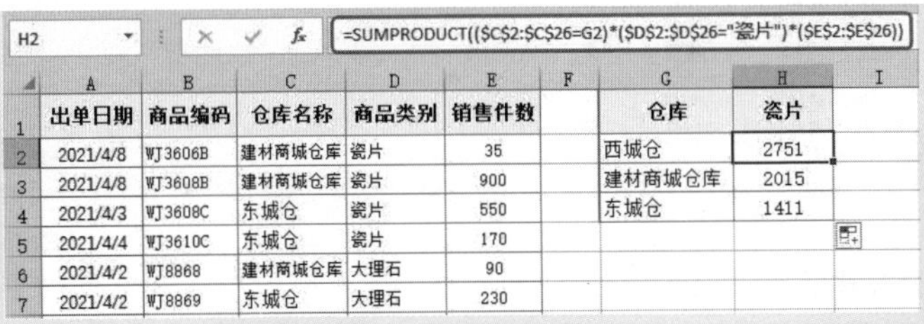

H2 =SUMPRODUCT(($C$2:$C$26=G2)*($D$2:$D$26="瓷片")*($E$2:$E$26))

	A	B	C	D	E	F	G	H	I
1	出单日期	商品编码	仓库名称	商品类别	销售件数		仓库	瓷片	
2	2021/4/8	WJ3606B	建材商城仓库	瓷片	35		西城仓	2751	
3	2021/4/8	WJ3608B	建材商城仓库	瓷片	900		建材商城仓库	2015	
4	2021/4/3	WJ3608C	东城仓	瓷片	550		东城仓	1411	
5	2021/4/4	WJ3610C	东城仓	瓷片	170				
6	2021/4/2	WJ8868	建材商城仓库	大理石	90				
7	2021/4/2	WJ8869	东城仓	大理石	230				

图 5-32

所以如果使用 SUMPRODUCT 函数进行按条件求和，其语法可以简单描述为：

```
=SUMPRODUCT((条件1表达式)*(条件2表达式)*(条件3表达式)*......(求和区域))
```

如果使用 SUMPRODUCT 函数进行按条件计数，其语法可以简单描述为：

```
=SUMPRODUCT((条件1表达式)*(条件2表达式)*(条件3表达式))
```

SUMPRODUCT 函数还具有独特的优势，首先在 Excel 2010 之前的老版本中是没有 SUMIFS 这个函数的，因此要想实现双条件判断，则必须使用 SUMPRODUCT 函数。其次，SUMIFS 函数求和时只能对单元格区域进行求和或计数，即对应的参数只能设置为单元格区域，不能设置为返回结果、非单元格的公式，但是 SUMPRODUCT 函数没有这个限制，也就是说它对条件的判断更加灵活。下面我们在本小节中将通过多个例子来讲解 SUMPRODUCT 函数。

技巧 14 统计销售部女员工人数

当前表格中显示了员工姓名、所属部门及性别，现在需要统计出销售部女员工的人数。

选中 E2 单元格，在公式编辑栏中输入公式：

```
=SUMPRODUCT((B2:B14="销售部")*(C2:C14="女"))
```

按 Enter 键，即可统计销售部女员工的人数，如图 5-33 所示。

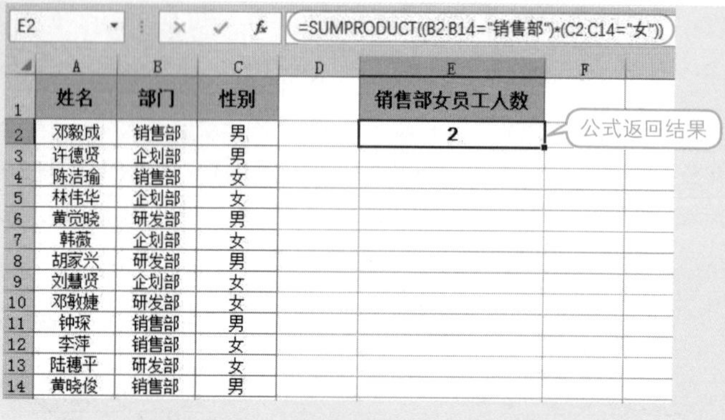

E2 =SUMPRODUCT((B2:B14="销售部")*(C2:C14="女"))

	A	B	C	D	E	F
1	姓名	部门	性别		销售部女员工人数	
2	邓毅成	销售部	男		2	
3	许德贤	企划部	男			
4	陈洁瑜	销售部	女			
5	林伟华	企划部	女			
6	黄觉晓	研发部	男			
7	韩薇	企划部	女			
8	胡家兴	研发部	男			
9	刘慧贤	企划部	女			
10	邓敏婕	研发部	女			
11	钟琛	销售部	男			
12	李萍	销售部	女			
13	陆穗平	研发部	女			
14	黄晓俊	销售部	男			

图 5-33

公式解析

③ ① ②

= SUMPRODUCT((B2:B14="销售部")*(C2:C14="女"))

①从 B2:B14 单元格区域中匹配条件为“销售部”的所有记录，满足的返回 TRUE、不满足的返回 FALSE，返回的是一个数组。

②从 C2:C14 单元格区域中匹配条件为"女"的所有记录，满足的返回 TRUE、不满足的返回 FALSE，返回的是一个数组。

③将①②两个数组相乘，同为 TRUE 时返回值为 1，否则返回值为 0，返回的是一个数组，最后再对这个数组进行求和。

技巧 15　按月汇总出库数量

如图 5-34 所示表格中按日期统计了出库数量，现在要求设置公式统计出各个月份的出库总数量，即得到 G 列的数据。

图 5-34

● 选中 **G2** 单元格，在公式编辑栏中输入公式：

`=SUMPRODUCT((MONTH($A$2:$A$20)=F2)*$D$2:$D$20)`

按 **Enter** 键得出 **4** 月份的出库总量，如图 5-35 所示。

图 5-35

179

❷选中 G2 单元格，拖动右下角的填充柄至 G3 单元格，可以求出 5 月份的出库总量。

专家点拨

这个公式在前面学习 SUMIFS 函数时也使用过，读者可自行对比，选用适合自己的应用方式。

公式解析

=SUMPRODUCT((MONTH($A$2:$A$20)=F2)*$D$2:$D$20)

① 使用 MONTH 函数提取 $A$2:$A$20 单元格区域中日期的月份，并依次判断是否等于 F2 单元格中的月份，如果等于，则返回 TRUE；如果不等于，则返回 FALSE，返回的是一个数组。

②把①步数组与 $D$2:$D$20 单元格区域依次一一对应相乘，TRUE 乘以数值为数值本身，FALSE 乘以数值为 0，返回的是一个数组，最后再对数组进行求和运算。

技巧 16 统计出指定班级分数大于指定值的人数

如图 5-36 所示表格中统计了各班级中学生成绩。现在要求统计出各个班级中分数大于 500 分的人数，即得到 F4:F6 单元格区域的统计结果。

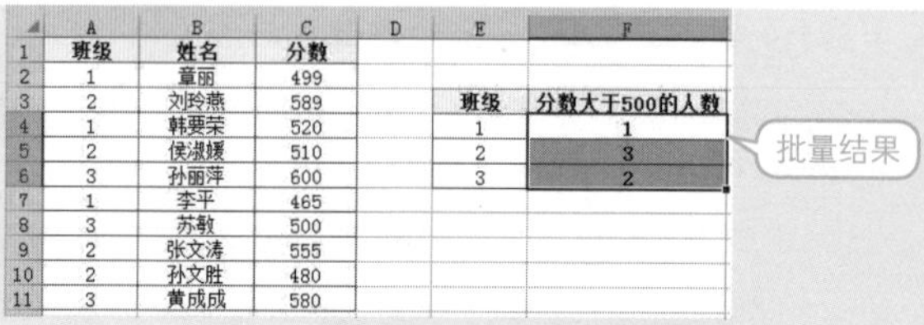

图 5-36

❶选中 F4 单元格，在公式编辑栏中输入公式：

=SUMPRODUCT((A$2:A$12=E4)*(C$2:C$12>500))

按 Enter 键得出 1 班中分数大于 500 分的人数，如图 5-37 所示。

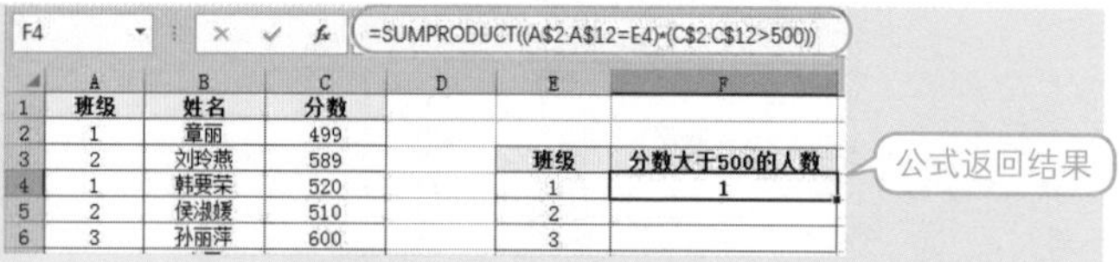

图 5-37

❷ 选中 F4 单元格，拖动右下角的填充柄至 F6 单元格中，即可得出其他班级中分数大于 500 分的人数。

📝 公式解析

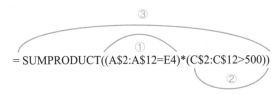

$$= SUMPRODUCT((A\$2:A\$12=E4)*(C\$2:C\$12>500))$$

① 从 A\$2:A\$12 单元格区域中匹配条件为 "=E4" 的所有记录，满足的返回 TRUE，不满足的返回 FALSE，返回的是一个数组。

② 从 C\$2:C\$12 单元格区域中匹配条件为 ">500" 的所有记录，满足的返回 TRUE，不满足的返回 FALSE，返回的是一个数组。

③ 将①②两个数组相乘，同为 TRUE 则为满足条件的记录。

技巧 17 统计出指定部门获取奖金的人数（去除空值）

如图 5-38 所示表格中统计了各员工获取奖金的情况（没有奖金的显示为空）。现在要求统计出各个部门中获取奖金的人数，即得到 F2:F4 单元格区域的统计结果（空值不做统计）。

	A	B	C	D	E	F
1	姓名	部门	奖金		部门	获取奖金的人数
2	章丽	销售部	1200		销售部	4
3	刘玲燕	企划部	2000		企划部	1
4	韩要荣	销售部	2860		研发部	3
5	侯淑媛	企划部				
6	孙丽萍	研发部	800			
7	李平	企划部				
8	苏敏	研发部	2000			
9	张文涛	企划部				
10	孙文胜	研发部	500			
11	黄成成	销售部	4650			
12	刘洋	销售部				
13	李超	销售部				
14	李志飞	销售部	2000			

批量结果

图 5-38

❶ 选中 F2 单元格，在公式编辑栏中输入公式：

```
=SUMPRODUCT((B$2:B$14=E2)*(C$2:C$14<>""))
```

按 Enter 键得出销售部中获取奖金的人数，如图 5-39 所示。

❷ 选中 F2 单元格，拖动右下角的填充柄至 F4，即可快速得出其他部门获取奖金的人数。

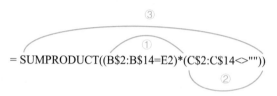

	A	B	C	D	E	F
1	姓名	部门	奖金		部门	获取奖金的人数
2	章丽	销售部	1200		销售部	4
3	刘玲燕	企划部	2000		企划部	
4	韩要荣	销售部	2860		研发部	

F2 = SUMPRODUCT((B$2:B$14=E2)*(C$2:C$14<>""))

公式返回结果

图 5-39

📝 公式解析

③

①

= SUMPRODUCT((B$2:B$14=E2)*(C$2:C$14<>""))

②

①从 B$2:B$14 单元格区域中匹配条件为"=E2"的所有记录，满足的返回 TRUE，不满足的返回 FALSE，返回的是一个数组。

②从 C$2:C$14 单元格区域中匹配条件为"<>""的所有记录，满足的返回 TRUE，不满足的返回 FALSE，返回的是一个数组。

③将①②两个数组相乘，同为 TRUE 才为满足条件的记录。

技巧 18　统计出指定部门、指定职务的员工人数

如图 5-40 所示表格中了统计了企业人员的所属部门与职务，现在要求统计出指定部门指定职务的员工人数，即得到 F4:F6 单元格区域的统计结果。

	A	B	C	D	E	F
1	姓名	所属部门	职务			
2	杨维玲	财务部	总监			
3	王翔	销售部	职员		部门	人数
4	杨若愚	企划部	经理		财务部	1
5	李靓	企划部	职员		销售部	3
6	徐志恒	销售部	职员		企划部	2
7	吴申德	财务部	职员			
8	李靓	企划部	职员			
9	丁豪	销售部	职员			

批量结果

图 5-40

❶ 选中 F4 单元格，在公式编辑栏中输入公式：

`=SUMPRODUCT(($B$2:$B$9=E4)*($C$2:$C$9="职员"))`

按 Enter 键，即可统计出所属部门为"财务部"且职务为"职员"的人数，如图 5-41 所示。

❷ 选中 F4 单元格，向下复制公式到 F6 单元格，可以快速统计出其他指

定部门、指定职务的员工人数。

| F4 | | | f_x | =SUMPRODUCT(($B$2:$B$9=E4)*($C$2:$C$9="职员")) | | | |

	A	B	C	D	E	F	G	H	I
1	姓名	所属部门	职务						
2	杨维玲	财务部	总监						
3	王翔	销售部	职员		部门	人数			
4	杨若愚	企划部	经理		财务部	1	批量结果		
5	李靓	企划部	职员		销售部				
6	徐志恒	销售部	职员		企划部				
7	吴申德	财务部	职员						
8	李靓	企划部	职员						
9	丁豪	销售部	职员						

图 5-41

📖 公式解析

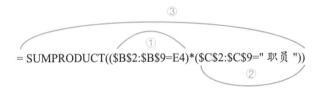

③

①

= SUMPRODUCT(($B$2:$B$9=E4)*($C$2:$C$9=" 职 员 "))

②

①从 $B$2:$B$9 单元格区域中匹配条件为"=E4"的所有记录，即"财务部"所有员工。满足的返回 TRUE，不满足的返回 FALSE，返回的是一个数组。

②从 $C$2:$C$9 单元格区域中匹配条件为"职员"的所有记录，即所有职务为"职员"的记录。满足的返回 TRUE、不满足的返回 FALSE，返回的是一个数组。

③将①②两个数组相乘，同为 TRUE 才为满足条件的记录。

技巧 19　统计非工作日销售金额

表格中按日期（并且显示了日期对应的星期数）统计了销售金额。要求只统计出周六、日的总销售金额。

选中 E2 单元格，在编辑栏中输入公式：

```
=SUMPRODUCT((MOD(A2:A16,7)<2)*C2:C16)
```

按 Enter 键得出统计结果，如图 5-42 所示。

E2 =SUMPRODUCT((MOD(A2:A16,7)<2)*C2:C16)

	A	B	C	D	E	F
1	日期	星期	金额(元)		周六、日总销售金额	
2	2021/4/4	星期日	31920		117330	
3	2021/4/5	星期一	5992			
4	2021/4/5	星期一	6387			
5	2021/4/6	星期二	8358			
6	2021/4/7	星期三	13122			
7	2021/4/7	星期三	19630			
8	2021/4/8	星期四	12054			
9	2021/4/9	星期五	9234			
10	2021/4/10	星期六	21100			
11	2021/4/10	星期六	26530			
12	2021/4/11	星期日	10800			
13	2021/4/11	星期日	26980			
14	2021/4/12	星期一	16190			
15	2021/4/13	星期二	12236			
16	2021/4/14	星期三	7155			

公式返回结果

图 5-42

嵌套函数

- SUMPRODUCT 函数用于在指定的几组数组中，将数组间对应的元素相乘，并返回乘积之和。
- MOD 函数属于数学函数类型，用于求两个数值相除后的余数，其结果的正负号与除数相同。

公式解析

=SUMPRODUCT((MOD(A2:A12,7)<2)*C2:C12)

① ②

① 判断 A2:A12 单元格区域中各单元格的日期序列号与 7 相除后的余数是否小于 2（因为星期六日期序列号与 7 相除的余数为 0，星期日日期序列号与 7 相除的余数为 1），小于 2 的返回 TRUE，不小于 2 的返回 FALSE，返回的是一个数组。

②将①步的数组与 C2:C12 单元格区域中的各个值进行相乘，TRUE 乘以数值返回数值本身，FALSE 乘以数值返回 0，然后再将数值的值进行求和，即为排除了非周末的数据进行了求和。

技巧 20 分别统计 12 个月内账款与超过 12 个月的账款合计

表格中按时间统计了借款金额，要求分别统计出 12 个月内的账款与超过 12 个月的账款。

❶ 选中 F2 单元格，在公式编辑栏中输入公式：

```
=SUMPRODUCT((DATEDIF(B2:B14,TODAY(),"M")<=12)*C2:C14)
```

按 Enter 组合键得出 12 个月内的账款合计，如图 5-43 所示。

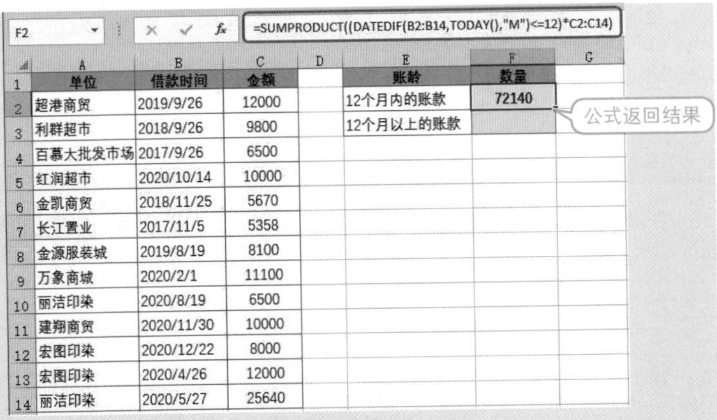

单位	借款时间	金额		账龄	数量
超港商贸	2019/9/26	12000		12个月内的账款	72140
利群超市	2018/9/26	9800		12个月以上的账款	
百慕大批发市场	2017/9/26	6500			
红润超市	2020/10/14	10000			
金凯商贸	2018/11/25	5670			
长江置业	2017/11/5	5358			
金源服装城	2019/8/19	8100			
万象商城	2020/2/1	11100			
丽洁印染	2020/8/19	6500			
建翔商贸	2020/11/30	10000			
宏图印染	2020/12/22	8000			
宏图印染	2020/4/26	12000			
丽洁印染	2020/5/27	25640			

图 5-43

❷ 选中 F3 单元格，在公式编辑栏中输入公式：

```
=SUMPRODUCT((DATEDIF(B2:B14,TODAY(),"M")>12)*C2:C14)
```

按 Enter 组合键得出 12 个月以上的账款合计，如图 5-44 所示。

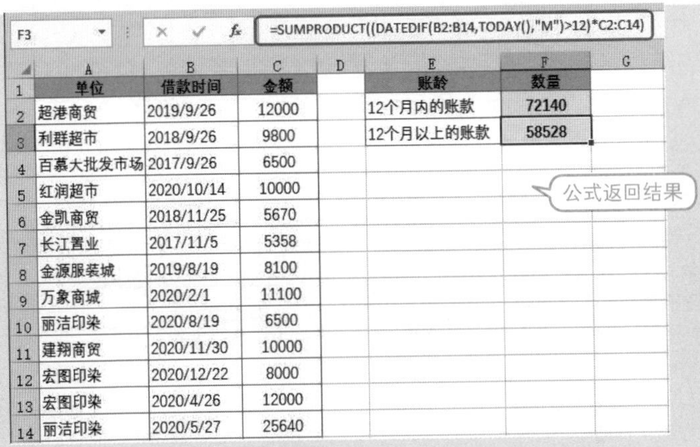

单位	借款时间	金额		账龄	数量
超港商贸	2019/9/26	12000		12个月内的账款	72140
利群超市	2018/9/26	9800		12个月以上的账款	58528
百慕大批发市场	2017/9/26	6500			
红润超市	2020/10/14	10000			
金凯商贸	2018/11/25	5670			
长江置业	2017/11/5	5358			
金源服装城	2019/8/19	8100			
万象商城	2020/2/1	11100			
丽洁印染	2020/8/19	6500			
建翔商贸	2020/11/30	10000			
宏图印染	2020/12/22	8000			
宏图印染	2020/4/26	12000			
丽洁印染	2020/5/27	25640			

图 5-44

公式解析

=SUMPRODUCT((DATEDIF(B2:B14,TODAY(),"M")>12)*C2:C14)

① ② ③

① 依次返回 B2:B14 单元格区域日期与当前日期相差的月数，返回的是一个数组。

② 如果①步返回结果大于12，那么返回结果为TRUE，否则返回FALSE，返回的是一个数组。

③ 将②步结果中返回TRUE的对应在C2:C14单元格区域中的值取出并进行求和。

技巧21 统计某一时间段出现的次数

如图5-45所示表格显示了某仪器测试的用时，并且规定了达标时间区域。要求统计出8次测试中达标的次数。

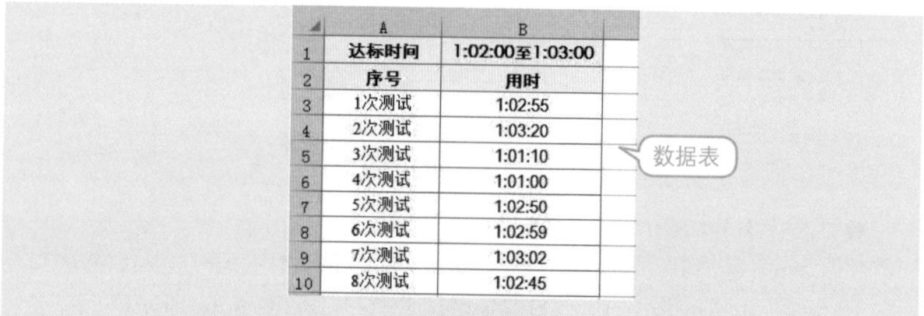

	A	B
1	达标时间	1:02:00至1:03:00
2	序号	用时
3	1次测试	1:02:55
4	2次测试	1:03:20
5	3次测试	1:01:10
6	4次测试	1:01:00
7	5次测试	1:02:50
8	6次测试	1:02:59
9	7次测试	1:03:02
10	8次测试	1:02:45

图5-45

选中D2单元格，在公式编辑栏中输入公式：

```
=SUMPRODUCT((B3:B10>TIMEVALUE("1:02:00"))*(B3:B10<
TIMEVALUE("1:03:00")))
```

按Enter键得出各次测试时间中满足给定的时间区域的次数，如图5-46所示。

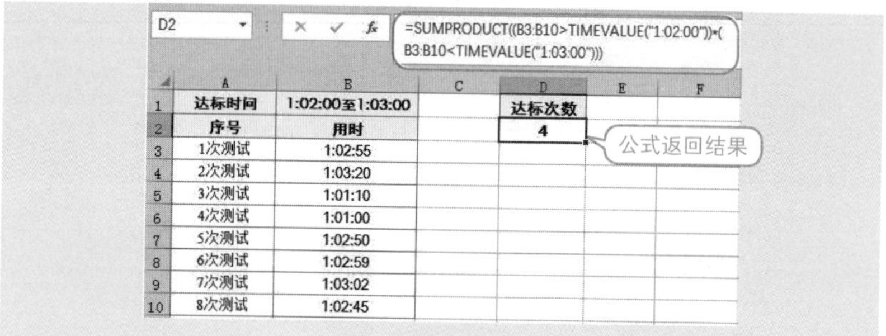

D2 =SUMPRODUCT((B3:B10>TIMEVALUE("1:02:00"))*(B3:B10<TIMEVALUE("1:03:00")))

	A	B	C	D	E	F
1	达标时间	1:02:00至1:03:00		达标次数		
2	序号	用时		4		
3	1次测试	1:02:55				
4	2次测试	1:03:20				
5	3次测试	1:01:10				
6	4次测试	1:01:00				
7	5次测试	1:02:50				
8	6次测试	1:02:59				
9	7次测试	1:03:02				
10	8次测试	1:02:45				

图5-46

嵌套函数

TIMEVALUE函数属于日期函数类型，用于返回由文本字符串所代表的小数值。本技巧公式中的TIMEVALUE("1:02:00")就是将"1:02:00"这个时间值转换成小数，因为时间的比较是将时间值转换成小数值再进行比较的。

公式解析

=SUMPRODUCT((B3:B10>TIMEVALUE("1:02:00"))*(B3:B10<TIMEVALUE
("1:03:00")))

　①依次判断 B3:B10 单元格区域中时间是否大于"1:02:00"，如果是，则返回 TRUE，不是则返回 FALSE。
　②依次判断 B3:B10 单元格区域中时间是否小于"1:03:00"，如果是，则返回 TRUE，不是则返回 FALSE。
　③统计出①步与②步同时为 TRUE 的次数。

技巧 22　从学生档案表中统计指定日期区间中指定性别的人数

　表格中统计了学生的出生日期。要求快速统计出某一指定日期区间（如本技巧要求的 2003-9-1 ~ 2004-8-31）中女生的人数。
　选中 G1 单元格，在编辑栏中输入公式：

```
=SUMPRODUCT((D2:D18>=DATE(2013,9,1))*(D2:D18<=DATE(2014,
8,31))*(C2:C18="女"))
```

　按 Enter 键得出结果，如图 5-47 所示。

学号	姓名	性别	出生日期
LX001	童佳怡	女	2014/6/10
LX002	刘玲燕	女	2014/10/2
LX003	韩伊一	男	2013/5/3
LX004	侯湲媛	女	2013/12/15
LX005	孙丽萍	女	2014/9/1
LX006	李澈	男	2014/9/10
LX007	苏伊鑗	女	2014/8/28
LX008	张文瑞	男	2014/2/15
LX009	田心贝	女	2014/4/18
LX010	徐梓瑞	男	2014/2/1
LX011	胡晓阳	男	2013/3/5
LX012	王小雅	女	2013/12/26
LX013	林成瑞	男	2013/12/10
LX014	苏俊成	男	2013/9/10
LX015	吴明璐	女	2014/5/28
LX016	夏楚奇	男	2014/2/22
LX017	肖诗雨	女	2014/4/5

2013-9-1到2014-8-31之间的女性人数　7

公式返回结果

图 5-47

函数说明

　● SUMPRODUCT 函数用于在指定的几组数组中，将数组间对应的元素相乘，并返回乘积之和。
　● DATE 函数属于日期函数类型，用于返回指定日期的序列号。

📝 公式解析

=SUMPRODUCT((D2:D18>=DATE(2013,9,1))*(D2:D18<=DATE(2014,8,31))
①   ②

*(C2:C18=" 女 "))
③
④

　　①依次判断 D2:D18 单元格区域中的日期是否大于等于"2013-9-1"。如果是，则返回值为 1，不是则返回值为 0，返回的是一个数组。

　　②依次判断 D2:D18 单元格区域中的日期是否小于等于"2014-8-31"。如果是，则返回值为 1，不是则返回值为 0，返回的是一个数组。

　　③依次判断 C2:C18 单元格区域中的值是否为"女"。如果是，则返回值为 1，不是则返回值为 0，返回的是一个数组。

　　④当①、②、③步结果同时为 1 时，返回结果为 1，然后最终统计 1 的个数，即为同时满足 3 个条件的人数。

5.2　数据舍入函数

5.2.1　INT 函数（向下取整）

【功能】

　　INT 函数用于将指定数值向下取整为最接近的整数。通俗地说，如果 number 为正数，那么 INT 函数的值为直接去掉小数位后的值；如果 number 为负数，那么 INT 函数的值为去掉小数位后加 −1 后的值。

【语法】

　　INT(number)

【参数】

　　number：要进行计算的数值。

技巧 23　计算平均销售数量时取整数

　　表格中统计了各个月份中产品的生产数量，要求计算平均生产数量（取整数）。

　　❶ 如果直接采用 AVERAGE 函数计算平均数量，则结果如图 5-48 所示。

　　❷ 选中 E2 单元格，在公式编辑栏中输入公式：

```
=INT(AVERAGE(B2:B9))
```

按 Enter 键得出取整数后的结果（可以与第❶步结果相比较），如图 5-49 所示。

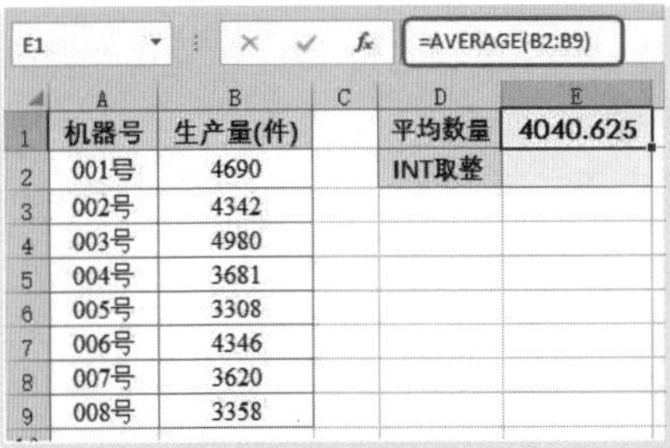

E1 =AVERAGE(B2:B9)

	A	B	C	D	E
1	机器号	生产量(件)		平均数量	4040.625
2	001号	4690		INT取整	
3	002号	4342			
4	003号	4980			
5	004号	3681			
6	005号	3308			
7	006号	4346			
8	007号	3620			
9	008号	3358			

图 5-48

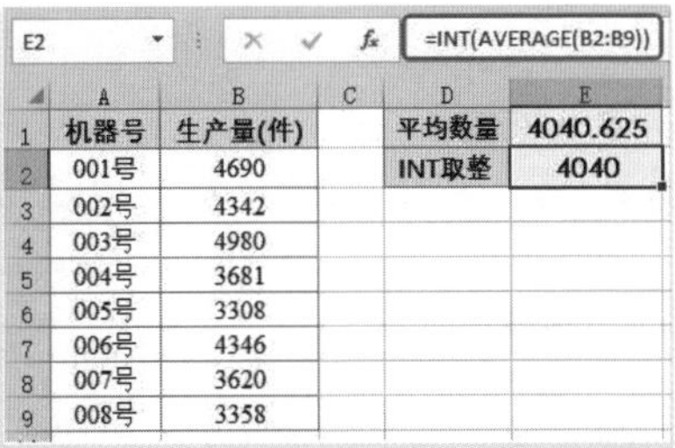

E2 =INT(AVERAGE(B2:B9))

	A	B	C	D	E
1	机器号	生产量(件)		平均数量	4040.625
2	001号	4690		INT取整	4040
3	002号	4342			
4	003号	4980			
5	004号	3681			
6	005号	3308			
7	006号	4346			
8	007号	3620			
9	008号	3358			

图 5-49

公式解析

= INT(AVERAGE(B2:B9))

使用 AVERAGE 函数计算 B2:B9 单元格区域的平均值，再通过 INT 函数来对计算出的平均值进行取整。

5.2.2 ROUND 函数（四舍五入）

【功能】

ROUND 函数返回按指定位数进行四舍五入的数值。

【语法】

ROUND(number,num_digits)

【参数】

- number：需要进行四舍五入的数值。
- num_digits：按此位数对 number 参数进行四舍五入。可以是 0、正数或负数。

专家点拨

❶ 如果 num_digits 大于 0，则四舍五入到指定的小数位。如 A1 单元格数值为“32.2653”，则公式“=ROUND(A1,2)”返回结果为 32.27。

❷ 如果 num_digits 等于 0，则四舍五入到最接近的整数。如 A1 单元格数值为“32.2653”，则公式“=ROUND(A1,0)”返回结果为 32。而当 A1 单元格中的数值为“32.5653”时，上述公式返回的结果为 33。

❸ 如果 num_digits 小于 0，则在小数点左侧按指定位数四舍五入。如 A1 单元格数值为 "32.2653"，则公式 "=ROUND(A1,-1)" 返回结果为 30。

技巧 24　以 1 个百分点为单位计算奖金或扣款

如图 5-50 所示，表格中统计了每一位销售员的完成量（B1 单元格中的达标值为 85%）。要求通过设置公式实现根据完成量自动计算奖金，在本例中计算奖金以及扣款的规则如下：当完成量大于或等于达标值一个百分点时，给予 200 元奖励（向上累加），即设置公式并复制后可批量得出 C 列的结果，如图 5-50 所示。

	A	B	C
1	达标值	85.00%	
2	姓名	完成量	奖金
3	章丽	89.40%	800
4	刘玲燕	87.00%	400
5	韩要荣	90.00%	1000
6	侯淑媛	86.00%	200
7	孙丽萍	87.52%	600
8	李平	90.40%	1000
9	苏敏	88.58%	800
10	张文涛	90.80%	1200

批量结果

图 5-50

❶ 选中 C3 单元格，在公式编辑栏中输入公式：

```
=ROUND(B3-$B$1,2)*100*200
```

按 Enter 键得出第一位员工的奖金或扣款，如图 5-51 所示。

C3		✕ ✓ fx	=ROUND(B3-$B$1,2)*100*200		
	A	B	C	D	E
1	达标值	85.00%			
2	姓名	完成量	奖金		
3	章丽	89.40%	800		
4	刘玲燕	87.00%			
5	韩要荣	90.00%			
6	侯淑媛	86.00%			

公式返回结果

图 5-51

❷ 选中 C3 单元格，拖动右下角的填充柄向下复制公式，即可批量得出其他员工的奖金或扣款。

公式解析

=ROUND(B3-$B$1,2)*100*200

① 计算 B3 单元格中值与 B1 单元格中值的差值，并保留两位小数。

② 将①步返回值乘以 100 表示将小数值转换为整数值，表示超出的百分点，再乘以 200 表示计算奖金总额。

5.2.3 ROUNDUP 函数（向上舍入）

【功能】

ROUNDUP 函数用于以远离 0 的方向向上舍入数字，即以绝对值增大的方向舍入。

【语法】

ROUNDUP(number,num_digits)

【参数】

● number：表示要进行向上舍入的数值。
● num_digits：表示指定计算的小数位数。

技巧 25 以 1 个百分点为单位计算奖金（向上舍入）

沿用 ROUND 函数的例子，在计算奖金时，只要大于 1 个百分点（无论大多少）都按 2 个百分点算，大于 2 个百分点则按 3 个百分点算，以此类推。这时可以换 ROUNDUP 函数来建立公式。

选中 C3 单元格，在公式编辑栏中输入公式：

```
=ROUNDUP(B3-$B$1,2)*100*200
```

按 Enter 键，然后拖动右下角的填充柄向下复制公式，计算结果如图 5-52 所示（可将计算结果与 ROUND 函数的计算结果相比较）。

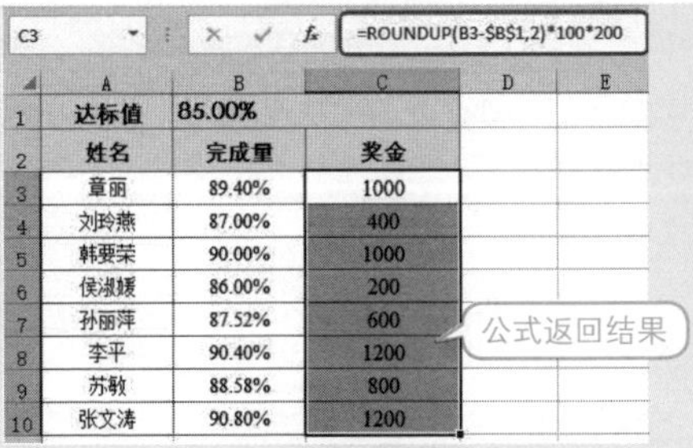

图 5-52

技巧 26 使用 ROUNDUP 函数计算物品的快递费用

本例中要求根据物品的重量来计算运费金额。要求如下：

● 首重 1 公斤（注意是每公斤）为 8 元。

● 续重每斤（注意是每斤）为 2 元。

即要通过公式计算得到如图 5-53 所示 C 列的数据。

	A	B	C	D
1	单号	物品重量	费用	
2	2017041201	5.23	26	
3	2017041202	8.31	38	
4	2017041203	13.64	60	
5	2017041204	85.18	346	批量结果
6	2017041205	12.01	54	
7	2017041206	8	36	
8	2017041207	1.27	10	
9	2017041208	3.69	20	
10	2017041209	10.41	46	

图 5-53

❶ 选中 C2 单元格，在公式编辑栏中输入公式：

=IF(B2<=1,8,8+ROUNDUP((B2-1)*2,0)*2)

按 Enter 键即可根据 B2 单元格中物品重量计算出快递费用，如图 5-54 所示。

C2		× ✓ fx	=IF(B2<=1,8,8+ROUNDUP((B2-1)*2,0)*2)		
	A	B	C	D	E
1	单号	物品重量	费用		
2	2017041201	5.23	26	公式返回结果	
3	2017041202	8.31			
4	2017041203	13.64			
5	2017041204	85.18			
6	2017041205	12.01			

图 5-54

❷ 选中 C2 单元格，拖动右下角的填充柄向下复制公式，即可根据 B 列中的物品重量批量计算快递费用。

公式解析

=IF(B2<=1,8,8+ROUNDUP((B2-1)*2,0)*2)
　　①　　　②　　③

① 判断 B2 单元格的值是否小于或等于 1，如果是，则返回 8；否则进行 "ROUNDUP((B2-1)*2,0)*2" 运算。

② B2 中重量减去首重重量，乘以 2 表示将公斤转换为斤，将这个结果向上取整（即如果计算值为 1.34，向上取整结果为 2；计算值为 2.188，向上取整结果为 3；……）。

③ 将②步结果乘以 2（2 表示一个单位的快递费用金额），再加上首重费用 8 表示此物品的总快递费用金额。

5.2.4 ROUNDDOWN 函数（向下舍入）

【功能】

ROUNDDOWN 函数用于以接近 0 的方向向下舍入数字，即以绝对值减小的方向舍入。

【语法】

ROUNDDOWN(number,num_digits)

【参数】

● number：要进行向下舍入的数值。
● num_digits：指定计算的小数位数。

技巧 27　以 1 个百分点为单位计算奖金（向下舍入）

沿用 ROUND 函数的例子，在计算奖金时，只要未达到一个完整百分点，则无奖金；只要未达到两个完整百分点，则按一个百分点计算，以此类推。这时可以使用 ROUNDDOWN 函数来建立公式。

选中 C3 单元格，在公式编辑栏中输入公式：

```
=ROUNDDOWN(B3-$B$1,2)*100*200
```

按 Enter 键，然后拖动右下角的填充柄向下复制公式，计算结果如图 5-55 所示（可将计算结果与 ROUND 函数的计算结果相比较）。

	A	B	C	D	E
	C3		fx	=ROUNDDOWN(B3-$B$1,2)*100*200	
1	达标值	85.00%			
2	姓名	完成量	奖金		
3	章丽	89.40%	800		
4	刘玲燕	87.00%	400		
5	韩要荣	90.00%	1000		
6	侯淑媛	86.00%	200		
7	孙丽萍	87.52%	400	公式返回结果	
8	李平	90.40%	1000		
9	苏敏	88.58%	600		
10	张文涛	90.80%	1000		

图 5-55

如图 5-56 所示表格中统计了准确的点击时间，要求根据点击时间界定整点范围，即得到 B 列的结果。

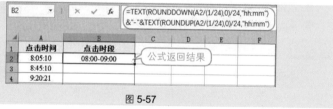

	A	B	C
1	点击时间	点击时段	
2	8:05:10	08:00-09:00	
3	8:45:10	08:00-09:00	
4	9:20:21	09:00-10:00	批量结果
5	13:12:34	13:00-14:00	
6	15:12:34	15:00-16:00	
7	16:43:11	16:00-17:00	

图 5-56

❶ 选中 B2 单元格，在公式编辑栏中输入公式：

```
=TEXT(ROUNDDOWN(A2/(1/24),0)/24,"hh:mm")&"-"&TEXT
(ROUNDUP(A2/(1/24),0)/24,"hh:mm")
```

按 Enter 键即可根据 A2 单元格中的时间界定其整点范围，如图 5-57 所示。

B2	▾	:	×	✓	fx	=TEXT(ROUNDDOWN(A2/(1/24),0)/24,"hh:mm") &"-"&TEXT(ROUNDUP(A2/(1/24),0)/24,"hh:mm")		
	A	B	C	D	E	F		
1	点击时间	点击时段						
2	8:05:10	08:00-09:00	公式返回结果					
3	8:45:10							
4	9:20:21							

图 5-57

❷ 选中 B2 单元格，拖动右下角的填充柄向下复制公式，即可根据 A 列中的时间批量完成整点时间的界定。

嵌套函数

● ROUNDUP 函数用于以远离 0 的方向向上舍入数字，即以绝对值增大的方向含入。

● TEXT 函数属于文本函数类型，用于将数值转换为按指定数字格式表示的文本。

公式解析

=TEXT(ROUNDDOWN(A2/(1/24),0)/24,"hh:mm")&"-"&TEXT(ROUNDUP

(A2/(1/24),0)/24,"hh:mm")

① 1 天用 1 表示，用小时表示就是 1/24，向上取整得出结果为整数 8。

② ①步的结果除以 24 表示将 8 这个数字转换为其对应的时间（结果为小数值）。

③ 使用 TEXT 函数将②步的结果转换为 hh:mm 的时间形式。

5.2.5　TRUNC 函数（不考虑四舍五入截去数据小数部分）

【功能】

TRUNC 函数用于截断数字，注意是直接截断不是四舍五入。

【语法】

TRUNC(number,num_digits)

【参数】

● number：要进行截断的数值。

● num_digits：表示要截断到哪一位，可以是负数，表示截断小数点前。

技巧 29　计算销售金额时取整或保留指定位数小数

销售金额为销售数量与单价的乘积，要求将求得的销售金额取整或保留一位小数。

❶ 选中 E2 单元格，在公式编辑栏中输入公式：

`=TRUNC(B2*C2)`

按 Enter 键得出取整后的金额，向下复制公式批量得出结果（可与 D 列金额比较），如图 5-58 所示。

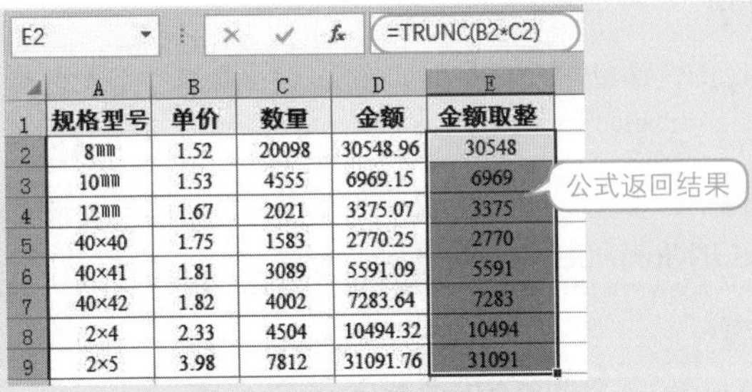

	A	B	C	D	E
1	规格型号	单价	数量	金额	金额取整
2	8㎜	1.52	20098	30548.96	30548
3	10㎜	1.53	4555	6969.15	6969
4	12㎜	1.67	2021	3375.07	3375
5	40×40	1.75	1583	2770.25	2770
6	40×41	1.81	3089	5591.09	5591
7	40×42	1.82	4002	7283.64	7283
8	2×4	2.33	4504	10494.32	10494
9	2×5	3.98	7812	31091.76	31091

E2 ｜ ✕ ✓ *fx* =TRUNC(B2*C2)

公式返回结果

图 5-58

❷ 选中 F2 单元格，在公式编辑栏中输入公式：

`=TRUNC(B2*C2,1)`

按 Enter 键得出保留一位小数的金额，向下复制公式批量得出结果（可与 D 列、E 列金额比较），如图 5-59 所示。

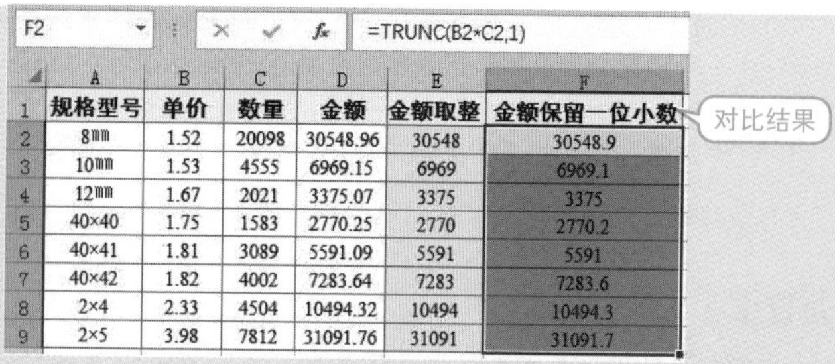

F2			✗ ✓ fx	=TRUNC(B2*C2,1)		

	A	B	C	D	E	F
1	规格型号	单价	数量	金额	金额取整	金额保留一位小数
2	8㎜	1.52	20098	30548.96	30548	30548.9
3	10㎜	1.53	4555	6969.15	6969	6969.1
4	12㎜	1.67	2021	3375.07	3375	3375
5	40×40	1.75	1583	2770.25	2770	2770.2
6	40×41	1.81	3089	5591.09	5591	5591
7	40×42	1.82	4002	7283.64	7283	7283.6
8	2×4	2.33	4504	10494.32	10494	10494.3
9	2×5	3.98	7812	31091.76	31091	31091.7

对比结果

图 5-59

公式解析

= TRUNC(B2*C2)

直接截掉 B2*C2 乘积的小数部分，即计算金额的整数金额。

= TRUNC(B2*C2,1)

保留 B2*C2 乘积的一位小数值，其他部分截去。

专家点拨

函数 TRUNC 和函数 INT 类似，它们都返回整数，并且在对正数进行取整时，两个函数返回结果完全相同；而对于负数取整，函数 TRUNC 直接去除数字的小数部分，而函数 INT 则是去掉小数位后加−1。如 TRUNC(−7.875) 返回 −7，而 INT(−7.875) 返回 −8。

5.2.6 CEILING 函数（舍入计算）

【功能】

CEILING 函数用于将参数 number 向上舍入（沿绝对值增大的方向）为最接近的 significance 的倍数。

【语法】

CEILING(number,significance)

【参数】

● number：要进行舍入的数值。
● significance：基数，即需要进行舍入的倍数。

专家点拨

函数中第一参数与第二参数必须保持相同正负号，否则会返回错误值 "#NUM!"。

技巧 30 **以 6 秒（不足 6 秒按 6 秒计算）为单位计算通话费用**

如图 5-60 所示表格中给出各次通话的时间（以秒计算），要求计算各次通话的费用，即得到 D 列的结果。

	A	B	C	D
1	序号	通话秒数	计费单价/6秒	通话费用
2	1	79	0.8	11.2
3	2	280	0.8	37.6
4	3	45	0.8	6.4
5	4	200	0.8	27.2
6	5	368	0.8	49.6
7	6	92	0.8	12.8

批量结果

图 5-60

注意，此处的计费单位为 0.8 元 /6 秒，当通话秒数除以 6 有余数时，不管余数为多少都作为一个计费单位，即向上舍入。

❶ 选中 D2 单元格，在公式编辑栏中输入公式：

`=CEILING(B2/6,1)*C2`

按 Enter 键得出结果，如图 5-61 所示。

D2	▼	:	×	✓	fx	=CEILING(B2/6,1)*C2

	A	B	C	D
1	序号	通话秒数	计费单价/6秒	通话费用
2	1	79	0.8	11.2
3	2	280	0.8	
4	3	45	0.8	
5	4	200	0.8	
6	5	368	0.8	
7	6	92	0.8	

公式返回结果

图 5-61

❷ 选中 D2 单元格，拖动右下角的填充柄向下复制公式，即可批量计算通话费用。

公式解析

=CEILING(B2/6,1)*C2
　　　　①　　 ②

① 将 B2/6 的结果向上舍入，例如，B2/6 的结果为 13.1666666666667，那么 CEILING(B2/6,1) 的结果为 14，即求出有多少个计价单位。
② 将①步的结果乘以 C2 单元格的计费单价。

应用扩展

CEILING 函数的最终结果取决于对 significance 参数的设置，参数可以是正数、负数或小数。如图 5-62 所示，给出数据应用的公式（注意 significance 参数的值）及返回的结果。

	A	B	C
1	数值	公式	结果
2	12.172	=CEILING(A2,1)	13
3	12.172	=CEILING(A3,2)	14
4	12.172	=CEILING(A4,3)	15
5	-12.172	=CEILING(A5,-1)	-13
6	-12.172	=CEILING(A6,-2)	-14
7	-12.172	=CEILING(A7,-3)	-15
8	12.172	=CEILING(A8,0.1)	12.2
9	12.172	=CEILING(A9,0.01)	12.18

图 5-62

5.2.7 FLOOR 函数（去尾舍入）

【功能】

FLOOR 函数用于将指定的数值按沿绝对值减小的方向去尾舍入，使其等于最接近的 significance 的倍数。通俗地讲就是向下舍入，即取不大于 number 的最大整数，与四舍五入不同，取整时是直接去掉小数部分。

【语法】

FLOOR(number,significance)

【参数】

● number：要进行舍入计算的数值。
● significance：指定要舍入的倍数。

专家点拨

如果任一参数为非数值参数，则 FLOOR 将返回错误值 #VALUE!。

如果 number 和 significance 符号相反，则函数 FLOOR 将返回错误值 #NUM!。

不论 number 的正负号如何，舍入时参数的绝对值都将减小。如果 number 恰好是 significance 的倍数，则无须进行任何舍入处理。

同为正数的情况，FLOOR 与 ROUNDDOWN 具有相同的作用。

技巧 31　计件工资中的奖金计算

如图 5-63 所示表格中统计了各工人的生产件数，要求根据生产的件数计算奖金，具体规则如下。

- 生产件数小于 2000 件无奖金。
- 生产件数大于或等于 2000 件奖金为 500 元，并且每增加 100 件，奖金增加 50 元。

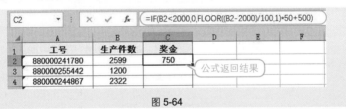

图 5-63

即通过公式批量计算得出 C 列的数据。

● 选中 C2 单元格，在公式编辑栏中输入公式：

`=IF(B2<2000,0,FLOOR((B2-2000)/100,1)*50+500)`

按 Enter 键得出第一位工人的应计奖金，如图 5-64 所示。

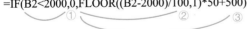

图 5-64

❷ 选中 C2 单元格，拖动右下角的填充柄向下复制公式，即可批量得出其他工人的应计奖金。

公式解析

`=IF(B2<2000,0,FLOOR((B2-2000)/100,1)*50+500)`
　　　　　①　　　　　　　　　②　　　　③

① 如果 B2 小于 2000，则返回 0，否则进行 "FLOOR((B2-2000)/100,1)*50+500" 运算。

② B2 中件数减去 2000 再除以 100，然后再向下舍入，可计算出除了 2000 件所获取的 500 元奖金外，还可以获取几个 50 元的奖金。

③ 将②步结果乘以 50 表示 2000 件除外后可获取的奖金，加上 500 元即得到总奖金。

199

5.2.8 MROUND 函数（按指定倍数舍入）

【功能】

MROUND 函数用于按指定的倍数舍入到最接近的数字。

【语法】

MROUND(number,significance)

【参数】

● number：需要进行舍入的数值。
● significance：要将数字舍入到的基数的倍数。

例如，在如图 5-65 所示中，以 A 列中各值为参数 1，参数 2 的设置不同时可返回不同的值。

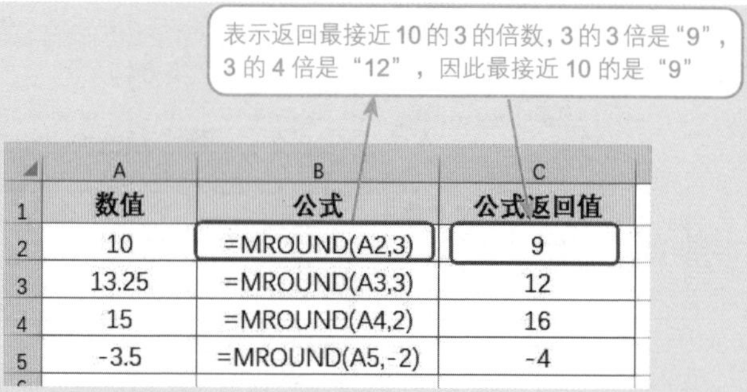

表示返回最接近 10 的 3 的倍数，3 的 3 倍是 "9"，3 的 4 倍是 "12"，因此最接近 10 的是 "9"

	A	B	C
1	数值	公式	公式返回值
2	10	=MROUND(A2,3)	9
3	13.25	=MROUND(A3,3)	12
4	15	=MROUND(A4,2)	16
5	-3.5	=MROUND(A5,-2)	-4

图 5-65

技巧 32　计算商品运送车次

本例将根据运送商品总数量与每车可装箱数量来计算运送车次，具体规则如下。

● 每 52 箱商品装一辆车。
● 如果最后剩余商品数量大于半数(即 26 箱)，则可以再装一车运送一次，否则剩余商品不使用车辆运送。

❶ 选中 B4 单元格，在公式编辑栏中输入公式：

```
=MROUND(B1,B2)/B2
```

按 Enter 键得出运送车次数量（运送 19 车还剩 12 件，不足半数，所以不再安排车辆运送），如图 5-66 所示。

高效随身查——Excel 2021 必学的函数与公式 应用技巧（视频教学版）

❷ 假如商品总箱数为 1020，运送 19 车还剩 32 件，超过半数，所以需要再运送一次，即总运送车次为 20 次，如图 5-67 所示。

B4	:	× ✓ fx	=MROUND(B1,B2)/B2

	A	B	C
1	要运送的商品总箱数	1000	
2	每车可装箱数	52	公式返回结果
3			
4	需要运送的车次	19	

图 5-66

B4	:	× ✓ fx	=MROUND(B1,B2)/B2

更改可自动计算

	A	B
1	要运送的商品总箱数	1020
2	每车可装箱数	52
4	需要运送的车次	20

图 5-67

公式解析

= MROUND(B1,B2)/B2

通过 MROUND(B1,B2) 返回要运送商品总箱数和每车可装箱数的最近倍数，即每车可装箱数为 52 箱与要运送 1000 箱最接近的倍数为 988 箱。将结果再除以 B2 计算出最合理的运送车次，即 19 车次。

专家点拨

公式中 MROUND(B1,B2) 这一部分的原理就是返回 52 的倍数，并且这个倍数的值最接近 B1 单元格中的值。"最接近"这 3 个字非常重要，它决定了不过半数少装一车，过半数就多装一车。

应用扩展

根据 B 列中的舍取条件，在 C 列单元格中输入公式分别对 A 列中的数据进行舍取，其求得的值及对应公式如图 5-68 所示。

	A	B	C	D
1	数值	舍入条件	公式	舍入后值
2	35.577	舍入到最接近1的倍数	=MROUND(A2,1)	36
3	35.577	舍入到最接近0.1的倍数	=MROUND(A3,0.1)	35.6
4	35.577	舍入到最接近2的倍数	=MROUND(A4,2)	36
5	35.577	舍入到最接近0.2的倍数	=MROUND(A5,0.2)	35.6
6	-35.577	舍入到最接近-1的倍数	=MROUND(A6,-1)	-36
7	-35.577	舍入到最接近-0.1的倍数	=MROUND(A7,-0.1)	-35.6

图 5-68

5.2.9 QUOTIENT 函数（返回商品的整数部分）

【功能】

QUOTIENT 函数用于返回两个数值相除后的整数部分，即舍去商值的小数部分。

【语法】

QUOTIENT(numerator,denominator)

【参数】

● numerator：被除数。
● denominator：除数。

技巧 33　计算参加某活动的每组人数

本例中要求根据总人数与所分组数，计算每组的人数。

选中 **C2** 单元格，在公式编辑栏中输入公式：

```
=QUOTIENT(A2,B2)
```

按 Enter 键得出 **200** 人分 **12** 组时每组的人数，向下复制公式即可得出 **200** 人分 **14** 组时每组的人数，如图 **5-69** 所示。

	A	B	C	D
	总人数	分组数	每组人数	
1				
2	200	12	16	公式返回结果
3	200	14	14	

图 5-69

公式解析

= QUOTIENT(A2,B2)

根据 A2 的总人数和 B2 的分组数，计算出每组人数。

5.3　阶乘、随机数计算函数

5.3.1　FACT 函数（求指定正数值的阶乘）

【功能】

FACT 函数用于求指定正数值的阶乘。

【语法】

FACT(number)

【参数】

number：要计算其阶乘的非负数。如果 number 不是整数，则截尾取整。

技巧 34　求指定正数值的阶乘值

批量计算 A 列中数据的阶乘值。

❶ 选中 B2 单元格，在公式编辑栏中输入公式：

`=FACT(A2)`

按 Enter 键即可求出正数值 1 的阶乘值为 1。

❷ 将光标移到 B2 单元格的右下角，向下拖动右下角的填充柄，即可批量求出其他正数值的阶乘值，如图 5-70 所示。

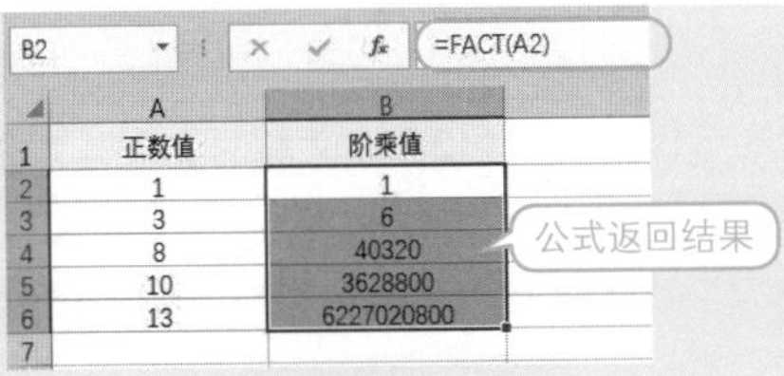

图 5-70

公式解析

= FACT(A2)

根据 A2 的正数值，计算出阶乘值。

5.3.2　MULTINOMIAL 函数（计算指定数值阶乘与各数值阶乘乘积的比值）

【功能】

MULTINOMIAL 函数用于返回参数和的阶乘与各参数阶乘乘积的比值。

【语法】

MULTINOMIAL(number1,number2,...)

【参数】

number1,number2,...：表示用于进行运算的 1 ~ 29 个数值参数。

技巧 35　计算指定数值和的阶乘与各数值阶乘乘积的比值

给定数据后，用公式计算出这些数据和的阶乘与各数值阶乘乘积的比值。

❶ 选中 D2 单元格，在公式编辑栏中输入公式：

`=MULTINOMIAL(A2,B2)`

按 Enter 键即可求出数值 1 和 2 之和的阶乘与 1 和 2 阶乘乘积的比值，如图 5-71 所示。

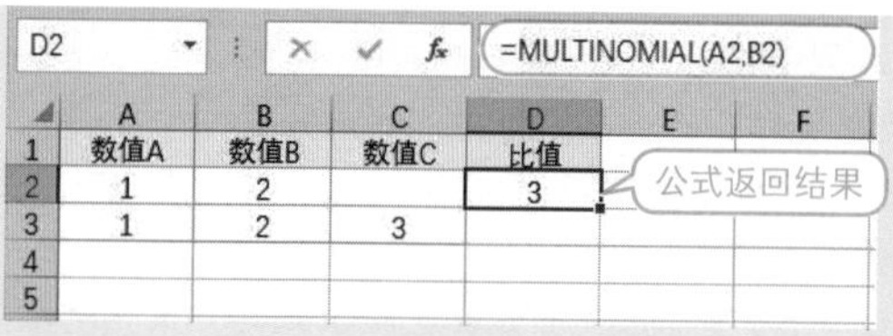

图 5-71

❷ 选中 D3 单元格，在公式编辑栏中输入公式：

`=MULTINOMIAL(A3,B3,C3)`

按 Enter 键即可求出数值 1、2 和 3 之和的阶乘与 1、2 和 3 阶乘乘积的比值，如图 5-72 所示。

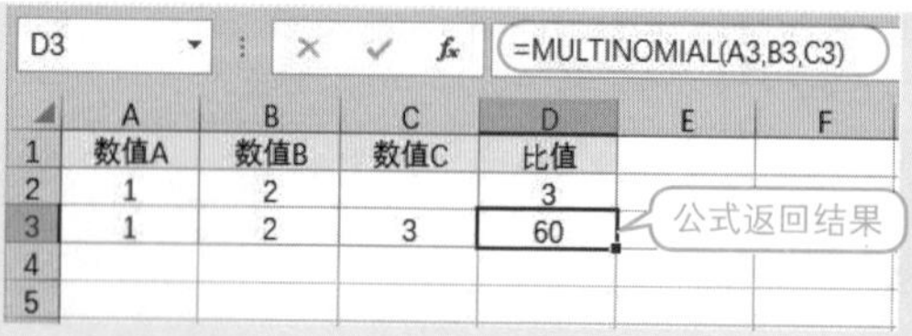

图 5-72

📝 公式解析

= MULTINOMIAL(A3,B3,C3)

根据 A3、B3、C3 的数值，计算出比值。

5.3.3 RAND 函数（返回一个大于或等于 0 且小于 1 的随机数）

【功能】

RAND 函数用于返回一个大于或等于 0 且小于 1 的随机数，每次计算工作表（按 F9 键）将返回一个新的数值，它是一个随机数生成器。

【语法】

RAND()

【参数】

没有任何参数。如果要生成 a、b 之间的随机实数，可以使用公式 "=RAND()*(b-a)+a"。如果在某一单元格内应用公式 "=RAND()"，然后在编辑状态下按住 F9 键，那么将会产生一个变化的随机数。

技巧 36　随机获取选手编号

在进行某项比赛时，为各位选手分配编号时自动生成随机编号，要求编号是 1 ~ 100 的整数。

选中 **B2** 单元格，在公式编辑栏中输入公式：

```
=ROUND(RAND()*99+1,0)
```

按 **Enter** 键即可随机自动生成 1 ~ 100 的整数（每次按 **F9** 键编号都随机生成），如图 5-73 所示。

B2	▼	× ✓ fx	=ROUND(RAND()*99+1,0)			
	A	B	C	D	E	F
1	姓名	随机编号				
2	章丽	78				
3	刘玲燕	3	复制公式的			
4	韩要荣	65	批量结果			
5	侯淑媛	76				
6	孙丽萍	64				
7	李平	23				
8	苏敏	32				
9	张文涛	82				
10	……					
11	……					

图 5-73

🍎 嵌套函数

ROUND 函数属于数学函数类型，用于返回按指定位数进行四舍五入的数值。

技巧 37　自动生成彩票 7 位开奖号码

利用 RAND 函数自动随机生成 7 位开奖号码。

❶ 选中 **C2** 单元格，在公式编辑栏中输入公式：

```
=INT(RAND()*10)
```

按 **Enter** 键，即可随机自动生成 1 ~ 9 的整数。

❷ 将光标移到 **C2** 单元格的右下角，向右拖动填充柄到 **I2** 单元格中，即可随机自动生成后面的 6 位开奖号码，如图 5-74 所示。

图 5-74

③ 当表格重新计算或按 **F9** 键时，开奖号码会自动随机生成。

嵌套函数

INT 函数属于数学函数类型，用于指定数值向下取整为最接近的整数。

5.3.4　RANDBETWEEN 函数（返回两个数值间的随机数）

【功能】

RANDBETWEEN 函数用于返回位于两个指定数值之间的一个随机数，每次重新计算工作表（按 F9 键）都将返回新的数值。

【语法】

RANDBETWEEN(bottom,top)

【参数】

● bottom：表示进行随机运算的最小随机数。
● top：表示进行随机运算的最大随机数。

技巧 38　自动随机生成 3 位数编号

在开展某项活动时，选手的编号需要随机生成，并且要求编号都是 3 位数。
① 选中 B2 单元格，在公式编辑栏中输入公式：

`=RANDBETWEEN(100,1000)`

按 **Enter** 键得出第一个 3 位数编号。

② 选中 B2 单元格，拖动右下角的填充柄向下复制公式，即可批量得出随机编号，如图 5-75 所示。

B2	:	× ✓ fx	=RANDBETWEEN(100,1000)		
	A	B	C	D	
1	姓名	三位随机编号			
2	章丽	779			
3	刘玲燕	949	复制公式的		
4	韩要荣	220	批量结果		
5	侯淑媛	113			
6	孙丽萍	606			
7	李平	445			
8	苏敏	883			
9	张文涛	783			
10	……				
11	……				

图 5-75

高效随身查——Excel 2021 必学的函数与公式 应用技巧（视频教学版）

5.4 其他数据学运算函数

5.4.1 ABS 函数（求绝对值）

【功能】

ABS 函数用于计算指定数值的绝对值。

【语法】

ABS(number)

【参数】

number：要计算绝对值的数值。

技巧 39　比较今年销售额与去年销售额

如图 5-76 所示表格中显示了各产品去年的销售额与今年的销售额，要求将今年的金额与去年的金额相比，但并不显示出负值，即得到 D 列的结果。

	A	B	C	D
1	品名	去年金额	今年金额	与去年相比
2	登山鞋	15100	11000	减少4100
3	攀岩鞋	31350	13005	减少18345
4	沙滩鞋	9440	44080	增加34640
5	登山包	2300	2300	减少0
6	水袋	2100	1080	减少1020
7	登山杖	4450	3500	减少950
8	防雨套	1370	1180	减少190
9	护膝	860	900	增加40
10	护肘	890	1180	增加290

批量结果

图 5-76

❶ 选中 D2 单元格，在公式编辑栏中输入公式：

`=IF(C2>B2," 增加 "," 减少 ") &ABS (C2-B2)`

按 Enter 键得出结果，如图 5-77 所示。

D2		× ✓ fx	=IF(C2>B2,"增加","减少")&ABS(C2-B2)		
	A	B	C	D	E
1	品名	去年金额	今年金额	与去年相比	
2	登山鞋	15100	11000	减少4100	
3	攀岩鞋	31350	13005		
4	沙滩鞋	9440	44080		

公式返回结果

图 5-77

❷ 选中 D2 单元格，拖动右下角的填充柄向下复制公式，即可批量得出比较结果。

公式解析

$$= IF(C2>B2,"增加 ","减少 ")\&ABS(C2-B2)$$

①判断 C2 是否大于 B2，如果是，则返回"增加"；不是，则返回"减少"。
②计算 C2 与 B2 单元格差值的绝对值。
③使用"&"将①步与②步结果相连接。

技巧 40　计算支出金额总计值

表格以负值的方式显示了支出金额，要求统计出支出金额总计值且以正数方式显示。

选中 C14 单元格，在公式编辑栏中输入公式：

```
=SUM(ABS(C2:C13))
```

按 Shift+Ctrl+Enter 组合键得出总支出金额，如图 5-78 所示。

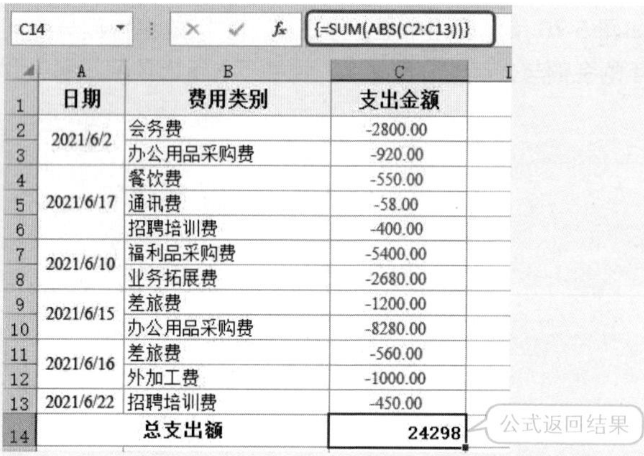

	A	B	C
	日期	费用类别	支出金额
2	2021/6/2	会务费	-2800.00
3		办公用品采购费	-920.00
4		餐饮费	-550.00
5	2021/6/17	通讯费	-58.00
6		招聘培训费	-400.00
7	2021/6/10	福利品采购费	-5400.00
8		业务拓展费	-2680.00
9	2021/6/15	差旅费	-1200.00
10		办公用品采购费	-8280.00
11	2021/6/16	差旅费	-560.00
12		外加工费	-1000.00
13	2021/6/22	招聘培训费	-450.00
14		总支出额	24298

C14 单元格公式栏：{=SUM(ABS(C2:C13))}

图 5-78

公式解析

$$= SUM(ABS(C2:C13))$$

这是一个数组公式，使用 ABS(C2:C13) 依次返回 C2:C13 单元格区域中各个值的绝对值，再使用 SUM 对求绝对值后的数组求和。

专家点拨

由于 ABS 函数中的参数是一个数组，所以必须使用 Shift+Ctrl+Enter 组合键才能得出一个正确结果，否则返回错误值。

5.4.2 MOD 函数（求两个数相除后的余数）

【功能】

MOD 函数用于求两个数值相除后的余数，其结果的正负号与除数相同。

【语法】

MOD(number,divisor)

【参数】

● number：指定的被除数数值。
● divisor：指定的除数数值，注意不能为 0 值。

技巧 41 按奇数月与偶数月统计销量

如图 5-79 所示表格中统计了各个月份的销售数量，现在要求分别统计出奇数月和偶数月的总销量。

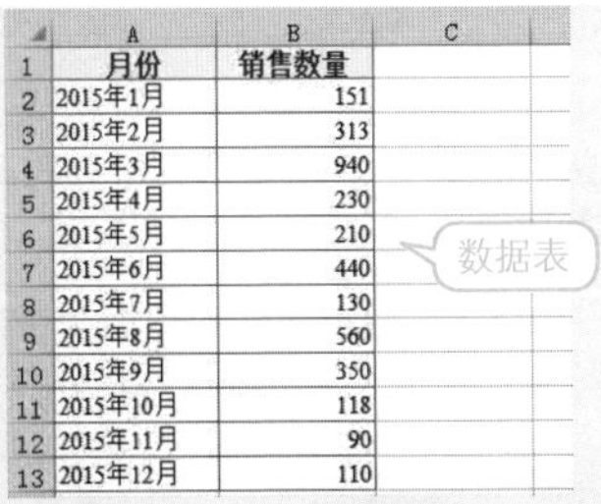

图 5-79

① 选中 B15 单元格，在公式编辑栏中输入公式：

```
=SUM(IF(MOD(ROW($A$2:$A$13),2)=0,$B$2:$B$13,0))
```

按 Shift+Ctrl+Enter 组合键得出奇数月的总数量，如图 5-80 所示。

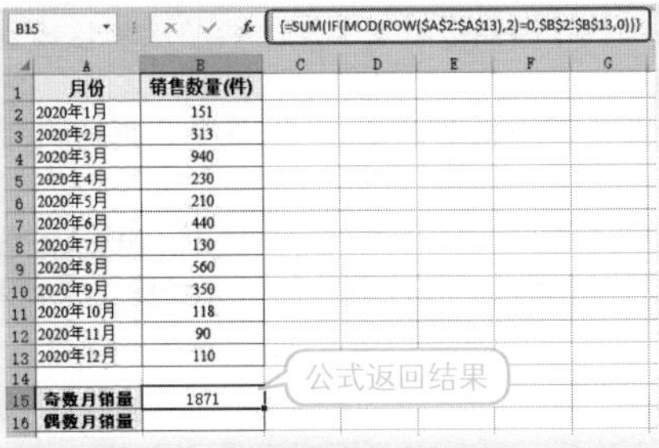

图 5-80

❷选中 **B16** 单元格，在公式编辑栏中输入公式：

`=SUM(IF(MOD(ROW($A$2:$A$13),2)=1,$B$2:$B$13,0))`

按 **Shift+Ctrl+Enter** 组合键得出奇数月的总数量，如图 **5-81** 所示。

B16		× ✓ fx	{=SUM(IF(MOD(ROW($A$2:$A$13),2)=1,$B$2:$B$13,0))}				
▲	A	B	C	D	E	F	G
1	月份	销售数量(件)				
2	2020年1月	151				
3	2020年2月	313				
4	2020年3月	940				
5	2020年4月	230				
6	2020年5月	210				
7	2020年6月	440				
8	2020年7月	130				
9	2020年8月	560				
10	2020年9月	350				
11	2020年10月	118				
12	2020年11月	90				
13	2020年12月	110				
14						
15	奇数月销量	1871	公式返回结果			
16	偶数月销量	1771				

图 5-81

嵌套函数

- ROW 函数属于查找函数类型，用于返回引用的行号。
- SUM 函数属于数学函数类型，用于返回某一单元格区域中所有数字之和。

公式解析

`=SUM(IF(MOD(ROW($A$2:$A$13),2)=0,$B$2:$B$13,0))`

① 得到 A2~A13 单元格的各个行号，依次为 2、3、4、…。

② 判断①步返回的行号能否被 2 整除，能整除的返回 0，不能整除的返回 1，返回的是一个数组。

③ 判断这个数组中各个值是否是 0，如果是，则返回 TRUE，不是则返回 FALSE。

④ 将③步数组中结果为 TRUE 的对应在 $B$2:$B$13 单元格区域上的值求和（奇数月显示在 2、4、6、…行，因此能与 2 整除，是被求解对象）。

专家点拨

求偶数月的合计值时，我们可以看到公式变成了 "=SUM(IF(MOD(ROW(

$A\$2:\$A\$13),2)=1,\$B\$2:\$B\$13,0)))$" 。与前一公式的区别仅在于判断与 2 相除的余数位置,这里变为判断与 2 相除的余数是否是 1,如果是则表示为 3、5、7、…行,这正是偶数月的显示位置。

技巧 42　计算每位员工的加班时长

如图 5-82 所示表格中要根据上班时间与下班时间计算加班时长,如果直接用 C 列的数据减去 B 列的数据,当 C 列数据大于 B 列数据时可以实现,但当 C 列数据小于 B 列数据时,则不能得出正确结果。现在要求通过设置公式得到如图 5-83 所示 D 列中的结果。

图 5-82

图 5-83

❶ 选中 D2 单元格,在公式编辑栏中输入公式:

=TEXT(MOD(C2-B2,1),"h 小时 mm 分 ")

按 Enter 键得出结果,如图 5-84 所示。

图 5-84

❷ 选中 D2 单元格,拖动右下角的填充柄向下复制公式,即可批量计算出各员工的加班时长。

嵌套函数

TEXT 函数属于文本函数类型,用于将数值转换为按指定数字格式表示的文本。

公式解析

=TEXT(MOD(C2-B2,1),"h 小时 mm 分 ")

① C2 单元格时间与 B2 单元格时间的差值与 1 相除后的余数。

② 使用 TEXT 函数将①步的结果转换为 "h 小时 mm 分" 的形式。

🔊 **专家点拨**

本公式中使用 MOD 函数主要是为了解决下班时间减去上班时间为负值这一情况。

5.4.3 SQRT 函数（求算术平方根）

【功能】

SQRT 函数用于求指定正数值的算术平方根。

【语法】

SQRT(number)

【参数】

number：需要进行计算的正数值。

技巧 43　计算指定数值对应的算术平方根

计算 A 列数值对应的算术平方根。

选中 **B2** 单元格，在公式编辑栏中输入公式：

`=SQRT(A2)`

按 **Enter** 键得出结果，拖动 B2 单元格右下角的填充柄向下复制公式，如图 5-85 所示。

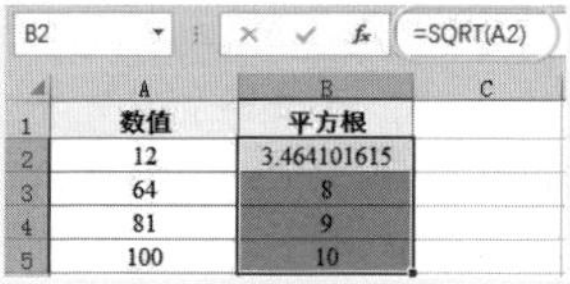

图 5-85

📊 **公式解析**

= SQRT(A2)

计算出 A2 单元格数值的算术平方根，即 12 的算术平方根。

5.4.4 GCD 函数（求最大公约数）

【功能】

GCD 函数用于返回两个或多个整数的最大公约数。

高效随身查——Excel 2021 必学的函数与公式应用技巧（视频教学版）

212

【语法】

GCD(number1,number2,...)

【参数】

number1,number2,...：表示要参加计算的 1 ~ 29 个整数。

技巧 44 返回两个或多个整数的最大公约数

计算几个数值的最大公约数。

❶ 选中 D2 单元格，在公式编辑栏中输入公式：

`=GCD(A2,B2)`

按 Enter 键得出两个数值的最大公约数，如图 5-86 所示。

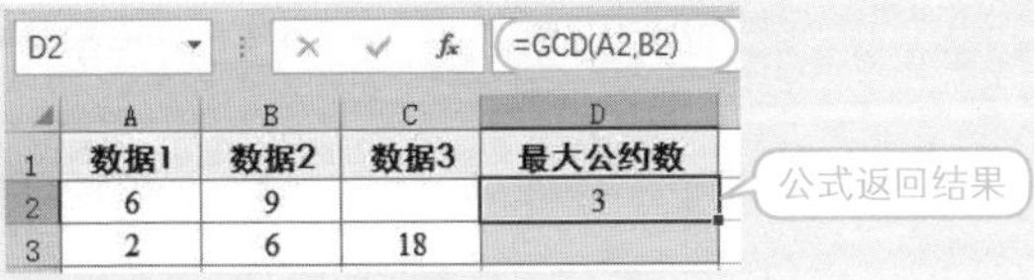

	A	B	C	D	
				fx	=GCD(A2,B2)
1	数据1	数据2	数据3	最大公约数	
2	6	9		3	← 公式返回结果
3	2	6	18		

图 5-86

❷ 选中 D3 单元格，在公式编辑栏中输入公式：

`=GCD(A3,B3,C3)`

按 Enter 键得出三个数值的最大公约数，如图 5-87 所示。

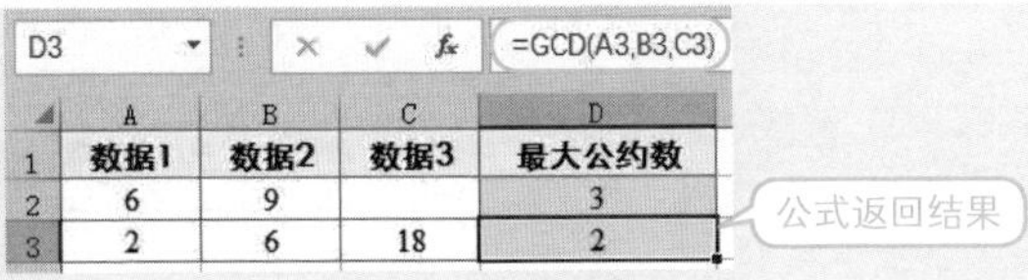

	A	B	C	D	
				fx	=GCD(A3,B3,C3)
1	数据1	数据2	数据3	最大公约数	
2	6	9		3	
3	2	6	18	2	← 公式返回结果

图 5-87

📝 公式解析

= GCD(A2,B2)

计算出 A2 和 B2 单元格中数据的最大公约数，即 6、9 的最大公约数。

= GCD(A3,B3,C3)

计算出 A3、B3、C3 单元格中数据的最大公约数，即 2、6、18 的最大公约数。

5.4.5 LCM 函数（求最小公倍数）

【功能】

LCM 函数用于求两个或多个整数的最小公倍数。

【语法】

LCM(number1,number2,...)

【参数】

number1,number2,...：要参加计算的 1 ~ 29 个整数。

技巧 45 计算两个或多个整数的最小公倍数

计算几个数值的最小公倍数。

① 选中 D2 单元格，在公式编辑栏中输入公式：

```
=LCM(A2,B2)
```

按 Enter 键得出两个数值的最小公倍数，如图 5-88 所示。

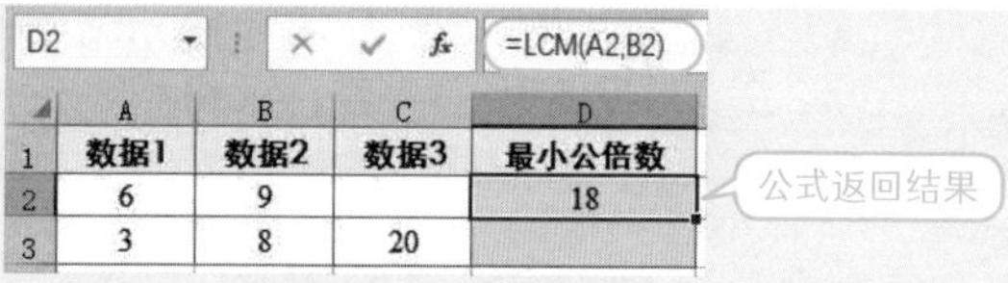

	A	B	C	D
1	数据1	数据2	数据3	最小公倍数
2	6	9		18
3	3	8	20	

图 5-88

② 选中 D3 单元格，在公式编辑栏中输入公式：

```
=LCM(A3,B3,C3)
```

按 Enter 键得出三个数值的最小公倍数，如图 5-89 所示。

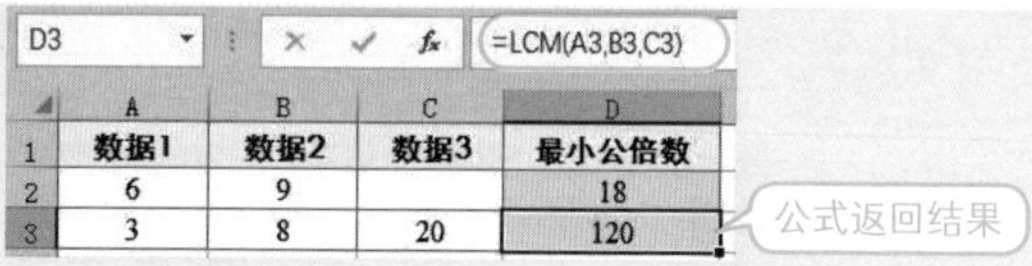

	A	B	C	D
1	数据1	数据2	数据3	最小公倍数
2	6	9		18
3	3	8	20	120

图 5-89

公式解析

= LCM(A2,B2)

计算出 A2 和 B2 单元格中数据的最小公倍数，即 6、9 的最小公倍数。

= LCM (A3,B3,C3)

计算出 A3、B3、C3 单元格中数据的最小公倍数，即 3、8、20 的最小公倍数。

5.4.6 POWER 函数（计算方根）

【功能】

POWER 函数用于返回指定底数和指数的方根。

【语法】

POWER(number,power)

【参数】

- number：底数的数值。
- power：指数的数值。

技巧 46　根据指定的底数和指数计算出方根值

根据给定的底数和指数计算出方根值。

选中 C2 单元格，在公式编辑栏中输入公式：

```
=POWER(A2,B2)
```

按 Enter 键得出结果，拖动 C2 单元格右下角的填充柄向下复制公式，如图 5-90 所示。

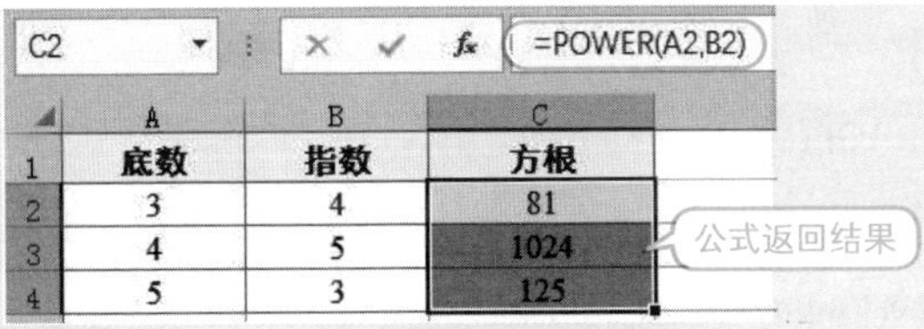

	A	B	C
	C2	▼ : × ✓ *fx*	=POWER(A2,B2)
1	底数	指数	方根
2	3	4	81
3	4	5	1024
4	5	3	125

公式返回结果

图 5-90

📄✎ **公式解析**

= POWER(A2,B2)

计算出 A2 和 B2 单元格中底数与指数的方根值，即 3 为底数 4 为指数的方根值。

第 5 章　数学函数范例

215

第**6**章 统计函数范例

6.1 平均值计算函数

6.1.1 AVERAGE 函数（求平均值）

【功能】

AVERAGE 函数用于计算所有参数的算术平均值。

【语法】

AVERAGE(number1,number2,...)

【参数】

number1,number2,...：要计算平均值的 1 ~ 30 个参数，可以是数字或包含数字的名称、数组或引用。

技巧 1　快速自动求平均值

如图 6-1 所示表格中统计了学生的语文成绩，要求计算出平均分，利用 Excel 2016 中的 "自动求和" 功能可以快速自动求平均值。

❶ 选中目标单元格，在 "公式" → "函数库" 选项组中单击 "自动求和" 下拉按钮，在下拉菜单中选择 "平均值" 命令，如图 6-1 所示。

❷ 此时函数根据当前选中单元格上下左右的数据情况，会默认获取参与运算的单元格区域（如果默认参数区域不是我们想要的，则重新选取），如图 6-2 所示。

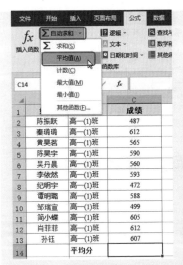

图 6-1

图 6-2

● 按 Enter 键，即可得出计算结果，如图 6-3 所示。

	A	B	C	D
1	姓名	班级	成绩	
2	陈振跃	高一(1)班	487	
3	秦璐璐	高一(1)班	612	
4	黄昊茗	高一(1)班	565	
5	陈昊宇	高一(1)班	590	
6	吴丹晨	高一(1)班	560	
7	李依然	高一(1)班	593	
8	纪明宇	高一(1)班	472	
9	谭明璐	高一(1)班	588	
10	邹瑞宣	高一(1)班	499	
11	简小蝶	高一(1)班	605	
12	肖菲菲	高一(1)班	612	
13	孙钰	高一(1)班	607	
14		平均分	565.8333333	

C14 　　=AVERAGE(C2:C13)

图 6-3

技巧 2　在成绩表中忽略 0 值求平均分

如图 6-4 所示表格中统计了学生各门功课的成绩，要求计算各门功课的平均分（0 值要忽略），即得到第 10 行中的数据。

217

	A	B	C	D
1	姓名	语文	数学	英语
2	吴丹晨	88	98	81
3	李依然	64	85	85
4	纪明宇	92	85	78
5	谭明璐	0	84	75
6	邹瑞宣	89	86	80
7	简小蝶	76	84	65
8	刘余	78	64	0
9	韩一一	91	89	82
10	平均分	82.571429	84.375	78

批量结果

图 6-4

❶ 选中 B10 单元格，在公式编辑栏中输入公式：

```
=AVERAGE(IF(B2:B9>0,B2:B9))
```

按 Ctrl+Shift+Enter 组合键得出“语文”平均分（忽略 0 值），如图 6-5 所示。

B10 {=AVERAGE(IF(B2:B9>0,B2:B9))}

	A	B	C	D	E	F
1	姓名	语文	数学	英语		
2	吴丹晨	88	98	81		
3	李依然	64	85	85		
4	纪明宇	92	85	78		
5	谭明璐	0	84	75		
6	邹瑞宣	89	86	80		
7	简小蝶	76	84	65		
8	刘余	78	64	0		
9	韩一一	91	89	82		
10	平均分	82.571429				

公式返回结果

图 6-5

❷ 选中 B10 单元格，拖动右下角的填充柄向右复制公式，即可批量得出其他科目的平均分（忽略 0 值）。

公式解析

②

= AVERAGE(IF(B2:B9>0,B2:B9))

①

①判断 B2:B9 单元格区域值是否大于 0，如果是，则返回 TRUE；如果不是，则返回 FALSE，返回的是一个数组。

②将①步数组中 TRUE 值对应在 B2:B9 单元格区域中取值，最后求出平均值。

6.1.2 AVERAGEA 函数（求包括文本和逻辑值的平均值）

【功能】

AVERAGEA 函数返回给定参数（包括数字、文本和逻辑值）的平均值。

【语法】

AVERAGEA(value1,value2,...)

【参数】

value1,value2,...：表示为需要计算平均值的 1 ~ 30 个单元格、单元格区域或数值。

技巧 3　计算平均分时将文本项也计算在内

如图 6-6 所示表格中统计了学生的成绩（包括缺考的），要求计算每位学生的平均成绩（缺考的也计算在内），即得到 E 列的结果。

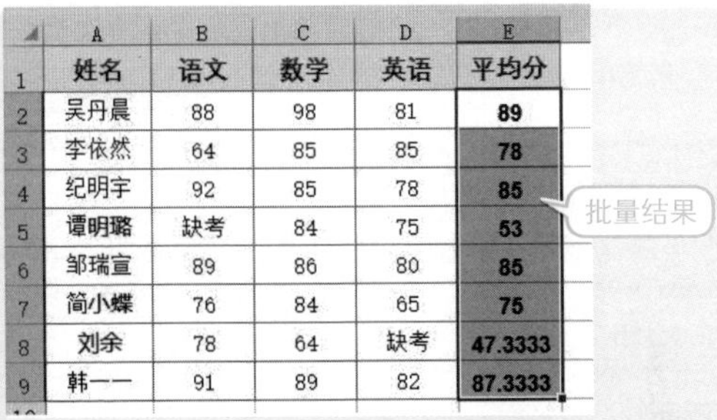

姓名	语文	数学	英语	平均分
吴丹晨	88	98	81	89
李依然	64	85	85	78
纪明宇	92	85	78	85
谭明璐	缺考	84	75	53
邹瑞宣	89	86	80	85
简小蝶	76	84	65	75
刘余	78	64	缺考	47.3333
韩一一	91	89	82	87.3333

批量结果

图 6-6

❶ 选中 **E2** 单元格，在公式编辑栏中输入公式：

`=AVERAGEA(B2:D2)`

按 Enter 键得出第一位学生的平均分，如图 **6-7** 所示。

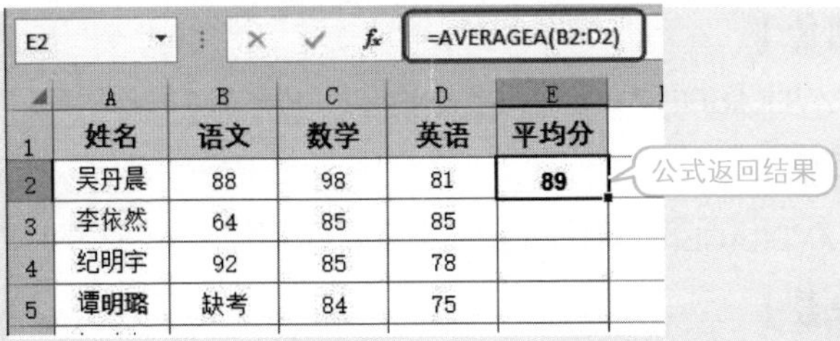

E2		× ✓ fx	=AVERAGEA(B2:D2)	

	A	B	C	D	E
	姓名	语文	数学	英语	平均分
2	吴丹晨	88	98	81	89
3	李依然	64	85	85	
4	纪明宇	92	85	78	
5	谭明璐	缺考	84	75	

公式返回结果

图 6-7

❷ 选中 E2 单元格，拖动右下角的填充柄向下复制公式，即可批量得出其他学生的平均分。

如果直接使用 AVERAGE 函数计算平均分，将自动忽略"缺考"项。例如第 5 行有一项缺考的，用 AVERAGE 函数为"SUM(B5:D5)/2"，而 AVERAGEA 函数则为"SUM(B5:D5)/3"。

技巧 4　统计各月份的平均销售额（计算区域含文本值）

下面的表格中要求计算出各个月份中的平均销售额，其中有一个销售部在 3 月中处于调整状态，但在计算平均销售额时，也要求将其计算在内。

❶ 选中 E2 单元格，在公式编辑栏中输入公式：

`=AVERAGEA(B2:D2)`

按 Enter 键，计算出 1 月份平均销售额。

❷ 选中 E2 单元格，拖动右下角的填充柄向下复制公式，即可求解出其他各个月份的平均销售额，如图 6-8 所示（注意 3 月份的平均销售额）。

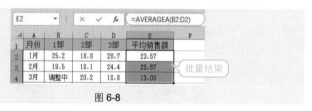

图 6-8

📑✎ 公式解析

= AVERAGEA(B2:D2)
求 B2:D2 单元格区域的所有分数的平均值（去除文本）。

6.1.3　AVERAGEIF 函数（按条件求平均值）

【功能】

AVERAGEIF 函数返回某个区域内满足给定条件的所有单元格的算术平均值。

【语法】

AVERAGEIF(range,criteria,average_range)

【参数】

● range：要计算平均值的一个或多个单元格，其中包括数字或包含数字的名称、数组或引用。

- criteria：是数字、表达式、单元格引用或文本形式的条件，用于定义要对哪些单元格计算平均值。例如，条件可以表示为 32、"32"、">32"、"apples" 或 B4。
- average_range：是要计算平均值的实际单元格集。如果忽略，则使用 range。

技巧 5　统计各班级平均分

如图 6-9 所示表格中统计了学生成绩（分属于不同的班级），要求计算出各个班级的平均分，即得到 F2:F4 单元格区域中的值。

	A	B	C	D	E	F	
1	班级	姓名	分数		班级	平均分数	
2	五(1)班	吴丹晨	93		五(1)班	87.5	
3	五(2)班	李依然	72		五(2)班	84.75	批量结果
4	五(1)班	纪明宇	87		五(3)班	82	
5	五(2)班	简佳	90				
6	五(3)班	邹瑞宣	60				
7	五(1)班	王小蝶	88				
8	五(3)班	刘余	99				
9	五(1)班	韩一一	82				
10	五(2)班	杨维玲	88				
11	五(3)班	王翔	89				
12	五(2)班	徐志恒	89				
13	五(3)班	朱虹丽	80				

图 6-9

❶ 选中 F2 单元格，在公式编辑栏中输入公式：

=AVERAGEIF($A$2:$A$13,E2,$C$2:$C$13)

按 Enter 键得出"五 (1) 班"的平均分数，如图 6-10 所示。

F2			×	✓	fx	=AVERAGEIF($A$2:$A$13,E2,$C$2:$C$13)	
	A	B	C	D	E	F	G
1	班级	姓名	分数		班级	平均分数	
2	五(1)班	吴丹晨	93		五(1)班	87.5	公式返回结果
3	五(2)班	李依然	72		五(2)班		
4	五(1)班	纪明宇	87		五(3)班		
5	五(2)班	简佳	90				
6	五(3)班	邹瑞宣	60				
7	五(1)班	王小蝶	88				
8	五(3)班	刘余	99				
9	五(1)班	韩一一	82				
10	五(2)班	杨维玲	88				
11	五(3)班	王翔	89				
12	五(2)班	徐志恒	89				
13	五(3)班	朱虹丽	80				

图 6-10

❷ 选中 F2 单元格，拖动右下角的填充柄至 F4 单元格中，即可快速计算出"五 (2) 班"与"五 (3) 班"的平均分数。

专家点拨

E2:E4单元格区域的数据需要被公式引用，因此必须事先建立好，并确保正确。

公式解析

=AVERAGEIF($A$2:$A$13,E2,$C$2:$C$13)

在A2:A13单元格区域中寻找与E2单元格中数据相同的记录，并返回对应在C2:C13单元格区域中的分数，最后对返回的所有满足条件的值求平均值。

技巧6 计算月平均出库数量

如图6-11所示表格中按月份分别统计了商品的出入库数量，要求统计出月平均出库数量（入库不统计）。

	A	B	C	D
1	月份	出入库	数量	
2	1月	入库	670	
3		出库	455	
4	2月	入库	400	
5		出库	412	
6	3月	入库	405	
7		出库	340	
8	4月	入库	873	
9		出库	890	
10	5月	入库	1000	
11		出库	948	
12	6月	入库	500	
13		出库	468	

图6-11

选中E2单元格，在公式编辑栏中输入公式：

```
=AVERAGEIF(B2:B13,"出库",C2:C13)
```

按Enter键得出月平均出库数量，如图6-12所示。

E2 =AVERAGEIF(B2:B13,"出库",C2:C13)

	A	B	C	D	E
1	月份	出入库	数量		月平均出库数量
2	1月	入库	670		585.5
3		出库	455		
4	2月	入库	400		
5		出库	412		

公式返回结果

图6-12

公式解析

=AVERAGEIF(B2:B13,"出库",C2:C13)

在 B2:B13 单元格区域中寻找所有"出库"记录，如果满足条件，则将对应在 C2:C13 单元格区域中的数量取出，最后对返回的所有满足条件的值求月平均出库数量。

📢 **专家点拨**

如果想统计月平均入库数量，那么只需要将公式更改为"=AVERAGEIF(B2:B13," 入库 ",C2:C13)"即可。

技巧 7　通配符模糊匹配求平均值

如图 6-13 所示的表格中统计了参加某项考试的学生的成绩，"班级"列中是全称，要求统计出"南岗小学"（有多个班）的平均分数。

	A	B	C
1	姓名	班级	成绩
2	李依然	静和苑小学1(1)班	93
3	纪明宇	静和苑小学1(2)班	72
4	陈振跃	黄山路小学1(1)班	87
5	陈昊宇	黄山路小学1(2)班	90
6	吴丹晨	静和苑小学1(1)班	60
7	谭明璐	南岗小学1(1)班	88
8	邹瑞宣	南岗小学1(2)班	99
9	秦璐璐	黄山路小学1(2)班	82
10	黄昊茗	南岗小学1(1)班	65
11	简小蝶	黄山路小学1(2)班	89
12	肖菲菲	静和苑小学1(2)班	89
13	孙钰	南岗小学1(2)班	77

图 6-13

选中 E2 单元格，在公式编辑栏中输入公式：

=AVERAGEIF(B2:B13," 南岗小学 *",C2:C13)

按 Enter 键得出"南岗小学"的平均分，如图 6-14 所示。

	A	B	C	D	E
	姓名	班级	成绩		南岗小学的平均分
2	李依然	静和苑小学1(1)班	93		82.25
3	纪明宇	静和苑小学1(1)班	72		
4	陈振跃	黄山路小学1(1)班	87		
5	陈昊宇	黄山路小学1(2)班	90		
6	吴丹晨	静和苑小学1(1)班	60		
7	谭明璐	南岗小学1(1)班	88		
8	邹瑞宣	南岗小学1(2)班	99		
9	秦璐璐	黄山路小学1(2)班	82		
10	黄昊茗	南岗小学1(1)班	65		
11	简小蝶	黄山路小学1(2)班	89		
12	肖菲菲	静和苑小学1(1)班	89		
13	孙钰	南岗小学1(2)班	77		

图 6-14

223

公式解析

=AVERAGEIF(B2:B13," 南岗小学 *",C2:C13)

在 B2:B13 单元格区域中寻找所有以"南岗小学"开头的记录，如果满足条件将对应在 C2:C13 单元格区域中的成绩值取出，最后对返回的所有满足条件的值求平均值。

技巧 8　排除新店计算平均利润

如图 6-15 所示表格中统计了各个分店的利润金额，要求排除新店计算平均利润。

	A	B
1	分店	利润(万元)
2	市府广场店	108.37
3	舒城路店(新店)	50.21
4	城隍庙店	98.25
5	南七店	112.8
6	太湖路店(新店)	45.32
7	青阳南路店	163.5
8	黄金广场店	98.09
9	大润发店	102.45
10	兴园小区店(新店)	56.21
11	香雅小区店	77.3

图 6-15

选中 D2 单元格，在公式编辑栏中输入公式：

=AVERAGEIF(A2:A11,"<>*(新店)",B2:B11)

按 Enter 键得出结果，如图 6-16 所示。

D2		× ✓ fx	=AVERAGEIF(A2:A11,"<>*(新店)",B2:B11)	
	A	B	C	D
1	分店	利润(万元)		平均利润（新店除外）
2	市府广场店	108.37		108.68
3	舒城路店(新店)	50.21		公式返回结果
4	城隍庙店	98.25		

图 6-16

公式解析

= AVERAGEIF(A2:A11,"<>*(新店)",B2:B11)

在 A2:A11 单元格区域中寻找所有与"<>*(新店)"相符合的记录（即以"(新店)"结尾），并返回对应在 B2:B11 单元格区域中的利润值，最后对返回的所有满足条件的值求平均利润。

6.1.4 AVERAGEIFS 函数（按多条件求平均值）

【功能】

AVERAGEIFS 函数返回满足多重条件的所有单元格的平均值(算术平均值)。

【语法】

AVERAGEIFS(average_range,criteria_range1,criteria1,criteria_range2, criteria2, …)

【参数】

- average_range：表示要计算平均值的一个或多个单元格，其中包括数字或包含数字的名称、数组或引用。
- criteria_range1, criteria_range2, …：计算关联条件的 1 ~ 127 个区域。
- criteria1, criteria2, …：是数字、表达式、单元格引用或文本形式的 1 ~ 127 个条件，用于定义要对哪些单元格求平均值。例如，条件可以表示为 32、"32"、">32"、"apples" 或 B4。

技巧 9 计算一车间女职工平均工资

如图 6-17 所示表格中统计了各职工的工资（分属于不同的车间，并且性别不同），现在要求统计出指定车间、指定性别职工的平均工资，即需要同时满足两个条件。

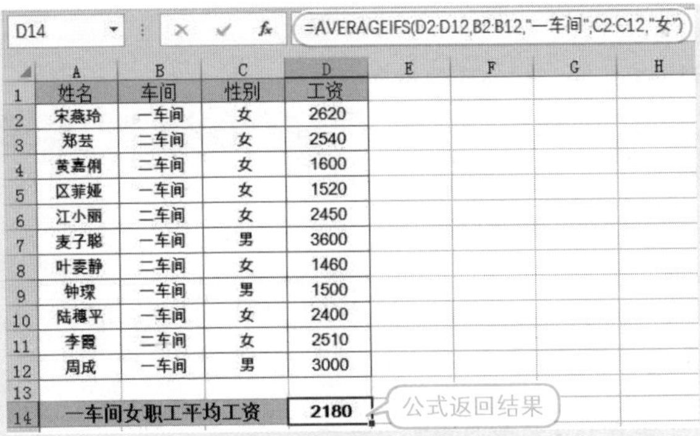

	A	B	C	D
1	姓名	车间	性别	工资
2	宋燕玲	一车间	女	2620
3	郑芸	二车间	女	2540
4	黄嘉俐	二车间	女	1600
5	区菲娅	一车间	女	1520
6	江小丽	二车间	女	2450
7	麦子聪	一车间	男	3600
8	叶雯静	二车间	女	1460
9	钟琛	一车间	男	1500
10	陆穆平	一车间	女	2400
11	李霞	二车间	女	2510
12	周成	一车间	男	3000
13				
14	一车间女职工平均工资			2180

图 6-17

选中 D14 单元格，在公式编辑栏中输入公式：

```
=AVERAGEIFS(D2:D12,B2:B12,"一车间",C2:C12,"女")
```

按 Enter 键即可统计出一车间女性职工的平均工资，如图 6-17 所示。

公式解析

= AVERAGEIFS(D2:D12,B2:B12," 一车间 ",C2:C12," 女 ")
　　　　　　　　　　　　　　①　　　　　　②　　　　　③

① 第一个条件判断区域与第一个条件。
② 第二个条件判断区域与第二个条件。
③ 同时满足①与②条件时，将对应在 D2:D12 单元格区域上的值求平均值。

技巧 10　求介于某一区间内的平均值

如图 6-18 所示表格中规定了某仪器测试的有效值范围与 8 次测试的结果（其中包括无效的测试）。要求排除无效测试，计算出有效测试的平均值。

	A	B	C	D
		B12　=AVERAGEIFS(B3:B10,B3:B10,">=2.0",B3:B10,"<=3.0")		
1	有效范围	2.0～3.0		
2	次数	测试结果		
3	1	1.69		
4	2	2.43		
5	3	2.21		
6	4	1.62		
7	5	3.33		
8	6	2.25		
9	7	3		
10	8	2.45		
11				
12	平均值	2.468	公式返回结果	

图 6-18

选中 B12 单元格，在公式编辑栏中输入公式：

=AVERAGEIFS(B3:B10,B3:B10,">=2.0",B3:B10,"<=3.0")
按 Enter 键得出介于有效范围内的平均值。

公式解析

= AVERAGEIFS(B3:B10,B3:B10,">=2.0",B3:B10,"<=3.0")
　　　　　　　　　　①　　　　②　　　　　③

① 第一个条件判断区域与第一个条件。
② 第二个条件判断区域与第二个条件。
③ 同时满足①与②条件时，将对应在 B3:B10 单元格区域上的值求平均值。

技巧 11　统计指定店面所有男装品牌的平均利润

如图 6-19 所示表格中统计了不同店面不同品牌（分男女品牌）商品的利润。

要求统计出指定店面中所有男装品牌的平均利润。

	A	B	C	D
1	店面	品牌	利润	
2	2	百妮 女	21061	
3	1	左纳奴 男	21169	
4	2	帝卡 男	31080	
5	1	浩莎 女	21299	
6	1	佰仕帝 男	31388	
7	1	徽格儿 女	51180	
8	2	千百怡恋 女	31180	
9	1	爱立登 男	41176	
10	2	衣絮 女	21849	
11	1	伍迪艾伦 男	31280	
12	1	贝仕 男	11560	
13	2	翰竹阁 女	8000	

图 6-19

选中 C15 单元格，在公式编辑栏中输入公式：

```
=AVERAGEIFS(C2:C13,A2:A13,"=1",B2:B13,"* 男 ")
```

按 Enter 键即可统计出 1 店面男装的平均利润，如图 6-20 所示。

C15　=AVERAGEIFS(C2:C13,A2:A13,"=1",B2:B13,"*男")

	A	B	C	D	E	F
1	店面	品牌	利润			
2	2	百妮 女	21061			
3	1	左纳奴 男	21169			
4	2	帝卡 男	31080			
5	1	浩莎 女	21299			
6	1	佰仕帝 男	31388			
7	1	徽格儿 女	51180			
8	2	千百怡恋 女	31180			
9	1	爱立登 男	41176			
10	2	衣絮 女	21849			
11	1	伍迪艾伦 男	31280			
12	1	贝仕 男	11560			
13	2	翰竹阁 女	8000			
14						
15	1店面男装平均利润		27314.6			

公式返回结果

图 6-20

应用扩展

如果需要统计指定店面所有女装品牌的平均利润，如 2 店面中女装品牌的平均利润，公式应改为“=AVERAGEIFS(C2:C13,A2:A13,"=2",B2:B13, "* 女 ")”。

公式解析

=AVERAGEIFS(C2:C13,A2:A13,"=1",B2:B13,"* 男 ")

① ② ③

① 第一个条件判断区域与第一个条件。

② 第二个条件判断区域与第二个条件。

③ 同时满足①与②条件时，将对应在 C2:C13 单元格区域上的值求平均值。

技巧 12　忽略 0 值求指定班级的平均分

如图 6-21 所示表格中统计了各个班级学生成绩（其中包含 0 值），现在要求计算指定班级的平均成绩并且要求忽略 0 值。

F2			f_x	=AVERAGEIFS($C$2:$C$13,$A$2:$A$13,E2,$C$2:$C$13,"<>0")			
	A	B	C	D	E	F	G	H
1	班级	姓名	分数		班级	平均分		
2	五(1)班	吴丹晨	93		五(1)班	87.5		
3	五(2)班	李依然	0		五(2)班	89	批量结果	
4	五(2)班	纪明宇	87		五(3)班	92		
5	五(2)班	简佳	90					
6	五(3)班	邹瑞宣	0					
7	五(1)班	王小蝶	88					
8	五(3)班	刘余	99					
9	五(1)班	韩——	82					
10	五(2)班	杨维玲	88					
11	五(3)班	王翔	89					
12	五(2)班	徐志恒	89					
13	五(3)班	朱虹丽	88					

图 6-21

❶ 选中 F2 单元格，在公式编辑栏中输入公式：

=AVERAGEIFS($C$2:$C$13,$A$2:$A$13,E2,$C$2:$C$13,"<>0")

按 Enter 键，即可计算出班级为"五 (1) 班"的平均成绩且忽略 0 值。

❷ 选中 F2 单元格，向下复制公式到 F3、F4 单元格，即可计算出其他班级的平均成绩，如图 6-21 所示。

公式解析

=AVERAGEIFS($C$2:$C$13,$A$2:$A$13,E2,$C$2:$C$13,"<>0")

① 第一个条件判断区域与第一个条件。
② 第二个条件判断区域与第二个条件。
③ 同时满足①与②条件时，将对应在 C2:C13 单元格区域上的值求平均值。

6.1.5　GEOMEAN 函数（求几何平均值）

【功能】

GEOMEAN 函数用于返回正数数组或数据区域的几何平均值。

【语法】

GEOMEAN(number1,number2,...)

【参数】

number1,number2,...: 为需要计算其平均值的 1 ~ 30 个参数,可以是数字,或者是包含数字的名称、数组或引用。

技巧 13　比较两种产品的销售利润的稳定性

在 Excel 中使用 GEOMEAN 函数来计算几何平均值,利用求解的几何平均值也可以判断一组数据的稳定程度。如图 6-22 所示表格中对学生几次月考的成绩进行了求平均值。这时可以通过计算几何平均值来查看学生成绩的稳定性。

	A	B	C	D	E	F	G	H	I
1	序号	姓名	1月月考	2月月考	3月月考	4月月考	5月月考	6月月考	平均成绩
2	1	周薇	486	597	508	480	608	606.5	547.58
3	2	杨佳	535.5	540.5	540	549.5	551	560.5	546.17
4	3	刘勋	587	482	493	501	502	588	525.50
5	4	张智志	529	589.5	587.5	587	588	578	576.50
6	5	宋云飞	504.5	505	503	575	488.5	581	526.17
7	6	王婷	587	493.5	572.5	573	588	574	564.67
8	7	王伟	502	493	587	588.5	500.5	580.5	541.92
9	8	李欣	552	538	552	568	589		565.17
10	9	周钦伟	498	487	488	499.5	445.5		481.08

图 6-22

❶ 选中 J2 单元格,在编辑栏中输入公式:

```
=GEOMEAN(C2:H2)
```

按 Enter 键,即可计算出第一位学生 6 次月考的几何平均值,如图 6-23 所示。

J2		× ✓ fx	=GEOMEAN(C2:H2)							
	A	B	C	D	E	F	G	H	I	J
1	序号	姓名	1月月考	2月月考	3月月考	4月月考	5月月考	6月月考	平均成绩	几何平均值
2	1	周薇	486	597	508	480	608	606.5	547.58	544.60
3	2	杨佳	535.5	540.5	540	549.5	551	560.5	546.17	
4	3	刘勋	587	482	493	501	502	588	525.50	
5	4	张智志	529	589.5	587.5	587	588	578	576.50	
6	5	宋云飞	504.5	505	503	575	488.5	581	526.17	
7	6	王婷	587	493.5	572.5	573	588	574	564.67	
8	7	王伟	502	493	587	588.5	500.5	580.5	541.92	
9	8	李欣	552	538	552	568	589	592	565.17	
10	9	周钦伟	498	487	488	499.5	445.5	468.5	481.08	

图 6-23

❷ 选中 J2 单元格,向下填充公式至 J10 单元格中,即可计算出所有学生月考的平均值,如图 6-24 所示。

图 6-24

比较几何平均值可以看到，第一位同学的平均成绩高于第二位同学，但计算出几何平均值后发现，第一位同学的平均成绩却低于第二位同学。这是因为第一位同学的月考成绩浮动较大，而第二位同学的平均成绩相对更加稳定。

6.1.6 TRIMMEAN 函数（去头尾后求平均值）

【功能】

TRIMMEAN 函数用于从数据集的头部和尾部除去一定百分比的数据点后，再求解该数据集的平均值。

【语法】

TRIMMEAN(array,percent)

【参数】

- array：为需要进行筛选并求平均值的数组或数据区域。
- percent：为计算时所要除去的数据点的比例。当 percent=0.2 时，在 10 个数据中去除 2 个数据点（10*0.2=2），在 20 个数据中去除 4 个数据点（20*0.2=4）。

技巧 14 通过 10 位评委打分计算选手的最后得分

表格中统计了 10 位评委对几位参赛选手的打分，要求去掉最高分与最低分并统计出每位选手的最后得分。

❶ 选中 B13 单元格，在公式编辑栏中输入公式：

```
=TRIMMEAN(B3:B12,0.2)
```

按 Enter 键得出第一位选手的最后得分（去掉最低分与最高分）。

❷ 选中 B13 单元格，拖动右下角的填充柄向右复制公式，即可批量得出其他选手的最后得分，如图 6-25 所示。

高效随身查——Excel 2021 必学的函数与公式 应用技巧（视频教学版）

| B13 | ▾ | : | × | ✓ | fx | =TRIMMEAN(B3:B12,0.2) |

	A	B	C	D
1	评委号	选手		
2		吴丹晨	谭谢生	邹瑞宣
3	评委1	8.69	9.32	8.9
4	评委2	7.43	7.23	7.7
5	评委3	8.21	8.74	9.62
6	评委4	9.62	9.46	8.33
7	评委5	8.33	8.99	7.25
8	评委6	7.25	8.82	9.45
9	评委7	8.3	9.9	9.3
10	评委8	9.45	8.22	8.52
11	评委9	9.33	6.52	8.82
12	评委10	8.5	8.9	9.9
13	最后得分	8.53	8.71	8.83

批量结果

图 6-25

6.2 条目数统计函数

6.2.1 COUNT 函数（统计数目）

【功能】

COUNT 函数用于返回数字参数的个数，即统计数组或单元格区域中含有数字的单元格个数。

【语法】

COUNT(value1,value2,...)

【参数】

value1,value2,...：表示包含或引用各种类型数据的参数（1～30个），其中只有数字类型的数据才能被统计。

技巧 15 根据签到表统计到会人数

如图 6-26 所示表格统计了某日的员工出勤情况(只选取了部分数据)。"1"表示确认出勤，"--"表示未出勤，现在要求统计出勤人数。

选中 E2 单元格，在编辑栏中输入公式：

```
=COUNT(C2:C12)
```

按 Enter 键即可根据 C2:C12 单元格中显示数字的个数来统计出勤人数，如图 6-26 所示。

统计函数范例

E2			×✓fx	=COUNT(C2:C12)	

▲	A	B	C	D	E	F
1	员工编号	姓名	是否出勤		出勤人数	
2	TL1	张海燕	1		8	
3	TL2	张仪	1			
4	TL3	何丽	1			公式返回结果
5	TL4	李凝	—			
6	TL5	陈华	1			
7	TL6	周逸	1			
8	TL7	于宝强	—			
9	TL8	于娜	1			
10	TL9	陈振海	1			
11	TL10	黄俊杰	—			
12	TL11	常丽	1			

图 6-26

技巧 16　统计各个部门获取交通补贴的人数

如图 6-27 所示为"销售部"交通补贴统计表，如图 6-28 所示为"企划部"交通补贴统计表（相同格式的还有"售后部"），要求统计出获取交通补贴的总人数，具体操作方法如下。

▲	A	B	C	D
1	姓名	性别	交通补助	
2	刘菲	女	无	
3	李艳池	女	300	
4	王斌	男	600	
5	李慧慧	女	900	
6	张德海	男	无	
7	徐一鸣	男	无	
8	赵魁	男	100	
9	刘晨	男	200	
10				

销售部　企划部　售后部　统计表

图 6-27

▲	A	B	C	D
1	姓名	性别	交通补助	
2	张媛	女	700	
3	胡菲菲	女	无	
4	李欣	男	无	
5	刘强	女	400	
6	王婷	男	无	
7	周围	男	无	
8	柳柳	男	100	
9	梁惠娟	男	无	
10				

销售部　企划部　售后部　统计表

图 6-28

❶ 在"统计表"中选中要输入公式的单元格，首先输入前半部分公式"=COUNT（"，如图 6-29 所示。

图 6-29

❷ 在第一个统计表标签上单击鼠标，然后按住 Shift 键，在最后一个统计表标签上单击鼠标，即选中了所有要参加计算的工作表为"销售部:售后部"（三张统计表）。

❸ 再用鼠标选中参与计算的单元格或单元格区域，此例为"C2:C9"，接着再输入右括号完成公式的输入，按 Enter 键得到统计结果，如图 6-30 所示。

图 6-30

公式解析

=COUNT(销售部 : 售后部 !C2:C9)

一次性对三张工作表的 C2:C9 单元格区域进行统计，统计是数字的单元格个数。

技巧 17　统计其中一科得满分的人数

如图 6-31 所示的表格中统计了 8 位学生的成绩，要求统计出得满分的人数。

	A	B	C	D	E	F
1	姓名	语文	数学		其中一科得满分的人数	
2	刘娜	78	65		3	
3	陈振涛	88	54			
4	陈自强	100	98			
5	谭谢生	93	90			
6	王家驹	78	65			
7	段军鹏	88	100			
8	简佳丽	78	58			
9	肖菲菲	100	95			

E2　{=COUNT(0/((B2:B9=100)+(C2:C9=100)))}

公式返回结果

图 6-31

选中 E2 单元格，在公式编辑栏中输入公式：

=COUNT(0/((B2:B9=100)+(C2:C9=100)))

按 Shift+Ctrl+Enter 组合键得出一个小数值，如图 6-31 所示。

📑 公式解析

=COUNT(0/((B2:B9=100)+(C2:C9=100)))

① 判断 B2:B9 单元格区域有哪些是等于 100 的，并返回一个数组。等于 100 的显示 TRUE，其余的显示 FALSE。

② 判断 C2:C9 单元格区域有哪些是等于 100 的，并返回一个数组。等于 100 的显示 TRUE，其余的显示 FALSE。

③ ①步返回数组与②步返回数组相加，有一个为 TRUE 时，返回结果为 1，其他的返回结果为 0。

④ 0 起到辅助作用（也可以用 1 等其他数字），当③步返回值为 1 时，得出一个数字，当③步返回值为 0 时，返回 "#DIV/0!" 错误值。

⑤ 统计出④步返回的数组中数字的个数。

6.2.2 COUNTA 函数（求包括文本和逻辑值的数目）

【功能】

COUNTA 函数返回包含任何值（包括数字、文本或逻辑数字）的参数列表中的单元格数或项数。

【语法】

COUNTA(value1,value2,...)

【参数】

value1,value2,...: 表示包含或引用各种类型数据的参数（1 ~ 30 个），其中参数可以是任何类型，它们包括空格但不包括空白单元格。

技巧 18 **统计课程的总报名人数**

如图 6-32 所示的表格统计了报名各类舞蹈的学生的姓名，要求通过公式统计出报名总人数。

选中 D1 单元格，在公式编辑栏中输入公式：

="共计 "&COUNTA(A3:D8)&" 人 "

按 Enter 键得出统计结果，如图 6-32 所示。

D1 =“共计”&COUNTA(A3:D8)&“人”

	A	B	C	D
1	报名人数统计			共计17人
2	少儿中国舞	少儿芭蕾舞	少儿爵士舞	少儿踢踏舞
3	简佳丽	崔丽纯	毛杰	陈振涛
4	肖菲菲	廖菲	黄中洋	陈自强
5	柯娜	高丽雯	刘瑞	谭谢生
6	胡杰	张伊琳		王家驹
7		刘霜		
8		唐雨萱		

公式返回结果

图 6-32

公式解析

=" 共计 "&COUNTA(A3:D8)&" 人 "

统计 A3:D8 单元格区域中包含数据的个数（无论是数字还是文本都被统计），然后使用 & 符号将“共计”与 COUNTA 函数的返回结果与“人”相连接。

技巧 19 统计非正常出勤的人数

如图 6-33 所示的表格统计了各个部门人员的出勤情况，其中非正常出勤的有文字记录，如“病假”“事假”等。要求通过公式统计出非正常出勤的人数，具体操作如下。

F2 =COUNTA(D2:D14)

	A	B	C	D	E	F	G
1	姓名	性别	部门	出勤情况		非正常出勤人数	
2	苏苏	男	销售部	病假		6	
3	谭凯	男	设计部	病假			
4	陈琼	女	财务部				
5	杨洋	女	销售部				
6	王家驹	男	财务部				
7	段军鹏	男	设计部	事假			
8	简佳丽	女	财务部				
9	肖菲菲	男	销售部	早退			
10	李洁	男	设计部				
11	陈玉	男	销售部	病假			
12	吴丽丽	女	销售部				
13	何月兰	女	设计部				
14	郭恩惠	女	设计部	事假			

公式返回结果

图 6-33

选中 F2 单元格，在公式编辑栏中输入公式：

```
=COUNTA(D2:D14)
```

按 Enter 键得出统计结果，如图 6-33 所示。

6.2.3 COUNTIF 函数（按条件统计数目）

【功能】

COUNTIF 函数计算区域中满足给定条件的单元格的个数。

【语法】

COUNTIF(range,criteria)

【参数】

- range：表示为需要计算其中满足条件的单元格数目的单元格区域。
- criteria：表示为确定哪些单元格将被计算在内的条件，其形式可以为数字、表达式或文本。

技巧 20 统计某课程的报名人数

如图 6-34 所示的表格统计了各培训班报名学生的姓名，要求通过公式统计出“奥数”报名人数。此时可以使用 COUNTIF 函数来建立公式。

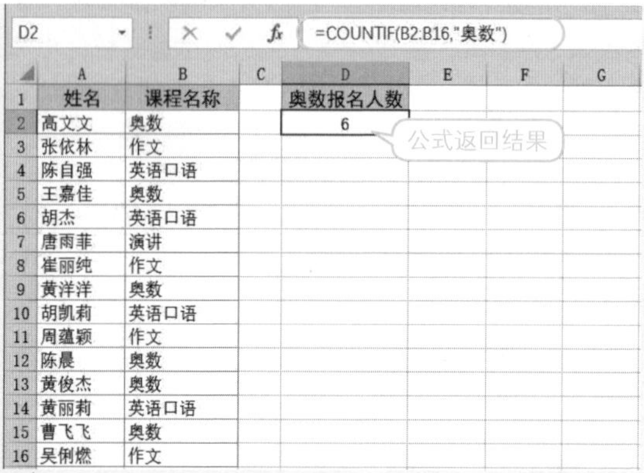

	A	B	C	D
1	姓名	课程名称		奥数报名人数
2	高文文	奥数		6
3	张依林	作文		
4	陈自强	英语口语		
5	王嘉佳	奥数		
6	胡杰	英语口语		
7	唐雨菲	演讲		
8	崔丽纯	作文		
9	黄洋洋	奥数		
10	胡凯莉	英语口语		
11	周蕴颖	作文		
12	陈晨	奥数		
13	黄俊杰	奥数		
14	黄丽莉	英语口语		
15	曹飞飞	奥数		
16	吴俐燃	作文		

图 6-34

选中 D2 单元格，在编辑栏中输入公式：

```
=COUNTIF(B2:B16,"奥数")
```

按 Enter 键得出统计结果，如图 6-34 所示。

技巧 21 统计工资大于或等于 5000 元的人数

如图 6-35 所示的表格中统计了每位员工的工资，要求统计出工资金额大于或等于 5000 元的共有几人。

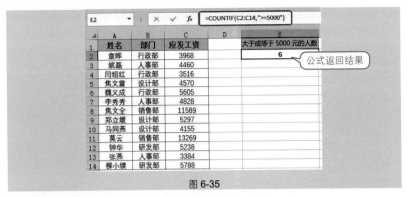

图 6-35

选中 E2 单元格，在公式编辑栏中输入公式：

```
=COUNTIF(C2:C14,">=5000")
```

按 Enter 键得出工资金额大于或等于 5000 元的人数，如图 6-35 所示。

公式解析

=COUNTIF(C2:C14,">=5000")

C2:C14 单元格区域为目标区域，">=5000" 是判断条件，即统计出 C2:C14
单元格区域中满足这个条件的单元格个数。

技巧 22　按学历统计人数

如图 6-36 所示的表格统计了公司某次应聘中应聘者的相关信息，现在想
统计出各个学历的人数。

	A	B	C	D	E	F	G	H
1	姓名	性别	部门	年龄	学历		学历	人数
2	穆宇飞	男	财务部	29	本科		研究生	3
3	于青青	女	企划部	32	专科		本科	7
4	吴小华	女	财务部	27	研究生		专科	3
5	刘平	男	后勤部	26	专科			
6	韩学平	男	企划部	30	本科			
7	张成	男	后勤部	27	本科			
8	邓宏	男	财务部	29	研究生			
9	杨娜	男	财务部	35	专科			
10	邓超超	男	后勤部	25	本科			
11	苗兴华	男	企划部	34	本科			
12	包娟娟	女	人事部	27	研究生			
13	于涛	女	企划部	30	本科			
14	陈潇	男	人事部	28	本科			

图 6-36

❶ 首先建立"学历"列标识，此标识要建立准确，因为公式需要引用这些
单元格。

❷ 选中 H2 单元格，在公式编辑栏中输入公式：

```
=COUNTIF($E$2:$E$14,G2)
```

按 Enter 键即可计算出学历为"研究生"的总人数，如图 6-37 所示。

图 6-37

❸ 选中 H2 单元格，拖动右下角的填充柄至 H4 单元格，即可统计出其他学历的人数。

📖 公式解析

=COUNTIF($E$2:$E$14,G2)

$E$2:$E$14 单元格区域为目标区域，G2 是判断条件，即统计出 $E$2:$E$14 单元格区域中等于 G2 中值的单元格个数。

技巧 23 　在成绩表中分别统计及格人数与不及格人数

如图 6-38 所示表格中统计了学生的考试分数，要求统计出及格与不及格人数。

❶ 选中 E2 单元格，在公式编辑栏中输入公式：

```
=COUNTIF($B$2:$B$17,"<"&D2)
```

按 Enter 键得出 B2:B17 单元格区域中小于 60 分的人数，如图 6-39 所示。

图 6-38

图 6-39

❷ 选中 E3 单元格，在公式编辑栏中输入公式：

```
=COUNTIF($B$2:$B$17,">="&D3)
```

按 Enter 键得出 B2:B17 单元格区域中大于或等于 60 分的人数，如图 6-40 所示。

E3	▼	:	×	✓	fx	=COUNTIF($B$2:$B$17,">="&D3)

▲	A	B	C	D	E	F
1	姓名	成绩		界限设定	人数	
2	苏苏	77		60	5	
3	陈振涛	60		60	11	
4	陈自强	92				
5	谭谢生	67				
6	王家驹	78				
7	段军鹏	46				
8	简佳丽	55				
9	肖菲菲	86				
10	李洁	64				
11	陈玉	54				
12	吴丽丽	86				
13	何月兰	52				
14	郭恩惠	58				
15	谭凯	87				
16	陈琼	98				
17	杨洋	85				

公式返回结果

图 6-40

公式解析

```
=COUNTIF($B$2:$B$17,">="&D3)
```

$B$2:$B$17 单元格区域为目标区域，"">="&D3" 是判断条件，即统计出 $B$2:$B$17 单元格区域中满足 "">="&D3" 这个条件的单元格个数。

专家点拨

注意此处公式中对于 ">=" 符号的使用，如果不采用这种连接方式，那么公式将不能得到正确结果，读者要学会这种使用方法。

技巧 24 统计出成绩大于平均分数的学生人数

表格中统计了学生的考试分数，要求统计出分数大于平均分的人数。

选中 D2 单元格，在公式编辑栏中输入公式：

```
=COUNTIF(B2:B11,">"&AVERAGE(B2:B11))
```

按 Enter 键得出 B2:B11 单元格区域中大于平均分的人数，如图 6-41 所示。

图 6-41

公式解析

$$=COUNTIF(B2:B11,">"\&AVERAGE(B2:B11))$$

② AVERAGE(B2:B11) 部分

① 整个公式部分

① 计算出 B2:B11 单元格区域数据的平均值。

② 统计出 B2:B11 单元格区域中大于①步返回值的记录数。

专家点拨

注意此处公式中对于 ">" 符号的使用，如果不采用这种连接方式，那么公式将不能得到正确结果，读者要学会这种使用方法。

技巧 25　统计同时在两列数据中都出现的条目数

如图 6-42 所示表格的 A 列中显示了三好学生的姓名，B 列中显示了参加数学竞赛的姓名，要求统计出既是三好学生又参加了数学竞赛的人数。

图 6-42

这一统计实际是表示姓名既出现在 A 列中又出现在 B 列中，然后查看这样的情况发生了几次，即为最终统计结果。

选中 D2 单元格，在公式编辑栏中输入公式：

```
=SUM(COUNTIF(A2:A11,B2:B11))&" 人 "
```

按 Shift+Ctrl+Enter 组合键得出结果，如图 6-42 所示。

公式解析

=SUM(COUNTIF(A2:A11,B2:B11))&" 人 "

① 依次判断 B2:B11 单元格区域中的姓名，如果其也在 A2:A11 单元格区域中出现，返回结果为 1，否则为 0，返回的是一个数组。

② 对①步返回的数组求和（有几个 1，表示有几个满足条件的记录）。

技巧 26　统计连续 3 次考试都进入前 10 名的人数

如图 6-43 所示表格的 B、C、D 三列分别显示了 3 次考试中前 10 名的学生的姓名，要求统计出连续 3 次考试都进入前 10 名的人数。

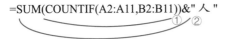

名次	一次模底	二次模底	三次模底		连续3次考试都进入前10名的人数
1	刘娜	肖菲菲	贾正峰		1人
2	陈振涛	陈春	段军鹏		
3	陈自强	谭谢生	刘瑞		
4	谭谢生	段军鹏	麦子聪		
5	王家驹	陈振涛	毛杰		
6	段军鹏	张伊琳	钟琛		
7	简佳丽	刘霜	肖菲菲		
8	肖菲菲	唐雨置	谭谢生		
9	韦玲芳	简佳丽	章广利		
10	毛杰	韦玲芳	蔡月月		

图 6-43

这一统计实际是表示姓名在 B、C、D 各列中都出现。看这样的情况发生了几次，即为最终统计结果。

选中 F2 单元格，在公式编辑栏中输入公式：

=SUM(COUNTIF(D2:D11,IF(COUNTIF(B2:B11,C2:C11),C2:C11)))&" 人 "

按 Shift+Ctrl+Enter 组合键得出结果，如图 6-43 所示。

 公式解析

=SUM(COUNTIF(D2:D11,IF(COUNTIF(B2:B11,C2:C11),C2:C11)))&" 人 "

① 依次判断 C2:C11 单元格区域中的姓名，如果姓名也在 B2:B11 单元格区域中出现，则返回结果为 1，否则为 0，返回的是一个数组。

② 对①步返回的数组中结果为 1 的对应在 C2:C11 单元格区域上取值，对

① 步返回的数组结果为 0 的，返回 FALSE。

③ 将① 步返回数组中有取值的（非 FALSE）与 D2:D11 单元格区域相对应，如果 D2:D11 单元格区域中有相同值，则返回结果为 1，否则返回 0。

④ 对③ 步返回的数组求和（有几个 1，表示有几个满足条件的记录）。

6.2.4 COUNTIFS 函数（按多条件统计数目）

【功能】

COUNTIFS 函数计算某个区域中满足多重条件的单元格数目。

【语法】

COUNTIFS(range1, criteria1,range2, criteria2, …)

【参数】

- range1,range2, …：表示计算关联条件的 1 ~ 127 个区域。每个区域中的单元格必须是数字或包含数字的名称、数组或引用。空值和文本值会被忽略。
- criteria1, criteria2, …：表示数字、表达式、单元格引用或文本形式的 1 ~ 127 个条件，用于定义要对哪些单元格进行计算。例如，条件可以表示为 32、"32"、">32"、"apples" 或 B4。

技巧 27 统计指定部门销量达标人数

如图 6-44 所示的表格中分部门对每位销售人员的季度销量进行了统计，现在需要统计出指定部门销量达标的人数。例如，统计出一部销量大于 300 件（约定大于 300 件为达标）的人数。

	A	B	C
1	员工姓名	部门	季销量
2	张燕	一部	334
3	柳小续	一部	352
4	许开	二部	226
5	陈建	一部	297
6	万茜	一部	527
7	张亚明	二部	109
8	张华	一部	446
9	郝亮	一部	135
10	穆宇飞	二部	537
11	于青青	一部	190

图 6-44

选中 E2 单元格，在公式编辑栏中输入公式：

```
=COUNTIFS(B2:B11," 一部 ",C2:C11,">300")
```

按 Enter 键即可统计出即满足 "一部" 条件又满足 ">300" 条件的记录条数，如图 6-45 所示。

E2 =COUNTIFS(B2:B11,"一部",C2:C11,">300")

员工姓名	部门	季销量		一部销量达标的人数
张燕	一部	334		3
柳小续	一部	352		
许开	二部	226		
陈建	一部	297		
万茜	二部	527		
张亚明	二部	109		
张华	一部	446		
郝亮	一部	135		
穆宇飞	二部	537		
于青青	一部	190		

公式返回结果

图 6-45

技巧 28　统计各店面男装的销售记录条数（双条件）

如图 6-46 所示表格中统计了各店面的销售记录（有男装也有女装），要求统计出各个店面中男装的销售记录条数为多少。

F2 =COUNTIFS($A$2:$A$13,E2,$B$2:$B$13,"*男")

店面	品牌	金额		类别	男装记录条数
2分店	泡泡袖长袖T恤 女	1061		1分店	4
1分店	男装新款体恤 男	1169		2分店	3
2分店	新款纯棉男士短袖T恤 男	1080			
1分店	修身简约V领t恤上衣 女	1299			
2分店	日韩版打底衫T恤 男	1388			
1分店	大码修身V领字母长袖T恤 女	1180			
2分店	韩版拼接假两件包臀打底裤 女	1180			
1分店	加厚抓绒韩版卫裤 男	1176			
2分店	韩版条纹圆领长袖T恤修身 女	1849			
1分店	卡通创意个性t恤 男	1280			
1分店	V领商务针织马夹 男	1560			
2分店	韩版抓收脚休闲长裤 男	1699			

公式返回结果

图 6-46

选中 F2 单元格，在公式编辑栏中输入公式：

```
=COUNTIFS($A$2:$A$13,E2,$B$2:$B$13,"* 男 ")
```

按 Enter 键得出 1 分店中男装记录条数为 4，向下复制公式到 F3 单元格中，可得出 2 分店中男装记录条数，如图 6-46 所示。

公式解析

=COUNTIFS($A$2:$A$13,E2,$B$2:$B$13,"* 男 ")

①　　　　　　②

① 第一个条件判断区域与第一个条件。

② 第二个条件判断区域与第二个条件。条件使用了通配符，表示所有以“男”结尾的即为满足条件的记录。

同时满足①与②条件时，统计出记录条数。

专家点拨

E2:E3 单元格区域的数据需要被公式引用，因此必须事先建立好，并确保正确。由于公式要被复制，所以看到公式中需要改变的部分采用相对引用，不需要改变的部分采用绝对引用。

技巧 29 统计指定商品每日的销售记录数

如图 6-47 所示表格中按日期统计了销售记录（同一日期可能有多条销售记录），要求通过建立公式批量统计出每一天中指定名称的商品的销售记录数，即得到 G2:G11 单元格区域中的结果。

	A	B	C	D	E	F	G
1	日期	名称	规格型号	金额		日期	销售记录数
2	2021/6/1	圆钢	8㎜	3388		2021/6/1	2
3	2021/6/1	圆钢	10㎜	2180		2021/6/2	1
4	2021/6/1	角钢	40×40	1180		2021/6/3	2
5	2021/6/2	角钢	40×41	4176		2021/6/4	3
6	2021/6/2	圆钢	20㎜	1849		2021/6/5	0
7	2021/6/3	角钢	40×43	4280		2021/6/6	1
8	2021/6/3	角钢	40×40	1560		2021/6/7	1
9	2021/6/3	圆钢	10㎜	1699		2021/6/8	0
10	2021/6/3	圆钢	12㎜	2234		2021/6/9	0
11	2021/6/4	角钢	40×40	1100		2021/6/10	2
12	2021/6/4	圆钢	8㎜	3388			
13	2021/6/4	圆钢	10㎜	2180			
14	2021/6/4	圆钢	8㎜	3388			
15	2021/6/6	圆钢	10㎜	1699			
16	2021/6/7	圆钢	20㎜	1849			
17	2021/6/8	角钢	40×43	4280			
18	2021/6/9	角钢	40×40	1560			
19	2021/6/10	圆钢	10㎜	1699			
20	2021/6/10	圆钢	20㎜	1849			

批量结果

图 6-47

❶ 选中 G2 单元格，在公式编辑栏中输入公式：

```
=COUNTIFS(B$2:B$20," 圆钢 ",A$2:A$20,"2021-6-"&ROW(A1))
```

按 Enter 键得出“21-6-1”这一天中“圆钢”的销售记录数，如图 6-48 所示。

G2 =COUNTIFS(B$2:B$20,"圆钢",A$2:A$20,"2021-6-"&ROW(A1))

	A	B	C	D	E	F	G	H
1	日期	名称	规格型号	金额		日期	销售记录数	
2	2021/6/1	圆钢	8㎜	3388		2021/6/1	2	
3	2021/6/1	圆钢	10㎜	2180		2021/6/2		
4	2021/6/1	角钢	40×40	1180		2021/6/3		
5	2021/6/2	角钢	40×41	4176		2021/6/4		
6	2021/6/2	圆钢	20㎜	1849		2021/6/5		

公式返回结果

图 6-48

❷ 选中 G2 单元格，拖动右下角的填充柄向下复制公式，即可批量得出各日期中“圆钢”的销售记录数。

嵌套函数

ROW 函数属于查找函数类型，用于返回引用的行号。

公式解析

③

=COUNTIFS(B\$2:B\$20," 圆钢 ",A\$2:A\$20,"2021-6-"&ROW(A1))

①
②

① 返回 A1 单元格的行号，返回的值为 1。
② 将①步返回值与 "2016-1-" 合并，得到 "2021-6-1" 这个日期。
③ 统计出 B\$2:B\$20 单元格区域中为 "圆钢"，且 A\$2:A\$20 单元格区域中日期为②步结果指定的日期的记录条数。

专家点拨

这个公式中最重要的部分就是需要统计日期的自动返回，用 "ROW(A1)" 来指定，可以实现当公式复制到 G3 单元格时，可以自动返回日期 "2021-6-2"；复制到 G4 单元格时，可以自动返回日期 "2016-1-3"，以此类推。

6.2.5 COUNTBLANK 函数（统计空单元格的数目）

【功能】

COUNTBLANK 函数计算某个单元格区域中空单元格的数目。

【语法】

COUNTBLANK(range)

【参数】

range：表示为需要计算其中空单元格数目的区域。

技巧 30 统计缺考人数

如图 **6-49** 所示表格中统计了学生成绩，其中有缺考的学生（未填写成绩的为缺考），要求快速统计出缺考人数。
选中 **D2** 单元格，在公式编辑栏中输入公式：

```
=COUNTBLANK(B2:B13)&" 人 "
```

按 **Enter** 键即可统计出缺考人数，如图 **6-49** 所示。

	A	B	C	D	
	D2		fx	=COUNTBLANK(B2:B13)&"人"	
1	姓名	分数		缺考人数	
2	刘娜	78		3人	公式返回结果
3	陈振涛	88			
4	陈自强	91			
5	谭谢生				
6	王家驹	78			
7	段军鹏				
8	简佳丽	65			
9	肖菲菲	87			
10	韦玲芳	98			
11	毛杰	87			
12	卢梦雨	65			
13	邹默晗				

图 6-49

6.3 最大值与最小值统计函数

6.3.1 MAX 函数与 MIN 函数

【功能】

MAX 函数用于返回数据集中的最大数值。

【语法】

MAX(number1,number2,...)

【参数】

number1,number2,...：表示要找出最大数值的 1 ~ 30 个数值。

技巧 31 快速返回数据区域中的最大值

表格是一份销售量统计清单，要求快速统计出最高销量与最低销量，利用"自动求和"功能，可以实现快速求出最大值与最小值。

❶ 选中目标单元格，在"公式"→"函数库"选项组中单击"自动求和"下拉按钮，在下拉菜单中选择 "最大值"命令，如图 6-50 所示。

❷ 此时已插入函数（如图 6-51 所示），用鼠标拖动选择数据源，如图 6-52 所示。

❸ 按 Enter 键，即可得到最高销量，如图 6-53 所示。

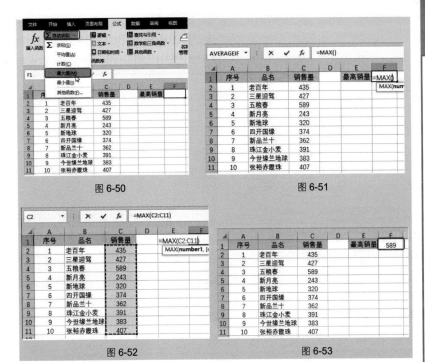

图 6-50

图 6-51

图 6-52

图 6-53

④ 按相同的方法可使用 MIN 函数求解最低销量，如图 6-54 所示。

图 6-54

技巧 32　计算单日销售金额并返回最大值

表格中按日期统计了销售记录（同一日期可能有多条销售记录），要求统计出每日的销售金额合计值，并比较它们的大小，最终返回最大值。

选中 E2 单元格，在公式编辑栏中输入公式：

```
=MAX(SUMIF(A2:A17,A2:A17,C2:C17))
```

按 Shift+Ctrl+Enter 组合键得出结果，如图 6-55 所示。

E2		✗ ✓ fx	{=MAX(SUMIF(A2:A17,A2:A17,C2:C17))}		
▲	A	B	C	D	E	F
1	日期	商品	金额		单日最大销售金额
2	21/5/1	宝来扶手箱	1200		**8895**
3	21/5/1	捷达扶手箱	567		
4	21/5/2	捷达扶手箱	267		
5	21/5/2	宝来嘉丽布座套	357		
6	21/5/2	捷达地板	688		
7	21/5/3	捷达亚麻脚垫	100		
8	21/5/3	宝来亚麻脚垫	201.5		
9	21/5/3	索尼喇叭6937	432		
10	21/5/4	索尼喇叭S-60	2482		
11	21/5/4	兰宝6寸套装喇叭	4576		
12	21/5/4	灿晶800伸缩彩显	1837		
13	21/5/5	灿晶遮阳板显示屏	630		
14	21/5/5	索尼2500MP3	1009		
15	21/5/5	阿尔派758内置VCD	1200		
16	21/5/6	索尼喇叭S-60	2000		
17	21/5/6	兰宝6寸套装喇叭	678		

公式返回结果

图 6-55

嵌套函数

SUMIF 函数属于数学函数类型，用于按照指定条件对若干单元格、区域或引用求和。

公式解析

=MAX(SUMIF(A2:A17,A2:A17,C2:C17))
　　　　　　①　　　　　　　　　②

① 依次统计出所有单日的销售金额，返回的结果为一个组数据。
② 从①步结果的一组数据中返回最大值。

6.3.2 MAXIFS 函数（按条件求最大值）

【功能】

MAXIFS 函数返回一组给定条件或标准指定的单元格中的最大值。

【语法】

MAXIFS(max_range, criteria_range1, criteria1, [criteria_range2, criteria2], ...)

【参数】

● max_range：表示要从中判断最大值的实际单元格区域。

- criteria_range1：是一组用于条件计算的单元格。
- criteria1：参数指的是用于确定哪些单元格是最大值的条件，格式为数字、表达式或文本。
- [criteria_range2,criteria2,...]：参数指的是附加区域及其关联条件，最多可以输入 126 个区域 / 条件对。

技巧 33　返回企业女性员工的最大年龄

表格中统计了企业中员工的性别与年龄，要求快速得知女性员工的最大年龄。

选中 E2 单元格，在编辑栏中输入公式：

```
=MAXIFS(C2:C14,B2:B14," 女 ")
```

按 Enter 键得出 "性别" 为 "女" 的最大年龄，如图 6-56 所示。

	A	B	C	D	E	F
					=MAXIFS(C2:C14,B2:B14,"女")	
1	姓名	性别	年龄		女职工最大年龄	
2	李梅	女	31		45	← 公式返回结果
3	卢梦雨	女	26			
4	徐丽	女	45			
5	韦玲芳	女	30			
6	谭谢生	男	39			
7	王家驹	男	30			
8	简佳丽	女	33			
9	肖菲菲	女	35			
10	邹默晗	女	31			
11	张洋	男	39			
12	刘之章	男	46			
13	段军鹏	男	29			
14	丁瑞	女	28			

图 6-56

专家点拨

如果想得知男性员工的最大年龄，则可以修改公式中的条件，将公式修改为 "=MAXIFS(C2:C14,B2:B14," 男 ")" 即可。

公式解析

=MAXIFS(C2:C14,B2:B14," 女 ")

公式中第一个参数是返回值的区域，第二个参数是条件判断的区域，第三个参数为设置的条件。

技巧 34　返回上半月单笔最高销售金额

如图 6-57 所示表格中按日期统计了销售记录，要求通过公式快速返回在上半个月中单笔最高销售金额。

选中 F2 单元格，在编辑栏中输入公式：

```
=MAXIFS(D2:D13,A2:A13,"<=2021/4/15")
```

按 Enter 键得出结果，如图 6-57 所示。

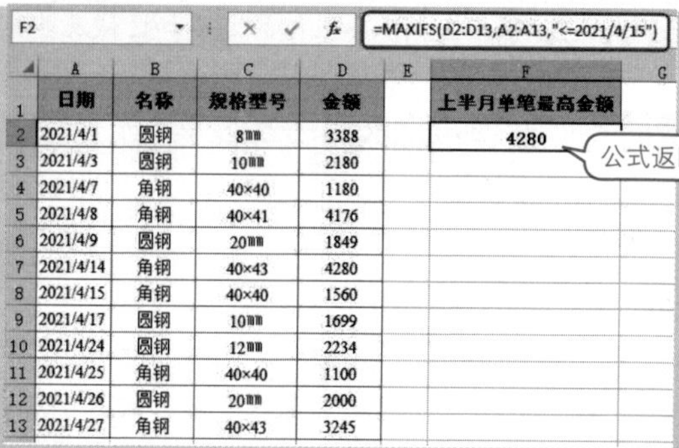

F2 =MAXIFS(D2:D13,A2:A13,"<=2021/4/15")

日期	名称	规格型号	金额		上半月单笔最高金额
2021/4/1	圆钢	8㎜	3388		4280
2021/4/3	圆钢	10㎜	2180		
2021/4/7	角钢	40×40	1180		
2021/4/8	角钢	40×41	4176		
2021/4/9	圆钢	20㎜	1849		
2021/4/14	角钢	40×43	4280		
2021/4/15	角钢	40×40	1560		
2021/4/17	圆钢	10㎜	1699		
2021/4/24	圆钢	12㎜	2234		
2021/4/25	角钢	40×40	1100		
2021/4/26	圆钢	20㎜	2000		
2021/4/27	角钢	40×43	3245		

图 6-57

公式解析

=MAXIFS(D2:D13,A2:A13,"<=2021/4/15")

公式中第一个参数是返回值的区域，第二个参数是条件判断的区域，第三个参数为设置的条件。

技巧 35　分别统计各班级第一名成绩

本技巧中按班级统计了学生成绩，现在要求统计出各班级中的最高分，结果如图 6-58 所示。

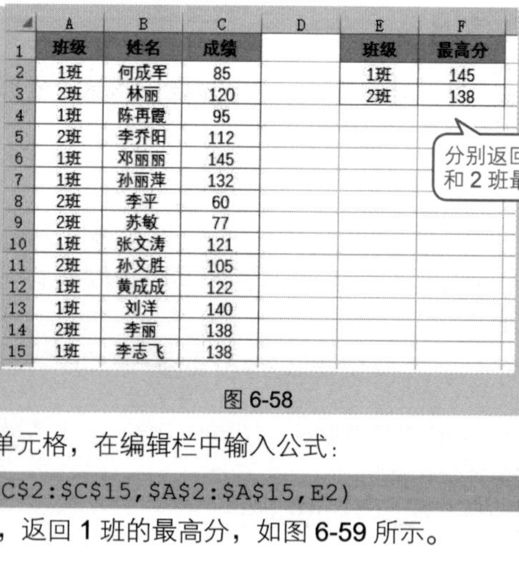

班级	姓名	成绩		班级	最高分
1班	何成军	85		1班	145
2班	林丽	120		2班	138
1班	陈再霞	95			
2班	李乔阳	112			
1班	邓丽丽	145			
1班	孙丽萍	132			
2班	李平	60			
2班	苏敏	77			
1班	张文涛	121			
2班	孙文胜	105			
1班	黄成成	122			
1班	刘洋	140			
2班	李丽	138			
1班	李志飞	138			

图 6-58

❶ 选中 F2 单元格，在编辑栏中输入公式：

```
=MAXIFS($C$2:$C$15,$A$2:$A$15,E2)
```

按 Enter 键，返回 1 班的最高分，如图 6-59 所示。

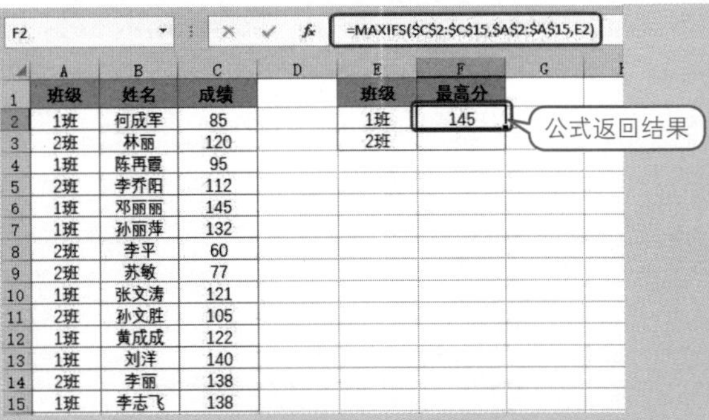
F2 =MAXIFS($C$2:$C$15,$A$2:$A$15,E2)

	A	B	C	D	E	F	G
1	班级	姓名	成绩		班级	最高分	
2	1班	何成军	85		1班	145	
3	2班	林丽	120		2班		
4	1班	陈再霞	95				
5	2班	李乔阳	112				
6	1班	邓丽丽	145				
7	1班	孙丽萍	132				
8	2班	李平	60				
9	2班	苏敏	77				
10	1班	张文涛	121				
11	2班	孙文胜	105				
12	1班	黄成成	122				
13	1班	刘洋	140				
14	2班	李丽	138				
15	1班	李志飞	138				

图 6-59

❷ 选中 **F2** 单元格，向下复制公式到 **F3** 单元格中，可以快速返回 **2** 班的最高分。

专家点拨

因为本例公式中的第三个参数采用了引用单元格作为条件，并且建立的公式需要向下复制使用，所以该参数需要使用相对引用，而用于条件判断的区域与用于值返回的区域都要使用绝对引用。

6.3.3 MINIFS 函数（按条件求最小值）

【功能】

MINIFS 函数返回一组给定条件或标准指定的单元格中的最小值。

【语法】

MINIFS(max_range, criteria_range1, criteria1, [criteria_range2, criteria2], ...)

【参数】

- max_range：表示要从中判断最小值的实际单元格区域。
- criteria_range1：是一组用于条件计算的单元格。
- criteria1：参数指的是用于确定哪些单元格是最小值的条件，格式为数字、表达式或文本。
- [criteria_range2,criteria2,...]：参数指的是附加区域及其关联条件，最多可以输入 126 个区域 / 条件对。

技巧 36 返回指定产品的最低报价

如图 **6-60** 所示表格中统计的是各个公司对不同产品的报价，下面需要找出“喷淋头”这个产品的最低报价是多少。

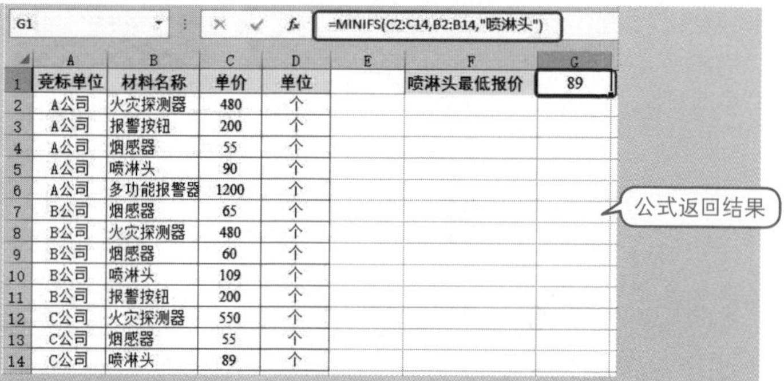

G1 =MINIFS(C2:C14,B2:B14,"喷淋头")

	A	B	C	D	E	F	G
1	竞标单位	材料名称	单价	单位		喷淋头最低报价	89
2	A公司	火灾探测器	480	个			
3	A公司	报警按钮	200	个			
4	A公司	烟感器	55	个			
5	A公司	喷淋头	90	个			
6	A公司	多功能报警器	1200	个			
7	B公司	烟感器	65	个			
8	B公司	火灾探测器	480	个			
9	B公司	烟感器	60	个			
10	B公司	喷淋头	109	个			
11	B公司	报警按钮	200	个			
12	C公司	火灾探测器	550	个			
13	C公司	烟感器	55	个			
14	C公司	喷淋头	89	个			

图 6-60

选中 G1 单元格，在编辑栏中输入公式：

```
=MINIFS(C2:C14,B2:B14," 喷淋头 ")
```

按 Enter 键即可得到指定产品的最低报价，如图 6-60 所示。

函数说明

MINIFS 函数是 Excel 2019 中新增的函数，用于返回一组数据中满足指定条件的最小值。

6.3.4 MAXA 函数与 MINA 函数（包含文本与逻辑值时求最大值、最小值）

【功能】

MAXA 函数返回参数列表（包括数字、文本和逻辑值）中的最大值。

【语法】

MAXA(value1,value2,...)

【参数】

value1,value2,...：表示为需要从中查找最大数值的 1 ~ 30 个参数。

技巧 37 返回最低利润额（包含文本）

表格中统计了各个店铺在 1 月份的利润额，要求返回最低利润。

❶ 选中 D2 单元格，在公式编辑栏中输入公式：

```
=MINA(B2:B11)
```

按 Enter 键得出最低利润为 0，因为 B2:B11 单元格区域中包含一个文本值为“装修中”，这个文本值也参与公式的运算，如图 6-61 所示。

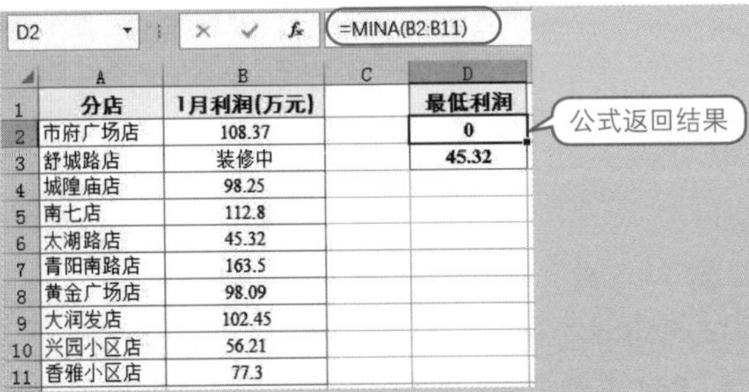

D2 =MINA(B2:B11)

	A	B	C	D
1	分店	1月利润(万元)		最低利润
2	市府广场店	108.37		0
3	舒城路店	装修中		45.32
4	城隍庙店	98.25		
5	南七店	112.8		
6	太湖路店	45.32		
7	青阳南路店	163.5		
8	黄金广场店	98.09		
9	大润发店	102.45		
10	兴园小区店	56.21		
11	香雅小区店	77.3		

图 6-61

❷ 如果不使用 MINA 而使用 MIN 函数，则忽略文本值求取最小值，如图 6-62 所示。

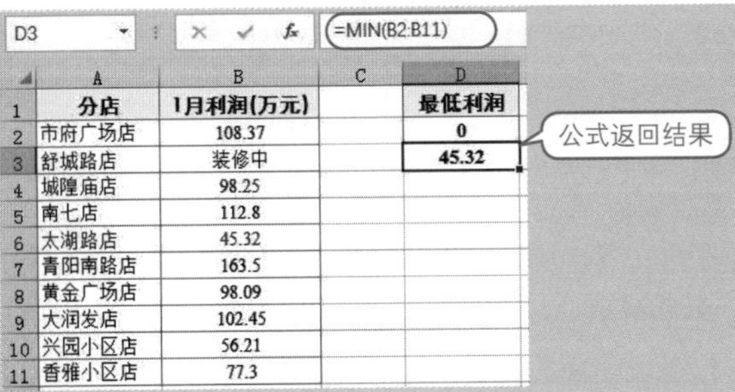

D3 =MIN(B2:B11)

	A	B	C	D
1	分店	1月利润(万元)		最低利润
2	市府广场店	108.37		0
3	舒城路店	装修中		45.32
4	城隍庙店	98.25		
5	南七店	112.8		
6	太湖路店	45.32		
7	青阳南路店	163.5		
8	黄金广场店	98.09		
9	大润发店	102.45		
10	兴园小区店	56.21		
11	香雅小区店	77.3		

图 6-62

6.3.5 LARGE 函数（返回某一数据集中的某个最大值）

【功能】

LARGE 函数返回某一数据集中的某个（可以指定）最大值。

【语法】

LARGE(array,k)

【参数】

- array：表示为需要从中查询第 k 个最大值的数组或数据区域。
- k：表示为返回值在数组或数据单元格区域中的位置，即名次。

技巧 38 返回排名前 3 位的销售金额

如图 6-63 所示表格中统计了 1~6 月份中两个店铺的销售金额，现在需要查看排名前 3 位的销售金额，即得到 F2:F4 单元格区域中的值。

	A	B	C	D	E	F
1	月份	店铺1	店铺2		前3名	金额
2	1月	21061	31180		1	51849
3	2月	21169	41176		2	51180
4	3月	31080	51849		3	41176
5	4月	21299	31280			
6	5月	31388	11560			
7	6月	51180	8000			

批量结果

图 6-63

❶ 选中 F2 单元格，在公式编辑栏中输入公式：

```
=LARGE($B$2:$C$7,E2)
```

按 Enter 键得出排名第 1 位的金额，如图 6-64 所示。

F2 =LARGE($B$2:$C$7,E2)

	A	B	C	D	E	F
1	月份	店铺1	店铺2		前3名	金额
2	1月	21061	31180		1	51849
3	2月	21169	41176		2	
4	3月	31080	51849		3	
5	4月	21299	31280			
6	5月	31388	11560			
7	6月	51180	8000			

公式返回结果

图 6-64

❷ 选中 F2 单元格，拖动右下角的填充柄至 F4 单元格，即可返回排名第 2、第 3 位的金额。

公式解析

=LARGE($B$2:$C$7,E2)

从 $B$2:$C$7 单元格区域中返回 E2 单元格指定的第几个最大值，当 E2 为 1 时，返回第 1 名的金额；当 E2 为 2 时，返回第 2 名的金额，以此类推。

技巧 39 计算成绩表中前 5 名的平均值

如图 6-65 所示表格中统计了学生的成绩，要求计算出前 5 名的平均分数。

D2 =AVERAGE(LARGE(B2:B12,{1,2,3,4,5}))

	A	B	C	D	E
1	姓名	分数		前5名平均分	
2	刘娜	93		92	
3	钟扬	72			
4	陈振涛	87			
5	陈自强	90			
6	吴丹晨	61			
7	谭谢生	88			
8	邹瑞宣	99			
9	刘璐璐	82			
10	黄永明	0			
11	简佳丽	89			
12	肖菲菲	89			

公式返回结果

图 6-65

选中 D2 单元格，在公式编辑栏中输入公式：

```
=AVERAGE(LARGE(B2:B12,{1,2,3,4,5}))
```

按 Enter 键得出前 5 名的平均分，如图 6-65 所示。

公式解析

$$=\text{AVERAGE}(\text{LARGE}(B2:B12,\{1,2,3,4,5\}))^{②}$$

① 从 B2:B12 单元格区域中返回前 5 名成绩，返回的是一个数组。
② 对①步数组进行求平均值。

6.3.6 SMALL 函数（返回某一数据集中的某个最小值）

【功能】

SMALL 函数返回某一数据集中的某个（可以指定）最小值。

【语法】

SMALL(array,k)

【参数】

● array：表示为需要从中查询第 k 个最小值的数组或数据区域。
● k：表示为返回值在数组或数据单元格区域中的位置，即名次。

技巧 40 统计成绩表中后 5 名的平均分

如图 6-66 所示表格中统计了学生的成绩，要求计算出后 5 名的平均分数。

图 6-66

选中 D2 单元格，在公式编辑栏中输入公式：

```
=AVERAGE(SMALL(B2:B12,{1,2,3,4,5}))
```

按 Enter 键得出后 5 名的平均分，如图 6-66 所示。

公式解析

$$=\text{AVERAGE}(\text{SMALL}(B2:B12,\{1,2,3,4,5\}))^{②}_{①}$$

255

① 从 B2:B12 单元格区域中返回后 5 名的成绩，返回的是一个数组。
② 对①步数组进行求最小值。

技巧 41　统计成绩表中后 5 名的平均分（忽略 0 值）

如图 6-67 所示表格中统计了学生的成绩（包括 0 值），要求计算出后 5 名的平均分数（忽略 0 值）。

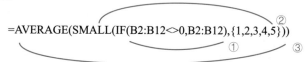

图 6-67

选中 D2 单元格，在公式编辑栏中输入公式：

=AVERAGE(SMALL(IF(B2:B12<>0,B2:B12),{1,2,3,4,5}))

按 Shift+Ctrl+Enter 组合键得出后 5 名的平均值（排除了 0 值），如图 6-67 所示。

公式解析

=AVERAGE(SMALL(IF(B2:B12<>0,B2:B12),{1,2,3,4,5}))

① 该步返回的是一个数组，数组的值为 B2:B12 各个值，0 值忽略。
② 返回①步数组中后 5 位的数。
③ 对②步返回值求平均值。

6.3.7　MODE.MULT 函数

【功能】

MODE.MULT 函数用于返回在某一数组或数据区域中出现频率最多的数值。

【语法】

MODE.MULT (number1,number2,...)

高效随身查——Excel 2021 必学的函数与公式应用技巧（视频教学版）

【参数】

number1,number2,...：是用于计算众数的 1~255 个参数，也可以不用这种用逗号分隔参数的形式，而用单个数组或对数组的引用。

技巧 42 统计生产量抽样数据中的众数

如图 6-68 所示表格中统计的是关于对指定时间内某零件生产数量的抽样数据。可以使用 MODE.MULT 函数来计算这批数据中的众数，即判断生产量主要集中在哪个数据。

选中 E2:E5 单元格区域，在编辑栏中输入公式：

```
=MODE.MULT(C2:C31)
```

按 Ctrl+Shift+Enter 组合键，即可返回该数据集中的众数列表，如图 6-69 所示。

	A	B	C	D
1	抽样编号	操作人	生产数量	
2	1	李为洋	58	
3	2	杨依娜	59	
4	3	朱子进	60	
5	4	曹正	59	
6	5	郭丽	61	
7	6	王雪峰	60	
8	7	吴东梅	61	
9	8	张以军	60	
10	9	孙倩	62	
11	10	简志能	60	
12	11	李军	61	
13	12	顾源	60	
14	13	刘维	61	
15	14	李婷婷	62	
16	15	周玉杰	58	
17	16	华新伟	61	
18	17	邹志志	60	
19	18	韩志	59	
20	19	吴伟云	61	
21	20	杨清	60	
22	21	李欣	58	
23	22	金鑫	61	
24	23	华涵涵	62	
25	24	张玮	60	
26	25	聂新余	60	
27	26	陈媛媛	61	
28	27	高雨	60	
29	28	钟薇	61	
30	29	邹勋	61	
31	30	朱正于	62	

图 6-68

E2 {=MODE.MULT(C2:C31)}

	A	B	C	D	E
1	抽样编号	操作人	生产数量		众数
2	1	李为洋	58		60
3	2	杨依娜	59		61
4	3	朱子进	60		#N/A
5	4	曹正	59		#N/A
6	5	郭丽	61		
7	6	王雪峰	60		
8	7	吴东梅	61		
9	8	张以军	60		
10	9	孙倩	62		
11	10	简志能	60		
12	11	李军	61		
13	12	顾源	60		
14	13	刘维	61		
15	14	李婷婷	62		
16	15	周玉杰	58		
17	16	华新伟	61		
18	17	邹志志	60		
19	18	韩志	59		
20	19	吴伟云	61		
21	20	杨清	60		
22	21	李欣	58		
23	22	金鑫	61		
24	23	华涵涵	62		
25	24	张玮	60		
26	25	聂新余	60		

图 6-69

专家点拨

由于一组数据中可能不止一个众数，因此在建立公式前选择目标单元格区域时可以一次性选中多个单元格，这样可以让多个众数一次性返回。

6.4 排位统计函数

6.4.1 RANK.EQ 函数（返回数字的排位）

【功能】

RANK.EQ 函数表示返回一个数字在数字列表中的排位，其大小与列表中的其他值相关。如果多个值具有相同的排位，则返回该组数值的最高排位。

【语法】

RANK.EQ(number,ref,[order])

【参数】

- number：表示要查找其排位的数字。
- ref：表示数字列表数组或对数字列表的引用。ref 中的非数值型值将被忽略。
- order：可选，一个指定数字的排位方式的数字。

技巧 43　为学生考试成绩排名次

如图 6-70 所示表格中统计了学生成绩，要求对每位学生的成绩排名次，即得到 C 列的结果。

	A	B	C	D
1	姓名	分数	名次	
2	刘娜	93	2	
3	钟扬	72	9	
4	陈振涛	87	7	
5	陈自强	90	4	批量结果
6	吴丹晨	61	10	
7	肖菲菲	91	3	
8	谭谢生	88	6	
9	邹瑞宣	99	1	
10	刘璐璐	82	8	
11	简佳丽	89	5	

图 6-70

❶ 选中 C2 单元格，在公式编辑栏中输入公式：

```
=RANK.EQ(B2,$B$2:$B$11,0)
```

按 Enter 键得出第一位学生的成绩在所有成绩中的名次，如图 6-71 所示。

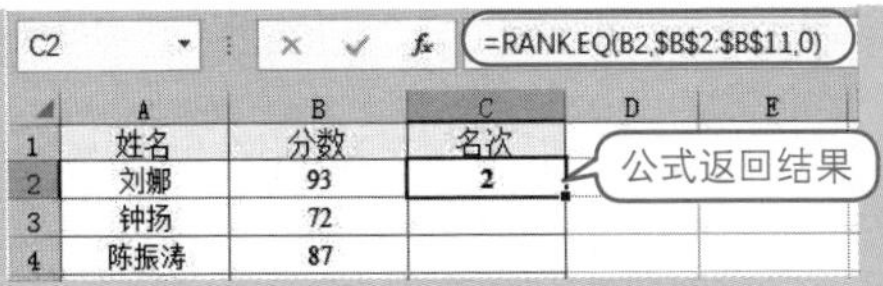

C2 =RANK.EQ(B2,$B$2:$B$11,0)

	A	B	C	D	E
1	姓名	分数	名次		
2	刘娜	93	2		
3	钟扬	72			
4	陈振涛	87			

图 6-71

❷ 选中 C2 单元格，拖动右下角的填充柄向下复制公式（至最后一名学生结束），即可批量得出每位学生成绩的名次。

专家点拨

B2 为需要排位的目标数据，它是一个变化中的（当公式复制到 C3 单元格时，则是求 C3 在 $B$2:$B$11 单元格区域中的排位）单元格数据。$B$2: $B$11 单元格区域为需要在其中进行排位的一个数字列表。这个数字列表是始终不变的，因此采用绝对引用方式。

技巧 44 对不连续单元格排名次

如图 6-72 所示表格中按月份统计了销售额，其中包括季度小计，要求通过公式返回指定季度的销售额在 4 个季度中的名次。

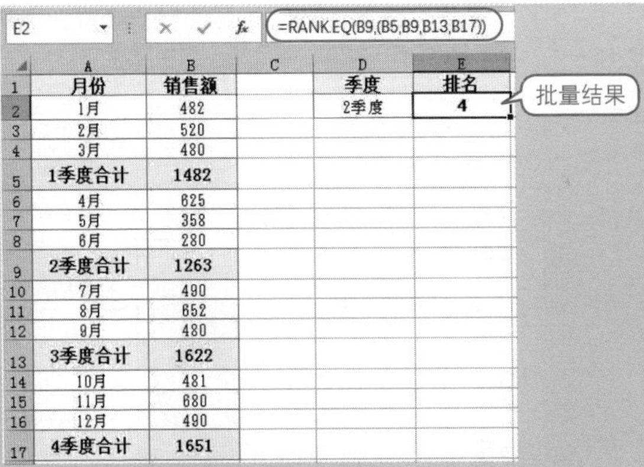

E2 =RANK.EQ(B9,(B5,B9,B13,B17))

	A	B	C	D	E
1	月份	销售额		季度	排名
2	1月	482		2季度	4
3	2月	520			
4	3月	480			
5	1季度合计	1482			
6	4月	625			
7	5月	358			
8	6月	280			
9	2季度合计	1263			
10	7月	490			
11	8月	652			
12	9月	480			
13	3季度合计	1622			
14	10月	481			
15	11月	680			
16	12月	490			
17	4季度合计	1651			

图 6-72

选中 E2 单元格，在公式编辑栏中输入公式：

```
=RANK.EQ(B9,(B5,B9,B13,B17))
```

按 Enter 键得出 2 季度的销售额在 4 个季度中的排名，如图 6-72 所示。

专家点拨

B9 是目标单元格，当用于排序的列表区域不连接时，就逐一写出单元格地址，并使用逗号间隔。

6.4.2 RANK.AVG 函数（排位有相同名次时返回平均排位）

【功能】

RANK.AVG 函数表示返回一个数字在数字列表中的排位，数字的排位是其大小与列表中其他值的比值；如果多个值具有相同的排位，则将返回平均排位。

【语法】

RANK.AVG(number,ref,[order])

【参数】

● number：表示要查找其排位的数字。
● ref：表示数字列表数组或对数字列表的引用。ref 中的非数值型值将被忽略。
● order：可选，一个指定数字的排位方式的数字。

技巧 45 用 RANK.AVG 函数对销售额排名

如图 6-73 所示表格中统计了各销售员的销售金额，要求对各销售员的销售额进行排位。

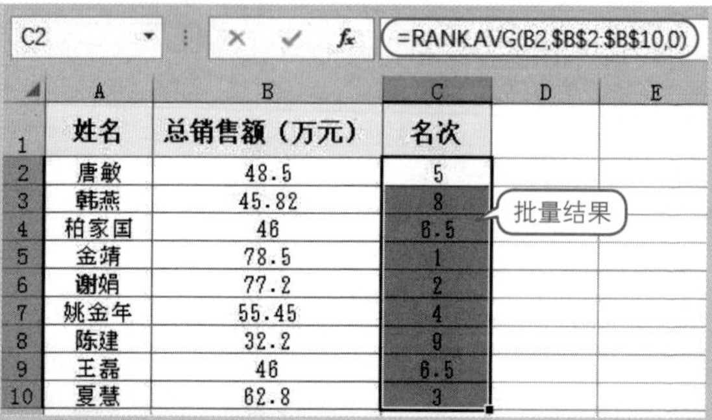

图 6-73

❶ 选中 C2 单元格，在公式编辑栏中输入公式：

=RANK.AVG(B2,$B$2:$B$10,0)

按 Enter 键得出结果。

❷ 选中 C2 单元格，拖动右下角的填充柄向下复制公式，即可完成对所有销售额的依次排位，如图 6-73 所示。注意用这个函数后，当两个销售额名次相同时，返回的是平均值排位。

6.4.3 PERCENTRANK.INC 函数（返回数字的百分比排位）

【功能】

PERCENTRANK.INC 函数用于将某个数值在数据集中的排位作为数据集的百分比值返回，此处的百分比值为 0~1（含 0 和 1）。

【语法】

PERCENTRANK.INC(array,x,[significance])

【参数】

● array：表示为定义相对位置的数组或数字区域。
● x：表示为数组中需要得到其排位的值。
● significance：表示返回的百分数值的有效位数。若省略，函数保留 3 位小数。

技巧 46　将各月销售利润按百分比排位

表格中统计了各个月份的利润，要求将这 12 个月的利润金额进行百分比排位，即得到如图 6-74 所示 C 列中的数据。

	A	B	C
1	姓名	利润（万元）	百分比排位
2	1月	35.25	18.1%
3	2月	51.5	36.3%
4	3月	75.81	90.9%
5	4月	62.22	72.7%
6	5月	55.51	45.4%
7	6月	32.2	0.0%
8	7月	60.45	63.6%
9	8月	77.9	100.0%
10	9月	41.55	27.2%
11	10月	55.51	45.4%
12	11月	65	81.8%
13	12月	34.55	9.0%

批量结果

图 6-74

❶ 选中 C2 单元格，在公式编辑栏中输入公式：

```
=PERCENTRANK.INC($B$2:$B$13,B2)
```

按 Enter 键得出 B2 单元格的值在 B2:B13 单元格区域中的百分比排位，如图 6-75 所示。

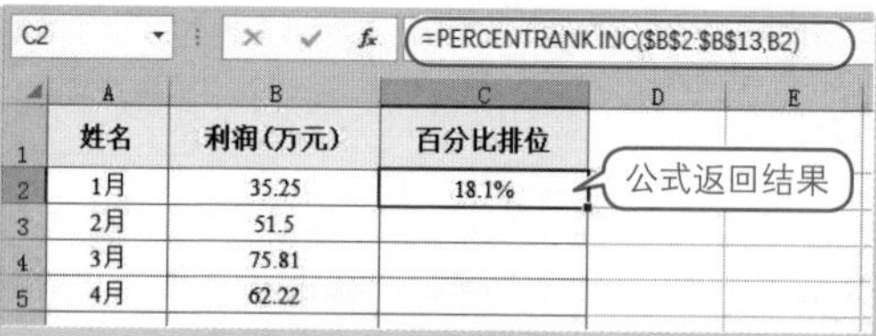

图 6-75

❷ 选中 C2 单元格，拖动右下角的填充柄向下复制公式，即可批量得出其他各月的利润金额在 12 个月利润序列中的百分比排位。

📌 专家点拨

从公式返回结果可以看到最小值的百分比排位为 0，最大值的百分比排位为 100%，其他值会依次计算出其在 B2:B13 单元格区域中的百分比排位。

6.4.4　MEDIAN 函数（返回数据集的中位数）

【功能】

MEDIAN 函数用于返回给定数值集合的中位数。中位数是指将数据按大小顺序排列起来，形成一个数列，居于数列中间位数的那个数据就是中位数。如果数据系列的个数是偶数，则两个中间值的算术平均值为中位数。

【语法】

MEDIAN(number1,number2,...)

【参数】

number1,number2,...：表示要找出中位数的 1 ~ 30 个数字参数。

技巧 47　统计全年各月利润值中的中位数

在计算中位数时，首先要将数据按升序排序，然后使用 Excel 中的 MEDIAN 函数来计算中位数。

❶ 选中 "单价" 列下任意单元格，单击 "数据" 选项卡，在 "排序和筛选" 选项组中单击 "升序" 按钮，此时 C 列数据由小到大重新排列，如图 6-76 所示。

❷ 选中 E3 单元格，在编辑栏中输入公式：

```
=MEDIAN(C2:C25)
```

按 Enter 键后，即可计算出单价数据的中位数，如图 6-77 所示。

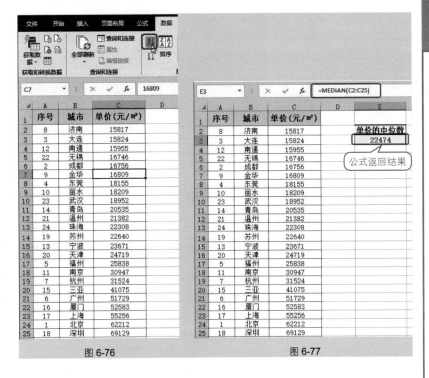

图 6-76　　　　　　　　　　　　　图 6-77

6.4.5　QUARTILE.INC 函数（返回数据集的四分位数）

【功能】

QUARTILE.INC 函数用于根据 0 ~ 1 的百分点值（包含 0 和 1）返回数据集的四分位数。分位数是将总体的全部数据按大小顺序排列后，处于各等分位置的变量值。

【语法】

QUARTILE.INC(array,quart)

【参数】

● array：表示为需要求得四分位数值的数组或数字引用区域。
● quart：表示决定返回哪一个四分位值，如表 6-1 所示。

表 6-1 QUARTILE 函数的 quart 参数与含义

quart 参数	含　义
0	表示最小值
1	表示第 1 个四分位数（25% 处）
2	表示第 2 个四分位数（50% 处）
3	表示第 3 个四分位数（75% 处）
4	表示最大值

技巧 48　统计一组身高数据的四分位数

四分位数是通过 3 个点将全部数据等分为 4 部分，其中每部分包含 25% 的数据。很显然，中间的四分位数就是中位数，因此通常所说的四分位数是指处在 25% 位置上的数值（称为下四分位数）和处在 75% 位置上的数值（称为上四分位数）。下面使用 QUARTILE.INC 函数来统计一组身高数据的四分位数。

❶ 选中"身高"列中任意单元格，在"数据"选项卡的"排序和筛选"选项组中单击"升序"按钮将身高数据从小到大排列。

❷ 选中 E7 单元格，在编辑栏中输入公式：

```
=QUARTILE.INC(B3:B18,1)
```

按 Enter 键即可统计出 B3:B18 单元格区域中 25% 处的值，如图 6-78 所示。

❸ 选中 E8 单元格，在编辑栏中输入公式：

```
=QUARTILE.INC(B3:B18,2)
```

按 Enter 键即可统计出 B3:B18 单元格区域中 50% 处的值（等同于公式"=MEDIAN (B3:B18)"的返回值），如图 6-79 所示。

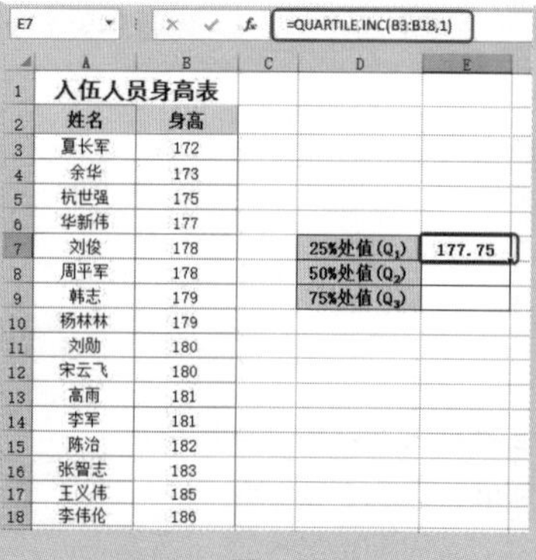

图 6-78

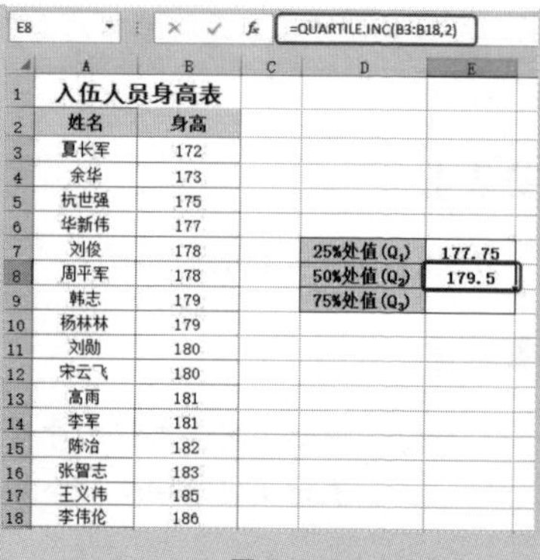

图 6-79

❹ 选中 E9 单元格，在编辑栏中输入公式：

```
=QUARTILE.INC(B3:B18,3)
```

按 Enter 键即可统计出 B3:B18 单元格区域中 75% 处的值，如图 6-80 所示。

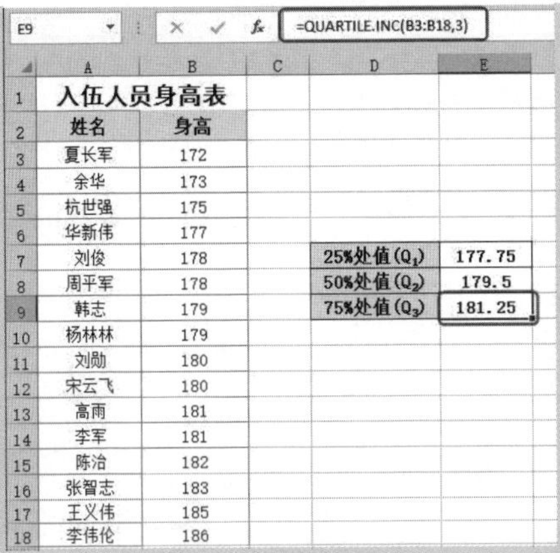

=QUARTILE.INC(B3:B18,3)

	A	B	C	D	E
1	入伍人员身高表				
2	姓名	身高			
3	夏长军	172			
4	余华	173			
5	杭世强	175			
6	华新伟	177			
7	刘俊	178		25%处值(Q_1)	177.75
8	周平军	178		50%处值(Q_2)	179.5
9	韩志	179		75%处值(Q_3)	181.25
10	杨林林	179			
11	刘勋	180			
12	宋云飞	180			
13	高雨	181			
14	李军	181			
15	陈治	182			
16	张智志	183			
17	王义伟	185			
18	李伟伦	186			

图 6-80

公式解析

=QUARTILE.INC(B2:B13,0)

B2:B13 为目标单元格区域，第二个参数为 0 时表示最小值，为 1 时表示 25% 处的值，为 2 时表示 50% 处的值，为 3 时表示 75% 处的值，为 4 时表示最大值。

6.4.6 PERCENTILE.INC 函数（返回一组数据的百分位数）

【功能】

PERCENTILE.INC 函数用于返回区域中数值的第 k 个百分点的值，k 为 0~1 的百分点值，包含 0 和 1。

【语法】

PERCENTILE.INC(array,k)

【参数】

- array：表示用于定义相对位置的数组或数据区域。
- k：表示 0 ~ 1 的百分点值，包含 0 和 1。

技巧 49 统计一组身高数据的 k 个百分点的值

表格中统计的是一组身高数据，通过 PERCENTILE.INC 函数可以统计这一身高区域中的最高身高值、最低身高值以及指定百分比处的身高值。

❶ 选中"身高"列中任意单元格，在"数据"选项卡的"排序和筛选"选项组中单击"升序"按钮将身高数据从小到大排列。

❷ 选中 E5 单元格，在公式编辑栏中输入公式：

```
=PERCENTILE.INC(B3:B18,0)
```

按 Enter 键得出最低身高，如图 6-81 所示。

❸ 选中 E6 单元格，在公式编辑栏中输入公式：

```
=PERCENTILE.INC(B3:B18,1)
```

按 Enter 键得出最高身高，如图 6-82 所示。

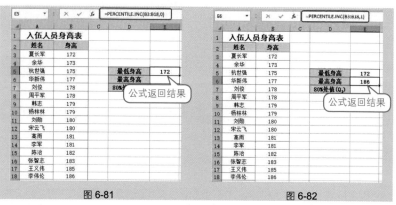

图 6-81   图 6-82

❹ 选中 E7 单元格，在公式编辑栏中输入公式：

```
=PERCENTILE.INC(B3:B18,0.8)
```

按 Enter 键得出 80% 处的值，如图 6-83 所示。

图 6-83

高效随身查——Excel 2021 必学的函数与公式应用技巧（视频教学版）

公式解析

=PERCENTILE.INC(B3:B18,0)

B3:B18 为目标单元格区域，第二个参数为 0 ~ 1，0 表示最低值，1 表示最高值，其他使用小数位表示指定百分点处的值。

6.5　方差、协方差与偏差

方差和标准差是测度数据变异程度的最重要、最常用的指标，用来描述一组数据的波动性（集中还是分散）。方差是各个数据与其算术平均数的离差平方和的平均数，通常以 σ2 表示。方差的计量单位和量纲不便于从经济意义上进行解释，所以实际统计工作中多用方差的算术平方根——标准差来测度统计数据的差异程度。标准差又称均方差，一般用 σ 表示。方差值越小表示数据越稳定。另外，标准差和方差一般是用来描述一维数据的，当遇到含有多维数据的数据集，在概率论和统计学中，协方差用于衡量两个变量的总体误差。

在 Excel 中提供了一些方差统计函数，VAR.S 与 VARA（含文本）是计算样本方差，VAR.P、VARPA（含文本）是计算样本总体方差，STDEV.S、STDEVA（含文本）是计算样本标准差，STDEV.P、STDEVPA（含文本）是计算样本总体标准差，COVARIANCE.S 是计算样本协方差，COVARIANCE.P 是计算总体协方差。

6.5.1　VAR.S 函数（计算基于样本的方差）

【功能】

VAR.S 函数用于估算基于样本的方差（忽略样本中的逻辑值和文本）。

【语法】

VAR.S(number1,[number2],...])

【参数】

● number1：表示对应于样本总体的第一个数值参数。

● number2, ...：可选，对应于样本总体的 2 ~254 个数值参数。

专家点拨

计算出的方差值越小表示越稳定，数据间差别小。

例如，要考察一台机器的生产能力，利用抽样程序来检验生产出来的产品质量，假设提取 14 个值。根据行业通用法则：如果一个样本中的 14 个数据项的方差大于 0.005，则该机器必须关闭待修。

选中 B2 单元格，在编辑栏中输入公式：

```
=VAR.S(A2:A15)
```

按 Enter 键，即可计算出方差为 0.0025478，如图 6-84 所示。此值小于 0.005，表示此机器工作正常。

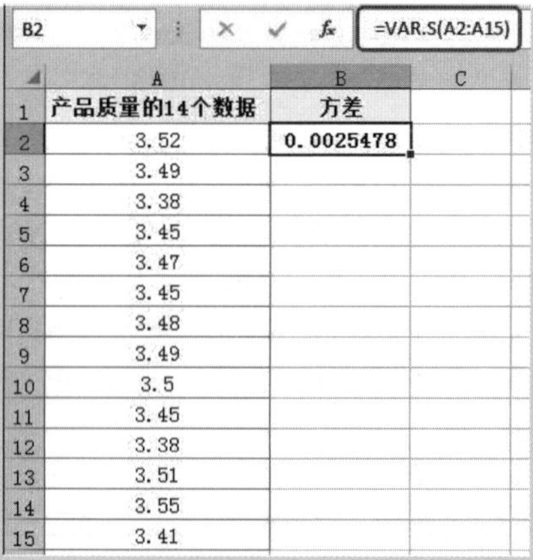

图 6-84

6.5.2　VAR.P 函数（计算基于样本总体的方差）

【功能】

VAR.P 函数用于计算基于样本总体的方差（忽略逻辑值和文本）。

【语法】

VAR.P(number1,[number2],...)

【参数】

● number1：表示对应于样本总体的第一个数值参数。
● number2, ...：可选，对应于样本总体的 2 ～ 254 个数值参数。

专家点拨

假设总体数量是 100，样本数量是 20，当要计算 20 个样本的方差时使用 VAR.S 函数，但如果要根据 20 个样本值估算总体 100 的方差则使用 VAR.P 函数。

技巧 51　以样本值估算总体的方差

例如，要考察一台机器的生产能力，利用抽样程序来检验生产出来的产品质量，假设提取 14 个值，想通过这个样本数据估计总体的方差。

选中 B2 单元格，在编辑栏中输入公式：

```
=VAR.P(A2:A15)
```

按 Enter 键，即可计算出基于样本总体的方差为 0.00236582，如图 6-85 所示。

	A	B	C
	B2	✕ ✓ ƒx	=VAR.P(A2:A15)
1	产品质量的14个数据	方差	
2	3.52	0.00236582	
3	3.49		
4	3.38		
5	3.45		
6	3.47		
7	3.45		
8	3.48		
9	3.49		
10	3.5		
11	3.45		
12	3.38		
13	3.51		
14	3.55		
15	3.41		

图 6-85

6.5.3　STDEV.S 函数（计算基于样本估算标准偏差）

【功能】

STDEV.S 函数用于计算基于样本估算标准偏差（忽略样本中的逻辑值和文本）。

【语法】

STDEV.S(number1,[number2],...)

【参数】

● number1：表示对应于总体样本的第一个数值参数。也可以用单一数组或对某个数组的引用来代替用逗号分隔的参数。

● number2, ...：可选，对应于总体样本的 2 ~ 254 个数值参数。也可以用单一数组或对某个数组的引用来代替用逗号分隔的参数。

专家点拨

标准差又称为均方差，标准差反映数值相对于平均值的离散程度。标准差与均值的量纲（单位）是一致的，在描述一个波动范围时标准差更方便。例如一个班的男生的平均身高是 170 cm，标准差是 10 cm，方差则是 102，可以简便描述为本班男生的身高分布在 170 ± 10 cm。

技巧 52　估算入伍军人身高的标准偏差

例如，要考察一批入伍军人的身高情况，抽样抽取 14 人的身高数据，要求基于此样本估算标准偏差。

❶ 选中 B2 单元格，在编辑栏中输入公式：

```
=AVERAGE(A2:A15)
```

按 Enter 键，即可计算出身高平均值，如图 6-86 所示。

	A	B	C	D
	身高数据	平均身高	标准偏差	
1				
2	1.72	1.762142857		
3	1.82			
4	1.78			
5	1.76			
6	1.74			
7	1.72			
8	1.70			
9	1.80			
10	1.69			
11	1.82			
12	1.85			
13	1.69			
14	1.76			
15	1.82			

图 6-86

❷ 选中 C2 单元格，在编辑栏中输入公式：

```
=STDEV.S(A2:A15)
```

按 Enter 键，即可基于此样本估算出标准偏差，如图 6-87 所示。

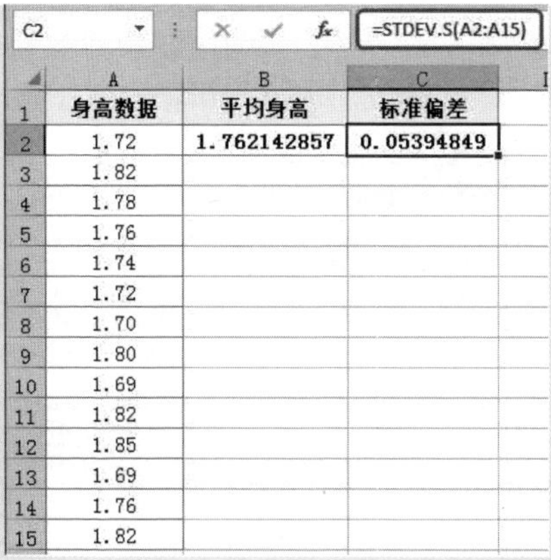

图 6-87

📖✐ 公式解析

=STDEV.S(A2:A15)

通过计算结果可以得出结论: 本次入伍军人的身高分布在 1.7621±0.0539 m。

6.5.4 STDEV.P 函数（计算样本总体的标准偏差）

【功能】

STDEV.P 函数计算样本总体的标准偏差（忽略逻辑值和文本）。

【语法】

STDEV.P (number1,[number2],...])

【参数】

● number1: 表示对应于样本总体的第一个数值参数。

● number2, ...: 可选, 对应于样本总体的 2 ~ 254 个数值参数。

🔊 专家点拨

假设总体数量是 100, 样本数量是 20, 当要计算 20 个样本的标准偏差时使用 STDEV.S 函数, 但如果要根据 20 个样本值估算总体 100 的标准偏差则使用 STDEV.P 函数。

对于大样本来说, STDEV.S 函数与 STDEV.P 函数的计算结果大致相等, 但对于小样本来说, 二者计算结果差别会很大。

技巧 53　以样本值估算总体的标准偏差

例如，要考察一批入伍军人的身高情况，抽样抽取 14 人的身高数据，要求基于此样本估算总体的标准偏差。

选中 B2 单元格，在编辑栏中输入公式：

```
=STDEV.P(A2:A15)
```

按 Enter 键，即可基于此样本估算出总体的标准偏差，如图 6-88 所示。

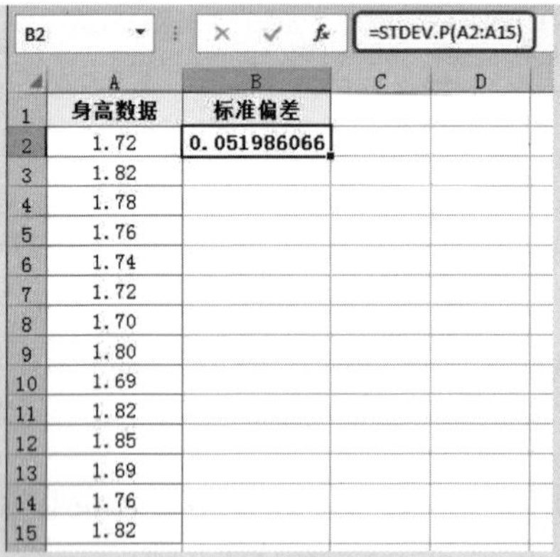
B2　=STDEV.P(A2:A15)

	A	B	C	D
1	身高数据	标准偏差		
2	1.72	0.051986066		
3	1.82			
4	1.78			
5	1.76			
6	1.74			
7	1.72			
8	1.70			
9	1.80			
10	1.69			
11	1.82			
12	1.85			
13	1.69			
14	1.76			
15	1.82			

图 6-88

6.5.5　COVARIANCE.S 函数（返回样本协方差）

【功能】

COVARIANCE.S 函数表示返回样本协方差，即两个数据集中每对数据点的偏差乘积的平均值。

【语法】

COVARIANCE.S(array1,array2)

【参数】

- array1：表示第一个所含数据为整数的单元格区域。
- array2：表示第二个所含数据为整数的单元格区域。

专家点拨

当遇到含有多维数据的数据集，就需要引入协方差的概念，如判断施肥量与亩产的相关性，判断甲状腺与碘食用量的相关性等。协方差的结果有什么意义呢? 如果结果为正值, 则说明两者是正相关的, 结果为负值则说明两者是负相关的, 结果为 0, 那么也就是统计上说的"相互独立"。

技巧 54　计算甲状腺与含碘量的协方差

如图 6-89 所示表格为 16 个调查地点的地方性甲状腺肿患病量与其食品、水中含碘量的调查数据, 现在通过计算协方差可判断甲状腺肿与含碘量是否存在显著关系。

E2		:	×	✓	fx	=COVARIANCE.S(B2:B17,C2:C17)

	A	B	C	D	E	F
1	序号	患病量	含碘量		协方差	
2	1	300	0.1		-114.8803	
3	2	310	0.05			
4	3	98	1.8			
5	4	285	0.2			
6	5	126	1.19			
7	6	80	2.1			
8	7	155	0.8			
9	8	50	3.2			
10	9	220	0.28			
11	10	120	1.25			
12	11	40	3.45			
13	12	210	0.32			
14	13	180	0.6			
15	14	56	2.9			
16	15	145	1.1			
17	16	35	4.65			

图 6-89

选中 E2 单元格, 在编辑栏中输入公式:

```
=COVARIANCE.S(B2:B17,C2:C17)
```

按 Enter 键, 即可返回协方差为 -114.8803, 如图 6-89 所示。

公式解析

=COVARIANCE.S(B2:B17,C2:C17)

返回对应在 B2:B17 和 C2:C17 单元格区域两个数据集中每对数据点的偏差乘积的平均数。

通过计算结果可以得出结论: 甲状腺肿患病量与含碘量有负相关, 即含碘量越少, 甲状腺肿患病量越高。

6.5.6　COVARIANCE.P 函数 (返回总体协方差)

【功能】

COVARIANCE.P 函数表示返回总体协方差, 即两个数据集中每对数据点的偏差乘积的平均数。

【语法】

COVARIANCE.P(array1,array2)

【参数】

- array1：表示第一个所含数据为整数的单元格区域。
- array2：表示第二个所含数据为整数的单元格区域。

📢 专家点拨

假设总体数量是 100，样本数量是 20，当要计算 20 个样本的协方差时使用 COVARIANCE.S 函数，但如果要根据 20 个样本值估算总体 100 的协方差，则使用 COVARIANCE.P 函数。

技巧 55　以样本值估算总体的协方差

如图 6-90 所示表格为 16 个调查地点的地方性甲状腺肿患病量与其食品、水中含碘量的调查数据，现在要求基于此样本估算总体的协方差。

	E2	: × ✓ fx	=COVARIANCE.P(B2:B17,C2:C17)		
▲	A	B	C	D	E	F
1	序号	患病量	含碘量		协方差	
2	1	300	0.1		-107.7002	
3	2	310	0.05			
4	3	98	1.8			
5	4	285	0.2			
6	5	126	1.19			
7	6	80	2.1			
8	7	155	2.1			
9	8	50	3.2			
10	9	220	0.28			
11	10	120	1.25			
12	11	40	3.45			
13	12	210	0.32			
14	13	180	0.6			
15	14	56	2.9			
16	15	145	1.1			
17	16	35	4.65			

图 6-90

选中 E2 单元格，在编辑栏中输入公式：

```
=COVARIANCE.P(B2:B17,C2:C17)
```

按 Enter 键，即可估算总体协方差为 **-107.7002**，如图 6-90 所示。

6.5.7　DEVSQ 函数（返回平均值偏差的平方和）

【功能】

DEVSQ 函数返回数据点与各自样本平均值的偏差的平方和。

【语法】

DEVSQ(number1,number2,...)

【参数】

number1,number2,...：表示用于计算偏差平方和的 1 ～ 30 个参数。如果 DEVSQ 函数使用单元格引用，那么该函数只会计算参数中的数字，其他类型的值将会被忽略不计。如果 DEVSQ 函数直接输入参数的值，那么该函数将会计算参数中数字、文本格式的数字或逻辑值。如果参数值中包含文本则返回错误值。

📢 专家点拨

计算结果以 Q 值表示，Q 值越大，表示测定值之间的差异越大。

技巧 56　计算零件质量系数的偏差平方和

如图 6-91 所示表格中为零件的质量系数，使用函数可以返回其偏差平方和。计算结果以 Q 值表示，Q 值越大，表示测定值之间的差异越大。

 D2			✕ ✓ fx	=DEVSQ(B2:B9)	
	A	B	C	D	
1	编号	零件质量系数		偏差平方和	
2	1	75		42	
3	2	72			
4	3	76			
5	4	70			
6	5	69			
7	6	71			
8	7	73			
9	8	74			

图 6-91

选中 D2 单元格，在编辑栏中输入公式：

```
=DEVSQ(B2:B9)
```

按 Enter 键即可求出零件质量系数的偏差平方和，如图 6-91 所示。

6.5.8　AVEDEV 函数（计算数值的平均绝对偏差）

【功能】

AVEDEV 函数用于返回数值的平均绝对偏差。偏差表示每个数值与平均值之间的差，平均偏差表示每个偏差绝对值的平均值。该函数可以评测数据的离散度。

【语法】

AVEDEV(number1,number2,...)

【参数】

number1,number2,...：表示用来计算绝对偏差平均值的一组参数，其个数为 1 ~ 30 个。

专家点拨

计算结果值越大，表示测定值之间的差异越大。

技巧 57 计算一种食品重量的平均绝对偏差

某公司要求对生产出的一种食品的重量保持大致在 500 克左右，选择其中的 10 件进行测试，记录各食品的重量，现在需要计算平均绝对偏差。

选中 C2 单元格，在编辑栏中输入公式：

```
=AVEDEV(B2:B11)
```

按 Enter 键即可求出这一组食品重量的平均绝对偏差，如图 6-92 所示。

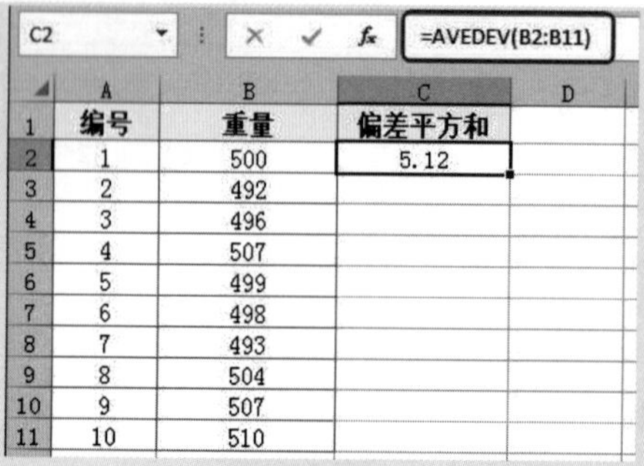
C2 =AVEDEV(B2:B11)

	A	B	C	D
1	编号	重量	偏差平方和	
2	1	500	5.12	
3	2	492		
4	3	496		
5	4	507		
6	5	499		
7	6	498		
8	7	493		
9	8	504		
10	9	507		
11	10	510		

图 6-92

7.1　投资计算函数

7.1.1　PMT 函数（计算贷款每期付款额）

【功能】

PMT 函数是基于固定利率及等额分期付款方式，返回贷款的每期付款额。PMT 函数可以计算为偿还一笔贷款，要求在一定周期内支付完时，每次需要支付的偿还额，也就是我们平时所说的"分期付款"的每期偿还额。

【语法】

PMT(rate,nper,pv,fv,type)

【参数】

● rate：表示投资或贷款的利率或贴现率。

● nper：表示总投资（或贷款）期，即该项投资（或贷款）的付款期总数。

● pv：表示现值，也称为本金。

● fv：表示未来值，在所有付款发生后的投资或贷款的价值。

● type：指定各期的付款时间是在期初还是期末。0 表示期末付款，1 表示期初付款。

技巧 1　**计算贷款的每年偿还额**

如图 **7-1** 所示表格中录入了某项贷款的贷款年利率、贷款年限、贷款总金额，付款方式为期末付款。要求计算出贷款的每年偿还额。

选中 **B5** 单元格，在公式编辑栏中输入公式：

```
=PMT(B1,B2,B3)
```

按 Enter 键，即可计算出该项贷款的每年偿还金额，如图 7-1 所示。

图 7-1

技巧 2　计算贷款的每月偿还金额

如图 7-2 所示表格中录入了某项贷款的贷款年利率、贷款月份数、贷款总金额，付款方式为期末付款。要求计算出贷款的每月偿还金额。

图 7-2

选中 B5 单元格，在公式编辑栏中输入公式：

```
=PMT(B1/12,B2,B3)
```

按 Enter 键，即可计算出该项贷款的每月偿还金额，如图 7-2 所示。

📣 专家点拨

因为表格中统计的是贷款年利率，所以公式中要进行除以 12 的处理，即转换为月利率。

7.1.2　IPMT 函数（计算每期偿还额中的利息额）

【功能】

IPMT 函数基于固定利率及等额分期付款方式，计算投资或贷款在某一给定期限内的利息偿还额。

【语法】

IPMT(rate,per,nper,pv,fv,type)

【参数】

● rate：表示为各期利率。
● per：表示为用于计算其利息数额的期数，为 1 ~ nper。

- nper：表示为投资或贷款的总期数。
- pv：表示为现值，即本金。
- fv：表示为未来值，即最后一次付款后的现金余额。如果省略 fv，则假设其值为 0。
- type：指定各期的付款时间是在期初，还是期末。0 表示期末付款，1 表示期初付款。

技巧 3　计算贷款每年偿还金额中的利息金额

如图 **7-3** 所示表格中录入了某项贷款的贷款年利率、贷款年限、贷款总金额，付款方式为期末付款。要求计算每年偿还金额中有多少是利息。

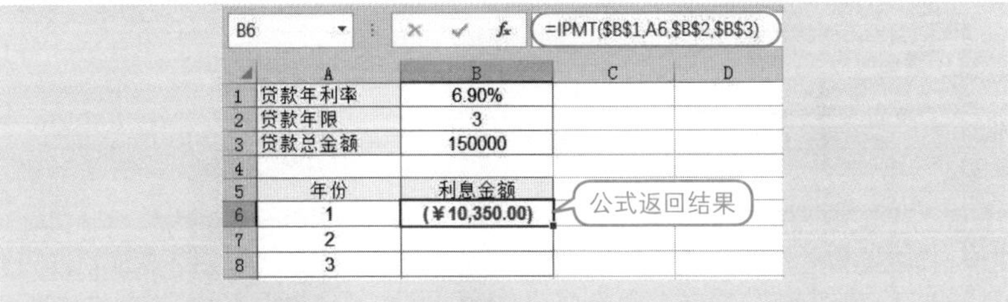

B6　=IPMT($B$1,A6,$B$2,$B$3)

	A	B	C	D
1	贷款年利率	6.90%		
2	贷款年限	3		
3	贷款总金额	150000		
4				
5	年份	利息金额		
6	1	(¥10,350.00)		
7	2			
8	3			

图 7-3

❶ 在工作表中依次输入年份数序列，这个序列是该项贷款的贷款年限（输入的数据在后面公式中将会引用）。

❷ 选中 **B6** 单元格，在公式编辑栏中输入公式：

```
=IPMT($B$1,A6,$B$2,$B$3)
```

按 **Enter** 键，即可计算出该项贷款第一年还款额中的利息额，如图 **7-3** 所示。

❸ 选中 **B6** 单元格，拖动右下角的填充柄至 **B8** 单元格，即可快速计算出其他各年中偿还的利息额，如图 **7-4** 所示。

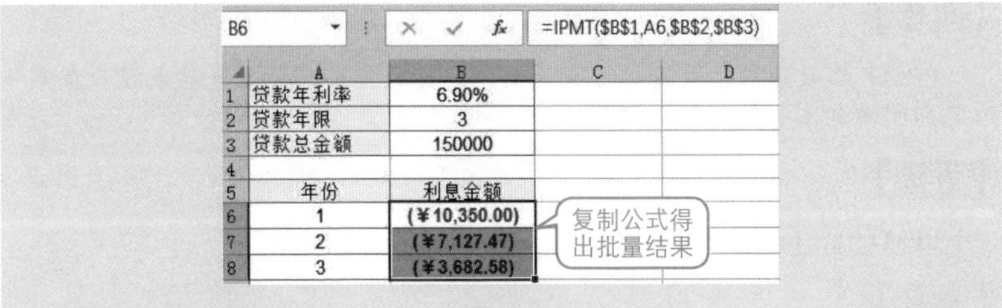

B6　=IPMT($B$1,A6,$B$2,$B$3)

	A	B	C	D
1	贷款年利率	6.90%		
2	贷款年限	3		
3	贷款总金额	150000		
4				
5	年份	利息金额		
6	1	(¥10,350.00)		
7	2	(¥7,127.47)		
8	3	(¥3,682.58)		

图 7-4

技巧 4　计算贷款每月偿还金额中的利息金额

如图 **7-5** 所示表格中录入了某项贷款的贷款年利率、贷款月份数、贷款总金额，付款方式为期末付款。要求计算每月偿还金额中有多少是利息。

❶ 在工作表中依次输入贷款的月份数序列，这个序列是该项贷款的贷款月份数（输入的数据序列在后面公式中将会引用）。

❷ 选中 B6 单元格，在公式编辑栏中输入公式：

`=IPMT($B$1/12,A6,$B$2,$B$3)`

按 Enter 键，即可计算出该项贷款第一个月还款额中的利息额，如图 7-5 所示。

❸ 选中 B6 单元格，拖动右下角的填充柄至 B15 单元格，即可快速计算出其他各个月份中应偿还的利息额，如图 7-6 所示。

图 7-5   图 7-6

专家点拨

因为表格中统计的是贷款年利率，所以公式中要进行除以 12 的处理，即转换为月利率。

7.1.3 PPMT 函数（计算本金）

【**功能**】

PPMT 函数是基于固定利率及等额分期付款方式，计算贷款或投资在某一给定期间内的本金偿还额。

【**语法**】

PPMT(rate,per,nper,pv,fv,type)

【**参数**】

● rate：表示为各期利率。
● per：表示为用于计算其利息数额的期数，为 1 ~ nper。
● nper：表示为总投资期。

- pv：表示为现值，即本金。
- fv：表示为未来值，即最后一次付款后的现金余额。如果省略 fv，则假设其值为 0。
- type：表示指定各期的付款时间是在期初，还是期末。0 表示期末付款，1 表示期初付款。

第 7 章 财务函数范例

技巧 5　计算贷款每年偿还金额中的本金金额

如图 7-7 所示表格中录入了某项贷款的贷款年利率、贷款年限、贷款总金额，付款方式为期末付款。要求计算每年偿还金额中有多少是本金。

❶ 在工作表中依次输入年份数序列，这个序列是该项贷款的贷款年限（输入的数据在后面公式中将会引用）。

❷ 选中 B6 单元格，在公式编辑栏中输入公式：

```
=PPMT($B$1,A6,$B$2,$B$3)
```

按 Enter 键，即可计算出该项贷款第一年还款额中的本金额，如图 7-7 所示。向下复制公式得到其他年份偿还的本金额，如图 7-8 所示。

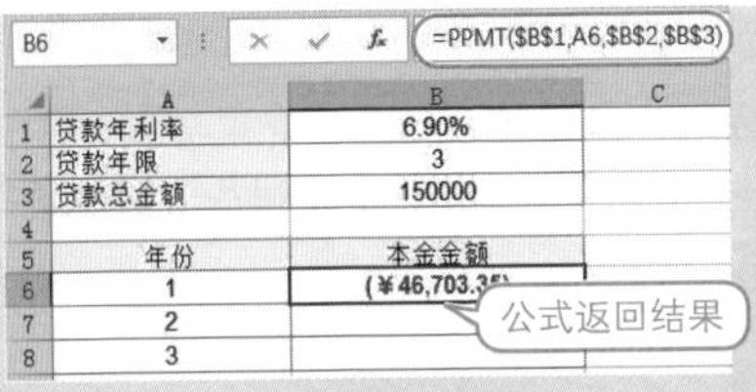

图 7-7 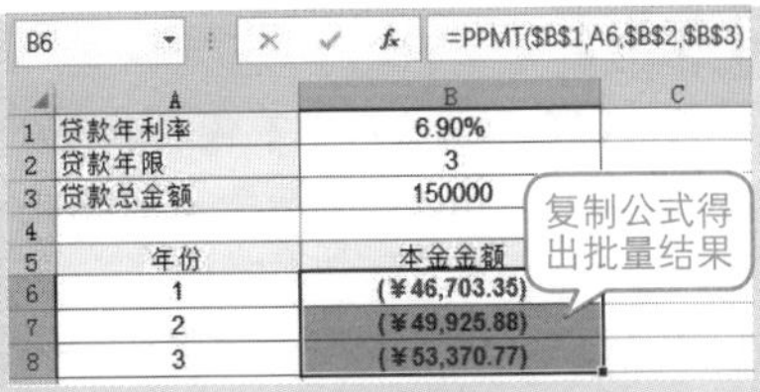　　　　　图 7-8

技巧 6　计算贷款每月偿还金额中的本金金额

如图 7-9 所示表格中录入了某项贷款的贷款年利率、贷款月份数、贷款总金额，付款方式为期末付款。要求计算每月偿还金额中有多少是本金。

❶ 在工作表中依次输入贷款的月份数序列，这个序列是该项贷款的贷款月份数（输入的数据序列在后面公式中将会引用）。

❷ 选中 B6 单元格，在公式编辑栏中输入公式：

```
=PPMT($B$1/12,A6,$B$2,$B$3)
```

按 Enter 键，即可计算出该项贷款第一个月还款额中的本金额，如图 7-9 所示。

❸ 选中 B6 单元格，拖动右下角的填充柄至 B15 单元格，即可快速计算出其他各个月份中应偿还的本金额，如图 7-10 所示。

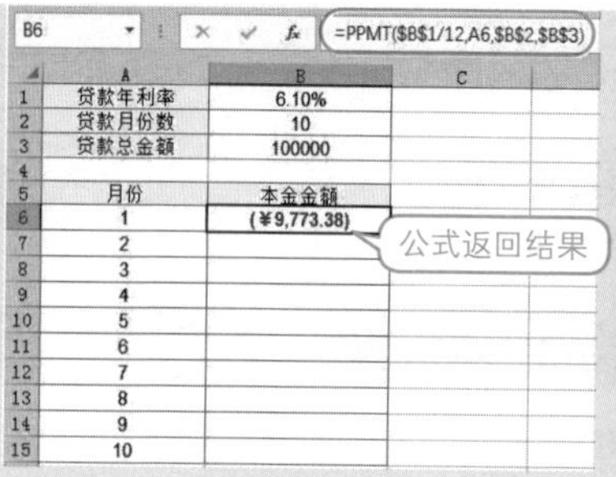

图 7-9 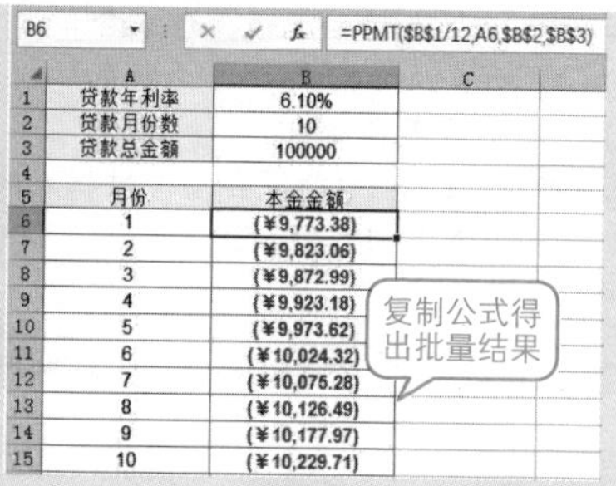　　　　　　　　　　　　　　　图 7-10

📢 **专家点拨**

因为表格中统计的是贷款年利率，所以公式中要进行除以 12 的处理，即转换为月利率。

7.1.4　ISPMT 函数（等额本金还款方式下的利息计算）

【**功能**】

ISPMT 函数是基于等额本金还款方式，返回某一指定投资或贷款期间内所需支付的利息。在等额本金还款方式下，贷款偿还过程中每期偿还的本金数额保持相同，利息逐期递减。

【**语法**】

ISPMT(rate,per,nper,pv)

【**参数**】

● rate：表示投资或贷款的利率或贴现率。
● per：表示为要计算利息的期数，为 1 ~ nper。
● nper：表示总投资（或贷款）期，即该项投资（或贷款）的付款期总数。
● pv：表示为投资的当前值或贷款数额。

技巧 7　在等额本金还款方式下计算某贷款的利息

如图 **7-11** 所示表格中录入了某项贷款的贷款年利率、贷款年限、贷款总金额。要求计算出贷款的指定年份（按年支付）应偿还的利息或计算指定月份（按月支付）应偿还的利息。

❶ 选中 **B5** 单元格，在公式编辑栏中输入公式：

```
=ISPMT(B1,2,B2,B3)
```

高效随身查——Excel 2021 **必学的函数与公式** 应用技巧（视频教学版）

282

按 Enter 键，即可计算出该项贷款第 2 年应偿还的利息，如图 7-11 所示。

❷ 选中 B6 单元格，在公式编辑栏中输入公式：

```
=ISPMT(B1/12,1,B2*12,B3)
```

按 Enter 键，即可计算出该项贷款第 1 个月应偿还的利息，如图 7-12 所示。

图 7-11　　　　　　　　　　　图 7-12

📑 **应用扩展**

如果想计算出其他年份或月份应支付的利息金额，只需要更改公式中的第 2 个参数即可。

当支付方式为按月支付时，注意利率要除以 12，而贷款总期数要用贷款年限乘以 12。

🔫 **专家点拨**

IPMT 函数与 ISPMT 函数都是计算利息，它们有什么区别呢？

这两个函数的还款方式不同。IPMT 基于固定利率和等额本息还款方式，返回一项投资或贷款在指定期间内的利息偿还额。

在等额本息还款方式下，贷款偿还过程中每期还款总金额保持相同，其中本金逐期递增、利息逐期递减。

ISPMT 函数基于等额本金还款方式，返回某一指定投资或贷款期间内所需支付的利息。在等额本金还款方式下，贷款偿还过程中每期偿还的本金数额保持相同，利息逐期递减。

7.1.5　FV 函数（计算投资未来值）

【功能】

FV 函数基于固定利率及等额分期付款方式，返回某项投资的未来值。

【语法】

FV(rate,nper,pmt,pv,type)

【参数】

● rate：表示为各期利率。
● nper：表示为总投资期，即该项投资的付款期总数。
● pmt：表示为各期所应支付的金额。其数值在整个年金期间保持不变。
● pv：表示为现值，或一系列未来付款当前值的累积和，也称为本金。
● type：指定付款时间是在期初，还是期末。0 表示期末付款，1 表示期初付款。

技巧 8　计算分期存款的未来值

如果每月向银行存入 2000 元，年利率为 **3.14%**，要求计算出 3 年后该账户的存款额。

选中 **B4** 单元格，在公式编辑栏中输入公式：

```
=FV(B1/12,3*12,B2,0,1)
```

按 Enter 键，即可计算出 3 年后该账户的存款额，如图 7-13 所示。

B4	▼	:	×	✓	fx	=FV(B1/12,3*12,B2,0,1)

	A	B	C
1	年利率	3.14%	
2	每月存入金额	-2000	
3			公式返回结果
4	3年后账户的存款额	¥75,594.21	

图 7-13

📣 专家点拨

因为表格中统计的是贷款年利率，所以公式中要进行除以 12 的处理，即转换为月利率，并且总期数要进行乘以 12 转换为月数。

技巧 9　计算购买某项保险的未来值

如果购买某项带分红保险的付款年限为 15 年，则每年支付 7109 元（共付 106635 元），年利率是 4.32%，还款方式为期初还款。要求计算出该项保险到还款结束时其未来值为多少。

选中 **B5** 单元格，在公式编辑栏中输入公式：

```
=FV(B1,B2,B3,1)
```

按 Enter 键，即可计算出购买该项保险最终的未来值，如图 7-14 所示。

图 7-14

7.1.6 FVSCHEDULE 函数（投资在变动或可调利率下的未来值）

【功能】

FVSCHEDULE 函数基于一系列复利返回本金的未来值，用于计算某项投资在变动或可调利率下的未来值。

【语法】

FVSCHEDULE(principal,schedule)

【参数】

● principal：表示为现值。
● schedule：表示为利率数组。

技巧 10　计算某项整存整取存款的未来值

将 50 000 元存入银行，存款期限为 5 年，并且 5 年中利率是变化的（表格中给出）。要求计算出 5 年后该账户的存款总额。

选中 **B8** 单元格，在公式编辑栏中输入公式：

```
=FVSCHEDULE(B1,B2:B6)
```

按 **Enter** 键，即可计算出 5 年后账户的存款总额，如图 **7-15** 所示。

图 7-15

7.1.7 PV 函数（计算投资现值）

【功能】

PV 函数用于计算某项投资的现值。年金现值就是未来各期年金现在的价值的总和。如果投资回收的当前价值大于投资的价值，则这项投资是有收益的。

【语法】

PV(rate,nper,pmt,fv,type)

【参数】

- rate：表示为各期利率。
- nper：表示为总投资（或贷款）期数，即该项投资（或贷款）的付款期总数。
- pmt：表示为各期所应支付的金额。
- fv：表示为未来值，或在最后一次支付后希望得到的现金余额。
- type：指定付款时间是在期初，还是期末。0 表示期末付款，1 表示期初付款。

技巧 11　判断购买某项保险是否合算

假设要购买一项保险，投资回报率为 **4.32%**，该保险可以在今后 40 年内于每月末回报 700 元。此项保险的购买成本为 100 000 元，要求计算出该项保险的现值是多少，从而判断该项投资是否合算。

选中 **B5** 单元格，在公式编辑栏中输入公式：

```
=PV(B1/12,B2*12,B3,0)
```

按 **Enter** 键，即可计算出该项保险的现值，如图 7-16 所示。

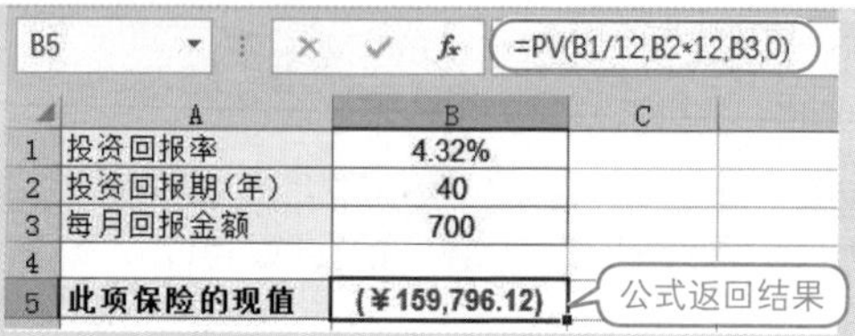

图 7-16

由于计算出的现值高于实际投资金额，所以这是一项合算的投资。

📢 **专家点拨**

因为表格中统计的是年回报率，所以公式中要进行除以 12 的处理，即转换为月回报率，并且回报期数要进行乘以 12 转换为月数。

7.1.8　NPV 函数（计算投资净现值）

【功能】

NPV 函数基于一系列现金流和固定的各期贴现率，计算一项投资的净现值。投资的净现值是指未来各期支出（负值）和收入（正值）的当前值的总和。

【语法】

NPV(rate,value1,value2,...)

【参数】

● rate：表示为某一期间的贴现率。
● value1,value2,...：表示为 1 ~ 29 个参数，代表支出及收入。

📢 专家点拨

NPV 函数按次序使用 value1,value2, … 来注释现金流的次序，所以一定要保证支出和收入的数额按正确的顺序输入。如果参数是数值、空白单元格、逻辑值或表示数值的文字表示式，则都会计算在内；如果参数是错误值或不能转化为数值的文字，则被忽略；如果参数是一个数组或引用，只有其中的数值部分计算在内。忽略数组或引用中的空白单元格、逻辑值、文字及错误值。

技巧 12　计算某投资的净现值

假设开一家店铺需要投资 100 000 元，希望未来 4 年中各年的收入分别为 10 000 元、20 000 元、50 000 元、80 000 元。假定每年的贴现率是 7.5%（相当于通货膨胀率或竞争投资的利率），要求计算如下结果。

● 该投资的净现值。
● 期初投资的付款发生在期末时，该投资的净现值。
● 当第 5 年再投资 10 000 元，5 年后该投资的净现值。

❶ 选中 B9 单元格，在公式编辑栏中输入公式：

```
=NPV(B1,B3:B6)+B2
```

按 Enter 键，即可计算出该项投资的净现值，如图 7-17 所示。

B9		× ✓ fx	=NPV(B1,B3:B6)+B2	
▲	A	B	C	
1	年贴现率	7.50%		
2	初期投资	-100000		
3	第1年收益	10000		
4	第2年收益	20000		
5	第3年收益	50000		
6	第4年收益	80000		
7	第5年再投资	10000		
8				
9	投资净现值(年初发生)	¥26,761.05		公式返回结果

图 7-17

❷ 选中 B10 单元格，在公式编辑栏中输入公式：

```
=NPV(B1,B2:B6)
```

按 Enter 键，即可计算出期初投资的付款发生在期末时该投资的净现值，如图 7-18 所示。

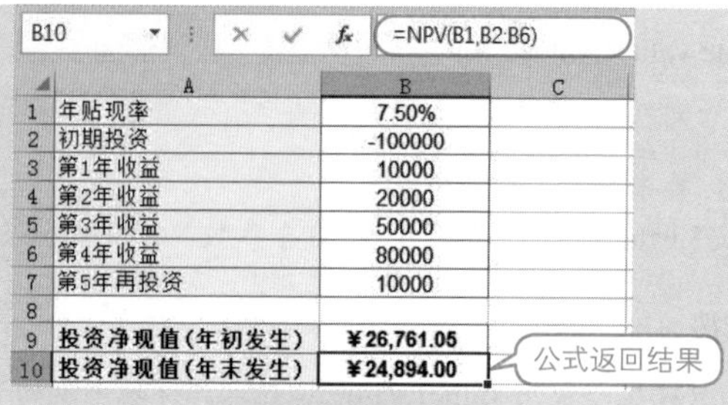

图 7-18

③ 选中 B11 单元格，在公式编辑栏中输入公式：

```
=NPV(B1,B3:B6,B7)+B2
```

按 Enter 键，即可计算出 5 年后的投资净现值，如图 7-19 所示。

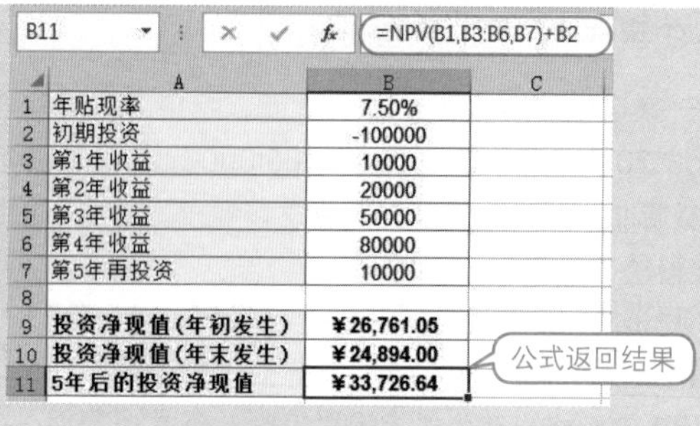

图 7-19

7.1.9　XNPV 函数（计算一组不定期现金流的净现值）

【功能】

XNPV 函数用于计算一组不定期现金流的净现值。

【语法】

XNPV(rate,values,dates)

【参数】

● rate：表示为现金流的贴现率。
● values：表示为与 dates 中的支付时间相对应的一系列现金流。
● dates：表示为与现金流支付相对应的支付日期表。

技巧 13　计算出一组不定期盈利额的净现值

假设某项投资的期初投资额为 20 000 元，未来几个月的收益日期不定，收益金额也不定（表格中给出）。假定每年的贴现率是 **7.5%**（相当于通货膨胀率或竞争投资的利率），要求计算该项投资的净现值。

选中 **C8** 单元格，在公式编辑栏中输入公式：

```
=XNPV(C1,C2:C6,B2:B6)
```

按 **Enter** 键，即可计算出该项投资的净现值，如图 7-20 所示。

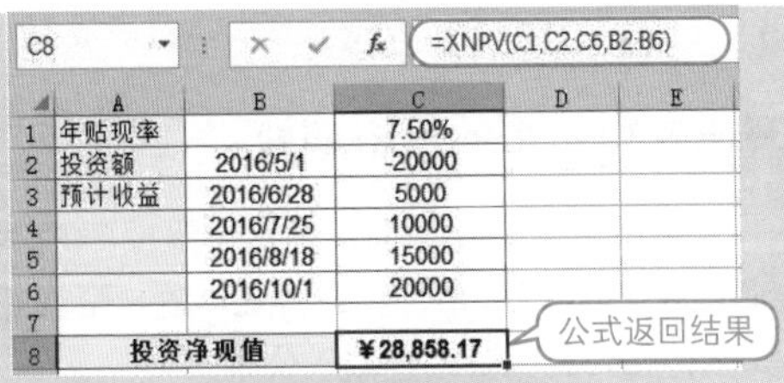

C8		× ✓ fx	=XNPV(C1,C2:C6,B2:B6)		
	A	B	C	D	E
1	年贴现率		7.50%		
2	投资额	2016/5/1	-20000		
3	预计收益	2016/6/28	5000		
4		2016/7/25	10000		
5		2016/8/18	15000		
6		2016/10/1	20000		
7				公式返回结果	
8	投资净现值		¥28,858.17		

图 7-20

7.1.10　NPER 函数（计算投资期数）

【功能】

NPER 函数基于固定利率及等额分期付款方式，返回某项投资（或贷款）的总期数。

【语法】

NPER(rate,pmt,pv,fv,type)

【参数】

- rate：表示为各期利率。
- pmt：表示为各期所应支付的金额。
- pv：表示为现值，即本金。
- fv：表示为未来值，即最后一次付款后希望得到的现金余额。
- type：指定各期的付款时间是在期初，还是期末。0 表示期末付款，1 表示期初付款。

技巧 14　计算出贷款的清还年数

例如，当前得知某项贷款的总金额、年利率，以及每年向贷款方支付的金额，现在计算要还清此项贷款需要多少年。

选中 B5 单元格，在公式编辑栏中输入公式：

```
=ABS(NPER(B1,B2,B3))
```

按 Enter 键，即可计算出此项贷款的清还年数（约为 9 年），如图 7-21 所示。

图 7-21

技巧 15　计算出某项投资的投资期数

例如，某项投资的回报率为 6.38%，每月需要投资的金额为 1000 元，如果想最终获取 100 000 元的收益，请计算进行几年的投资才能获取预期的收益。

选中 B5 单元格，在公式编辑栏中输入公式：

```
=ABS(NPER(B1/12,B2,B3))/12
```

按 Enter 键，即可计算出要取得预计的收益金额约需要投资 7 年，如图 7-22 所示。

图 7-22

7.2　偿还率计算函数

7.2.1　IRR 函数（计算一组现金流的内部收益率）

【功能】

IRR 函数用于计算由数值代表的一组现金流的内部收益率。这些现金流不一定必须为均衡的，但作为年金，它们必须按固定的间隔发生，如按月或按年。内部收益率为投资的回收利率，其中包含定期支付（负值）和收入（正值）。

【语法】

IRR(values,guess)

【参数】

- values：表示为进行计算的数组，即用来计算内部收益率的数字。values 必须包含至少一个正值和一个负值，以计算内部收益率。
- guess：表示为对函数 IRR 计算结果的估计值。

技巧 16　计算某项投资的内部收益率

假设要开设一家店铺需要投资 100 000 元，希望未来 5 年中各年的收入分别为 10 000 元、20 000 元、50 000 元、80 000 元、120 000 元。要求计算出 3 年后的内部收益率与 5 年后的内部收益率。

❶ 选中 B8 单元格，在公式编辑栏中输入公式：

`=IRR(B1:B4)`

按 Enter 键即可计算出 3 年后的内部收益率，如图 7-23 所示。

❷ 选中 B9 单元格，在公式编辑栏中输入公式：

`=IRR(B1:B6)`

按 Enter 键即可计算出 5 年后的内部收益率，如图 7-24 所示。

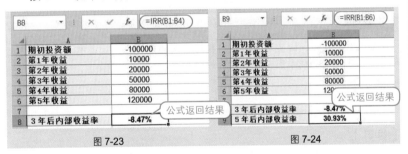

图 7-23　　　　　图 7-24

7.2.2　XIRR 函数（计算一组不定期现金流的内部收益率）

【功能】

XIRR 函数返回一组不定期现金流的内部收益率。

【语法】

XIRR(values,dates,guess)

【参数】

- values：表示与 dates 中的支付时间相对应的一系列现金流。

- dates：表示与现金流支付相对应的支付日期表。
- guess：表示对函数 XIRR 函数计算结果的估计值。

技巧 17　计算出一组不定期盈利额的内部收益率

假设某项投资的期初投资为 20 000 元，未来几个月的收益日期不定，收益金额也不定（表格中给出）。要求计算出该项投资的内部收益率。

选中 C8 单元格，在公式编辑栏中输入公式：

```
=XIRR(C1:C6,B1:B6)
```

按 Enter 键，即可计算出该投资的内部收益率，如图 7-25 所示。

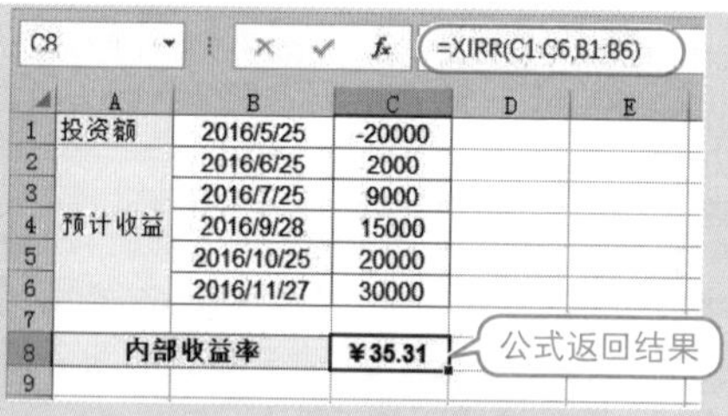

	A	B	C	D	E
C8			fx	=XIRR(C1:C6,B1:B6)	
1	投资额	2016/5/25	-20000		
2		2016/6/25	2000		
3		2016/7/25	9000		
4	预计收益	2016/9/28	15000		
5		2016/10/25	20000		
6		2016/11/27	30000		
7					
8	内部收益率		¥35.31	公式返回结果	
9					

图 7-25

7.2.3　MIRR 函数（计算修正内部收益率）

【功能】

MIRR 函数是返回某一连续期间内现金流的修正内部收益率。函数 MIRR 同时考虑了投资的成本和现金再投资的收益率。

【语法】

MIRR(values,finance_rate,reinvest_rate)

【参数】

- values：表示为进行计算的数组，即用来计算返回的内部收益率的数字。
- finance_rate：表示为现金流中使用的资金支付的利率。
- reinvest_rate：表示为将现金流再投资的收益率。

技巧 18　计算某项投资的修正内部收益率

假如开一家店铺需要投资 100 000 元，预计今后 5 年中各年的收入分别为 10 000 元、20 000 元、50 000 元、80 000 元、120 000 元。期初投资的 100 000 元是从银行贷款所得，利率为 6.9%，并且将收益又投入店铺中，再投资收益的年利率为 **12%**。要求计算出 5 年后的修正内部收益率与 3 年后的修正内部收益率。

❶ 选中 **B10** 单元格，在公式编辑栏中输入公式：

```
=MIRR(B3:B8,B1,B2)
```

按 **Enter** 键，即可计算出 5 年后的修正内部收益率，如图 **7-26** 所示。

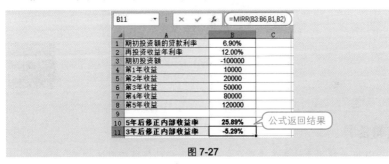

图 7-26

❷ 选中 **B11** 单元格，在公式编辑栏中输入公式：

```
=MIRR(B3:B6,B1,B2)
```

按 **Enter** 键，即可计算出 3 年后的修正内部收益率，如图 **7-27** 所示。

图 7-27

7.2.4 RATE 函数（计算年金每个期间的利率）

【功能】

RATE 函数返回年金的各期利率。

【语法】

RATE(nper,pmt,pv,fv,type,guess)

【参数】

● nper：表示为总投资期，即该项投资的付款期总数。

- pmt：表示为各期付款额。
- pv：为现值，即本金。
- fv：表示为未来值。
- type：表示指定各期的付款时间是在期初，还是期末。0 表示期末，1 表示期初。
- guess：表示为预期利率。如果省略预期利率，则假设该值为 10%。

技巧 19　计算购买某项保险的收益率

如果需要使用 100 000 元进行某项投资，该项投资的年回报金额为 28 000 元，回报期为 5 年。现在要计算该项投资的收益率，从而判断该项投资是否值得。

选中 **B5** 单元格，在公式编辑栏中输入公式：

```
=RATE(B1,B2,B3)
```

按 **Enter** 键，即可计算出该项投资的收益率，如图 **7-28** 所示。

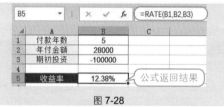

图 7-28

7.3　资产折旧计算函数

7.3.1　SLN 函数（直线法）

【功能】

SLN 函数用于计算某项资产在一个期间中的线性折旧值。

【语法】

SLN(cost,salvage,life)

【参数】

- cost：表示为资产原值。
- salvage：表示为资产在折旧期末的价值，即称为资产残值。
- life：表示为折旧期限，即称为资产的使用寿命。

技巧 20　用直线法计算出固定资产的每年折旧额

直线法即平均年限法，它是根据固定资产的原值、预计残值、预计使用年限平均计算折旧的一种方法。用平均年限法计算出的每期折旧额都是相等的。直线法计算固定资产折旧额对应的函数为 SLN 函数。

❶ 录入各项固定资产的原值、预计使用年限、预计残值等数据。

❷ 选中 E2 单元格，在公式编辑栏中输入公式：

```
=SLN(B2,C2,D2)
```

按 Enter 键，即可计算出第一项固定资产的每年折旧额。

❸ 选中 E2 单元格，拖动右下角的填充柄向下复制公式，即可快速得出其他固定资产的年折旧额，如图 7-29 所示。

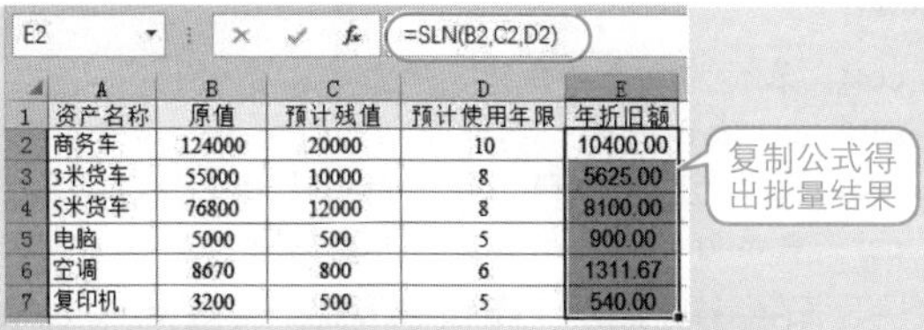

E2		▼	:	×	✓	fx	=SLN(B2,C2,D2)

	A	B	C	D	E
1	资产名称	原值	预计残值	预计使用年限	年折旧额
2	商务车	124000	20000	10	10400.00
3	3米货车	55000	10000	8	5625.00
4	5米货车	76800	12000	8	8100.00
5	电脑	5000	500	5	900.00
6	空调	8670	800	6	1311.67
7	复印机	3200	500	5	540.00

复制公式得出批量结果

图 7-29

技巧 21　用直线法计算出固定资产的每月折旧额

如果想要计提固定资产的每月折旧额，则只需要在公式中将预计使用年限转换为月份数即可。

❶ 录入各项固定资产的原值、预计使用年限、预计残值等数据。

❷ 选中 E2 单元格，在公式编辑栏中输入公式：

```
=SLN(B2,C2,D2*12)
```

按 Enter 键，即可计算出第一项固定资产的每月折旧额。

❸ 选中 E2 单元格，拖动右下角的填充柄向下复制公式，即可计算出其他各项固定资产的每月折旧额，如图 7-30 所示。

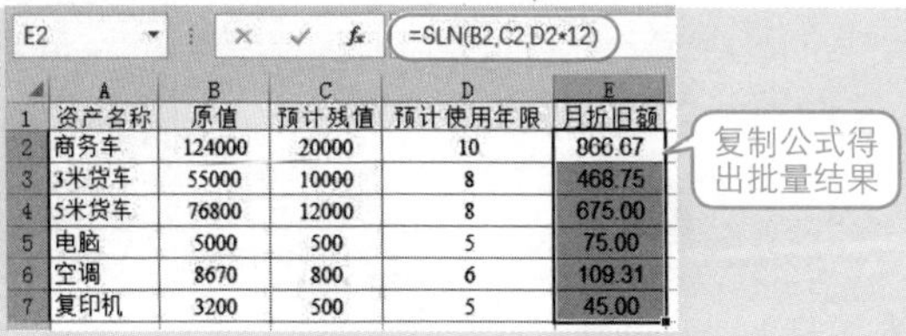

E2		▼	:	×	✓	fx	=SLN(B2,C2,D2*12)

	A	B	C	D	E
1	资产名称	原值	预计残值	预计使用年限	月折旧额
2	商务车	124000	20000	10	866.67
3	3米货车	55000	10000	8	468.75
4	5米货车	76800	12000	8	675.00
5	电脑	5000	500	5	75.00
6	空调	8670	800	6	109.31
7	复印机	3200	500	5	45.00

复制公式得出批量结果

图 7-30

🔊 专家点拨

D2 乘以 12 是将预计使用年限转换为月数。

7.3.2 SYD 函数（年数总和法）

【功能】

SYD 函数是用于计算某项资产按年限总和折旧法计算的指定期间的折旧值。

【语法】

SYD(cost,salvage,life,per)

【参数】

- cost：表示为资产原值。
- salvage：表示为资产在折旧期末的价值，即资产残值。
- life：表示为折旧期限，即资产的使用寿命。
- per：表示为期间，单位要与 life 相同。

技巧 22 用年数总和法计算出固定资产的每年折旧额

年数总和法又称合计年限法，是将固定资产的原值减去预计残值后的净额乘以一个逐年递减的分数计算每年的折旧额，这个分数的分子代表固定资产尚可使用的年数，分母代表使用年限的逐年数字总和。年限总和法计算固定资产折旧额对应的函数为 SYD。

❶ 录入固定资产的原值、预计使用年限、预计残值等数据。如果想一次求出每一年中的折旧额，则可以事先根据固定资产的预计使用年限建立一个数据序列（如图 7-31 所示的 D 列中），从而方便公式的引用。

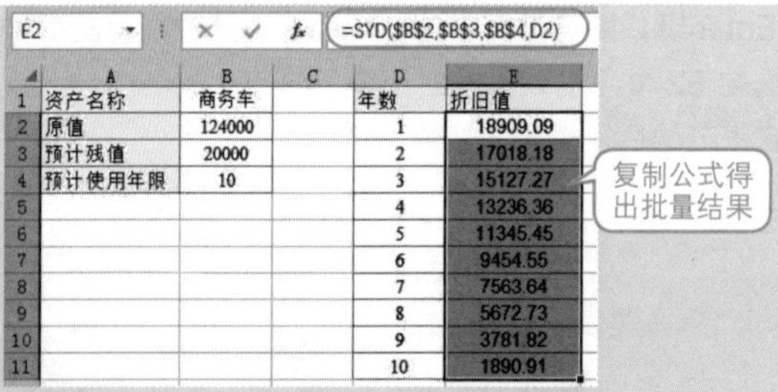

	A	B	C	D	E
1	资产名称	商务车		年数	折旧值
2	原值	124000		1	18909.09
3	预计残值	20000		2	17018.18
4	预计使用年限	10		3	15127.27
5				4	13236.36
6				5	11345.45
7				6	9454.55
8				7	7563.64
9				8	5672.73
10				9	3781.82
11				10	1890.91

图 7-31

❷ 选中 E2 单元格，在公式编辑栏中输入公式：

```
=SYD($B$2,$B$3,$B$4,D2)
```

按 Enter 键，即可计算出该项固定资产第 1 年的折旧额。

❸ 选中 E2 单元格，拖动右下角的填充柄向下复制公式，即可计算出该项固定资产各个年数的折旧额，如图 7-31 所示。

7.3.3　DB 函数（固定余额递减法）

【功能】

DB 函数是使用固定余额递减法，计算一笔资产在给定期间内的折旧值。

【语法】

DB(cost,salvage,life,period,month)

【参数】

- cost：表示为资产原值。
- salvage：表示为资产在折旧期末的价值，也称为资产残值。
- life：表示为折旧期限，也称作资产的使用寿命。
- period：表示为需要计算折旧值的期间。period 必须使用与 life 相同的单位。
- month：表示为第一年的月份数，省略时假设为 12。

技巧 23　用固定余额递减法计算出固定资产的每年折旧额

固定余额递减法是一种加速折旧法，即在预计的使用年限内将后期折旧的一部分移到前期，使前期折旧额大于后期折旧额的一种方法。固定余额递减法计算固定资产折旧额对应的函数为 **DB**。

❶ 录入固定资产的原值、预计使用年限、预计残值等数据，如果想一次求出每一年中的折旧额，则可以事先根据固定资产的预计使用年限建立一个数据序列（如图 7-32 所示的 D 列中），从而方便公式的引用。

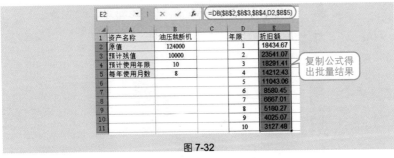

图 7-32

❷ 选中 E2 单元格，在公式编辑栏中输入公式：

`=DB($B$2,$B$3,$B$4,D2,$B$5)`

按 Enter 键，即可计算出该项固定资产第 1 年的折旧额。

❸ 选中 E2 单元格，拖动右下角的填充柄向下复制公式，即可计算出各个年份的折旧额，如图 7-32 所示。

7.3.4 DDB 函数（双倍余额递减法）

【功能】

DDB 函数是采用双倍余额递减法计算一笔资产在给定期间内的折旧值。

【语法】

DDB(cost,salvage,life,period,factor)

【参数】

- cost：表示为资产原值。
- salvage：表示为资产在折旧期末的价值，也称为资产残值。
- life：表示为折旧期限，也称作资产的使用寿命。
- period：表示为需要计算折旧值的期间。period 必须使用与 life 相同的单位。
- factor：表示为余额递减速率。若省略，则假设为 2。

技巧 24 用双倍余额递减法计算出固定资产的每年折旧额

双倍余额递减法是在不考虑固定资产净残值的情况下，根据每期期初固定资产账面余额和双倍的直线法折旧率计算固定资产折旧的一种方法。双倍余额递减法计算固定资产折旧额对应的函数为 DDB。

❶ 录入固定资产的原值、预计使用年限、预计残值等数据。如果想一次求出每一年中的折旧额，则可以事先根据固定资产的预计使用年限建立一个数据序列（如图 7-33 所示的 D 列中），从而方便公式的引用。

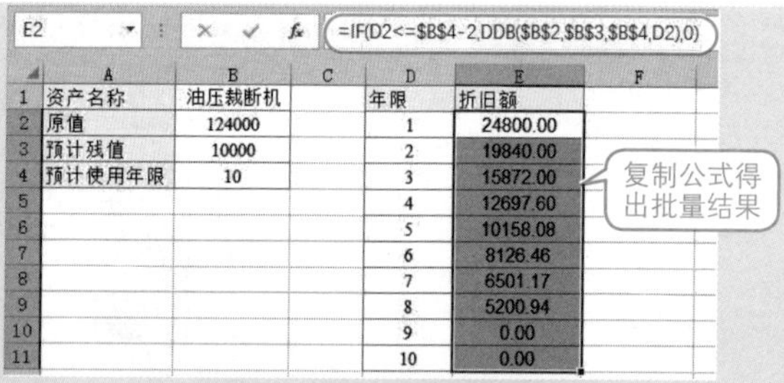
E2 =IF(D2<=$B$4-2,DDB($B$2,$B$3,$B$4,D2),0)

	A	B	C	D	E	F
1	资产名称	油压裁断机		年限	折旧额	
2	原值	124000		1	24800.00	
3	预计残值	10000		2	19840.00	
4	预计使用年限	10		3	15872.00	
5				4	12697.60	
6				5	10158.08	
7				6	8126.46	
8				7	6501.17	
9				8	5200.94	
10				9	0.00	
11				10	0.00	

图 7-33

❷ 选中 E2 单元格，在公式编辑栏中输入公式：

```
=IF(D2<=$B$4-2,DDB($B$2,$B$3,$B$4,D2),0)
```

按 Enter 键，即可计算出该项固定资产第 1 年的折旧额。

❸ 选中 E2 单元格，向下拖动进行公式复制即可计算出各个年限的折旧额，如图 7-33 所示。

🎯 **专家点拨**

由于实行双倍余额递减法计提折旧的固定资产，应当在其固定资产折旧年限到期以前两年内，将固定资产净值（扣除净残值）平均摊销，因此在计算折旧额时采用了 IF 函数来进行判断。

7.3.5　VDB 函数（计算部分期间内的折旧值）

【功能】

VDB 函数使用双倍余额递减法或其他指定的方法，返回指定的任何期间内（包括部分期间）的资产折旧值。

【语法】

VDB(cost,salvage,life,start_period,end_period,factor,no_switch)

【参数】

- cost：表示为资产原值。
- salvage：表示为资产在折旧期末的价值，即称为资产残值。
- life：表示为折旧期限，即称为资产的使用寿命。
- start_period：表示为进行折旧计算的起始期间。
- end_period：表示为进行折旧计算的截止期间。
- factor：表示为余额递减速率。若省略，则假设为 2。
- no_switch：表示为一逻辑值，指定当折旧值大于余额递减计算值时，是否转用直线折旧法。若 no_switch 为 TRUE，即使折旧值大于余额递减计算值，Excel 也不转用直线折旧法；若 no_switch 为 FALSE 或被忽略，且折旧值大于余额递减计算值时，Excel 将转用线性折旧法。

技巧 25　**计算出固定资产部分期间的设备折旧额**

要求计算出固定资产部分期间（如第 6~12 个月的折旧额、第 3~4 年的折旧额等）的设备折旧额。

❶ 录入固定资产的原值、预计使用年限、预计残值等数据。

❷ 选中 B6 单元格，在公式编辑栏中输入公式：

```
=VDB(B2,B3,B4*12,0,1)
```

按 Enter 键，即可计算出该项固定资产第 1 个月的折旧额，如图 7-34 所示。

❸ 选中 B7 单元格，在公式编辑栏中输入公式：

```
=VDB(B2,B3,B4,0,2)
```

按 Enter 键，即可计算出该项固定资产第 2 年的折旧额，如图 7-35 所示。

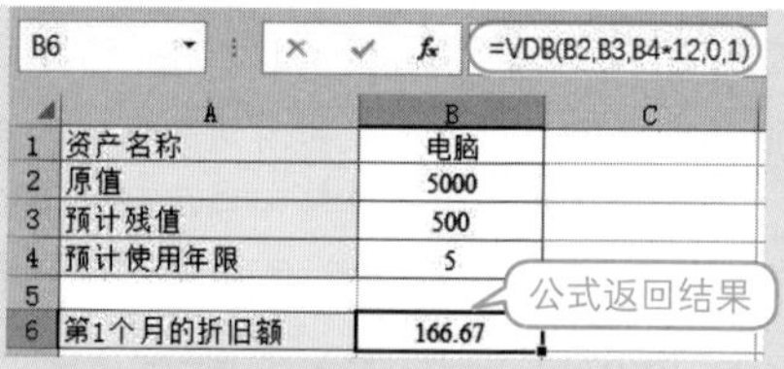

B6 | =VDB(B2,B3,B4*12,0,1)

	A	B	C
1	资产名称	电脑	
2	原值	5000	
3	预计残值	500	
4	预计使用年限	5	
5			
6	第1个月的折旧额	166.67	

图 7-34

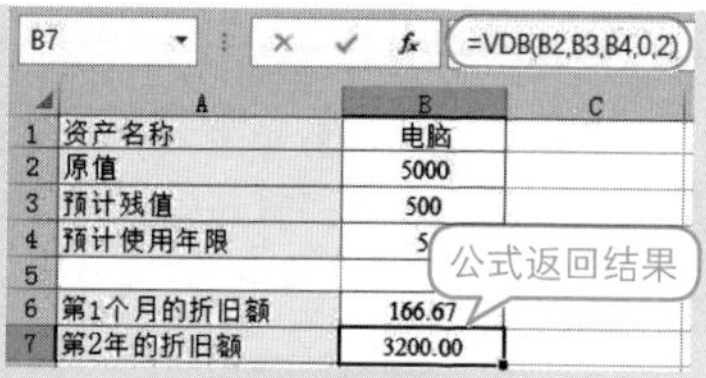

B7 | =VDB(B2,B3,B4,0,2)

	A	B	C
1	资产名称	电脑	
2	原值	5000	
3	预计残值	500	
4	预计使用年限	5	
5			
6	第1个月的折旧额	166.67	
7	第2年的折旧额	3200.00	

图 7-35

④ 选中 B8 单元格，在公式编辑栏中输入公式：

```
=VDB(B2,B3,B4*12,6,12)
```

按 Enter 键，即可计算出该项固定资产第 6~12 月的折旧额，如图 7-36 所示。

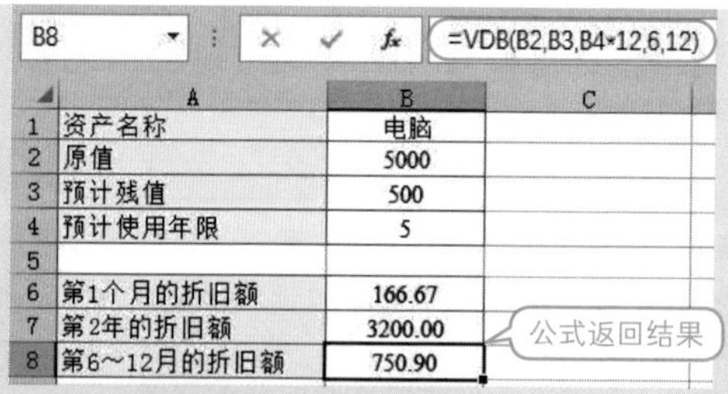

B8 | =VDB(B2,B3,B4*12,6,12)

	A	B	C
1	资产名称	电脑	
2	原值	5000	
3	预计残值	500	
4	预计使用年限	5	
5			
6	第1个月的折旧额	166.67	
7	第2年的折旧额	3200.00	
8	第6～12月的折旧额	750.90	

图 7-36

⑤ 选中 B9 单元格，在公式编辑栏中输入公式：

```
=VDB(B2,B3,B4,3,4)
```

按 Enter 键，即可计算出该项固定资产第 3~4 年的折旧额，如图 7-37 所示。

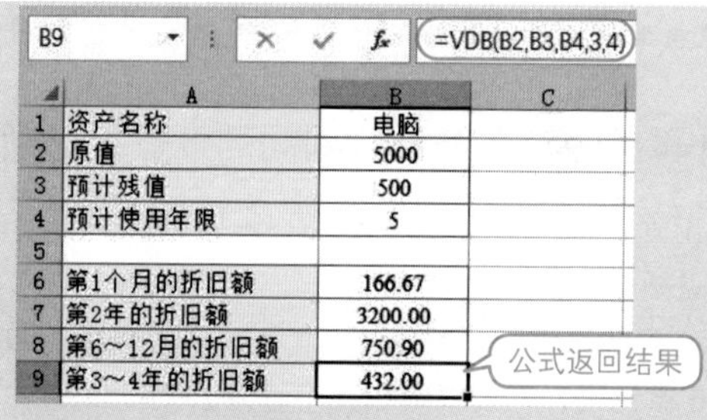

B9 | =VDB(B2,B3,B4,3,4)

	A	B	C
1	资产名称	电脑	
2	原值	5000	
3	预计残值	500	
4	预计使用年限	5	
5			
6	第1个月的折旧额	166.67	
7	第2年的折旧额	3200.00	
8	第6～12月的折旧额	750.90	
9	第3～4年的折旧额	432.00	

图 7-37

专家点拨

由于工作表中给定了固定资产的使用年限，因此在计算某月、某些月的折旧额时，在设置 life 参数（资产的使用寿命）时，需要转换其计算格式，如计算月时应转换为“使用年限 *12”。

7.3.6　AMORDEGRC 函数（指定会计期间的折旧值）

【功能】

AMORDEGRC 函数用于计算每个会计期间的折旧值。

【语法】

AMORDEGRC(cost,date_purchased,first_period,salvage,period,rate,basis)

【参数】

- cost：表示为资产原值。
- date_purchased：表示为购入资产的日期。
- first_period：表示为第一个期间结束时的日期。
- salvage：表示为资产在使用寿命结束时的残值。
- period：表示为期间。
- rate：表示为折旧率。
- basis：表示为年基准。若为 0 或省略，按 360 天为基准；若为 1，按实际天数为基准；若为 3，按一年 365 天为基准；若为 4，按一年 360 天为基准。

技巧 26　计算指定会计期间的折旧值

某企业 2021 年 1 月 5 日新增一项固定资产，原值为 80 000 元，第一个会计期间结束日期为 2021 年 11 月 5 日，其预计残值为 5000 元，折旧率为 5.6%。要求按实际天数为基准，计算第 1 个会计期间的折旧值。

选中 B7 单元格，在公式编辑栏中输入公式：

```
=AMORDEGRC(B1,B3,B4,B2,1,B5,1)
```

按 Enter 键，即可计算出第一个会计期间的折旧值，如图 7-38 所示。

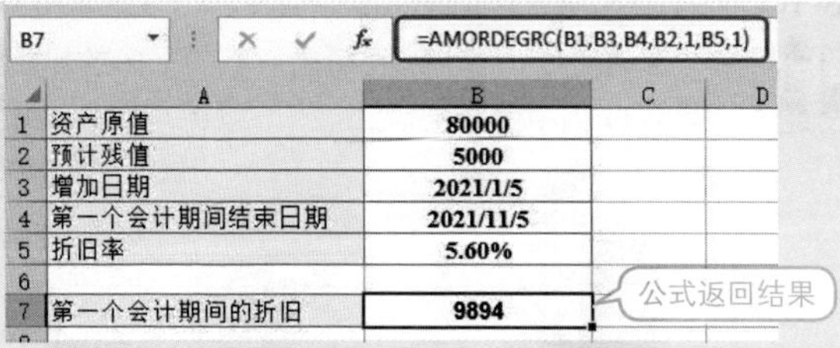

	A	B	C	D
1	资产原值	80000		
2	预计残值	5000		
3	增加日期	2021/1/5		
4	第一个会计期间结束日期	2021/11/5		
5	折旧率	5.60%		
6				
7	第一个会计期间的折旧	9894		

图 7-38

第8章 查找和引用函数范例

8.1 查找函数

8.1.1 CHOOSE 函数（从参数列表中选择并返回一个值）

【功能】

CHOOSE 函数用于从给定的参数中返回指定的值。

【语法】

CHOOSE(index_num, value1, [value2], ...)

【参数】

● index_num：表示指定所选定的值参数。index_num 必须为 1 ～ 254 的数字，或者为公式或对包含 1 ～ 254 的某个数字的单元格的引用。

● value1,value2, ...：value1 是必需的，后续值是可选的。这些值参数的个数为 1 ～ 254，函数 CHOOSE 基于 index_num 从这些值参数中选择一个数值或一项要执行的操作。参数可以为数字、单元格引用、已定义名称、公式、函数或文本。

技巧 1　配合 IF 函数找出短跑成绩的前三名

如图 8-1 所示的表格是一份短跑成绩记录表，现在要求根据排名情况找出短跑成绩的前三名（也就是金、银、铜牌得主，非前三名的显示"未得奖"），即要通过设置公式得到 D 列中的结果。

姓名	短跑成绩(秒)	排名	得奖情况
钟杨	30	5	未得奖
洪新成	27	2	银牌
苏海涛	33	8	未得奖
张军义	28	3	铜牌
黄永明	30	5	未得奖
陈自强	31	6	未得奖
胡家兴	26	1	金牌
林伟华	30	5	未得奖
童文	29	4	未得奖
王家驹	32	7	未得奖

需要批量得到的结果

图 8-1

❶选中 **D2** 单元格，在公式编辑栏中输入公式：

`=IF(C2>3,"未得奖",CHOOSE(C2,"金牌","银牌","铜牌"))`

按 **Enter** 键得出第一位运动员的得奖情况，如图 8-2 所示。

	A	B	C	D	E	F	G	H
1	姓名	短跑成绩(秒)	排名	得奖情况				
2	钟杨	30	5	未得奖				
3	洪新成	27	2					
4	苏海涛	33	8					
5	张军义	28	3					

D2 公式栏：`=IF(C2>3,"未得奖",CHOOSE(C2,"金牌","银牌","铜牌"))`

公式返回结果

图 8-2

❷选中 **D2** 单元格，拖动右下角的填充柄向下复制公式，即可得到批量结果。

公式解析

`=IF(C2>3,"未得奖",CHOOSE(C2,"金牌","银牌","铜牌"))`

①　　　　　　　　　　　　　　　　　　　　②

① 如果 C2 大于 3，返回"未得奖"。

② 判断 C2 单元格的值，值为 1 的返回"金牌"、值为 2 的返回"银牌"、值为 3 的返回"铜牌"。

技巧2 根据产品不合格率决定产品处理办法

如图 8-3 所示的表格中统计了各产品的生产数量与产品的不合格数量，现在需要根据产品的不合格率来决定对各产品的处理办法，具体规则如下。

	A	B	C	D	E	F
1	产品	生产量	不合格量	不合格率	处理办法	
2	001	1455	14	0.96%	合格	
3	002	1310	28	2.14%	允许	
4	003	1304	43	3.30%	报废	
5	004	347	30	8.65%	报废	
6	005	1542	12	0.78%	合格	
7	006	2513	35	1.39%	允许	
8	007	3277	25	0.76%	合格	
9	008	2209	20	0.91%	合格	
10	009	2389	27	1.13%	允许	
11	010	1255	95	7.57%	报废	

需要批量得到的结果

图 8-3

● 不合格率为 0% ~ 1% 时，该产品为"合格"。

● 不合格率为 1% ~ 3% 时，该产品为"允许"。

● 不合格率超过 3% 时，该产品为"报废"。

即要通过设置公式得到 **E** 列中的结果。

❶ 选中 E2 单元格，在公式编辑栏中输入公式：

=CHOOSE(SUM(N(D2>={0,0.01,0.03})),"合格","允许","报废")

按 **Enter** 键得出对第一种产品的处理办法，如图 8-4 所示。

E2		× ✓ fx	=CHOOSE(SUM(N(D2>={0,0.01,0.03})),"合格","允许","报废")					
▲	A	B	C	D	E	F	G	H	I
1	产品	生产量	不合格量	不合格率	处理办法				
2	001	1455	14	0.96%	合格				
3	002	1310	28	2.14%		公式返回结果		
4	003	1304	43	3.30%				
5	004	347	30	8.65%				

图 8-4

❷ 选中 **E2** 单元格，拖动右下角的填充柄向下复制公式，即可批量得出对其他各产品的处理办法。

嵌套函数

● SUM 函数属于数学函数类型，用于返回某一单元格区域中所有数字之和。
● N 函数属于查找函数类型，用于返回转换为数值后的值。

公式解析

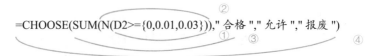

=CHOOSE(SUM(N(D2>={0,0.01,0.03})),"合格","允许","报废")

① 判断 D2 的值是在哪个区间，返回的是一组逻辑值。
② 用 N 函数将①步的逻辑值转换为数字，TRUE 转换为 1，FALSE 转换为 0。
③ 用 SUM 函数将②步的结果求和，作为 CHOOSE 函数中指定返回哪个值的参数。
④ 根据③步中的指定，返回指定值。

8.1.2　LOOKUP 函数（向量型）（按条件查找并返回值）

【功能】

　　LOOKUP 函数可从单行或单列区域或者从一个数组返回值。LOOKUP 函数具有两种语法形式：向量形式和数组形式。向量是只含一行或一列的区域。LOOKUP 的向量形式在单行区域或单列区域（称为"向量"）中查找值，然后返回第二个单行区域或单列区域中相同位置的值。

【语法】

　　LOOKUP(lookup_value, lookup_vector, [result_vector])

【参数】

- lookup_value：表示 LOOKUP 在第一个向量中搜索的值。其可以是数字、文本、逻辑值、名称或对值的引用。
- lookup_vector：表示只包含一行或一列的区域。其值可以是文本、数字或逻辑值。
- result_vector：可选，只包含一行或一列的区域。该参数必须与 lookup_vector 大小相同。

技巧 3 根据产品编码查询库存数量（向量型语法）

如图 8-5 所示表格中统计了产品的库存数据（为方便数据显示，只给出部分记录），要求根据给定的任意的产品编码快速查询其库存量。

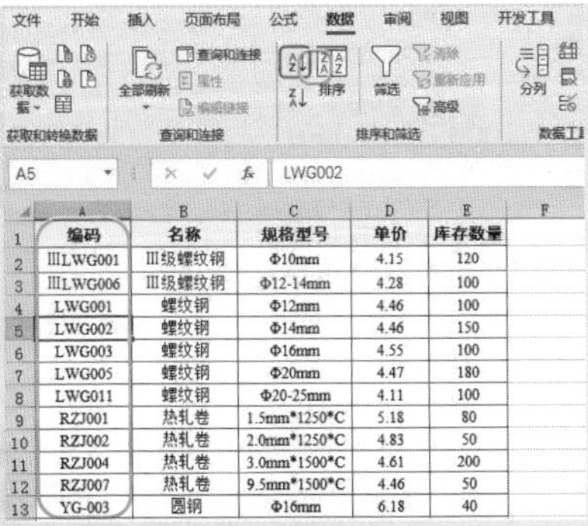

图 8-5

❶ 选中 A 列中的任意单元格，在"数据"→"排序和筛选"选项组中单击"升序"按钮，先对数据按首列进行升序排序，如图 8-5 所示。

❷ 选中 H2 单元格，在公式编辑栏中输入公式：

```
=LOOKUP(G2,A2:A1000,E2:E1000)
```

按 Enter 键即可查询出 G2 单元格中给出的产品编码所对应的库存数量，如图 8-6 所示。

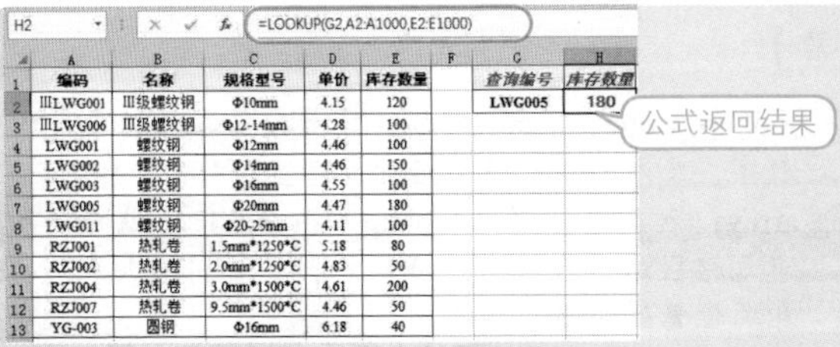

图 8-6

❸当需要查询其他产品的库存数量时，只需要更改 G2 单元格中的编码即可，如图 8-7 所示。

	A	B	C	D	E	F	G	H
1	编码	名称	规格型号	单价	库存数量		查询编号	库存数量
2	Ⅲ LWG001	Ⅲ级螺纹钢	Φ10mm	4.15	120		RZJ001	80
3	Ⅲ LWG006	Ⅲ级螺纹钢	Φ12-14mm	4.28	100			
4	LWG001	螺纹钢	Φ12mm	4.46	100			
5	LWG002	螺纹钢	Φ14mm	4.46	150			
6	LWG003	螺纹钢	Φ16mm	4.55	100			
7	LWG005	螺纹钢	Φ20mm	4.47	180			
8	LWG011	螺纹钢	Φ20-25mm	4.11	100			
9	RZJ001	热轧卷	1.5mm*1250*C	5.18	80			
10	RZJ002	热轧卷	2.0mm*1250*C	4.83	50			
11	RZJ004	热轧卷	3.0mm*1500*C	4.61	200			
12	RZJ007	热轧卷	9.5mm*1500*C	4.46	50			
13	YG-003	圆钢	Φ16mm	6.18	40			

更改查询对象

图 8-7

公式解析

=LOOKUP(G2,A2:A1000,E2:E1000)
① G2 为查找对象。
② A2:A1000 单元格区域为查找区域。
③ E2:E1000 单元格区域为要返回值的区域。

专家点拨

LOOKUP 是一个模糊查找函数，所以在进行查找前必须要对查找的那一列先进行升序排列。

8.1.3 LOOKUP 函数（数组型）（按条件查找并返回值）

【功能】

LOOKUP 的数组形式表示在数组的第一行或第一列中查找指定的值，并返回数组最后一行或最后一列上同一位置的值。

【语法】

LOOKUP(lookup_value, array)

【参数】

● lookup_value：表示 LOOKUP 函数要在数组中搜索的值。其值可以是数字、文本、逻辑值、名称或对值的引用。
● array：表示包含要与 lookup_value 进行比较的文本、数字或逻辑值的单元格区域。在这个区域的首行或首列中查找，并返回末行或末列上相同位置处的值。

技巧4 根据产品编码查询库存数量（数组型语法）

表格中统计了产品的库存数据（为方便数据显示，只给出部分记录），要求根据给定的任意的产品编码快速查询其库存量。

❶ 选中 A 列中的任意单元格，在"数据"→"排序和筛选"组中单击"升序"按钮，先对数据按首列进行升序排序，如图 8-8 所示。

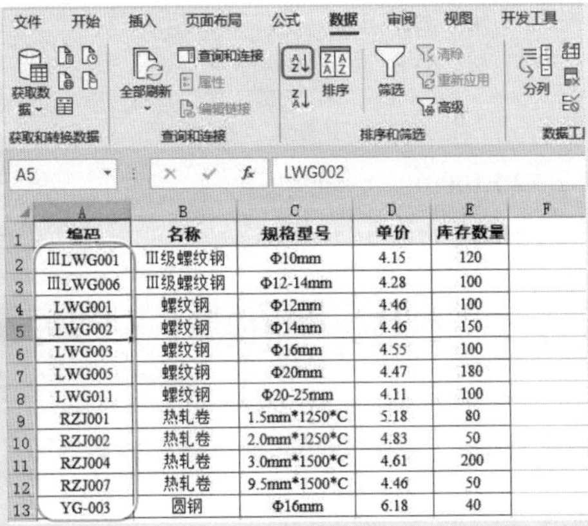

图 8-8

❷ 选中 H2 单元格，在公式编辑栏中输入公式：

```
=LOOKUP(G2,A2:E1000)
```

按 Enter 键即可查询出 G2 单元格中给出的产品编码所对应的库存数量，如图 8-9 所示。

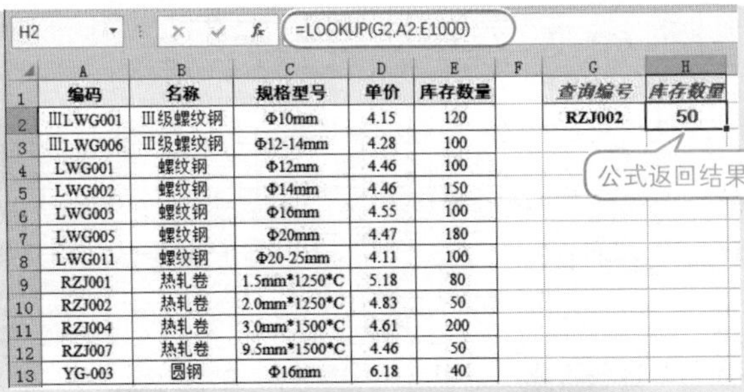

图 8-9

❸ 当需要查询其他产品的库存数量时，只需要更改 G2 单元格的编码即可，如图 8-10 所示。

图 8-10

📝 公式解析

=LOOKUP(G2,A2:E1000)

在 A2:E1000 单元格区域的首列中查找 G2，然后返回 A2:E1000 单元格区域中最后一列上的对应的值。

按姓名查询学生的各科目成绩

如图 8-11 所示是一张学生成绩统计表（为方便数据显示，只给出部分记录）。要求建立一张查询表，以实现通过输入学生姓名，即可查询该学生各科目的成绩。

图 8-11

❶ 首先对首列进行排序。选中"姓名"列任意单元格，在"数据"→"排序和筛选"选项组中单击"升序"按钮，即可对"姓名"列升序排序。

❷ 建立"成绩查询表"，并建立各项列标识，输入第一个要查询的姓名，如图 8-12 所示。

高效随身查——Excel 2021（必学的函数与公式）应用技巧（视频教学版）

图 8-12

❸ 选中 **B3** 单元格，在公式编辑栏中输入公式：

```
=LOOKUP($A$3,成绩统计表!$A2:B20)
```

按 **Enter** 键得出"吴丹晨"的"语文"科目的成绩，如图 **8-13** 所示。

图 8-13

❹ 选中 **B3** 单元格，拖动右下角的填充柄向右复制公式（拖动至 **K3** 单元格结束），即可批量得出"吴丹晨"的各科目成绩，如图 **8-14** 所示。

图 8-14

❺ 当需要查询其他学生的成绩时，只需要输入其姓名并按 **Enter** 键即可查询其各科成绩，如图 **8-15** 所示。

图 8-15

📣 **专家点拨**

本例中设置好的对数据源的引用方式最为关键，第一个参数是查找的对象，始终是不变的，因此使用绝对引用。LOOKUP 是在首列中查找，然后返回给定引用区域中最后一列上的值，因此对A2:B60单元格区域的引用，在复制公式，A列始终不发生变化，要绝对引用，而B列因不同科目的成绩位于不同列中，因此要不断变化，所以使用相对引用。

8.1.4 HLOOKUP函数（横向查找）

【功能】

HLOOKUP函数在表格或数值数组的首行查找指定的数值，并返回表格或数组中指定行的对应位置的数值。

【语法】

HLOOKUP(lookup value, table_array, row_index_num, [range_lookup])

【参数】

- lookup_value：表示需要在表的第一行中进行查找的数值。
- table_array：表示需要在其中查找数据的列表。这个参数是对区域或区域名称的引用。
- row_index_num：表示table_array中待返回的匹配值的行序号。
- range_lookup：可选，为一逻辑值，指明函数HLOOKUP查找时是精确匹配，还是近似匹配。

技巧6 根据不同的返利率计算各笔订单的返利金额

如图8-16所示的表格中给出了不同的销售金额区间对应的返利率，要求根据各条销售记录的销售金额来计算返利金额，即得到E列中的数据。

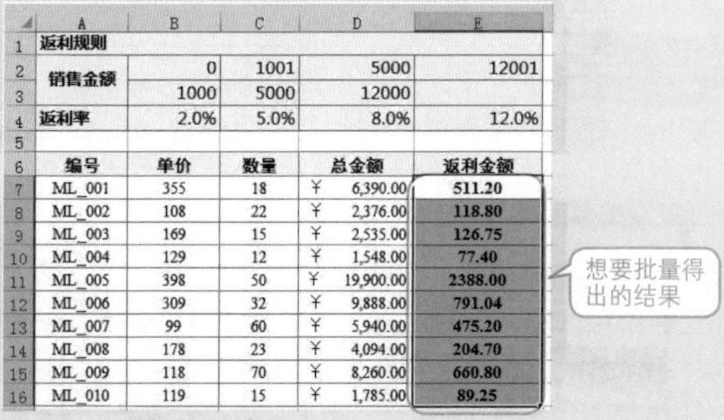

	A	B	C	D	E
1	返利规则				
2	销售金额	0	1001	5000	12001
3		1000	5000	12000	
4	返利率	2.0%	5.0%	8.0%	12.0%
5					
6	编号	单价	数量	总金额	返利金额
7	ML_001	355	18	￥ 6,390.00	511.20
8	ML_002	108	22	￥ 2,376.00	118.80
9	ML_003	169	15	￥ 2,535.00	126.75
10	ML_004	129	12	￥ 1,548.00	77.40
11	ML_005	398	50	￥ 19,900.00	2388.00
12	ML_006	309	32	￥ 9,888.00	791.04
13	ML_007	99	60	￥ 5,940.00	475.20
14	ML_008	178	23	￥ 4,094.00	204.70
15	ML_009	118	70	￥ 8,260.00	660.80
16	ML_010	119	15	￥ 1,785.00	89.25

图8-16

❶ 选中E7单元格，在公式编辑栏中输入公式：

```
=D7*HLOOKUP(D7,$A$2:$E$4,3)
```

按Enter键得到第一条销售记录的返利金额（根据D7单元格中的数据可

以判断其返利率为 **8%**，因此 **6390*8%** 即为最终结果），如图 8-17 所示。

图 8-17

❷ 选中 E7 单元格，拖动右下角的填充柄向下复制公式，即可批量计算出其他销售记录的返利金额。

公式解析

=D7*HLOOKUP(D7,$A$2:$E$4,3)

①判断 D7 单元格的值在 B2:E3 单元格区域中属于哪个区间，找到后取对应在 B4:E4 单元格区域上的值。

②D7 乘以①步返回结果即为返利金额。

技巧 7   快速查询任意科目的成绩序列

如图 8-18 所示，在名称为"成绩表"的工作表中统计了学生各科目的成绩。要求建立"查询表"，用于显示任意科目的成绩序列，即达到如图 8-19 所示的查询效果（在下拉列表中选择哪个科目，就显示出哪个科目的成绩）。

	A	B	C	D	E
1	姓名	语文	数学	英语	总分
2	刘郷	78	64	59	201
3	钟扬	60	84	85	229
4	陈振涛	91	86	80	257
5	陈自强	缺考	84	75	159
6	吴丹晨	78	58	80	216
7	谭谢生	76	85	65	226
8	邹瑞宣	78	64	90	232
9	刘璐璐	91	86	80	257
10	黄永明	86	78	80	244

成绩表 | 查询表 | Sheet3

图 8-18

	A	B
1	选择查询科目	英语
2	刘郷	语文
3	钟扬	数学
4	陈振涛	英语
5	陈自强	
6	吴丹晨	80
7	谭谢生	65
8	邹瑞宣	90
9	刘璐璐	80
10	黄永明	80
11		0

选择性查看任意科目成绩

成绩表 | 查询表 | Sheet3

图 8-19

311

❶ 建立"查询表"，选中 A2 单元格，在公式编辑栏中输入公式：

=成绩表!A2

按 Enter 键，然后向下复制公式，从而依次返回"成绩表"中学生的姓名序列，如图 8-20 所示。

❷ 选中 B1 单元格，利用"数据有效性"功能建立一个可选择序列，如图 8-21 所示。

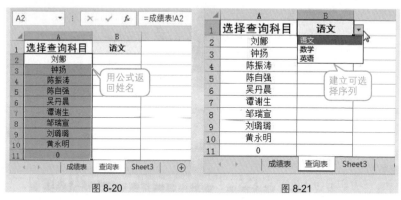

图 8-20

图 8-21

❸ 选中 B2 单元格，在公式编辑栏中输入公式：

=HLOOKUP($B$1,成绩表!$B$1:$E$100,ROW(A2),FALSE)

按 Enter 键得出结果，如图 8-22 所示。

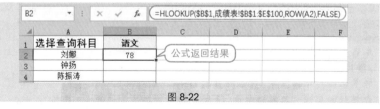

图 8-22

❹ 选中 B2 单元格，拖动右下角的填充柄向下复制公式，即可返回"语文"科目的成绩序列，如图 8-23 所示。

	A	B	C
1	选择查询科目	语文	
2	刘娜	78	
3	钟扬	60	
4	陈振涛	91	
5	陈自强	缺考	
6	吴丹晨	78	
7	谭谢生	76	
8	邹瑞宣	78	
9	刘璐璐	91	
10	黄永明	86	
11	0	0	

图 8-23

⑤ 当需要查询其他科目的成绩时，只需要从 B1 单元格的下拉列表中选择其他科目即可。

嵌套函数

ROW 函数属于查找函数类型，用于返回引用的行号。

公式解析

=HLOOKUP($B$1, 成绩表 !$B$1:$E$100,ROW(A2),FALSE)

① 返回 A2 单元格的行号（用这个返回值来指定返回第几行的值）。
② 在"成绩表 !$B$1:$E$100"单元格区域的首行中寻找与"B1"单元格中相同的数据，找到后返回对应在"成绩表 !$B$1:$E$100"单元格区域①步结果指定行上的值。

专家点拨

可以看到这个公式除了 row_index_num 参数外，都使用了绝对引用方式，因此公式在向下复制时，只有这一部分需要变化。row_index_num 参数用于指定返回哪一行中的值，这里使用了 ROW 函数来返回这个值，是为了便于公式的复制。ROW 函数用于返回给定行的行号。B2 单元格中 ROW(A2) 返回 2，公式复制到 B3 单元格中后，变为 ROW(A3) 返回 3，……以此类推，即可返回一个完整的正确序列。

8.1.5 VLOOKUP 函数（纵向查找）

【功能】

VLOOKUP 函数在表格或数值数组的首列查找指定的数值，并返回表格或数组中指定列所对应位置的数值。

【语法】

VLOOKUP(lookup_value, table_array, col_index_num, [range_lookup])

【参数】

- lookup_value：表示要在表格或区域的第一列中搜索的值。lookup_value 参数可以是值或引用。
- table_array：表示包含数据的单元格区域。可以使用对区域或区域名称的引用。
- col_index_num：表示 table_array 参数中必须返回的匹配值的列号。

- range_lookup：可选，一个逻辑值，指定希望 VLOOKUP 函数查找精确匹配值还是近似匹配值。

技巧 8　产品备案表中查询各产品单价

在建立销售数据管理系统时，通常都会建立一张产品单价表（见图 8-24），以统计所有产品的进货单价与销售单价等基本信息。有了这张表之后，当用户在后面建立销售数据统计表，需要引用产品单价数据时，这样就可以直接使用 VLOOKUP 函数实现。

	A	B	C	D
1	产品名称	规格（盒/箱）	进货单价	销售单价
2	观音饼（花生）	36	6.5	12.8
3	观音饼（桂花）	36	6.5	12.8
4	观音饼（绿豆沙）	36	6.5	12.8
5	铁盒（观音饼）	20	18.2	32
6	莲花礼盒（海苔）	16	10.92	25.6
7	莲花礼盒（黑芝麻）	16	10.92	25.6
8	观音饼（桂花）	36	6.5	12
9	观音饼（芝麻）	36	6.5	12
10	观音酥（花生）	24	6.5	12.8
11	观音酥（海苔）	24	6.5	12.8
12	观音酥（椰丝）	24	6.5	12.8
13	观音酥（椒盐）	24	6.5	12.8
14	榛子椰蓉260	24	4.58	7
15	榛香薄饼	12	32	41.5
16	醇香薄饼	24	4.58	7
17	杏仁薄饼	24	4.58	7
18	榛果薄饼	24	4.58	7

单价表　销售表　Sheet3

图 8-24

● 在"销售表"工作表中（见图 8-25），当需要根据销售数量来计算销售金额时，可以选中 C2 单元格，在公式编辑栏中输入公式：

=VLOOKUP(A2,单价表!A$1:D$18,4,FALSE)*B2

C2　　　fx　=VLOOKUP(A2,单价表!A$1:D$18,4,FALSE)*B2

	A	B	C	D	E
1	产品名称	数量	金额		
2	观音饼（桂花）	33	422.4		
3	莲花礼盒（海苔）	9			
4	莲花礼盒（黑芝麻）	18			
5	观音饼（绿豆沙）	23			
6	观音饼（桂花）	5			
7	观音饼（海苔）	10			
8	榛子椰蓉260	17			
9	观音饼（花生）	5			
10	醇香薄饼	18			
11	榛果薄饼	5			
12	观音饼（芝麻）	5			
13	观音酥（椰丝）	10			
14	杏仁薄饼	17			
15	观音酥（花生）	5			
16	榛子椰蓉260	18			

公式返回结果

单价表　销售表　Sheet3

图 8-25

按 Enter 键即可根据 A2 单元格中的产品名称返回其销售单价，乘以数量后得出销售金额。

❷选中 C2 单元格，拖动右下角的填充柄向下复制公式，即可批量计算销售金额。如图 8-26 所示显示了 C5 单元格的公式，大家可与上面的公式相比较，以方便学习。

图 8-26

📝 公式解析

=VLOOKUP(A2, 单价表 !A$1:D$18,4,FALSE)*B2
           ①   ②

① 在单价表的 A$1:D$18 单元格区域中寻找与 A2 单元格中相同的值。找到返回对应在 A$1:D$18 第 4 列上的值。

② ①步返回结果乘以 B2 即为销售金额。

技巧 9　将多张工作表中的数据合并到一张工作表中

如图 8-27 所示表格为"语文成绩"统计表，如图 8-28 所示表格为"数学成绩"统计表（还有其他单科成绩统计表，并且表格中学生姓名的顺序不一定都相同），要求将两张或多张单科成绩表合并为一张汇总表。

图 8-27

图 8-28

❶ 建立“成绩表”工作表，输入学生姓名，可以从前面的任意一张表格中复制得来。选中 B2 单元格，在公式编辑栏中输入公式：

```
=VLOOKUP(A2,语文成绩!$A$2:$B$100,2,FALSE)
```

按 Enter 键，然后向下复制公式，即可返回“语文成绩”表中的成绩，如图 8-29 所示。

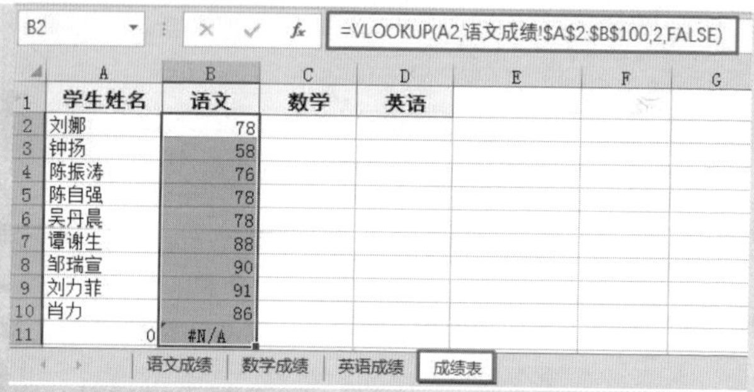

	A	B	C	D	E	F	G
1	学生姓名	语文	数学	英语			
2	刘娜	78					
3	钟扬	58					
4	陈振涛	76					
5	陈自强	78					
6	吴丹晨	78					
7	谭谢生	88					
8	邹瑞宣	90					
9	刘力菲	91					
10	肖力	86					
11	0	#N/A					

图 8-29

❷ 选中 C2 单元格，在公式编辑栏中输入公式：

```
=VLOOKUP(A2,数学成绩!$A$2:$B$100,2,FALSE)
```

按 Enter 键，然后向下复制公式，即可返回“数学成绩”表中的成绩，如图 8-30 所示。

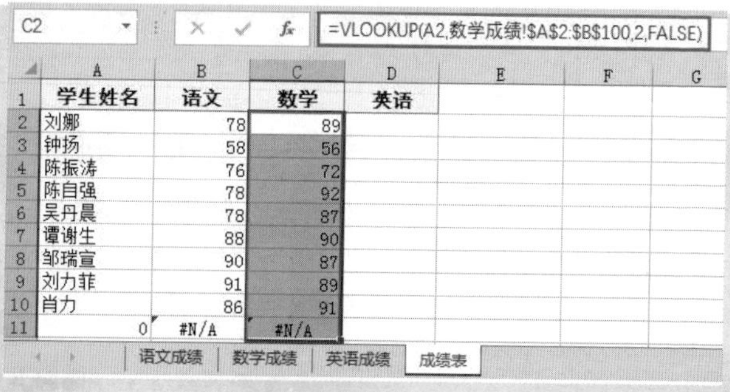

	A	B	C	D	E	F	G
1	学生姓名	语文	数学	英语			
2	刘娜	78	89				
3	钟扬	58	56				
4	陈振涛	76	72				
5	陈自强	78	92				
6	吴丹晨	78	87				
7	谭谢生	88	90				
8	邹瑞宣	90	87				
9	刘力菲	91	89				
10	肖力	86	91				
11	0	#N/A	#N/A				

图 8-30

❸ 选中 D2 单元格，在公式编辑栏中输入公式：

```
=VLOOKUP(A2,英语成绩!$A$2:$B$100,2,FALSE)
```

按 Enter 键，然后向下复制公式，即可返回“英语成绩”表中的成绩，如图 8-31 所示。

D2	▼	:	×	✓	*fx*	=VLOOKUP(A2,英语成绩!$A$2:$B$100,2,FALSE)		

▲	A	B	C	D	E	F	G
1	学生姓名	语文	数学	英语			
2	刘娜	78	89	88			
3	钟扬	58	56	66			
4	陈振涛	76	72	69			
5	陈自强	78	92	91			
6	吴丹晨	78	87	87			
7	谭谢生	88	90	93			
8	邹瑞宣	90	87	89			
9	刘力菲	91	89	92			
10	肖力	86	91	78			
11		0	#N/A	#N/A	#N/A		

◀ ▶ │ 语文成绩 │ 数学成绩 │ 英语成绩 │ 成绩表 │

图 8-31

❹ 通过上面的几步操作，就可以实现将几张工作表中的数据合并到一张表格中。

公式解析

=VLOOKUP(A2, 语文成绩 !$A$2:$B$100,2,FALSE)

在"语文成绩 !$A$2:$B$100"单元格区域的首列中找到与 A2 单元格相同的姓名，然后返回对应在"语文成绩 !$A$2:$B$100"单元格区域第 2 列上的值。

技巧 10　根据多条件计算员工年终奖

由于员工的工龄及职位不同，其年终奖金额也不同（具体规则通过表格给出），现在要求根据表格中给出的各员工的职位及工龄来自动计算年终奖，数据表如图 8-32 所示。

▲	A	B	C	D	E	F	G	H	I
1	姓名	职位	工龄	年终奖			奖金发放规则		
2	邹凯	职员	1			5年及以下工龄		5年以上工龄	
3	林智慧	高级职员	5			职员	4500	职员	6000
4	简慧辉	部门经理	6			高级职员	8000	高级职员	12000
5	关冰冰	高级职员	8			部门经理	12000	部门经理	20000
6	刘蕾	职员	5						
7	刘欣	职员	5						
8	秦玉飞	部门经理	5						
9	施楠楠	高级职员	10						
10	关云	职员	9						
11	刘伶	职员	4						

图 8-32

❶ 选中 D2 单元格，在公式编辑栏中输入公式：

`=VLOOKUP(B2,IF(C2<=5,$F$3:$G$5,$H$3:$I$5),2,FALSE)`

按 Enter 键，即可根据第一位员工的职位与工龄计算出其年终奖。

❷ 选中 D2 单元格，拖动右下角的填充柄向下复制公式，即可批量返回每位员工的年终奖，如图 8-33 所示。

图 8-33

📝 公式解析

=VLOOKUP(B2,IF(C2<=5,$F$3:$G$5,$H$3:$I$5),2,FALSE)

① 如果 C2 单元格的值小于或等于 5，则返回"$F$3:$G$5"这个单元格区域，否则返回"$H$3:$I$5"这个单元格区域。

② 在步骤①返回的单元格区域的首列中查找与 B2 单元格中相同的职位名称，然后返回对应在第 2 列上的值。

技巧 11 使用 VLOOKUP 函数进行反向查询

如图 8-34 所示表格中给出了不同的年利率对应的利率项目（这是一项事先规定好的规则）。要求根据各储户的利率项目返回对应的年利率，从而快速计算出利息金额，即返回表格中 D 列（"年利率"列）的数据。

图 8-34

● 选中 D11 单元格，在公式编辑栏中输入公式：

```
=VLOOKUP(C11,IF({1,0},$C$2:$C$8,$B$2:$B$8),2,)
```

按 Enter 键，即可根据 C11 单元格的利率项目从 C1:C8 单元格区域中返回对应的年利率，如图 8-35 所示。

	A	B	C	D	E	F
	D11	:	× ✓ fx	=VLOOKUP(C11,IF({1,0},$C$2:$C$8,$B$2:$B$8),2,)		
1	序号	年利率	利率项目			
2	1	0.35%	活期存款			
3	2	2.60%	三个月定期存款			
4	3	2.80%	半年定期存款			
5	4	3.00%	一年定期存款			
6	5	3.75%	二年定期存款			
7	6	4.25%	三年定期存款			
8	7	5.00%	五年定期存款			
9						
10	储户号	存款金额	利率项目	年利率	利息金额	
11	880000241780	20000	二年定期存款	3.75%	750	
12	880000255442	60000	活期存款	公式返回结果	0	
13	880000244867	20000	半年定期存款			

图 8-35

❷ 选中 D11 单元格，拖动右下角的填充柄向下复制公式，即可批量得出其他各储户对应的年利率。

公式解析

=VLOOKUP(C11,IF({1,0},$C$2:$C$8,$B$2:$B$8),2,)

①   ②

① 这一步操作是将 C 列和 B 列的数据显示出来，组成一个数组。这样做的目的实际是想把"利率项目"列的数据与"年利率"列的数据调换一下位置。

② 在 $C$2:$C$8 单元格区域中查找 C11 值，并返回对应在 $B$2:$B$8 单元格区域上的值。

技巧 12 查找并返回符合条件的多条记录

在使用 VLOOKUP 函数查询时，如果同时有多条满足条件的记录（见图 8-36），默认只能查找出第一条满足条件的记录。而在这种情况下一般都希望能找到并显示出所有找到的记录。要解决此问题可以借助辅助列，在辅助列中为每条记录添加一个唯一的、用于区分不同记录的字符来解决，具体操作如下。

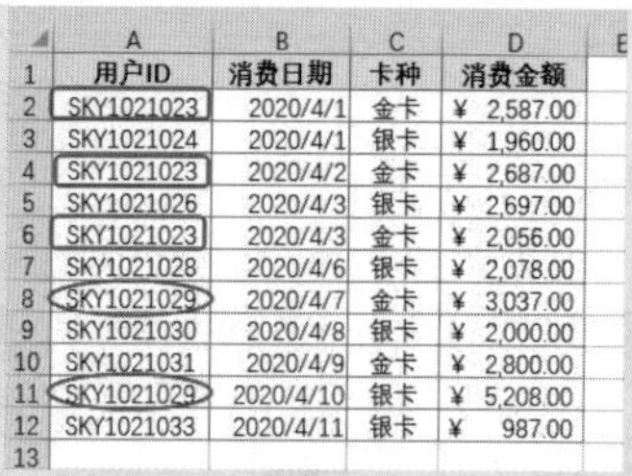

	A	B	C	D
1	用户ID	消费日期	卡种	消费金额
2	SKY1021023	2020/4/1	金卡	¥ 2,587.00
3	SKY1021024	2020/4/1	银卡	¥ 1,960.00
4	SKY1021023	2020/4/2	金卡	¥ 2,687.00
5	SKY1021026	2020/4/3	银卡	¥ 2,697.00
6	SKY1021023	2020/4/3	金卡	¥ 2,056.00
7	SKY1021028	2020/4/6	银卡	¥ 2,078.00
8	SKY1021029	2020/4/7	金卡	¥ 3,037.00
9	SKY1021030	2020/4/8	银卡	¥ 2,000.00
10	SKY1021031	2020/4/9	金卡	¥ 2,800.00
11	SKY1021029	2020/4/10	银卡	¥ 5,208.00
12	SKY1021033	2020/4/11	银卡	¥ 987.00

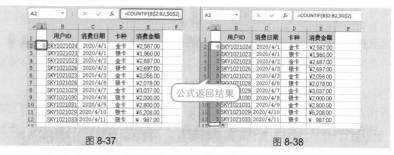

图 8-36

❶ 在 A 列建立辅助列，选中 A1 单元格，在公式编辑栏中输入公式：

```
=COUNTIF(B$2:B2,$G$2)
```

按 Enter 键得出结果，如图 8-37 所示。

❷ 选中 A2 单元格，拖动右下角的填充柄向下复制公式，一次性得到 B 列中各个用户 ID 在 B 列共出现的次数，第 1 次显示 1，第 2 次显示 2，第 3 次显示 3，以此类推，如图 8-38 所示。

	A	B	C	D	E
1		用户ID	消费日期	卡种	消费金额
2	0	SKY1021024	2020/4/1	金卡	¥2,587.00
3		SKY1021023	2020/4/1	银卡	¥1,960.00
4		SKY1021023	2020/4/2	金卡	¥2,687.00
5		SKY1021026	2020/4/3	银卡	¥2,697.00
6		SKY1021023	2020/4/3	金卡	¥2,056.00
7		SKY1021028	2020/4/6	银卡	¥2,078.00
8		SKY1021029	2020/4/7	金卡	¥3,037.00
9		SKY1021030	2020/4/8	银卡	¥2,000.00
10		SKY1021031	2020/4/9	金卡	¥2,800.00
11		SKY1021029	2020/4/10	银卡	¥5,208.00
12		SKY1021033	2020/4/11	银卡	¥ 987.00

图 8-37

	A	B	C	D	E
1		用户ID	消费日期	卡种	消费金额
2	0	SKY1021024	2020/4/1	金卡	¥2,587.00
3	1	SKY1021023	2020/4/1	银卡	¥1,960.00
4	2	SKY1021023	2020/4/2	金卡	¥2,687.00
5	2	SKY1021026	2020/4/3	银卡	¥2,697.00
6	3	SKY1021023	2020/4/3	金卡	¥2,056.00
7	3	SKY1021028	2020/4/6	银卡	¥2,078.00
8		...1029	2020/4/7	金卡	¥3,037.00
9		...1030	2020/4/8	银卡	¥2,000.00
10	3	SKY1021031	2020/4/9	金卡	¥2,800.00
11	3	SKY1021029	2020/4/10	银卡	¥5,208.00
12	3	SKY1021033	2020/4/11	银卡	¥ 987.00

图 8-38

❸ 选中 H2 单元格，在公式编辑栏中输入公式：

```
=VLOOKUP(ROW(1:1),$A:$E, COLUMN(C:C), FALSE)
```

按 Enter 键返回的是 G2 单元格中查找值对应的第 1 个消费日期，如图 8-39 所示。

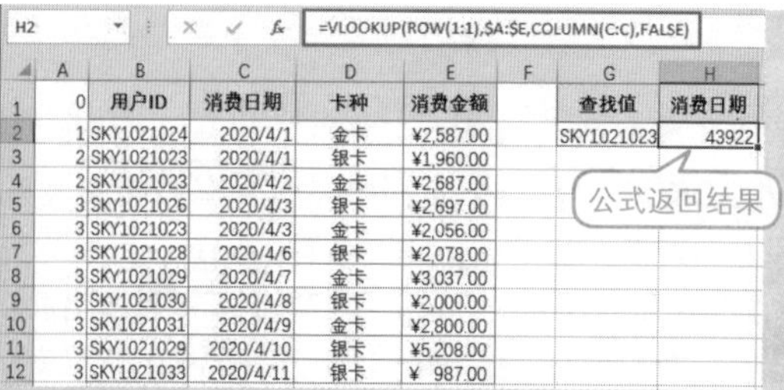

	A	B	C	D	E	F	G	H
1	0	用户ID	消费日期	卡种	消费金额		查找值	消费日期
2	1	SKY1021024	2020/4/1	金卡	¥2,587.00		SKY1021023	43922
3	2	SKY1021023	2020/4/1	银卡	¥1,960.00			
4	2	SKY1021023	2020/4/2	金卡	¥2,687.00			
5	3	SKY1021026	2020/4/3	银卡	¥2,697.00			
6	3	SKY1021023	2020/4/3	金卡	¥2,056.00			
7	3	SKY1021028	2020/4/6	银卡	¥2,078.00			
8	3	SKY1021029	2020/4/7	金卡	¥3,037.00			
9	3	SKY1021030	2020/4/8	银卡	¥2,000.00			
10	3	SKY1021031	2020/4/9	金卡	¥2,800.00			
11	3	SKY1021029	2020/4/10	银卡	¥5,208.00			
12	3	SKY1021033	2020/4/11	银卡	¥ 987.00			

图 8-39

❹ 选中 H2 单元格，向右填充公式到 J2 单元格，返回的是第一条找到的记录的相关数据，如图 8-40 所示。

图 8-40

❺ 选择 H2:J2 单元格区域，拖动右下角的填充柄向下复制公式，即可一次性得到其他相同用户 ID 的各种消费信息，如图 8-41 所示。

图 8-41

❻ 选中 H2:H4 单元格区域，在"开始"选项卡的"数字"组中单击"数字格式"下拉按钮，在打开的下拉菜单中选择"短日期"命令，即可显示正确的日期格式，如图 8-42 所示。

图 8-42

专家点拨

在向下填充公式时出现了错误值，这是因为已经找不到其他满足条件的记录了。当更改查找后，可能它满足条件的条目数比较多，那么显示错误值的区域又会正确显示了。因此公式填充到什么位置由重复的用户 ID 号的数量决定，可以多填充公式范围，防止出现漏项。

嵌套函数

- COUNTIF 是对指定区域中符合指定条件的单元格计数的一个函数。
- ROW 函数返回一个引用的行号。
- COLUMN 返回所选择的某一个单元格的列数。

公式解析

=COUNTIF(B\$2:B2,\$G\$2)

统计 B\$2:B2 这个区域中 G2 单元格中的值出现的次数,随着公式向下复制,B\$2:B2 单元格区域会依次变为 B\$2:B3、B\$2:B4、B\$2:B5、…B\$2:Bn。

公式解析

=VLOOKUP(ROW(1:1)①,\$A:\$D,COLUMN(B:B)③,FALSE)②

① ROW(1:1) 返回第 1 行的行号 1,当向下填充公式时,会随之依次变成 ROW(2:2), ROW(3:3), …, ROW（n:n）。

② 将 COLUMN 函数返回结果设置为函数的第 3 个参数,当前返回值为 2,随着公式向右复制,会依次变为 3, 4, …, n,因此可让 VLOOKUP 函数依次返回 \$A:\$D 单元格区域中满足条件的各列上的值。

③ 利用 VLOOKUP 在 \$A:\$D 单元格区域中查找①步返回值,找到后返回对应在②步返回值指定列上的值。

专家点拨

由于建立的公式既要向右复制又要向下复制,因此在单元格的引用方式上一定要多加注意。

8.1.6 MATCH 函数与 INDEX 函数（MATCH 函数查找并返回找到值所在位置，INDEX 函数返回指定位置的值）

技巧 13　了解 MATCH 函数与 INDEX 函数

MATCH 函数

【功能】

MATCH 函数用于返回在指定方式下与指定数值匹配的数组中元素的相应位置。

【语法】

MATCH(lookup_value,lookup_array,match_type)

【参数】

- lookup_value：为需要在数据表中查找的数值。
- lookup_array：可能包含所要查找数值的连续单元格区域。
- match_type：为数字 -1、0 或 1，一般省略或使用 0。

📢 专家点拨

当 match_type 为 1 或省略时，函数查找小于或等于 lookup_value 的最大数值，lookup_array 必须按升序排列；如果 match_type 为 0，则函数查找等于 lookup_value 的第一个数值，lookup_array 可以按任何顺序排列；如果 match_type 为 -1，则函数查找大于或等于 lookup_value 的最小值，lookup_array 必须按降序排列。

INDEX 函数

【功能】

INDEX 函数返回表格或区域中指定位置处的值。

【语法】

INDEX(array, row_num, [column_num])

323

【参数】

- array：表示单元格区域或数组常量。
- row_num：表示选择数组中的某行，函数从该行返回数值。
- column_num：可选。选择数组中的某列，函数从该列返回数值。

MATCH 函数的作用是定位，在单元格区域中搜索指定项，然后返回该项在单元格区域中的相对位置。公式“=MATCH(G2,A1:A12)”表示判断 G2 中的值在 A1:A12 单元格区域中的位置是第几行，如图 8-43 所示。公式“=MATCH(H2,A1:E1)”表示判断 H2 中的值在 A1:E1 单元格区域中的位置是第几列，如图 8-44 所示。

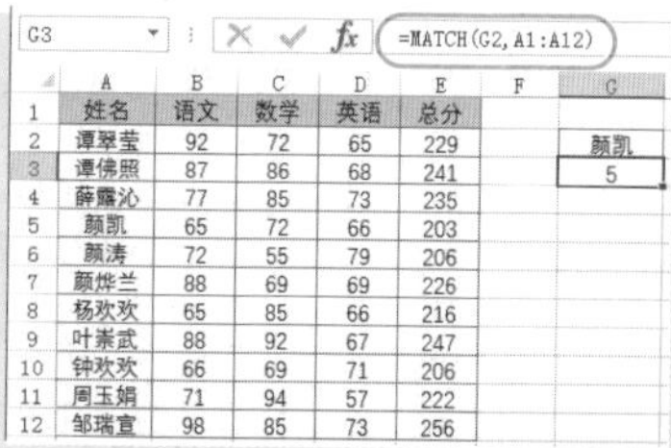
G3 =MATCH(G2, A1:A12)

	A	B	C	D	E	F	G
1	姓名	语文	数学	英语	总分		
2	谭翠莹	92	72	65	229		颜凯
3	谭佛照	87	86	68	241		5
4	薛露沁	77	85	73	235		
5	颜凯	65	72	66	203		
6	颜涛	72	55	79	206		
7	颜烨兰	88	69	69	226		
8	杨欢欢	65	85	66	216		
9	叶崇武	88	92	67	247		
10	钟欢欢	66	69	71	206		
11	周玉娟	71	94	57	222		
12	邹瑞宣	98	85	73	256		

图 8-43

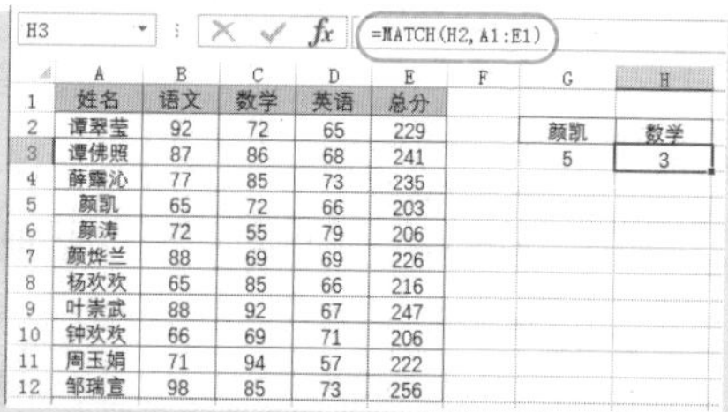
H3 =MATCH(H2, A1:E1)

	A	B	C	D	E	F	G	H
1	姓名	语文	数学	英语	总分			
2	谭翠莹	92	72	65	229		颜凯	数学
3	谭佛照	87	86	68	241		5	3
4	薛露沁	77	85	73	235			
5	颜凯	65	72	66	203			
6	颜涛	72	55	79	206			
7	颜烨兰	88	69	69	226			
8	杨欢欢	65	85	66	216			
9	叶崇武	88	92	67	247			
10	钟欢欢	66	69	71	206			
11	周玉娟	71	94	57	222			
12	邹瑞宣	98	85	73	256			

图 8-44

INDEX 函数返回表或区域中指定位置上的值。它的第 1 个参数可以理解为一个矩形区域，函数的结果是返回矩形区域中的某个值，具体返回哪个值则由该函数第 2、3 个参数决定。第 2、3 个参数告诉 Excel 返回值在区域中的第几行和第几列的交叉位置上。公式“=INDEX(A1:E12,G3, H3)”表示在 A1:E12 单元格区域中返回 G3 中行号与 H3 中列号交叉处的值，即 A1:E12 单元格区域是第 5 行与第 3 列交叉处的值，如图 8-45 所示。

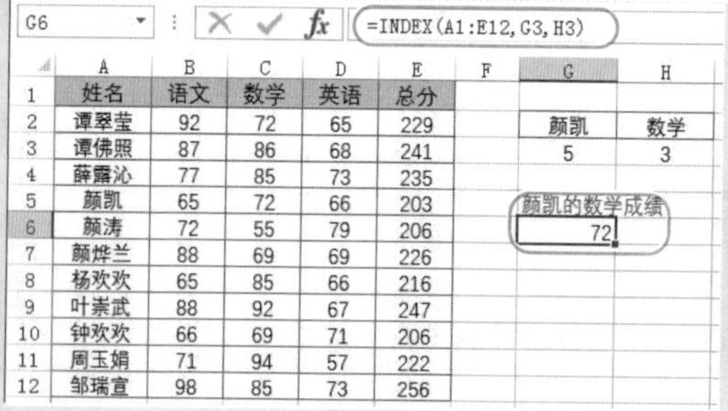
G6 =INDEX(A1:E12, G3, H3)

	A	B	C	D	E	F	G	H
1	姓名	语文	数学	英语	总分			
2	谭翠莹	92	72	65	229		颜凯	数学
3	谭佛照	87	86	68	241		5	3
4	薛露沁	77	85	73	235			
5	颜凯	65	72	66	203		颜凯的数学成绩	
6	颜涛	72	55	79	206		72	
7	颜烨兰	88	69	69	226			
8	杨欢欢	65	85	66	216			
9	叶崇武	88	92	67	247			
10	钟欢欢	66	69	71	206			
11	周玉娟	71	94	57	222			
12	邹瑞宣	98	85	73	256			

图 8-45

通过上面的介绍，我们可以将公式优化为一个整体，即“=INDEX(A1:E12,MATCH(G2,A1:A12),MATCH(H2,A1:E1))”，如图 8-46 所示。

图 8-46

所以为了实现公式自动判断并返回结果的目的，手动去输入常数来确定位置达不到自动运算或查询的目的。把这两个函数放在一起使用，一个查询位置，一个根据查询位置返回相应的值，这就非常合适了。

技巧 14　查找任意指定销售员的销售总金额（单条件查找）

图 8-47 所示表格中统计了各个销售员的销售金额（为方便显示，只显示部分数据），要求实现快速查询指定销售员的销售总金额。

图 8-47

❶ 建立查询列标识，首先输入"查询姓名"和"销售金额"。

❷ 选中 E3 单元格，在公式编辑栏中输入公式：

```
=INDEX(A1:B13,MATCH(D3,A1:A13),2)
```

按 **Enter** 键得出"叶崇武"的销售金额，如图 8-48 所示。

图 8-48

❸当要查询其他销售员的销售金额时，只需要按要求输入，即可正确查询，如图 8-49 所示查询了"陈烨兰"的销售金额。

	A	B	C	D	E
1	姓名	金额			
2	谭翠莹	22009		查询姓名	销售金额
3	谭佛照	10241		陈烨兰	20226
4	薛露沁	32235			
5	颜凯	40203			更换查询对象
6	刘海涛	45206			
7	陈烨兰	20226			
8	杨欢欢	21216			
9	叶崇武	31000			
10	钟欢欢	10206			
11	周玉娟	40222			
12	邹瑞宣	58256			
13	李杰	45250			

图 8-49

📖✏ 公式解析

=INDEX(A1:B13,MATCH(D3,A1:A13),2)
　　　　　　　　　　①　　②

① 使用 MATCH 函数返回 D3 单元格中值在 A1:A13 单元格区域中的位置。
② 在 A1:B13 单元格区域中返回①步返回结果指定行与第 2 列交叉处的值。

技巧 15　查找指定月份指定专柜的利润金额（双条件查找）

如图 8-50 所示表格中统计了各个专柜不同月份的销售利润（实际工作中可能会包含更多数据），要求实现快速查询任意专柜任意月份的利润金额。

	A	B	C	D
1	专柜	1月	2月	3月
2	市府广场店	54.4	82.34	32.43
3	舒城路店	84.6	38.65	69.5
4	城隍庙店	73.6	50.4	53.21
5	南七店	112.8	102.45	108.37
6	太湖路店	45.32	56.21	50.21
7	青阳南路店	163.5	77.3	98.25
8	黄金广场店	98.09	43.65	76
9	大润发店	132.76	23.1	65.76
10				

图 8-50

❶建立查询列标识，首先输入一个月份和一个专柜名称。
❷选中 C12 单元格，在公式编辑栏中输入公式：

=INDEX(B2:D9,MATCH(B12,A2:A9,0),MATCH(A12,B1:D1,0))

按 Enter 键得出"南七店"在"1月"的利润金额，如图 8-51 所示。

C12	▼	×	✓	fx	=INDEX(B2:D9,MATCH(B12,A2:A9,0),MATCH(A12,B1:D1,0))		

	A	B	C	D	E	F	G
1	专柜	1月	2月	3月			
2	市府广场店	54.4	82.34	32.43			
3	舒城路店	84.6	38.65	69.5			
4	城隍庙店	73.6	50.4	53.21			
5	南七店	112.8	102.45	108.37			
6	太湖路店	45.32	56.21	50.21			
7	青阳南路店	163.5	77.3	98.25			
8	黄金广场店	98.09	43.65	76			
9	大润发店	132.76	23.1	65.76			
10							
11	月份	专柜	金额	公式返回结果			
12	1月	南七店	112.8				

图 8-51

❸ 当要查询其他月份其他店铺的利润金额时，只需要按要求输入，即可正确查询，如图 8-52 所示查询了"太湖路店"在"3月"的利润金额。

	A	B	C	D
1	专柜	1月	2月	3月
2	市府广场店	54.4	82.34	32.43
3	舒城路店	84.6	38.65	69.5
4	城隍庙店	73.6	50.4	53.21
5	南七店	112.8	102.45	108.37
6	太湖路店	45.32	56.21	50.21
7	青阳南路店	163.5	77.3	98.25
8	黄金广场店	98.09	43.65	76
9		132.76	23.1	65.76
11	月份	专柜	金额	更换查询对象
12	3月	太湖路店	50.21	

图 8-52

公式解析

=INDEX(B2:D9,MATCH(B12,A2:A9,0),MATCH(A12,B1:D1,0))

① 在 A2:A9 单元格区域中寻找 B12 单元格的值，并返回其位置（位于第几行中）。

② 在 B1:D1 单元格区域中寻找 A12 单元格的值，并返回其位置（位于第几列中）。

③ 返回 B2:D9 单元格区域中①步结果指定行处与②步结果指定列处（交叉处）的值。

技巧 16　返回成绩最高的学生的姓名

如图 8-53 所示表格中统计了每位学生的成绩，要求通过公式快速返回成绩最高的学生的姓名。

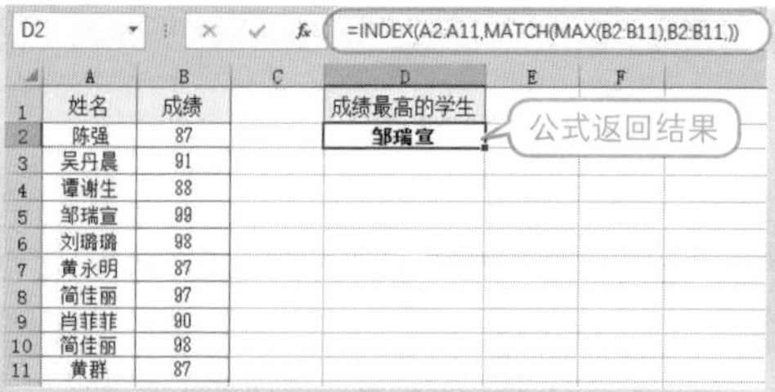

图 8-53

选中 D2 单元格，在公式编辑栏中输入公式：

```
=INDEX(A2:A11,MATCH(MAX(B2:B11)),B2:B11,))
```

按 **Enter** 键，即可判断"成绩"列中的最大值并返回对应在"姓名"列上的值，如图 8-53 所示。

📝 公式解析

$$=INDEX(A2:A11,MATCH(MAX(B2:B11)),B2:B11,))$$

③ ① ②

① 返回 B2:B11 单元格区域中的最大值。

② 返回①步中返回值在 B2:B11 单元格区域中的位置，例如最大值在 B2:B11 单元格区域的第 4 行中，则此步返回 4。

③ 返回 A2:A11 单元格区域中②步结果指定行的值。

技巧 17　　返回多次短跑中用时最短的编号

表格中统计了 200 米跑中 10 次测试的成绩，要求快速判断出哪一次的成绩最好（即用时最短）。

选中 **D2** 单元格，在公式编辑栏中输入公式：

```
=" 第 "&MATCH(MIN(B2:B11),B2:B11,0)&" 次 "
```

按 **Enter** 键得出结果，如图 8-54 所示。

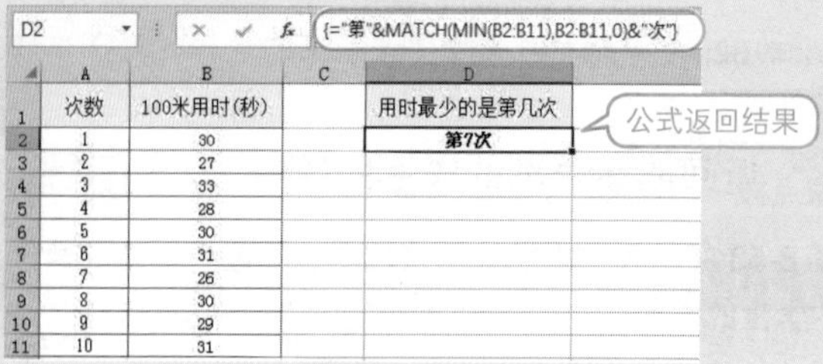

图 8-54

📖✎ **公式解析**

=" 第 "&MATCH(MIN(B2:B11),B2:B11,0)&" 次 "

① 求 B2:B11 单元格区域中的最小值。

② MATCH 函数返回①步返回值在 B2:B11 单元格区域的第几行中。

技巧 18　查找迟到次数最多的员工

　　如图 8-55 所示表格中以列表的形式记录了每一天中迟到的员工的姓名（如果一天中有多名员工迟到，那么就依次记录多次），要求返回迟到次数最多的员工的姓名。

	A	B	C	D	E	F
			fx	=INDEX(B2:B12,MODE(MATCH(B2:B12,B2:B12,0)))		
1	日期	迟到员工		迟到次数最多的员工		
2	2021/6/3	林小语		苏洋	公式返回结果	
3	2021/6/4	苏洋				
4	2021/6/7	吴小娟				
5	2021/6/8	刘杰				
6	2021/6/9	苏彤彤				
7	2021/6/9	张珊珊				
8	2021/6/10	李梅				
9	2021/6/10	苏洋				
10	2021/6/11	林小语				
11	2021/6/14	李天昊				
12	2021/6/15	苏洋				

图 8-55

　　选中 **D2** 单元格，在公式编辑栏中输入公式：

```
=INDEX(B2:B12,MODE(MATCH(B2:B12,B2:B12,0)))
```

　　按 Enter 键，即可统计"迟到员工"列中哪个数据出现的次数最多并自动返回其姓名，如图 **8-55** 所示。

👤 **嵌套函数**

● INDEX 函数属于查找函数类型，用于返回表格或区域中的值或值的引用。

● MODE 函数属于统计函数类型，用于返回在某一数组或数据区域中出现频率最多的数值。

📖✎ **公式解析**

=INDEX(B2:B12,MODE(MATCH(B2:B12,B2:B12,0)))

① 返回 B2:B12 单元格区域中 B2 ~ B12 每个单元格的位置（出现多次的返回首个位置），返回的是一个数组。

② 返回①步结果中出现频率最多的数值。

③ 返回 B2:B12 单元格区域中②步结果指定行的值。

🔖 **专家点拨**

由于 MATCH 函数是返回与指定数值匹配的数组中元素的相应位置，因此它的最终结果是一个表示数据位置的数字。单一地使用这个函数不具备太大意义，因此它一般配合其他函数使用，例如多数配合 INDEX 函数实现查询（用 MATCH 函数返回满足条件的位置，再使用 INDEX 函数返回指定位置处的值）。

8.2 引用函数

8.2.1 ADDRESS 函数（建立文本类型的单元格地址）

【功能】

ADDRESS 函数用于按照给定的行号和列标建立文本类型的单元格地址。

【语法】

ADDRESS(row_num,column_num,abs_num,a1,sheet_text)

【参数】

● row_num：表示在单元格引用中使用的行号。

● column_num：表示在单元格引用中使用的列标。

● abs_num：表示指定返回的引用类型。当 abs_num 为 1 或省略时，表示绝对引用；当 abs_num 为 2 时，表示绝对行号，相对列标；当 abs_num 为 3 时，表示相对行号，绝对列标；当 abs_num 为 4 时，表示相对引用。

● a1：用以指定 a1 或 R1C1 引用样式的逻辑值。如果 a1 为 TRUE 或省略，则函数 ADDRESS 返回 a1 样式的引用；如果 a1 为 FALSE，则函数 ADDRESS 返回 R1C1 样式的引用。

● sheet_text：为一文本，指定作为外部引用的工作表的名称，如果省略 sheet_text，则不使用任何工作表名。

技巧 19　**查找最大销售额所在位置**

通过本例中的公式设置，可以从销售记录表中返回最大销售额所在的位置。

选中 **E2** 单元格，在公式编辑栏中输入公式：

```
=ADDRESS(MAX(IF(C2:C11=MAX(C2:C11),ROW(2:11))),3)
```

按 Shift+Ctrl+Enter 组合键，即可返回最大销售额所在的单元格的位置，如图 8-56 所示。

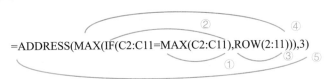

图 8-56

嵌套函数

● MAX 函数属于统计函数类型，用于返回数据集中的最大数值。
● ROW 函数属于查找函数类型，用于返回引用的行号。

公式解析

=ADDRESS(MAX(IF(C2:C11=MAX(C2:C11),ROW(2:11))),3)

① 返回 C2:C11 单元格区域中的最大值。
② 判断 C2:C11 单元格区域哪个值等于①步返回值，等于的返回 TRUE，不等于的返回 FALSE。返回的是一个数组。
③ 返回 2 ~ 11 行的行号。
④ 将②步返回数组中 TRUE 值对应的行号返回。
⑤ 将④步返回值作为行号，3 作为列号，返回一个地址。

专家点拨

由于 ADDRESS 函数最终的返回结果是一个地址值，因此它一般结合其他函数使用，以实现返回某个地址的具体值。

8.2.2 COLUMN 函数（返回引用的列号）

【功能】

COLUMN 函数表示返回指定单元格引用的列号。

【语法】

COLUMN([reference])

【参数】

reference：可选，表示要返回其列号的单元格或单元格区域。如果省略参数 reference 或该参数为一个单元格区域，并且 COLUMN 函数是以水平数组公式的形式输入的，则 COLUMN 函数将以水平数组的形式返回参数 reference 的列号。

技巧 20　在一行中快速输入月份

通过 COLUMN 函数的特性，可以实现在一行中输入一个连续的序列。例如，下面的公式可以实现在一行中快速输入月份。

选中 A1 单元格，在公式编辑栏中输入公式：

```
=TEXT(COLUMN(),"0 月 ")
```

按 Enter 键，返回第一个月份，选中 A1 单元格，将光标定位到该单元格右下角，向右复制公式，即可返回如图 8-57 所示的结果。

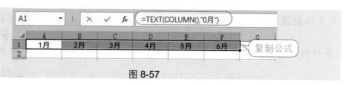

图 8-57

嵌套函数

TEXT 函数属于文本函数类型，用于将数值转换为按指定数字格式表示的文本。

公式解析

=TEXT(COLUMN(),"0 月 ")
　　　　①
　　　　　　　②

① 返回当前列号。

② 使用 TEXT 函数将①步返回的数字转换为"0 月"形式。例如，A1 单元格的公式 COLUMN() 返回值为 1，因此最终返回值为"1 月"；B1 单元格的公式 COLUMN() 返回值为 2，因此最终返回值为"2 月"。

技巧 21　实现隔列求总销售金额

如图 8-58 所示的表格中统计了每位销售员 1~6 个月的销售额，现在要求计算偶数月的总销售金额，即得到 H 列的数据。

	A	B	C	D	E	F	G	H
1	姓名	1月	2月	3月	4月	5月	6月	2\4\6月总金额
2	邹瑞宣	54.4	82.34	32.43	84.6	38.65	69.5	**236.44**
3	刘璐璐	73.6	50.4	53.21	112.8	102.45	108.37	**271.57**
4	黄永明	45.32	56.21	50.21	163.5	77.3	98.25	**317.96**
5	李杰	98.09	43.65	76	132.76	23.1	65.76	**242.17**

需要的计算结果

图 8-58

● 选中 H2 单元格，在公式编辑栏中输入公式：

=SUM(IF(MOD(COLUMN($A2:$G2),2)=0,$B2:$G2))

按 Shift+Ctrl+Enter 组合键，可统计 C2、E2、G2 单元格之和，如图 8-59 所示。

H2		:	×	✓	fx	{=SUM(IF(MOD(COLUMN($A2:$G2),2)=0,$B2:$G2))}	

	A	B	C	D	E	F	G	H
1	姓名	1月	2月	3月	4月	5月	6月	2\4\6月总金额
2	邹瑞宣	54.4	82.34	32.43	84.6	38.65	69.5	236.44
3	刘璐璐	73.6	50.4	53.21	112.8	102.45	108.37	
4	黄永明	45.32	56.21	50.21	163.5	77.3	98.25	公式返回结果
5	李杰	98.09	43.65	76	132.76	23.1	65.76	

图 8-59

● 选中 H2 单元格，拖动右下角的填充柄向下复制公式，即可批量计算出其他销售员偶数月的总销售金额。

嵌套函数

● SUM 函数属于数学函数类型，用于返回某一单元格区域中所有数字之和。

● MOD 函数属于数学函数类型，用于求两个数值相除后的余数，其结果的正负号与除数相同。

公式解析

=SUM(IF(MOD(COLUMN($A2:$G2),2)=0,$B2:$G2))
                           ③
               ①
           ②

① 返回 A2:G2 单元格区域中各列的列号，返回的是一个数组。

② 判断①步返回数组中各值与 2 相除后的余数是否为 0。

③ 将②步返回数组中结果为 0 的对应在 B2:G2 单元格区域上的值求和。

8.2.3 COLUMNS 函数（返回引用的列数）

【功能】

COLUMNS 函数用于返回数组或引用的列数。

【语法】

COLUMNS(array)

【参数】

array：表示为需要得到其列数的数组或数组公式或对单元格区域的引用。

技巧 22 返回参与考试科目的数量

通过 COLUMNS 函数的特性，在下面的表格中可以很方便地统计出考试科目的数量（实际工作中也许会有很多）。

选中 B9 单元格，在公式编辑栏中输入公式：

```
=COLUMNS(C:E)
```

按 Enter 键，即可返回如图 8-60 所示的结果。

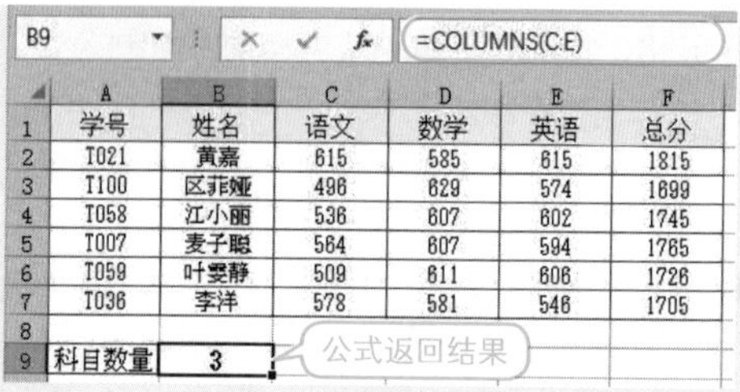
B9　=COLUMNS(C:E)

	A	B	C	D	E	F
1	学号	姓名	语文	数学	英语	总分
2	T021	黄嘉	615	585	615	1815
3	T100	区菲娅	496	629	574	1699
4	T058	江小丽	536	607	602	1745
5	T007	麦子聪	564	607	594	1765
6	T059	叶雯静	509	611	606	1726
7	T036	李洋	578	581	546	1705
8						
9	科目数量	3				

图 8-60

8.2.4 ROW 函数（返回引用的行号）

【功能】

ROW 函数用于返回引用的行号。

【语法】

ROW(reference)

【参数】

reference：表示为需要得到其行号的单元格或单元格区域。如果省略

reference，则假定是对函数 ROW 所在单元格的引用。如果 reference 为一个单元格区域，并且函数 ROW 作为垂直数组输入，则函数 ROW 将 reference 的行号以垂直数组的形式返回。reference 不能引用多个区域。

技巧 23　让数据自动隔 4 行（自定义）加 1（自定义）

通过使用 ROW 函数可以实现让数据自动隔几行加、减某一数据。例如，本例中要通过公式实现在填充数据时让 IP 地址自动隔 4 行加 1。

选中 **B2** 单元格，在公式编辑栏中输入公式：

```
="192.168.1.10"&INT((ROW()-2)/4)+1
```

按 **Enter** 键后，拖动 **B2** 单元格右下角的填充柄向下复制公式，即可看到填充得到的数据自动隔 4 行加 1，如图 **8-61** 所示。

	A	B	C	D
	IP地址	**自动隔4行获取新地址**		
2	192.168.1.101	192.168.1.101		
3		192.168.1.101		
4		192.168.1.101		
5		192.168.1.101		
6		192.168.1.102		
7		192.168.1.102		
8		192.168.1.102		
9		192.168.1.102		
10		192.168.1.103		
11		192.168.1.103		
12		192.168.1.103		
13		192.168.1.103		
14		192.168.1.104		
15		192.168.1.104		
16		192.168.1.104		
17		192.168.1.104		
18		192.168.1.105		

B2 ＝"192.168.1.10"&INT((ROW()-2)/4)+1

复制公式得到批量结果

图 8-61

嵌套函数

INT 函数属于数学函数类型，用于将指定数值向下取整为最接近的整数。

公式解析

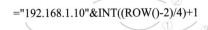

="192.168.1.10"&INT((ROW()-2)/4)+1

① 用当前行的行号减去 2。因为当前公式位于第 2 行中，这里想得到的数据是 0，所以进行了减去 2 的处理。

② ①步返回结果除以 4，再用 INT 函数将结果取整（返回的结果为 0）。

③将②步结果加 1，再与前面部分相连接。

专家点拨

当公式向下复制到 B5 单元格中时，ROW() 的取值依次是 3、4、5，它们的行号减 2 后再除以 4，用 INT 函数取整的结果都为 0，因此这连续的 4 个数是相同的。当公式复制到 B6 单元格中时，ROW() 的取值为 6。6-2 后再除以 4，INT 函数取整结果为 1，此时就进行了加 1 的处理。随着公式不断向下复制，其原理以此类推。

技巧 24 提取季度合计值计算全年销售额

根据表格中数据统计方式的不同，在计算时就需要根据当前数据的特性使用不同的公式。下面的表格中统计了全年中各月份销售额，并且在每个季度下面添加了一个"季度合计"，现在要求计算全年销售额合计值。

选中 D2 单元格，在公式编辑栏中输入公式：

`=SUM(IF(MOD(ROW($A$1:$A17),4)=0,$B2:$B17))`

按 Shift+Ctrl+Enter 组合键，可计算出 B5、B9、B13、B17 单元格之和，即得到全年销售额的合计值，如图 8-62 所示。

	A	B	C	D	E
	D2		fx	{=SUM(IF(MOD(ROW($A$1:$A17),4)=0,$B2:$B17))}	
1	月份	销售额		全年销售额合计	
2	1月	112.8		1146.51	公式返回结果
3	2月	163.5			
4	3月	132.76			
5	一季度合计	409.06			
6	4月	108.37			
7	5月	98.25			
8	6月	65.76			
9	二季度合计	272.38			
10	7月	82.34			
11	8月	50.4			
12	9月	56.21			
13	三季度合计	188.95			
14	10月	69.5			
15	11月	108.37			
16	12月	98.25			
17	四季度合计	276.12			

图 8-62

嵌套函数

● SUM 函数属于数学函数类型，用于返回某一单元格区域中所有数字之和。
● MOD 函数属于数学函数类型，用于求两个数值相除后的余数，其结果的正负号与除数相同。

公式解析

③
=SUM(IF(MOD(ROW($A1:$A17),4)=0,$B2:$B17))
①
②

① 返回 A1:A17 单元格区域中各行的行号，返回的是一个数组。
② 判断①步返回数组中各值与 4 相除后的余数是否为 0。
③ 将②步返回数组中结果为 0 的对应在 B2:B17 单元格区域上的值求和。

技巧 25　根据借款期限返回相应的年数序列

在建立工作表时需要通过公式控制某些单元格值的显示。例如，本例的工作表中显示了借款金额、借款期限等数据，现在需要根据借款期限计算每年偿还的利息金额，因此需要在工作表中建立"年份"列，进而进行计算，如图 8-63 所示。那么当借款期限发生变化时，希望"年份"列的年限也做相应改变，如图 8-64 所示。

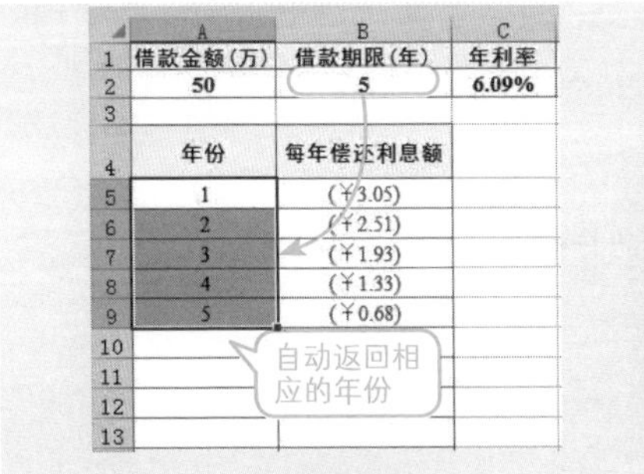

图 8-63

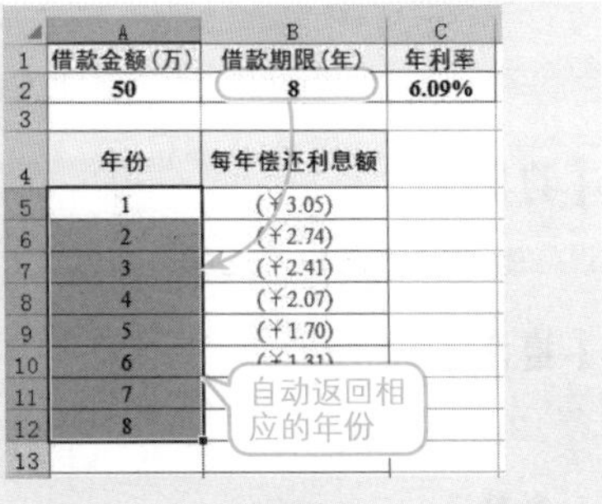

图 8-64

● 当前工作表的 B2 单元格中显示了借款期限。选中 A5 单元格，在公式编辑栏中输入公式：

`=IF(ROW()-ROW($A$4)<=$B$2,ROW()-ROW($A$4),"")`

按 Enter 键，得出第一个年份数据，如图 8-65 所示。

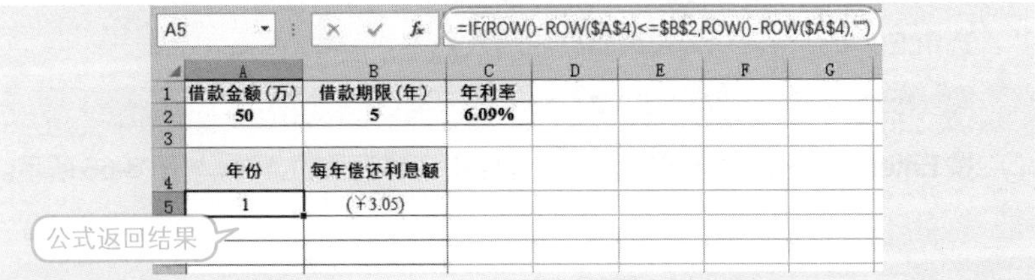

图 8-65

337

❷ 选中 **A5** 单元格，拖动右下角的填充柄向下复制公式（可以根据可能长的借款期限向下多复制一些单元格），可以看到实际显示年份值与 **B2** 单元格中指定期数相等。

❸ 更改 **B2** 单元格的借款期限，"年份"列则会显示出相应的年份值。

公式解析

=IF(ROW()-ROW($A$4)<=$B$2,ROW()-ROW($A$4),"")
　　　　　　 ①　　 ②　　　　　 ③

① 用当前行的行号减去 A4 单元格的行号。当公式在 A5 单元格时，当前行的行号为 5，随着公式的向下复制，当前行的行号也随之变化。

② 判断①步返回值是否小于或等于 B2 单元格的值，如果是，则进行下面的步骤；如果不是，则返回空值。

③ 如果②步条件满足，则返回当前行的行号减去 A4 单元格的行号的值。

8.2.5　ROWS 函数（返回引用的行数）

【功能】

ROWS 函数用于返回引用或数组的行数。

【语法】

ROWS(array)

【参数】

array：表示为需要得到其行数的数组、数组公式或对单元格区域的引用。

技巧 26　统计销售记录条数

根据 ROWS 函数的特性，可以用它来统计销售记录的条数。

选中 E3 单元格，在公式编辑栏中输入公式：

```
=ROWS(3:14)
```

按 Enter 键，返回的结果即为当前表格中销售记录的条数，如图 8-66 所示。

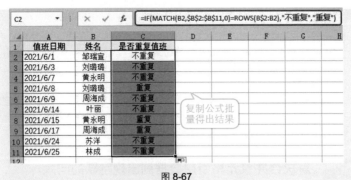

图 8-66

技巧 27　判断值班人员是否重复

当前表格显示的是员工值班安排表，其中有些员工的值班次数不止一次，现在利用如下公式可以判断值班人员是否重复。

❶ 选中 C2 单元格，在公式编辑栏中输入公式：

`=IF(MATCH(B2,$B$2:$B$11,0)=ROWS(B$2:B2),"不重复","重复")`

按 Enter 键，得出判断结果。

❷ 选中 C2 单元格，拖动右下角的填充柄向下复制公式，可以依次判断值班人员是否重复，如图 8-67 所示。

图 8-67

嵌套函数

MATCH 函数属于查找函数类型，用于返回在指定方式下与指定数值匹配的数组中元素的相应位置。

公式解析

=IF(MATCH(B2,$B$2:$B$11,0)=ROWS(B$2:B2)," 不重复 "," 重复 ")

（①）　　　　（②）　　　　　　（③）

① 判断 B2 单元格的值在 $B$2:$B$11 单元格区域中的位置。

② 统计行数，这里返回的是 1。当公式依次向下复制时，会依次返回 2、3、4……。

③ 当①步结果与②步结果相等时，返回"不重复"，否则返回"重复"。

专家点拨

由于 MATCH 函数返回的是满足条件的第一个数据在数组中的位置，当某个值第二次出现时，它返回的仍然是第一次出现的那个数据在数组中的位置，而不是当前数据在数组中的位置，所以它的值就不等于当前行数了，最终的返回值就是"重复"。

8.2.6　INDIRECT 函数（返回指定的引用）

【功能】

INDIRECT 函数用于返回由文本字符串指定的引用。此函数会立即对引用进行计算，并显示其内容。

【语法】

INDIRECT(ref_text,a1)

【参数】

- ref_text：表示为对单元格的引用，此单元格可以包含 A1- 样式的引用、R1C1- 样式的引用、定义为引用的名称或对文本字符串单元格的引用。如果 ref_text 是对另一个工作簿的引用（外部引用），则那个工作簿必须被打开。
- a1：表示为一逻辑值，指明包含在单元格 ref_text 中的引用的类型。如果 a1 为 TRUE 或省略，则 ref_text 被解释为 A1- 样式的引用。如果 a1 为 FALSE，则 ref_text 被解释为 R1C1- 样式的引用。

技巧 28　解决合并单元格引用数据列出现跳跃的问题

如图 8-68 所示的表格中，B 列中要引用 A 列的数据，B 列的单元格是合并的状态，直接引用并向下复制公式时，出现了引用跳跃的现象。要求在不改变合并单元格的状态下连续引用数据。

图 8-68

❶选中 C2 单元格，在公式编辑栏中输入公式：

=INDIRECT("R"&ROW()/2+1&"C1",)

按 Enter 键，得出第一个引用结果。

❷选中 C2 单元格，拖动右下角的填充柄向下复制公式，可以依次向下连续引用数据，如图 8-69 所示。

图 8-69

公式解析

$$=INDIRECT("R"\&ROW()/2+1\&"C1",)$$

① 返回当前行的行号，再除以2，将结果加1。

② 将①步返回的结果作为行号，将1作为列号，返回一个 R2C1 形式的引用（表示位于第 2 行第 1 列处的值）。

③ 使用 INDIRECT 函数将②步的引用转换为值。

专家点拨

当公式向下复制时，ROW() 的取值依次是 4、6、8……，从而决定了公式最终返回的结果。

技巧 29 按指定的范围计算平均值

如图 8-70 所示的表格中统计了各个班级的学生成绩，其中同一班级有 5 条记录（实际工作中也许会有很多），要求通过公式快速计算出 "1 班" 的平均分，"1 班、2 班" 的平均分，"1 班、2 班、3 班" 的平均分，即得到 F2:F4 单元格区域的结果。

	A	B	C	D	E	F
1	姓名	班级	分数		班级	平均分
2	简佳丽	1	72		1班	81.2
3	肖菲菲	1	88		1班、2班	83.3
4	柯娜	1	76		1班、2班、3班	85.6
5	胡杰	1	94			
6	崔丽纯	1	76			
7	廖菲	2	88			
8	高丽雯	2	90			
9	张伊琳	2	89			
10	刘霜	2	89			
11	唐雨萱	2	71			
12	毛杰	3	92			
13	黄中洋	3	87			
14	刘瑞	3	90			
15	谭谢生	3	87			
16	王家驹	3	95			

要求得到的统计结果

图 8-70

❶ 在当前表格的空白单元格中建立辅助数字，这个数字是每个班级最后一条记录所在行的行号，如图 8-71 所示。

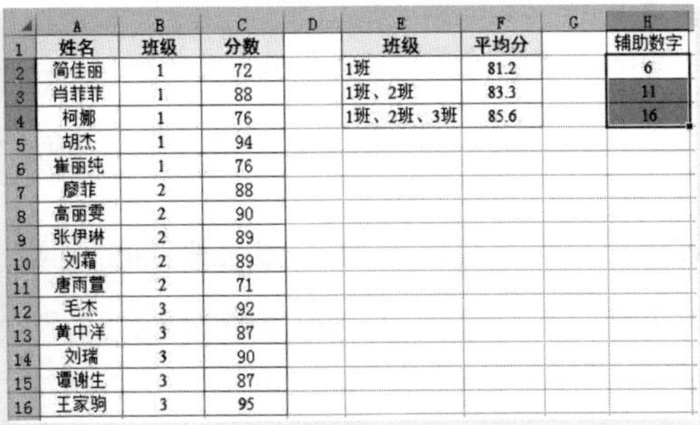

图 8-71

② 选中 F2 单元格，在公式编辑栏中输入公式：

```
=AVERAGE(INDIRECT("$C$2:C"&H2))
```

按 Enter 键，计算出 "1 班" 的平均分，如图 8-72 所示。

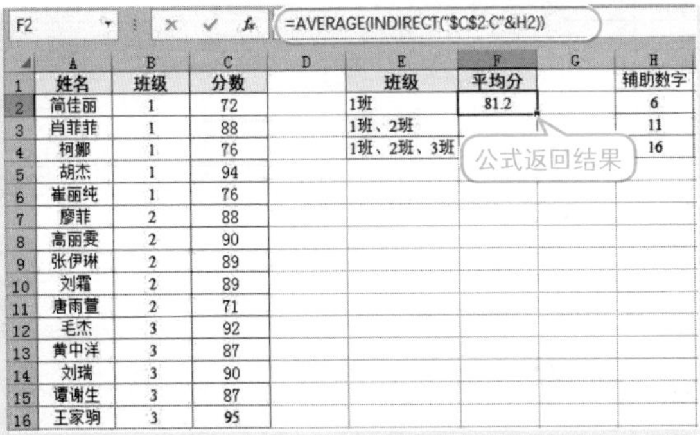

图 8-72

③ 选中 F2 单元格，拖动右下角的填充柄至 F4 单元格中，可以依次得出 "1 班"、2 班" 的平均分、"1 班、2 班、3 班" 的平均分（见图 8-70）。

嵌套函数

AVERAGE 函数属于统计函数类型，用于计算所有参数的算术平均值。

公式解析

$$=AVERAGE(INDIRECT("\$C\$2:C"\&H2))$$

③
①
②

① 将 ""$C$2:C"" 与 H2 单元格的值组成一个单元格区域的地址，这个地

址是一个文本字符串。

② 使用 INDIRECT 函数将①步结果中的文本字符串表示的单元格地址转换为一个可以运算的引用。

③ 进行求平均值的运算。

技巧 30　INDIRECT 函数解决跨工作表查询时名称匹配问题

　　如果到某一张工作表中查询数据，那么只需要指定其工作表名称，再选择相应的单元格区域即可。如图 8-73、图 8-74 所示为两张结构相同的工作表，分别为 "1 号仓库" 与 "2 号仓库"，如果只是查询指定一个仓库中的不同规格产品的库存量，则可以使用如图 8-75 所示的公式指定查询 1 号仓库。

	A	B	C
1	规格	库存量(公斤)	
2	Φ12mm	120	
3	Φ14mm	80	
4	Φ16mm	150	
5	Φ18mm	80	
6	Φ20mm	50	
7	Φ22mm	100	
8	Φ25mm	100	
9	Φ18-25mm	100	
10	Φ12-14mm	100	
11	Φ16-25mm	200	
12	Φ20-25mm	60	

1号仓库　2号仓库　查询

图 8-73

	A	B	C
1	规格	库存量	
2	Φ12mm	50	
3	Φ14mm	100	
4	Φ16mm	120	
5	Φ18mm	43	
6	Φ20mm	55	
7	Φ22mm	50	
8	Φ25mm	60	
9	Φ18-25mm	80	
10	Φ12-14mm	45	
11	Φ16-25mm	52	
12	Φ20-25mm	80	

1号仓库　2号仓库　查询

图 8-74

B2　=VLOOKUP(A2,'1号仓库'!A2:B12, 2)

	A	B	C	D	E	F
1	规格	库存量(公斤)				
2	Φ14mm	80				
3						
4						

1号仓库　2号仓库　查询

图 8-75

　　但如果想自由选择在哪张工作表中去查询，则会希望工作表的标签也能随着我们指定的查询对象自动变化，如图 8-76 所示中的 A2 单元格用于指定对哪个仓库查询，即让 C2 单元格的值随着 A2 和 B2 单元格变化而变化。正常的思路是，将 A2 单元格当作一个变量，用单元格引用 A2 来代替，因此将公式更改为 "=VLOOKUP(B2,A2&"!A2:B12",2,)"，按 Enter 键，结果报错为 "#VALUE！"

344

图 8-76

对 "A2&"!A2:B12" " 这一部分使用 **F9** 键可以看到，返回的结果是 ""2 号仓库 !A2:B9" "，这个引用区域被添加了一个双引号，公式把它当作文本来处理了，因此返回了错误值。

根据这个思路，我们使用了 **INDIRECT** 函数，用这个函数来改变对单元格的引用，将 "A2&"!A2:B12" " 这一部分的返回值转换成了引用的方式，而非之前的文本格式了。因此将公式优化为 "=VLOOKUP(B2,INDIRECT(A2&"! A2:B12"),2,)"，即可得到正确结果（见图 8-77）。当更改 **A2** 中的仓库名与 **B2** 中的规格时，都可以实现库存量的自动查询。

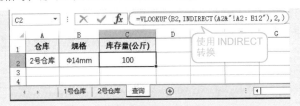

图 8-77

8.2.7 OFFSET 函数（根据指定偏移量得到新引用）

【**功能**】

OFFSET 函数以指定的引用为参照系，通过给定偏移量得到新的引用。返回的引用可以为一个单元格或单元格区域，并可以指定返回的行数或列数。

【**语法**】

OFFSET(reference,rows,cols,height,width)

【**参数**】

- reference：表示作为偏移量参照系的引用区域。reference 必须为对单元格或相连单元格区域的引用；否则，函数 OFFSET 返回错误值 "#VALUE!"。
- rows：表示相对于偏移量参照系的左上角单元格，上（下）偏移的行数。如果使用 5 作为参数 rows，则说明目标引用区域的左上角单元格比 reference 低 5 行。行数可为正数（代表在起始引用的下方）或负数（代表在起始引用的上方）。

- cols：表示相对于偏移量参照系的左上角单元格，左（右）偏移的列数。如果使用 5 作为参数 cols，则说明目标引用区域的左上角的单元格比 reference 靠右 5 列。列数可为正数（代表在起始引用的右边）或负数（代表在起始引用的左边）。
- height：高度，即所要返回的引用区域的行数。height 必须为正数。
- width：宽度，即所要返回的引用区域的列数。width 必须为正数。

技巧 31 实现数据的动态查询

如图 8-78 所示表格中统计了各个店铺各个月份的销售额，要求建立一个查询表（可以在其他工作表中建立，本例中为了数据查看方便在当前工作表中建立），快速查询各店铺任意月份的销售数据列表，如图 8-78 所示查询了 2 月的销售额列表，如图 8-79 所示查询了 4 月的销售额列表。

	A	B	C	D	E	F	G	H	I	J	K	L
1	店铺	1月	2月	3月	4月	5月	6月		辅助数字			
2	市府广场店	54.4	82.34	32.43	32.43	38.65	82.34		2		市府广场店	82. 34
3	舒城路店	84.6	38.65	69.5	53.21	102.45	50.4				舒城路店	38. 65
4	城隍庙店	73.6	50.4	53.21	50.21	77.3	56.21				城隍庙店	50. 4
5	南七店	112.8	102.45	108.37	76	23.1	43.65				南七店	102. 45
6	太湖路店	45.32	56.21	50.21	84.6	69.5	54.4				太湖路店	56. 21
7	青阳南路店	163.5	77.3	98.25	112.8	108.37	73.6				青阳南路店	77. 3
8	黄金广场店	98.09	43.65	76	163.5	98.25	45.32				黄金广场店	43. 65
9	大润发店	132.76	23.1	65.76	132.76	65.76	98.09				大润发店	23. 1

查询任意月份

图 8-78

	A	B	C	D	E	F	G	H	I	J	K	L
1	店铺	1月	2月	3月	4月	5月	6月		辅助数字		店铺	4月
2	市府广场店	54.4	82.34	32.43	32.43	38.65	82.34		4		市府广场店	32. 43
3	舒城路店	84.6	38.65	69.5	53.21	102.45	50.4				舒城路店	53. 21
4	城隍庙店	73.6	50.4	53.21	50.21	77.3	56.21				城隍庙店	50. 21
5	南七店	112.8	102.45	108.37	76	23.1	43.65				南七店	76
6	太湖路店	45.32	56.21	50.21	84.6	69.5	54.4				太湖路店	84. 6
7	青阳南路店	163.5	77.3	98.25	112.8	108.37	73.6				青阳南路店	112. 8
8	黄金广场店	98.09	43.65	76	163.5	98.25	45.32				黄金广场店	163. 5
9	大润发店	132.76	23.1	65.76	132.76	65.76	98.09				大润发店	132. 76

图 8-79

① 在 I2 单元格中输入辅助数字 1，这个辅助数字是用于确定 OFFSET 函数的偏移量的，它将用作 OFFSET 函数的第 2 个参数。

② 选中 L1 单元格，在公式编辑栏中输入公式：

```
=OFFSET(A1,0,$I$2)
```

按 Enter 键即可根据 I2 单元格中的值确定偏移量，以 A1 为参照，向下偏移 0 行，向右偏移 1 列，因此返回标识项“1 月”，如图 8-80 所示。

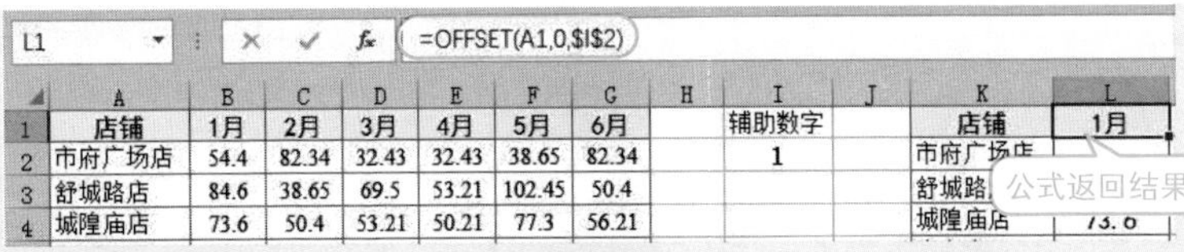

L1 =OFFSET(A1,0,$I$2)

	A	B	C	D	E	F	G	H	I	J	K	L
1	店铺	1月	2月	3月	4月	5月	6月		辅助数字		店铺	1月
2	市府广场店	54.4	82.34	32.43	32.43	38.65	82.34		1		市府广场店	
3	舒城路店	84.6	38.65	69.5	53.21	102.45	50.4				舒城路	
4	城隍庙店	73.6	50.4	53.21	50.21	77.3	56.21				城隍庙店	73.6

图 8-80

③ 选中 L1 单元格，拖动右下角的填充柄向下复制公式，返回"1 月"的各销售额，如图 8-81 所示显示了 L5 单元格的公式（读者可与前面的公式比较）。在向下复制公式时，OFFSET 函数的第 1 个参数，即每个公式中的参照都发生了改变，因此返回了各不相同的值。

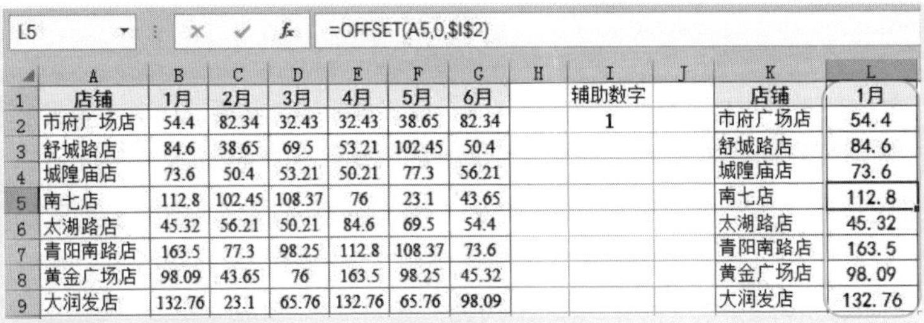

L5 =OFFSET(A5,0,$I$2)

	A	B	C	D	E	F	G	H	I	J	K	L
1	店铺	1月	2月	3月	4月	5月	6月		辅助数字		店铺	1月
2	市府广场店	54.4	82.34	32.43	32.43	38.65	82.34		1		市府广场店	54.4
3	舒城路店	84.6	38.65	69.5	53.21	102.45	50.4				舒城路店	84.6
4	城隍庙店	73.6	50.4	53.21	50.21	77.3	56.21				城隍庙店	73.6
5	南七店	112.8	102.45	108.37	76	23.1	43.65				南七店	112.8
6	太湖路店	45.32	56.21	50.21	84.6	69.5	54.4				太湖路店	45.32
7	青阳南路店	163.5	77.3	98.25	112.8	108.37	73.6				青阳南路店	163.5
8	黄金广场店	98.09	43.65	76	163.5	98.25	45.32				黄金广场店	98.09
9	大润发店	132.76	23.1	65.76	132.76	65.76	98.09				大润发店	132.76

图 8-81

④ 完成公式的设置之后，当 I2 单元格中变量更改时，L1:L9 单元格区域的值也会做相应改变（因为指定的偏移量改变了），从而实现动态查询。

公式解析

=OFFSET(A1,0,$I$2)

以 A1 单元格为参照向下偏移 0 行，向右偏移列数由 I2 单元格中值指定。随着公式向下复制，A1 单元格这个参照对象不断变化，因此返回一列的值。

技巧 32 对每日出库量累计求和

表格中按日统计了产品的出库量，要求对出库数量按日累计求和。

① 选中 C2 单元格，在公式编辑栏中输入公式：

```
=SUM(OFFSET($B$2,0,0,ROW()-1))
```

按 Enter 键，得出第一项累计计算结果，即 C2 单元格的值。

② 选中 C2 单元格，拖动右下角的填充柄向下复制公式，可以求出每日的累计出库量，如图 8-82 所示。

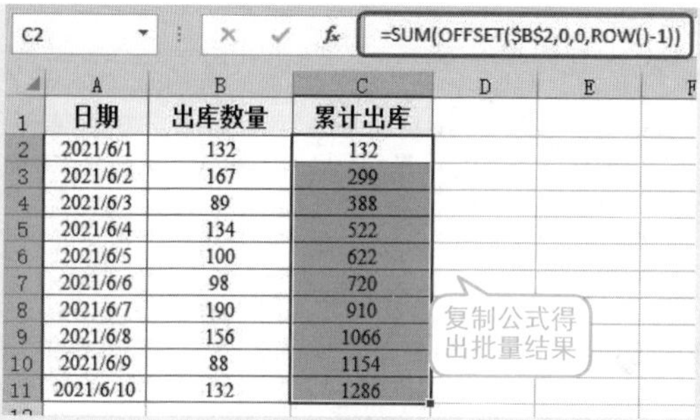
C2 =SUM(OFFSET($B$2,0,0,ROW()-1))

	A	B	C	D	E	F
1	日期	出库数量	累计出库			
2	2021/6/1	132	132			
3	2021/6/2	167	299			
4	2021/6/3	89	388			
5	2021/6/4	134	522			
6	2021/6/5	100	622			
7	2021/6/6	98	720			
8	2021/6/7	190	910			
9	2021/6/8	156	1066			
10	2021/6/9	88	1154			
11	2021/6/10	132	1286			

图 8-82

嵌套函数

- SUM 函数属于数学函数类型，用于返回某一单元格区域中所有数字之和。
- ROW 函数属于查找函数类型，用于返回引用的行号。

公式解析

=SUM(OFFSET($B$2,0,0,ROW()-1))

②

①

③

① 用当前行的行号减去 1，表示所要返回的引用区域的行数。

② 以 B2 单元格为参照，向下偏移 0 行，向右偏移 0 列，返回①步结果指定行数的值。

③ 将②步结果求和。

专家点拨

当公式向下复制时，ROW() 的值也在不断变化，因此公式①步结果也在变化，所以决定了求和的单元格区域。例如，公式复制到 C4 单元格，①步结果为 3，那么这一步的结果就是“B2:B4”，表示将对 B2:B4 单元格区域求和。

技巧 33 OFFSET 函数常用于创建动态图表数据源

因为 OFFSET 函数以指定的引用为参照系，通过给定偏移量得到新的引用。因此偏移量控制了最终的返回值是什么，当改变偏移量时则改变了最终的返回值。如果我们使用这一区域的数据来创建图表，则当数据区域发生变化时，图表也做相应的绘制，达到了动态图表的效果，因此 OFFSET 函数经常用来创建动态图表数据源。沿用“技巧 31 实现数据的动态查询”的例子来讲解。

① 完成 ❶～❸ 步操作后，选中 **K1:L9** 单元格区域创建条形图，如图 8-83
所示。

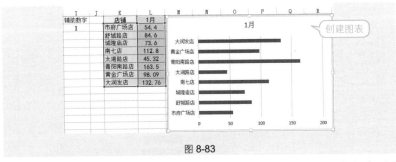

图 8-83

② 当更改 I2 单元格的辅助数字时（用于指定偏移量的），图表自动用返
回的数据重新绘制，如图 8-84 所示。

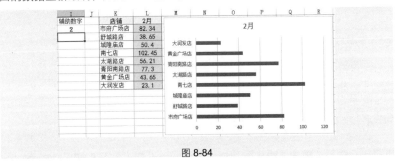

图 8-84

③ 选择一个 "数值调节钮" 表单控件，如图 8-85 所示。在图表中绘制控件，
如图 8-86 所示。

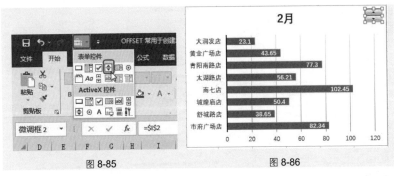

图 8-85　　　　　　　　　图 8-86

349

④ 在控件上单击鼠标右键，在下拉菜单中选择 "设置控件格式" 命令，打
开 "设置控件格式" 对话框，设置 "单元格链接" 为 "$I$2"，即让这个控件

与 I2 单元格相链接，如图 8-87 所示。

⑤ 完成设置后即可使用数值调节钮来控制图表的动态显示，如图 8-88 所示。

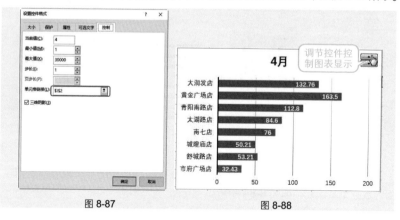

图 8-87   图 8-88

📢 **专家点拨**

步骤⑤中使用的控件按钮，按如下方法添加就可以显示到"快速访问工具栏"中了，添加后，需要使用则单击此按钮，在下拉列表中去选择即可。

❶ 单击"自定义快速访问工具栏"下拉按钮，在下拉菜单中选择"其他命令"命令，打开"Excel 选项"对话框，如图 8-89 所示。

❷ 在"从下列位置选择命令"列表中选择"开发工具选项卡"，在列表中选择"控件"，单击"添加"按钮即可添加到右侧（见图 8-90），即添加到了快速访问工具栏。

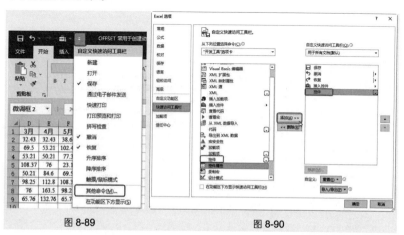

图 8-89   图 8-90

第 **9** 章 信息函数范例

9.1 使用 IS 函数进行判断

9.1.1 ISBLANK 函数（判断值是否为空值）

【功能】

ISBLANK 函数用于判断指定值是否为空值。

【语法】

ISBLANK(value)

【参数】

value：表示要检验的值。参数 value 可以是空白（空单元格）、错误值、逻辑值、文本、数字、引用值，或者引用要检验的以上任意值的名称。

技巧 1 标注出缺考学生

如图 **9-1** 所示表格中统计了学生的考试成绩，其中有缺考情况出现（无成绩为缺考）。使用 **ISBLANK** 函数配合 **IF** 函数可以将缺考信息标识出来。

	A	B	C	D
	员工姓名	上机考试	总成绩	
1	邓毅成	85		
2	许德贵		缺考	
3	林格		缺考	
4	陈洁瑜	77		
5	林伟华	90		
6	黄觉晓	88		
7	赵庆龙		缺考	

C2 单元格公式：=IF(ISBLANK(B2),"缺考","")　公式返回结果

图 9-1

① 选中 **C2** 单元格，在公式编辑栏中输入公式：

`=IF(ISBLANK(B2)," 缺考 ","")`

按 **Enter** 键，即可根据结果判断是否显示出"缺考"。

② 选中 **C2** 单元格，拖动右下角的填充柄向下复制公式，可以批量进行"缺考"标注，如图 **9-1** 所示。

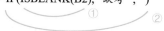

公式解析

=IF(ISBLANK(B2),"缺考","")

① 判断 B2 单元格是否是空值，如果是，则返回 TRUE，不是则返回 FALSE。

② 如果①步结果为 TRUE，则返回"缺考"，否则返回空。

9.1.2 ISTEXT 函数（判断数据是否为文本）

【功能】

ISTEXT 函数用于判断指定数据是否为文本。

【语法】

ISTEXT(value)

【参数】

value：表示要检验的值。参数 value 可以是空白（空单元格）、错误值、逻辑值、文本、数字、引用值，或者引用要检验的以上任意值的名称。

技巧 2　快速统计缺考人数

如图 9-2 所示表格中统计了学生成绩，当缺考时显示出"缺考"文字。使用 ISTEXT 函数配合 SUM 函数可以统计出缺考的人数。

	D2		×	✓	fx	{=SUM(ISTEXT(B2:B12)*1)}

	A	B	C	D
1	姓名	总成绩		缺考人数
2	邓翰威	615		3
3	许德贤	缺考		
4	陈洁瑜	564		
5	林伟华	缺考		
6	黄觉晓	578		
7	韩薇	558		
8	胡家兴	552		
9	刘慧贤	581		
10	钟琛	缺考		
11	李知晓	757		
12	陈少君	569		

图 9-2

选中 D2 单元格，在公式编辑栏中输入公式：

```
=SUM(ISTEXT(B2:B12)*1)
```

按 Shift+Ctrl+Enter 组合键，即可统计出"缺考"文字出现的次数，即缺考人数，如图 9-2 所示。

公式解析

=SUM(ISTEXT(B2:B12)*1)

① 判断 B2:B12 单元格是否是文本，如果是，则返回 TRUE，不是则返回 FALSE，返回的是一个数组。

② 如果①步结果为 TRUE 乘 1 返回 1，则结果为 FALSE，返回 0，使用 SUM 函数统计 1 的个数。

9.1.3 ISLOGICAL 函数（判断数据是否为逻辑值）

【功能】

ISLOGICAL 函数用于判断指定数据是否为逻辑值。

【语法】

ISLOGICAL(value)

【参数】

value：表示要检验的值。参数 value 可以是空白（空单元格）、错误值、逻辑值、文本、数字、引用值，或者引用要检验的以上任意值的名称。

技巧 3 检验数据是否为逻辑值

检验的规则是，如果数据是逻辑值，返回 TRUE；其他如数字、文本、日期等都返回 FALSE。

如图 9-3 所示，A 列为数据，B 列为使用了 ISLOGICAL 函数建立公式后返回的结果。

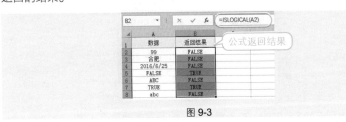

图 9-3

9.1.4 ISNUMBER 函数（判断数据是否为数字）

【功能】

ISNUMBER 函数用于判断指定数据是否为数字。

【语法】

ISNUMBER(value)

【参数】

value：表示要检验的值。参数 value 可以是空白（空单元格）、错误值、逻辑值、文本、数字、引用值，或者引用要检验的以上任意值的名称。

技巧 4　当出现无法计算时检测数据是否是数值数据

如图 9-4 所示，可以看到当使用 SUM 函数计算总销售数量时，计算结果是错误的。这时可以用 ISNUMBER 函数来检测数据是否是数值数据，通过返回结果可以有针对性地修正数据。

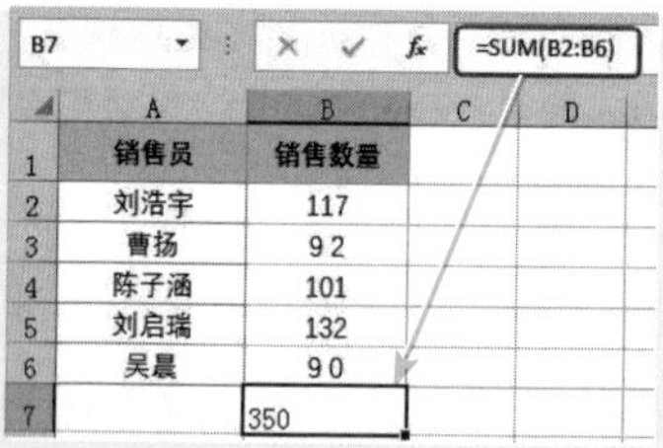
B7 =SUM(B2:B6)

	A	B	C	D
1	销售员	销售数量		
2	刘浩宇	117		
3	曹扬	9 2		
4	陈子涵	101		
5	刘启瑞	132		
6	吴晨	9 0		
7		350		

图 9-4

选中 C2 单元格，在编辑栏中输入公式：

```
=ISNUMBER(B2)
```

按 Enter 键，然后向下复制 C2 单元格的公式，当结果为 FALSE 时，表示为非数值数据，如图 9-5 所示。

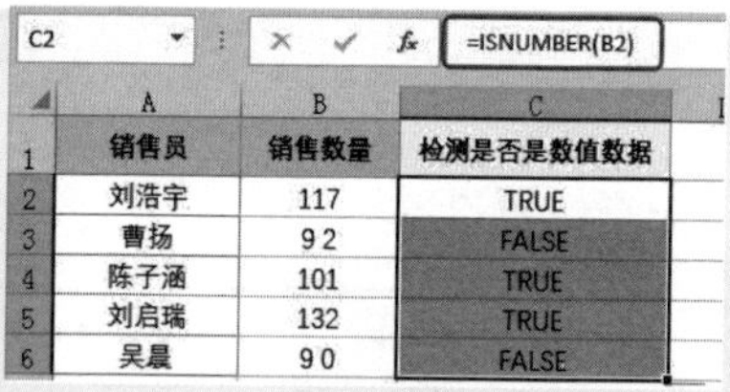
C2 =ISNUMBER(B2)

	A	B	C
1	销售员	销售数量	检测是否是数值数据
2	刘浩宇	117	TRUE
3	曹扬	9 2	FALSE
4	陈子涵	101	TRUE
5	刘启瑞	132	TRUE
6	吴晨	9 0	FALSE

图 9-5

对于出现 FALSE 值的，应着重检查其他数据类型是否正确。

9.1.5　ISNA 函数（判断数据是否为错误值“#N/A”）

【功能】

ISNA 函数用于判断指定数据是否为错误值“#N/A”。

【语法】

ISNA(value)

【参数】

value：表示要检验的值。参数 value 可以是空白（空单元格）、错误值、逻辑值、文本、数字、引用值，或者引用要检验的以上任意值的名称。

技巧 5　查询编号错误时显示“无此编号”

在使用 LOOKUP 或 VLOOKUP 函数进行查询时，当查询对象错误时通常都会返回“#N/A”错误值，如图 9-6 所示。为了避免这种错误值出现，可以配合 IF 与 ISNA 函数实现当出现查询对象错误时返回“无此编号”提示文字。

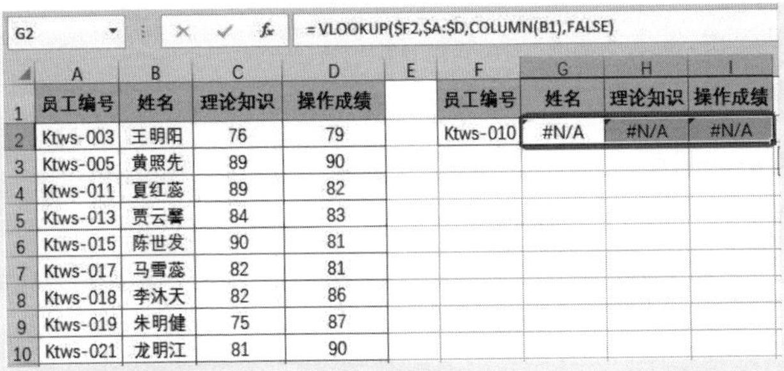

G2　=VLOOKUP($F2,$A:$D,COLUMN(B1),FALSE)

	A	B	C	D	E	F	G	H	I
1	员工编号	姓名	理论知识	操作成绩		员工编号	姓名	理论知识	操作成绩
2	Ktws-003	王明阳	76	79		Ktws-010	#N/A	#N/A	#N/A
3	Ktws-005	黄照先	89	90					
4	Ktws-011	夏红蕊	89	82					
5	Ktws-013	贾云馨	84	83					
6	Ktws-015	陈世发	90	81					
7	Ktws-017	马雪蕊	82	81					
8	Ktws-018	李沐天	82	86					
9	Ktws-019	朱明健	75	87					
10	Ktws-021	龙明江	81	90					

图 9-6

选中 G2 单元格，在编辑栏中输入公式：

```
=IF(ISNA(VLOOKUP($F2,$A:$D,COLUMN(B1),FALSE)),"无此编号",
VLOOKUP($F2,$A:$D,COLUMN(B1),FALSE))
```

按 Enter 键后向右复制公式，可以看到当 F2 单元格中的编号有误时，则返回所设置的提示文字，如图 9-7 所示。

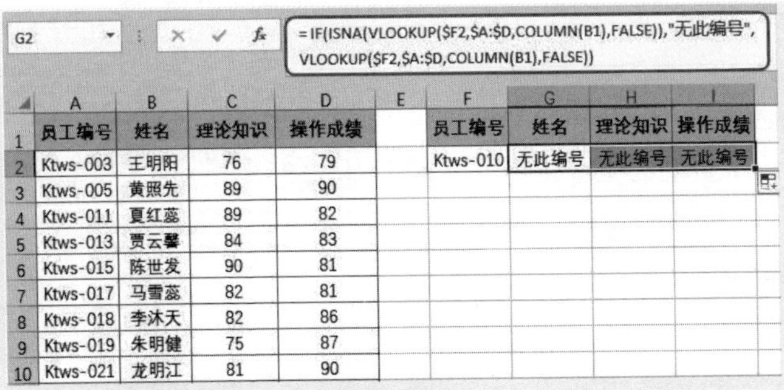

G2　=IF(ISNA(VLOOKUP($F2,$A:$D,COLUMN(B1),FALSE)),"无此编号",VLOOKUP($F2,$A:$D,COLUMN(B1),FALSE))

	A	B	C	D	E	F	G	H	I
1	员工编号	姓名	理论知识	操作成绩		员工编号	姓名	理论知识	操作成绩
2	Ktws-003	王明阳	76	79		Ktws-010	无此编号	无此编号	无此编号
3	Ktws-005	黄照先	89	90					
4	Ktws-011	夏红蕊	89	82					
5	Ktws-013	贾云馨	84	83					
6	Ktws-015	陈世发	90	81					
7	Ktws-017	马雪蕊	82	81					
8	Ktws-018	李沐天	82	86					
9	Ktws-019	朱明健	75	87					
10	Ktws-021	龙明江	81	90					

图 9-7

公式解析

=IF(ISNA(VLOOKUP($F2,$A:$D,COLUMN(B1),FALSE)),"无此编号",VLOOKUP($F2,$A:$D,COLUMN(B1),FALSE))

VLOOKUP 部分我们在此不做解释，可以参照第 6 章中的公式解析学习。此公式只是在 VLOOKUP 外层嵌套了 IF 与 ISNA 函数，表示用 ISNA 函数判断 VLOOKUP 部分返回的是否是“#N/A”错误值，如果是，则返回“无此编号”文字；如果不是，则返回 VLOOKUP 查询到的值。

9.1.6 ISERR 函数（检测给定值是否为“#N/A”之外的错误值）

【功能】

ISERR 函数用于判断指定数据是否为错误值“#N/A”之外的任何错误值。

【语法】

ISERR(value)

【参数】

value：表示要检验的值。参数 value 可以是空白（空单元格）、错误值、逻辑值、文本、数字、引用值，或者引用要检验的以上任意值的名称。

技巧 6 检验数据是否为错误值 #N/A

如图 9-8 所示表格中在计算统计金额时，为了方便公式的复制，产生了一些不必要的错误值，现在想对数据的计算结果进行整理，以得到正确的显示结果。

选中 C2 单元格，在编辑栏中输入公式：

```
=IF(ISERR(A2*500),"",A2*500)
```

按 Enter 键，然后向下复制公式即可避免错误值的产生，如图 9-9 所示。

	A	B	C
1	村名	补贴金额	
2	凌岩	#VALUE!	
3	12	6000	
4	白云	#VALUE!	
5	8	4000	
6	西峰	#VALUE!	
7	12	6000	
8	西冲	#VALUE!	
9	15	7500	
10	青河	#VALUE!	
11	17	8500	
12	赵村	#VALUE!	
13	20	10000	

图 9-8

C2 =IF(ISERR(A2*500),"",A2*500)

	A	B	C	D	E
1	村名	补贴金额	正确结果		
2	凌岩	#VALUE!			
3	12	6000	6000		
4	白云	#VALUE!			
5	8	4000	4000		
6	西峰	#VALUE!			
7	12	6000	6000		
8	西冲	#VALUE!			
9	15	7500	7500		
10	青河	#VALUE!			
11	17	8500	8500		
12	赵村	#VALUE!			
13	20	10000	10000		

图 9-9

9.1.7 ISERROR 函数（检测给定值是否为任意错误值）

【功能】

ISERROR 函数用于判断指定数据是否为任意错误值。

【语法】

ISERROR(value)

【参数】

value：表示要检验的值。

技巧 7 忽略错误值进行求和运算

在下面的表格中，在统计销售量时，由于有些产品没有销售量，所以输入了“无”文字，造成在计算总销售额时出现了错误值，此时如果直接使用 SUM 函数求解总销售金额，也会出现错误值，如图 9-10 所示。在这种情况下，要实现计算总销售额，则可以使用 ISERROR 函数忽略错误值。

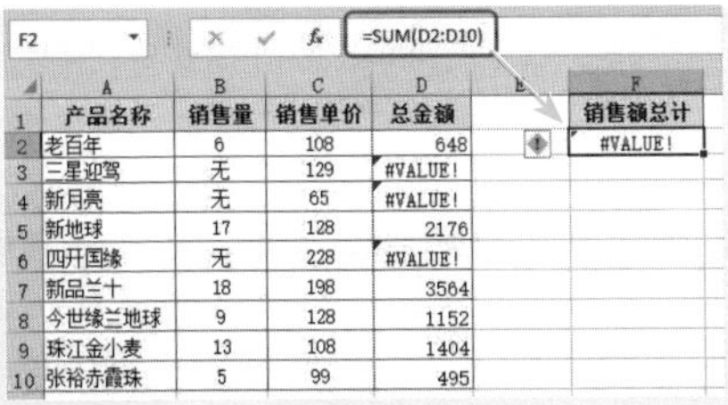

	A	B	C	D	E	F
1	产品名称	销售量	销售单价	总金额		销售额总计
2	老百年	6	108	648		#VALUE!
3	三星迎驾	无	129	#VALUE!		
4	新月亮	无	65	#VALUE!		
5	新地球	17	128	2176		
6	四开国缘	无	228	#VALUE!		
7	新品兰十	18	198	3564		
8	今世缘兰地球	9	128	1152		
9	珠江金小麦	13	108	1404		
10	张裕赤霞珠	5	99	495		

图 9-10

选中 F2 单元格，在公式编辑栏中输入公式：

```
=SUM(IF(ISERROR(D2:D10),0,D2:D10))
```

按 Shift+Ctrl+Enter 组合键，即可去除 D 列中的错误值统计出销售额合计，如图 9-11 所示。

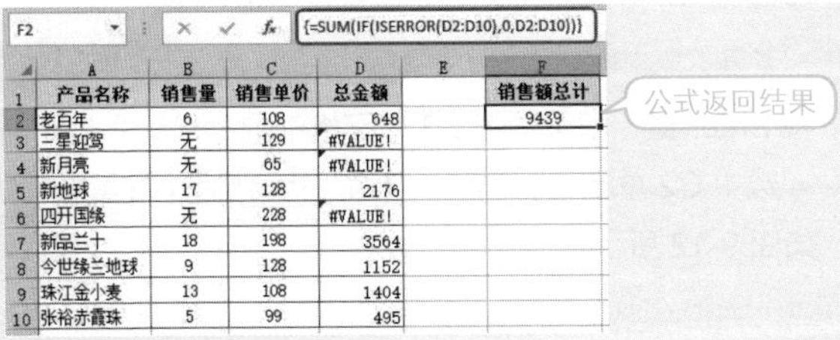

	A	B	C	D	E	F
1	产品名称	销售量	销售单价	总金额		销售额总计
2	老百年	6	108	648		9439
3	三星迎驾	无	129	#VALUE!		
4	新月亮	无	65	#VALUE!		
5	新地球	17	128	2176		
6	四开国缘	无	228	#VALUE!		
7	新品兰十	18	198	3564		
8	今世缘兰地球	9	128	1152		
9	珠江金小麦	13	108	1404		
10	张裕赤霞珠	5	99	495		

图 9-11

📖📃 **公式解析**

=SUM(IF(ISERROR(D2:D10),0,D2:D10))

① 依次判断 D2:D10 单元格区域中的值是否是错误值，如果是，则返回 TRUE；如果不是，则返回 FALSE。

② 如果①步结果为 TRUE，则返回 0 值；否则返回具体值，返回的是一个数组。

③ 将②步数组进行求和运算。

9.1.8　ISODD 函数（判断数据是否为奇数）

【**功能**】

ISODD 函数用于判断指定值是否为奇数。

【**语法**】

ISODD(number)

【**参数**】

number：为指定的数值。如果 number 为奇数，则返回 TRUE，否则返回 FALSE。

技巧 8　根据身份证号码判断其性别

身份证号码的第 17 位是代表性别信息的，这一位如果为奇数，表示性别为"男"，反之为"女"。根据这一特征，可以使用 ISODD 函数来判断第 17 位数字的奇偶性，从而确定持证人的性别。

❶ 选中 C2 单元格，在公式编辑栏中输入公式：

```
=IF(ISODD(MID(B2,17,1)),"男","女")
```

按 Enter 键，即可根据 B2 单元格中的身份证号码判断出性别。

❷ 选中 C2 单元格，拖动右下角的填充柄向下复制公式，即可批量返回性别，如图 9-12 所示。

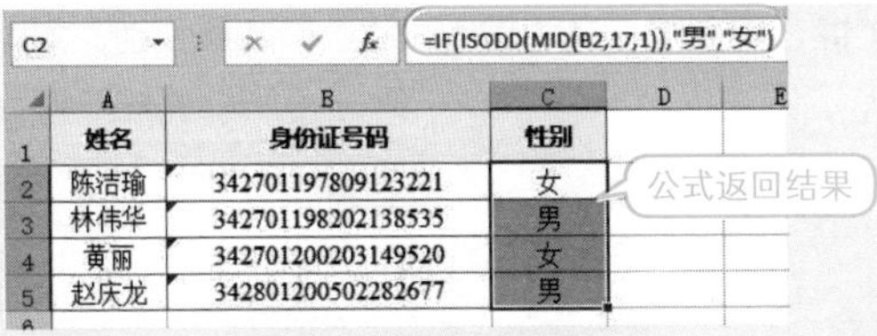

C2 =IF(ISODD(MID(B2,17,1)),"男","女")

	A	B	C	D	E
1	姓名	身份证号码	性别		
2	陈洁瑜	342701197809123221	女		
3	林伟华	342701198202138535	男		
4	黄丽	342701200203149520	女		
5	赵庆龙	342801200502282677	男		

图 9-12

嵌套函数

MID 函数属于文本函数类型，用于从一个字符串中的指定位置开始截取出指定数量的字符。

公式解析

=IF(ISODD(MID(B2,17,1)),"男","女")

①从 B2 单元格中提取字符，从第 17 位开始提取，共提取 1 位。

②使用 ISODD 函数判断①步结果是否是奇数，如果是，返回“男”，否则返回“女”。

9.1.9 ISEVEN 函数（判断数据是否为偶数）

【功能】

ISEVEN 函数用于判断指定值是否为偶数。

【语法】

ISEVEN(number)

【参数】

number：为指定的数值。如果 number 为偶数，则返回 TRUE，否则返回 FALSE。

技巧 9 根据工号返回性别信息

某公司为有效判断员工性别，规定工号中最后一位数判断，如果为偶数表示性别为“女”，反之为“男”。根据这一规定，可以使用 ISODD 函数来判断最后一位数的奇偶性，从而确定员工的性别。

❶ 选中 C2 单元格，在编辑栏中输入公式：

```
=IF(ISEVEN(RIGHT(B2,1)),"女","男")
```

按 Enter 键，则可按工号的最后一位数来判断性别，如图 9-13 所示。

图 9-13

❷ 然后向下复制 C2 单元格的公式，即可实现批量判断，如图 9-14 所示。

图 9-14

嵌套函数

RIGHT 函数属于文本函数类型，用于从给定字符串的最右侧开始提取指定数目的字符。

公式解析

=IF(ISEVEN(RIGHT(B2,1))," 女 "," 男 ")

① 提取 B2 单元格中数据的最后一位。

② 使用 ISODD 函数判断①步结果是否是偶数，如果是，则返回"女"，否则返回"男"。

9.2 获取相关信息函数

9.2.1 CELL 函数（返回单元格、位置等）

【功能】

CELL 函数返回有关单元格的格式、位置或内容的信息。

【语法】

CELL(info_type, [reference])

【参数】

● info_type：表示一个文本值，指定要返回的单元格信息的类型，如表9-1所示。

● reference：可选，需要其相关信息的单元格。

表9-1 CELL 函数的 info_type 参数与返回值

info_type 参数	CELL 函数返回值
"address"	引用中第一个单元格的引用，文本类型
"col"	引用中单元格的列标
"color"	如果单元格中的负值以不同颜色显示，则为值1；否则，返回0（零）
"contents"	返回单元格中的内容
"filename"	包含引用的文件名（包括全部路径）、文本类型。如果包含目标引用的工作表尚未保存，则返回空文本（""）
"format"	返回与单元格中不同的数字格式相对应的文本值。如果单元格中负值以不同颜色显示，则在返回的文本值的结尾处加"-"；如果单元格中为正值或所有单元格均加括号，则在文本值的结尾处返回"()"
"parentheses"	如果单元格中为正值或所有单元格均加括号，则为值1；否则返回0
"prefix"	与单元格中不同的"标志前缀"相对应的文本值。如果单元格文本左对齐，则返回单引号（'）；如果单元格文本右对齐，则返回双引号（"）；如果单元格文本居中，则返回插入字符（^）；如果单元格文本两端对齐，则返回反斜线（\）；如果是其他情况，则返回空文本（""）
"protect"	如果单元格没有锁定，则为值0；如果单元格锁定，则返回1
"row"	引用中单元格的行号
"type"	与单元格中的数据类型相对应的文本值。如果单元格为空，则返回"b"；如果单元格包含文本常量，则返回"l"；如果单元格包含其他内容，则返回"v"
"width"	取整后的单元格的列宽。列宽以默认字号的一个字符的宽度为单位

技巧 10　获得正在选取的单元格地址

选中 A3 单元格，在公式编辑栏中输入公式：

```
=CELL("address")
```

按 Enter 键返回的是当前单元格的地址，如图 9-15 所示。

当再选择其他单元格时，按 F9 键刷新或退出编辑后重新选定的单元格更新，可以看到 A3 单元格返回的地址即时更新，如图 9-16 所示。

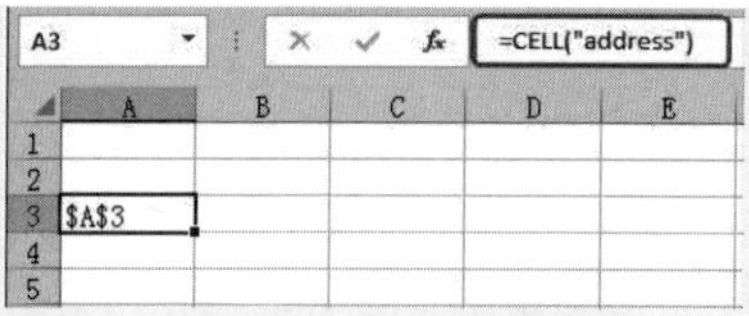

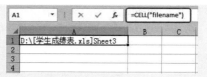

図 9-15 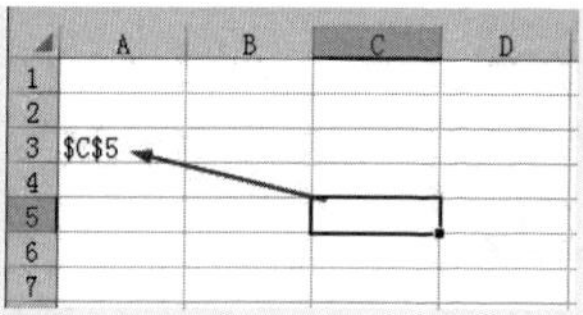   图 9-16

使用 CELL 函数可以快速获取当前文件的路径。

选中 A1 单元格，在公式编辑栏中输入公式：

`=CELL("filename")`

按 Enter 键返回的是当前文件的完整保存路径，如图 9-17 所示。

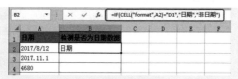

图 9-17

使用 CELL 函数能分辨出日期和数字。

① 选中 B2 单元格，在公式编辑栏中输入公式：

`=IF(CELL("format",A2)="D1"," 日期 "," 非日期 ")`

按 Enter 键判断 A1 单元格中数据是否为日期，如图 9-18 所示。

图 9-18

② 选中 B2 单元格，向下复制公式可批量判断，如图 9-19 所示。

图 9-19

高效随身查——Excel 2021（必学的函数与公式）应用技巧（视频教学版）

公式解析

=IF(CELL("format",A2)="D1"," 日期 "," 非日期 ")

info_type 为 "format" ，公式结果与格式的对应关系如表 9-2 所示。

表 9-2　info_type 为 "format" 时公式结果与格式对应关系

如果 Microsoft Excel 的格式为	CELL 返回值
常规	"G"
0	"F0"
#,##0	",0"
0.00	"F2"
#,##0.00	",2"
$#,##0_);($#,##0)	"C0"
$#,##0_);[Red]($#,##0)	"C0-"
$#,##0.00_);($#,##0.00)	"C2"
$#,##0.00_);[Red]($#,##0.00)	"C2-"
0%	"P0"
0.00%	"P2"
0.00E+00	"S2"
#?/? 或 # ??/??	"G"
yy-m-d 或 yy-m-d h:mm 或 dd-mm-yy	"D4"
d-mmm-yy	"D1"
d-mmm	"D2"
mmm-yy	"D3"
dd-mm	"D5"
h:mm AM/PM	"D7"
h:mm:ss AM/PM	"D6"
h:mm	"D9"
h:mm:ss	"D8"

如果数据带有单位，则无法在公式中进行大小判断，如图 9-20 所示的表格中，测试结果带有单位"秒"，要想使用 IF 函数进行条件判断则无法进行，此时则可以使用 CELL 函数进行转换。

❶ 选中 C2 单元格，在公式编辑栏中输入公式：

`=IF(CELL("contents",B2)<="15秒"," 合格 "," 不合格 ")`

按 Enter 键，即可判断第一次测试的结果是否合格。

❷ 选中 C2 单元格，拖动右下角的填充柄向下复制公式，即可批量进行判断，如图 9-20 所示。

C2		×	✓	fx	=IF(CELL("contents",B2)<="15秒","合格","不合格")	
	A	B	C	D	E	
1	次数	测试结果	是否达标			
2	1	12秒	合格			
3	2	15秒	合格			
4	3	17秒	不合格			
5	4	11秒	合格	公式返回结果		
6	5	11秒	合格			
7	6	17秒	不合格			
8	7	14秒	合格			
9	8	15秒	合格			
10	9	20秒	不合格			

图 9-20

🚩 **专家点拨**

公式首先使用 CELL 函数提取 B2 单元格的值（因为它带了 contents 参数），然后再与"15 秒"相比较，并返回"合格"或"不合格"。CELL 函数根据其所带参数的不同，将返回不同的值，如公式"=CELL("row",F15)"，将返回 F15 单元格的行号，即返回"15"；公式"=CELL("COL",F15)"，将返回 F15 单元格的列号，即返回"6"。

9.2.2　ERROR.TYPE 函数（返回错误对应的编号）

【功能】

ERROR.TYPE 函数用于返回对应于 Microsoft Excel 中某一错误值的数字，如果没有错误，则返回"#N/A"。

【语法】

ERROR.TYPE(error_val)

【参数】

error_val：表示需要查找其标号的一个错误值，如表 9-3 所示。

表 9-3　ERROR.TYPE 函数的 error_val 参数与返回值

error_val 参数	ERROR.TYPE 函数返回值	error_val 参数	ERROR.TYPE 函数返回值
#NULL!	1	#NUM!	6
#DIV/0!	2	#N/A	7
#VALUE!	3	#GETTING_DATA	8
#REF!	4	其他值	#N/A
#NAME?	5		

技巧 14　根据错误代码显示错误原因

当计算结果返回错误值时，可以使用 ERROR.TYPE 函数返回各错误值对应的数字。

❶ 选中 C2 单元格，在公式编辑栏中输入公式：

`=ERROR.TYPE(A2/B2)`

按 Enter 键返回数字 2（对应的错误值是"#DIV/0！"），如图 9-21 所示。

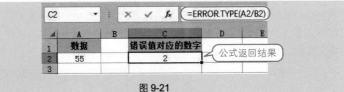

图 9-21

❷ 选中 C3 单元格，在公式编辑栏中输入公式：

`=ERROR.TYPE(INT(A3))`

按 Enter 键返回数字 3（对应的错误值是"#VALUE!"），如图 9-22 所示。

图 9-22

9.2.3 TYPE 函数（返回数值类型）

【功能】

TYPE 函数用于返回数值的类型。

【语法】

TYPE(value)

【参数】

value：表示可以为任意 Microsoft Excel 数值，如数字、文本以及逻辑值等，如表 9-4 所示。

表 9-4 TYPE 函数的 value 参数与返回值

value 参数	TYPE 函数返回值	value 参数	TYPE 函数返回值
数字	1	错误值	16
文本	2	数组	64
逻辑值	4		

技巧 15 测试数据是否是数值型

如图 9-23 所示表格中统计了各台机器的生产产量，但是在计算总产量时发现总计结果不对，因此可以用如下方法来判断数据是否是数值型数字。如果返回结果是 1，则为数字；如果返回结果不是 1，则不为数字，需要进行相应的格式修改。

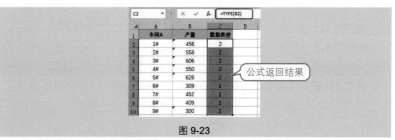

图 9-23

选中 C2 单元格，在编辑栏中输入公式：

```
=TYPE(B2)
```

按 Enter 键，然后向下复制公式，返回结果是 2 的表示单元格中为文本而非数字，如图 9-23 所示。

9.2.4 N 函数（返回转换为数值后的值）

【功能】

N 函数用于返回转换为数值后的值。

【语法】

N(value)

【参数】

value：表示要检验的值。参数 value 可以是空白（空单元格）、错误值、逻辑值、文本、数字、引用值，或者引用要检验的以上任意值的名称，如表 9-5 所示。

表 9-5 N 函数的 value 参数与返回值

value 参数	N 函数返回值	value 参数	N 函数返回值
数字	原数字	逻辑值 FALSE	0
日期	日期对应的序列号	错误值	错误值
逻辑值 TRUE	1	数组	0

技巧 16 用订单生成日期的序列号与当前行号生成订单的编号

在销售记录表中记录了订单的生成日期，要求根据订单生成日期的序列号与当前行号生成订单的编号。

❶ 选中 A2 单元格，在公式编辑栏中输入公式：

```
=N(B2)&"-"&CELL("row",A1)
```

按 Enter 键，即可将 B 列中的签单日期转换为序列号再加上行号成为本订单的编号。

❷ 选中 A2 单元格，拖动右下角的填充柄向下复制公式，即可根据签单日期批量生成订单编号，如图 9-24 所示。

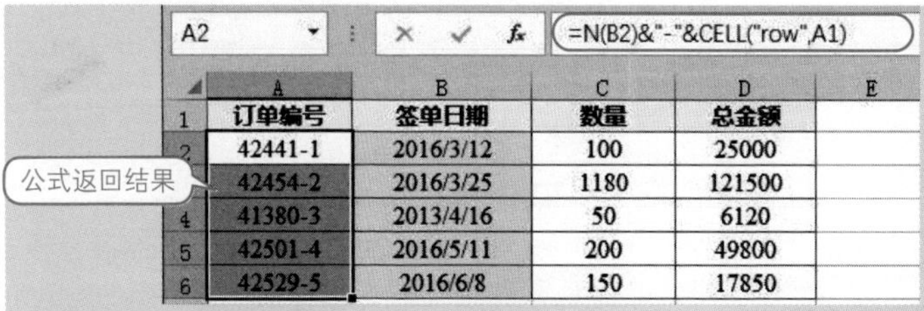

	A	B	C	D	E
1	订单编号	签单日期	数量	总金额	
2	42441-1	2016/3/12	100	25000	
3	42454-2	2016/3/25	1180	121500	
4	41380-3	2013/4/16	50	6120	
5	42501-4	2016/5/11	200	49800	
6	42529-5	2016/6/8	150	17850	

图 9-24

公式解析

=N(B2)&"-"&CELL("row",A1)

①返回 B2 单元格中日期的序列号。

②返回 A1 单元格的行号。

高效随身查——Excel 2021 必学的函数与公式应用技巧（视频教学版）

第**10**章 数据库函数范例

10.1 常规统计

10.1.1 DSUM 函数（从数据库中按给定条件求和）

【功能】

DSUM 函数用于对列表或数据库中满足指定条件的记录字段（列）中的数字求和。

【语法】

DSUM(database, field, criteria)

【参数】

- database：构成列表或数据库的单元格区域。列表的第一行为每一列的标签，即符合数据库的特征。
- field：指定函数所使用的列。输入两端带双引号的列标签，如"姓名""成绩"等；或是代表在数据库列表中位置的数字，1 表示第一列，2表示第二列，以此类推。
- criteria：包含指定条件的单元格区域。此区域至少包含一个列标签，并且列标签下方至少包含一个条件。

技巧 1 **计算指定经办人的订单总金额**

如图 10-1 所示表格中统计了各订单的数据，包括经办人、订单金额等。要求计算出指定经办人的订单总金额。

❶ 在 C13:C14 单元格区域中设置条件，其中包括列标识与要统计的经办人姓名。

❷选中 D14 单元格，在公式编辑栏中输入公式：

```
=DSUM(A1:D11,4,C13:C14)
```

按 Enter 键，即可计算出经办人"杨佳丽"的订单总金额，如图 10-1 所示。

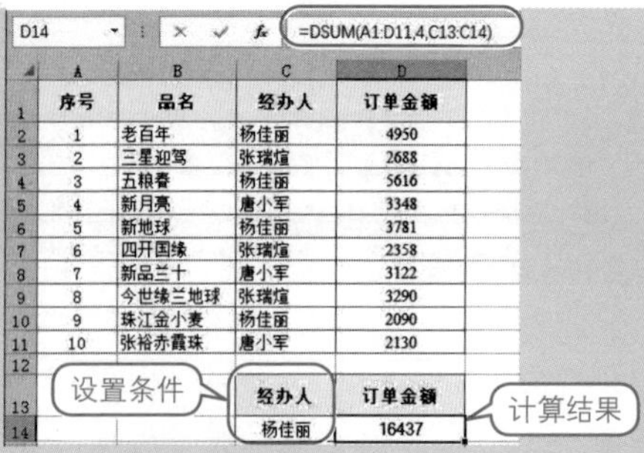

	A	B	C	D
1	序号	品名	经办人	订单金额
2	1	老百年	杨佳丽	4950
3	2	三星迎驾	张瑞煊	2688
4	3	五粮春	杨佳丽	5616
5	4	新月亮	唐小军	3348
6	5	新地球	杨佳丽	3781
7	6	四开国缘	张瑞煊	2358
8	7	新品兰十	唐小军	3122
9	8	今世缘兰地球	张瑞煊	3290
10	9	珠江金小麦	杨佳丽	2090
11	10	张裕赤霞珠	唐小军	2130
12				
13			经办人	订单金额
14			杨佳丽	16437

图 10-1

公式解析

=DSUM(A1:D11,4,C13:C14)

① A1:D11 为目标数据区域。

② 4 为指定返回 A1:D11 单元格区域第 4 列上的值。

③ C13:C14 为条件区域，条件区域注意包含列标识。

技巧 2　计算上半月中指定名称产品的总销售额（满足双条件）

如图 10-2 所示表格中按日期统计了产品的销售记录，要求计算出统计时间段中指定名称产品的总销售额。

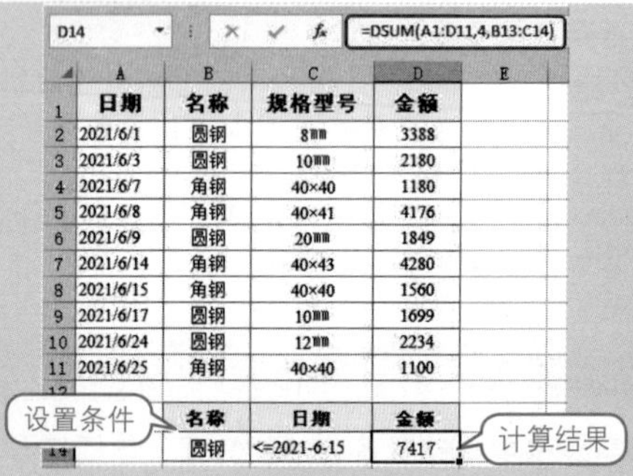

	A	B	C	D	E
1	日期	名称	规格型号	金额	
2	2021/6/1	圆钢	8㎜	3388	
3	2021/6/3	圆钢	10㎜	2180	
4	2021/6/7	角钢	40×40	1180	
5	2021/6/8	角钢	40×41	4176	
6	2021/6/9	圆钢	20㎜	1849	
7	2021/6/14	角钢	40×43	4280	
8	2021/6/15	角钢	40×40	1560	
9	2021/6/17	圆钢	10㎜	1699	
10	2021/6/24	圆钢	12㎜	2234	
11	2021/6/25	角钢	40×40	1100	
12					
13		名称	日期	金额	
14		圆钢	<=2021-6-15	7417	

图 10-2

❶ 在 B13:C14 单元格区域中设置条件，其中要包括列标识与要统计的时间段、指定的产品名称。

❷ 选中 D14 单元格，在公式编辑栏中输入公式：

```
=DSUM(A1:D11,4,B13:C14)
```

按 Enter 键，即可计算出上半个月中名称为“圆钢”的产品的总销售额，如图 10-2 所示。

公式解析

=DSUM(A1:D11,4,B13:C14)

① A1:D11 为目标数据区域。

② 4 为指定返回 A1:D11 单元格区域第 4 列上的值。

③ B13:C14 为条件区域（双条件），条件区域注意包含列标识。

技巧 3　计算总工资时去除某一个（或多个）部门

如图 10-3 所示表格中统计了员工的工资金额，包括员工的性别、所属部门等信息。在统计总工资时要求去除某一个（或多个）部门。

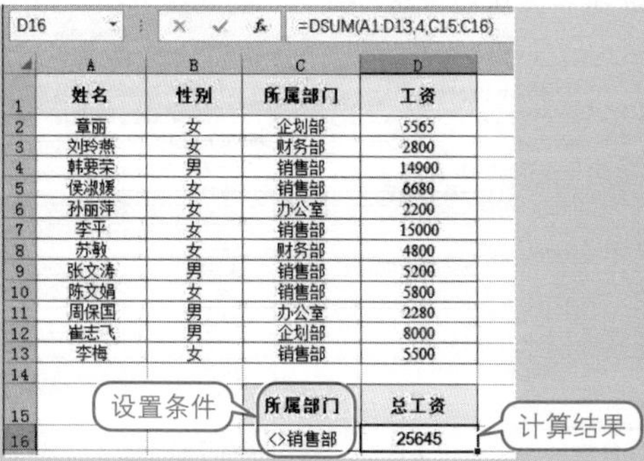

D16　=DSUM(A1:D13,4,C15:C16)

	A	B	C	D
1	姓名	性别	所属部门	工资
2	章丽	女	企划部	5565
3	刘玲燕	女	财务部	2800
4	韩要荣	男	销售部	14900
5	侯淑媛	女	销售部	6680
6	孙丽萍	女	办公室	2200
7	李平	女	销售部	15000
8	苏敏	女	财务部	4800
9	张文涛	男	销售部	5200
10	陈文娟	女	销售部	5800
11	周保国	男	办公室	2280
12	崔志飞	男	企划部	8000
13	李梅	女	销售部	5500
14				
15			所属部门	总工资
16			<>销售部	25645

图 10-3

❶ 在 C15:C16 单元格区域中设置条件，其中要包括列标识需要去除的部门名称。

❷ 选中 D16 单元格，在公式编辑栏中输入公式：

```
=DSUM(A1:D13,4,C15:C16)
```

按 Enter 键，即可计算去除“销售部”后的所有部门的工资总额，如图 10-3 所示。

公式解析

=DSUM(A1:D13,4,C15:C16)

① A1:D13 为目标数据区域。

② 4 为指定返回 A1:D13 单元格区域第 4 列上的值。

③ C15:C16 为条件区域，条件区域注意包含列标识。

专家点拨

如果要去除多个部门，则关键在于条件的设置。只需要再增加一个与 C15:C16 单元格区域类似的条件即可。

技巧 4　使用通配符实现利润求和统计

DSUM 函数可以使用通配符来设置条件，例如在本例的表格中要求统计出所有新店的利润总额，可以按如下方法来设置条件并建立公式。

❶ 在 A13:A14 单元格区域中设置条件，包含列标识与条件“*(新店)”，表示以“（新店）”结尾的均在统计范围之内。

❷ 选中 B14 单元格，在公式编辑栏中输入公式：

```
=DSUM(A1:B11,2,A13:A14)
```

按 Enter 键，即可统计出“新店”的利润总和，如图 10-4 所示。

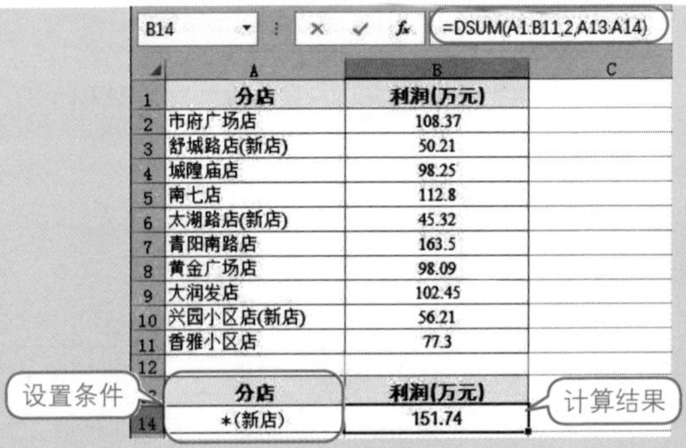

	A	B	C
1	分店	利润(万元)	
2	市府广场店	108.37	
3	舒城路店(新店)	50.21	
4	城隍庙店	98.25	
5	南七店	112.8	
6	太湖路店(新店)	45.32	
7	青阳南路店	163.5	
8	黄金广场店	98.09	
9	大润发店	102.45	
10	兴园小区店(新店)	56.21	
11	香雅小区店	77.3	
12			
13	分店	利润(万元)	
14	*(新店)	151.74	

图 10-4

公式解析

=DSUM(A1:B11,2,A13:A14)

① A1:B11 为目标数据区域。

② 2 为指定返回 A1:B11 单元格区域第 2 列上的值。

③ A13:A14 为条件区域，条件区域注意包含列标识。

技巧 5　解决模糊匹配造成统计错误问题

DSUM 函数的模糊匹配（默认情况）在判断条件并进行计算时，如果查找区域中有以给定条件的单元格中的字符开头的，那么都将被列入计算范围。例如，如图 10-5 所示表格的设置条件为“产品编号→B”，那么统计总金额时，可以看到 B 列中所有产品编号以“B”开头的都被作为计算对象。

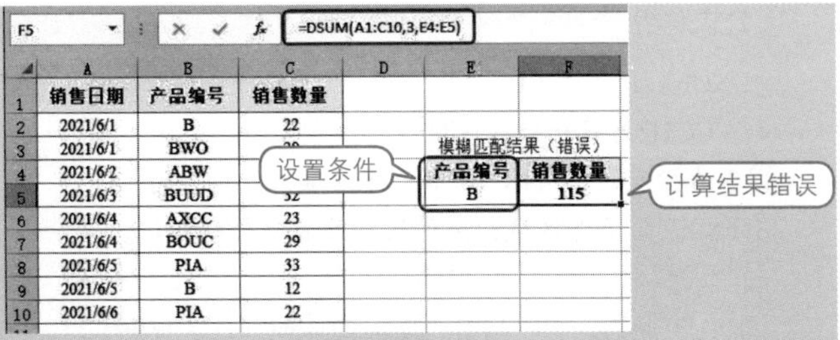

图 10-5

如果只想统计出"B"这一编号产品的总销售金额，就可以按下面的方法来设置条件。

❶ 为解决模糊匹配的问题，需要完整匹配字符串，选中 E9 单元格，以文本的形式输入"=B"（先设置单元格的格式为文本格式再输入），如图 10-6 所示。

图 10-6

❷ 选中 F9 单元格，在公式编辑栏中输入公式：

```
=DSUM(A1:C10,3,E8:E9)
```

按 Enter 键得到正确的计算结果，如图 10-7 所示。

图 10-7

📖✏️ **公式解析**

= DSUM(A1:C10,3,E8:E9)

① A1:C10 为目标数据区域。

② 3 为指定返回 A1:C10 单元格区域第 3 列上的值。

③ E8:E9 为条件区域，条件区域注意包含列标识。

10.1.2 DAVERAGE 函数（从数据库中按给定条件求平均值）

【**功能**】

DAVERAGE 函数用于对列表或数据库中满足指定条件的记录字段（列）中的数值求平均值。

【**语法**】

DAVERAGE(database, field, criteria)

【**参数**】

- database：构成列表或数据库的单元格区域。列表的第一行为每一列的标签，即符合数据库的特征。
- field：指定函数所使用的列。输入两端带双引号的列标签，如 "姓名""成绩" 等；或是代表在数据库列表中位置的数字，1 表示第一列，2 表示第二列，以此类推。
- criteria：包含指定条件的单元格区域。此区域至少包含一个列标签，并且列标签下方至少包含一个条件。

技巧6 **计算指定班级平均分**

如图 **10-8** 所示表格中按班级统计了学生的分数，要求计算出指定班级的平均分。

❶ 在 **B15:B16** 单元格区域中设置条件，其中包括列标识与指定的要计算的班级。

❷ 选中 **C16** 单元格，在公式编辑栏中输入公式：

```
=DAVERAGE(A1:C13,3,B15:B16)
```

按 **Enter** 键即可计算出 "3 班" 的平均分，如图 **10-8** 所示。

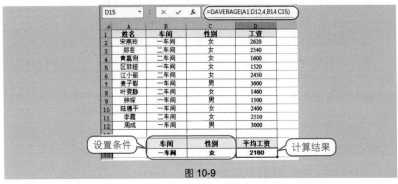

图 10-8

公式解析

= DAVERAGE(A1:C13,3,B15:B16)

① A1:C13 为目标数据区域。

② 3 为指定返回 A1:C13 单元格区域第 3 列上的值。

③ B15:B16 为条件区域，条件区域注意包含列标识。

技巧 7 **计算指定车间指定性别员工的平均工资（双条件）**

如图 **10-9** 所示表格中统计了不同车间员工的工资，其中还包括性别信息。要求计算出指定车间指定性别员工的平均工资。

图 10-9

❶ 在 B14:C15 单元格区域中设置条件，其中要包括列标识与指定的车间、指定的性别。

❷ 选中 D15 单元格，在公式编辑栏中输入公式：

```
=DAVERAGE(A1:D12,4,B14:C15)
```

按 **Enter** 键，即可计算出 "一车间" 中女性员工的平均工资，如图 **10-9** 所示。

公式解析

= DAVERAGE(A1:D12,4,B14:C15)

① A1:D12 为目标数据区域。

② 4 为指定返回 A1:D12 单元格区域第 4 列上的值。

③ B14:C15 为条件区域，条件区域注意包含列标识。

技巧 8　**实现对各科目平均成绩查询**

如图 10-10 所示表格中统计了各班学生各科目的考试成绩（为方便显示，只列举部分记录），现在要计算指定班级各个科目的平均分，从而实现查询指定班级各科目平均分。

图 10-10

❶ 在 **B11:B12** 单元格中设置条件并建立求解标识。

❷ 选中 **C12** 单元格，在公式编辑栏中输入公式：

`=DAVERAGE($A$1:$F$9,COLUMN(C1),$B$11:$B$12)`

按 **Enter** 键，即可计算出班级为 "1" 的 "语文" 科目的平均分，如图 **10-10** 所示。

❸ 选中 **C12** 单元格，拖动右下角的填充柄向右复制公式，可以得到班级为 "1" 的各个科目的平均分。

❹ 要想查询其他班级各科目平均分，在 **B12** 单元格中更改查询条件即可，如图 **10-11** 所示。

公式解析

= DAVERAGE($A$1:$F$9,COLUMN(C1),$B$11:$B$12)

① 返回 C 列的列号，即返回值为 3。

② $A$1:$F$9 为绝对引用目标数据区域。①步返回值为指定返回 $A$1:$F$9 单元格区域哪一列上的值。

③ $B$11:$B$12 为绝对条件区域，条件区域注意包含列标识。

	A	B	C	D	E	F
1	班级	姓名	语文	数学	英语	总分
2	1	刘玲燕	78	64	96	238
3	2	韩要荣	60	84	85	229
4	1	侯淑媛	91	86	80	257
5	2	孙丽萍	87	84	75	246
6	1	李平	78	58	80	216
7	1	苏敏	46	89	89	224
8	2	张文涛	78	78	60	216
9	2	陈文娟	87	84	75	246
10						
11		班级	平均分(语文)	平均分(数学)	平均分(英语)	平均分(总分)
12		2	78	82.5	73.75	234.25

更改条件　批量结果

图 10-11

专家点拨

要想返回某一班级各个科目的平均分，其查询条件不改变，需要改变的是 field 参数，即指定对哪一列进行求平均值。本例中为了方便对公式的复制，所以使用 COLUMN(C1) 公式来返回这一列数。随着公式的复制，COLUMN(C1) 值不断变化。

10.1.3　DCOUNT 函数（从数据库中按给定条件统计记录条数）

【功能】

DCOUNT 函数用于统计列表或数据库中满足指定条件的记录字段（列）中包含数字的单元格的数量。

【语法】

DCOUNT(database, field, criteria)

【参数】

- database：构成列表或数据库的单元格区域。列表的第一行为每一列的标签，即符合数据库的特征。
- field：指定函数所使用的列。输入两端带双引号的列标签，如“姓名”“成绩”等；或是代表在数据库列表中位置的数字，1 表示第一列，2 表示第二列，以此类推。
- criteria：包含指定条件的单元格区域。此区域至少包含一个列标签，并且列标签下方至少包含一个条件。

技巧 9　计算指定车间、指定性别员工的人数

如图 10-12 所示表格中统计了不同车间员工的工资，其中还包括性别信息。要求计算出指定车间、指定性别员工的人数。

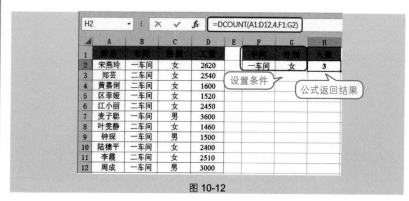

图 10-12

① 在 F1:G2 单元格区域中设置条件，其中要包括列标识与指定的车间、指定的性别。

② 选中 H2 单元格，在编辑栏中输入公式：

```
=DCOUNT(A1:D12,4,F1:G2)
```

按 Enter 键即可计算出"一车间"中女性员工的人数，如图 **10-12** 所示。

📖 公式解析

=DCOUNT(A1:D12,4,F1:G2)

① A1:D12 为目标数据区域。

② 4 为指定返回 A1:D12 单元格区域第 4 列上的值。

③ F1:G2 为条件区域，条件区域注意包含列标识。

📢 专家点拨

由本例可见，在使用 DCOUNT 函数时，对于满足多件的计数统计是非常方便的，只要准确地将多个条件写出，然后设置为第三个参数即可。

技巧 10　统计出指定班级分数大于指定值的人数

如图 **10-13** 所示表格中统计了各班级中的学生成绩。现在要求统计出 2 班中分数大于 500 分的人数。

① 在 E1:F2 单元格区域中设置条件，其中要包括列标识与指定的班级、指定大于的分数值。

② 选中 G2 单元格，在编辑栏中输入公式：

```
=DCOUNT(A1:C14,3,E1:F2)
```

按 Enter 键得出 2 班中分数大于 500 分的人数，如图 **10-13** 所示。

图 10-13

公式解析

=DCOUNT(A1:C14,3,E1:F2)

① A1:C14 为目标数据区域。

② 3 为指定返回 A1:C14 单元格区域第 3 列上的值。

③ E1:F2 为条件区域,条件区域注意包含列标识。

技巧 11 统计出指定车间绩效工资大于指定值的员工人数

如图 10-14 所示表格中抽样了两个车间共 14 名工人某月的绩效工资数据（各取 7 位）。要求计算出指定车间中绩效工资大于指定值的员工人数。

❶ 在 A17:B18 单元格区域中设置条件,其中需要包括列标识与指定的车间以及"绩效工资"的条件。

❷ 选中 C18 单元格,在编辑栏中输入公式:

```
=DCOUNT(A1:C15,3,A17:B18)
```

按 Enter 键,即可统计出一车间中绩效工资大于 3500 元的员工人数,如图 10-14 所示。

图 10-14

公式解析

=DCOUNT(A1:C15,3,A17:B18)

① A1:C15 为目标数据区域。

② 3 为指定返回 A1:D11 单元格区域第 3 列上的值。

③ A17:B18 为条件区域，条件区域注意包含列标识。

技巧 12　统计记录条数时使用通配符

DCOUNT 函数可以使用通配符来设置条件，例如，在本例的表格中要求统计出指定店面中女装的销售记录的条数。

❶ 在 A15:B16 单元格区域中设置条件，包含列标识与条件 "＊女"，表示 "品牌" 列中以 "女" 结尾的均在统计范围之内。

❷ 选中 C16 单元格，在公式编辑栏中输入公式：

```
=DCOUNT(A1:C13,3,A15:B16)
```

按 Enter 键，即可统计出 "2分店" 中女装的销售记录条数，如图 10-15 所示。

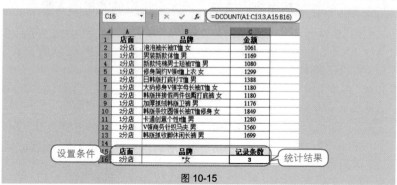

图 10-15

公式解析

= DCOUNT(A1:C13,3,A15:B16)

① A1:C13 为目标数据区域。

② 3 为指定返回 A1:C13 单元格区域第 3 列上的值。

③ A15:B16 为条件区域，条件区域注意包含列标识。

专家点拨

DCOUNT 函数统计满足指定条件并且包含数值的单元格的个数，注意如果是文本则无法统计。DCOUNTA 函数统计满足指定条件并且包含文本的单元格的个数。所以当统计区域包含文本时，若想实现统计则需要使用 DCOUNTA 函数。

10.1.4 DCOUNTA 函数（从数据库中按给定条件统计非空单元格数目）

【功能】

DCOUNTA 函数用于统计列表或数据库中满足指定条件的记录字段（列）中的非空单元格的个数。

【语法】

DCOUNTA(database, field, criteria)

【参数】

- database：构成列表或数据库的单元格区域。列表的第一行为每一列的标签，即符合数据库的特征。
- field：指定函数所使用的列。输入两端带双引号的列标签，如“姓名”“成绩”等；或是代表在数据库列表中位置的数字，1 表示第一列，2 表示第二列，以此类推。
- criteria：包含指定条件的单元格区域。此区域包含至少一个列标签，并且列标签下方至少包含一个条件。

技巧 13 统计业务水平为“好”的人数

如图 10-16 所示表格中对员工的业务水平进行了评定，要求统计出某一指定业务水平的员工的人数。

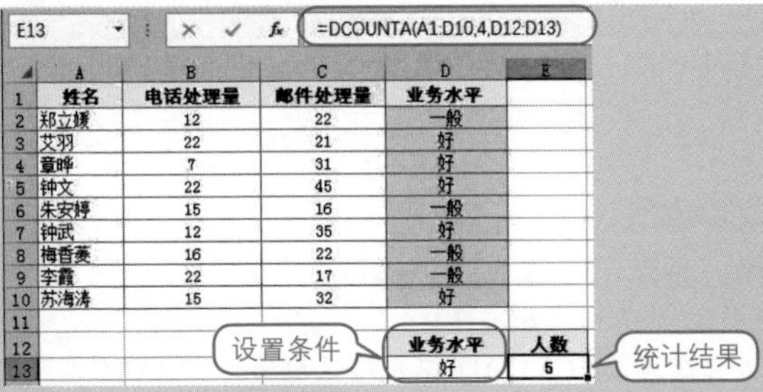

E13 =DCOUNTA(A1:D10,4,D12:D13)

	A	B	C	D	E
1	姓名	电话处理量	邮件处理量	业务水平	
2	郑立媛	12	22	一般	
3	艾羽	22	21	好	
4	章晔	7	31	好	
5	钟文	22	45	好	
6	朱安婷	15	16	一般	
7	钟武	12	35	好	
8	梅香菱	16	22	一般	
9	李霞	22	17	一般	
10	苏海涛	15	32	好	
11					
12				业务水平	人数
13				好	5

图 10-16

❶ 在 D12:D13 单元格区域中设置条件，其中要包括列标识与指定的业务水平。

❷ 选中 E13 单元格，在公式编辑栏中输入公式：

```
=DCOUNTA(A1:D10,4,D12:D13)
```

按 Enter 键，即可统计出业务水平为“好”的人数，如图 10-16 所示。

公式解析

= DCOUNTA(A1:D10,4,D12:D13)

① A1:D10 为目标数据区域。

② 4 为指定返回 A1:D10 单元格区域第 4 列上的值。

③ D12:D13 为条件区域，条件区域注意包含列标识。

技巧 14　统计出指定性别测试合格的人数

如图 10-17 所示表格中统计了学生的跑步测试成绩，其中还包括性别信息。要求计算出指定性别测试成绩合格的人数。

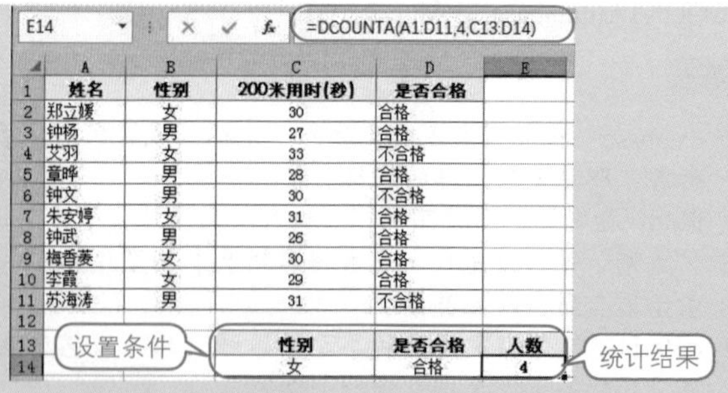
E14 =DCOUNTA(A1:D11,4,C13:D14)

	A	B	C	D	E
1	姓名	性别	200米用时(秒)	是否合格	
2	郑立媛	女	30	合格	
3	钟杨	男	27	合格	
4	艾羽	女	33	不合格	
5	章晔	男	28	合格	
6	钟文	男	30	不合格	
7	朱安婷	女	31	合格	
8	钟武	男	26	合格	
9	梅香菱	女	30	合格	
10	李霞	女	29	合格	
11	苏海涛	男	31	不合格	
12					
13			性别	是否合格	人数
14			女	合格	4

图 10-17

❶ 在 C13:D14 单元格区域中设置条件，其中要包括列标识、指定的性别与“是否合格”的条件。

❷ 选中 E14 单元格，在公式编辑栏中输入公式：

```
=DCOUNTA(A1:D11,4,C13:D14)
```

按 Enter 键，即可统计出性别为“女”的学生成绩合格的人数，如图 10-17 所示。

公式解析

= DCOUNTA(A1:D11,4,C13:D14)

① A1:D11 为目标数据区域。

② 4 为指定返回 A1:D11 单元格区域第 4 列上的值。

③ C13:D14 为条件区域，条件区域注意包含列标识，当前为双条件。

技巧 15　按条件统计来访总人数（使用通配符）

如图 10-18 所示表格中记录了来访者姓名与来访单位，其中有的属于同一单位的不同部门。要求统计出指定单位的来访总人数。

❶ 在 B14:B15 单元格区域中设置条件，其中要包括列标识与条件（本例

为"诺立 *"，即以"诺立"开头的都被作为统计对象）。

图 10-18

❷ 选中 C15 单元格，在公式编辑栏中输入公式：

`=DCOUNTA(A1:B12,2,B14:B15)`

按 Enter 键，即可统计出"诺立 *"公司（各个部门都包括）的来访人数，如图 10-18 所示。

公式解析

= DCOUNTA(A1:B12,2,B14:B15)

① A1:B12 为目标数据区域。

② 2 为指定返回 A1:B12 单元格区域第 2 列上的值。

③ B14:B15 为条件区域，条件区域注意包含列标识。

10.1.5 DMAX 函数（从数据库中按给定条件求最大值）

【功能】

DMAX 函数用于返回列表或数据库中满足指定条件的记录字段（列）中的最大数字。

【语法】

DMAX(database, field, criteria)

【参数】

● database：构成列表或数据库的单元格区域。列表的第一行为每一列的标签，即符合数据库的特征。

● field：指定函数所使用的列。输入两端带双引号的列标签，如"姓名""成绩"等；或是代表在数据库列表中位置的数字，1 表示第一列，2 表示第二列，以此类推。

- criteria：包含指定条件的单元格区域。此区域包含至少一个列标签，并且列标签下方至少包含一个条件。

技巧 16　返回指定车间指定性别员工的最高工资

如图 10-19 所示表格中统计了不同车间员工的工资，其中还包括性别信息。要求返回指定车间指定性别员工的最高工资。

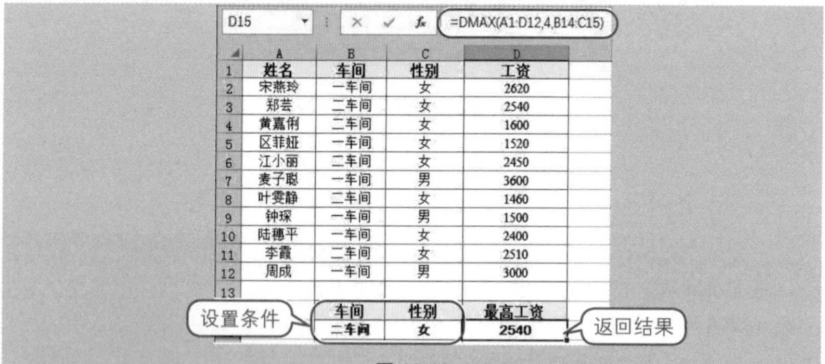

	A	B	C	D
1	姓名	车间	性别	工资
2	宋燕玲	一车间	女	2620
3	郑芸	二车间	女	2540
4	黄嘉俐	二车间	女	1600
5	区菲娅	一车间	女	1520
6	江小丽	二车间	女	2450
7	麦子聪	一车间	男	3600
8	叶雯静	二车间	女	1460
9	钟琛	一车间	男	1500
10	陆穗平	一车间	女	2400
11	李霞	二车间	女	2510
12	周成	一车间	男	3000
13				
14		车间	性别	最高工资
15		二车间	女	2540

图 10-19

❶ 在 B14:C15 单元格区域中设置条件，其中要包括列标识与指定的车间、指定的性别。

❷ 选中 D15 单元格，在公式编辑栏中输入公式：

```
=DMAX(A1:D12,4,B14:C15)
```

按 Enter 键，即可计算出“二车间”中女性员工的最高工资，如图 10-19 所示。

公式解析

= DMAX(A1:D12,4,B14:C15)

① A1:D12 为目标数据区域。

② 4 为指定返回 A1:D12 单元格区域第 4 列上的值。

③ B14:C15 为条件区域，条件区域注意包含列标识，当前为双条件。

技巧 17　实现查询各科目成绩中的最高分

如图 10-20 所示表格中统计了各班学生各科目的考试成绩（为方便显示，只列举部分记录），现在要求返回指定班级各个科目的最高分，从而实现查询指定班级各科目的最高分。

❶ 在 B11:B12 单元格区域中设置条件并建立求解标识。

❷ 选中 C12 单元格，在公式编辑栏中输入公式：

```
=DMAX($A$1:$F$9,COLUMN(C1),$B$11:$B$12)
```

按 Enter 键，即可返回班级为 "1" 的语文科目的最高分，如图 **10-20** 所示。

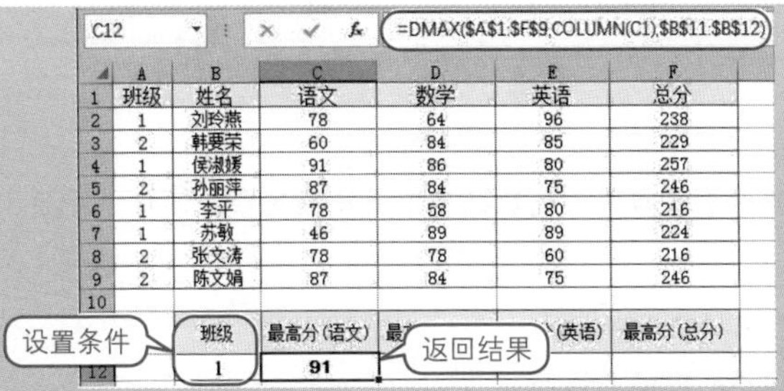

	A	B	C	D	E	F
	班级	姓名	语文	数学	英语	总分
2	1	刘羚燕	78	64	96	238
3	1	韩要荣	60	84	85	229
4	1	侯澈媛	91	86	80	257
5	2	孙丽萍	87	84	75	246
6	1	李平	78	58	80	216
7	1	苏敏	46	89	89	224
8	2	张文涛	78	78	60	216
9	2	陈文娟	87	84	75	246
10						

公式栏：C12　=DMAX($A$1:$F$9,COLUMN(C1),$B$11:$B$12)

设置条件 → 班级：1　最高分(语文)：**91** ← 返回结果　最高分(英语)　最高分(总分)

图 10-20

❸ 选中 C12 单元格，拖动右下角的填充柄向右复制公式，可以得到班级为 "1" 的各个科目的最高分。

❹ 要想查询其他班级各科目的最高分，在 B12 单元格中更改查询条件即可，如图 **10-21** 所示。

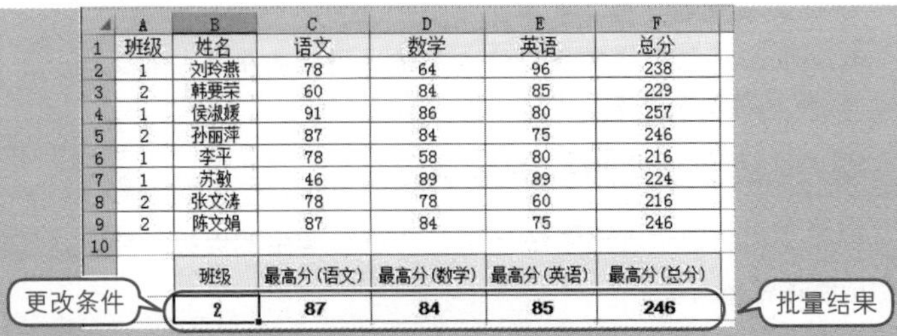

	A	B	C	D	E	F
1	班级	姓名	语文	数学	英语	总分
2	1	刘羚燕	78	64	96	238
3	2	韩要荣	60	84	85	229
4	1	侯澈媛	91	86	80	257
5	2	孙丽萍	87	84	75	246
6	1	李平	78	58	80	216
7	1	苏敏	46	89	89	224
8	2	张文涛	78	78	60	216
9	2	陈文娟	87	84	75	246
10						

更改条件 → 班级：2　最高分(语文)：**87**　最高分(数学)：**84**　最高分(英语)：**85**　最高分(总分)：**246** ← 批量结果

图 10-21

公式解析

③

= DMAX($A$1:$F$9,COLUMN(C1),$B$11:$B$12)

① ②

①返回 C 列的列号，即返回值为 3。

②$A$1:$F$9 为绝对引用目标数据区域。①步返回值为指定返回 $A$1:$F$9 单元格区域哪一列上的值。

③$B$11:$B$12 为绝对条件区域，条件区域注意包含列标识。

专家点拨

要想返回某一班级各个科目的最高分，其查询条件不改变，需要改变的是 field 参数，即指定对哪一列进行求最高分。本例中为了方便对公式的复制，所以使用 COLUMN(C1) 的公式来返回这一列数。随着公式的复制，

COLUMN(C1) 的值会不断变化。

10.1.6 DMIN 函数（从数据库中按给定条件求最小值）

【功能】

DMIN 函数用于返回列表或数据库中满足指定条件的记录字段（列）中的最小数字。

【语法】

DMIN(database, field, criteria)

【参数】

- database：构成列表或数据库的单元格区域。列表的第一行为每一列的标签，即符合数据库的特征。
- field：指定函数所使用的列。输入两端带双引号的列标签，如“姓名”“成绩”等；或是代表在数据库列表中位置的数字，1 表示第一列，2 表示第二列，以此类推。
- criteria：包含指定条件的单元格区域。此区域包含至少一个列标签，并且列标签下方至少包含一个条件。

技巧 18　返回指定班级的最低分

如图 **10-22** 所示表格中统计了各个班级学生的成绩。要求返回指定班级学生成绩的最低分。

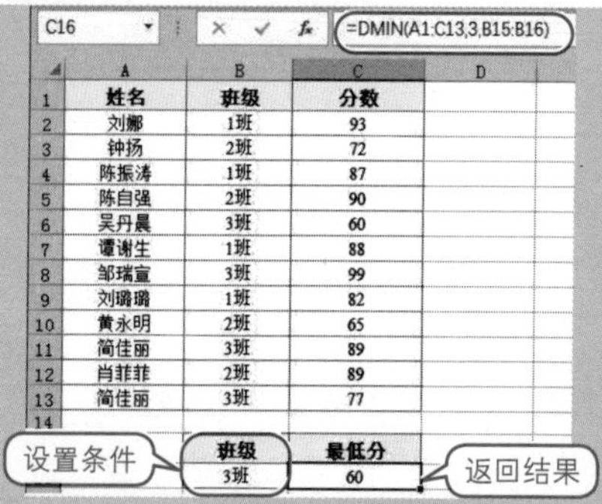

C16 =DMIN(A1:C13,3,B15:B16)

	A	B	C	D
1	姓名	班级	分数	
2	刘娜	1班	93	
3	钟扬	2班	72	
4	陈振涛	1班	87	
5	陈自强	2班	90	
6	吴丹晨	3班	60	
7	谭谢生	1班	88	
8	邹瑞宣	3班	99	
9	刘璐璐	1班	82	
10	黄永明	2班	65	
11	简佳丽	3班	89	
12	肖菲菲	2班	89	
13	简佳丽	3班	77	
14				
15		班级	最低分	
16		3班	60	

图 10-22

❶ 在 **B15:B16** 单元格区域中设置条件，其中要包括列标识与指定的班级。

❷ 选中 **C16** 单元格，在公式编辑栏中输入公式：

```
=DMIN(A1:C13,3,B15:B16)
```

按 **Enter** 键，即可返回“3 班”中学生成绩的最低分，如图 **10-22** 所示。

公式解析

= DMIN(A1:C13,3,B15:B16)

① A1:C13 为目标数据区域。

② 3 为指定返回 A1:C13 单元格区域第 3 列上的值。

③ B15:B16 为条件区域，条件区域注意包含列标识。

技巧 19　实现查询各科目成绩中的最低分

如图 10-23 所示表格中统计了各班学生各科目考试成绩（为方便显示，只列举部分记录），现在要求返回指定班级各个科目的最低分，从而实现查询指定班级各科目的最低分。

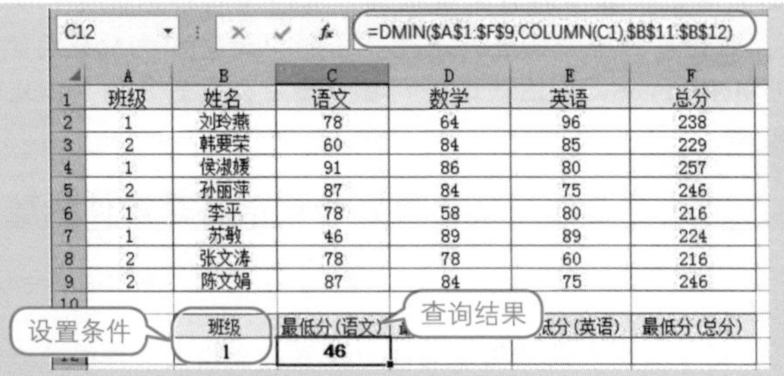

	A	B	C	D	E	F
1	班级	姓名	语文	数学	英语	总分
2	1	刘玲燕	78	64	96	238
3	2	韩要荣	60	84	85	229
4	1	侯淑媛	91	86	80	257
5	2	孙丽萍	87	84	75	246
6	1	李平	78	58	80	216
7	1	苏敏	46	89	89	224
8	2	张文涛	78	78	60	216
9	2	陈文娟	87	84	75	246
10						
11		班级	最低分(语文)		低分(英语)	最低分(总分)
12		1	46			

图 10-23

❶ 在 B11:B12 单元格区域中设置条件并建立求解标识。

❷ 选中 C12 单元格，在公式编辑栏中输入公式：

```
=DMIN($A$1:$F$9,COLUMN(C1),$B$11:$B$12)
```

按 Enter 键，即可返回班级为“1”的语文科目最低分，如图 10-23 所示。

❸ 选中 C12 单元格，拖动右下角的填充柄向右复制公式，可以得到班级为“1”的各个科目的最低分。

❹ 要想查询其他班级各科目最低分，在 B12 单元格中更改查询条件即可，如图 10-24 所示。

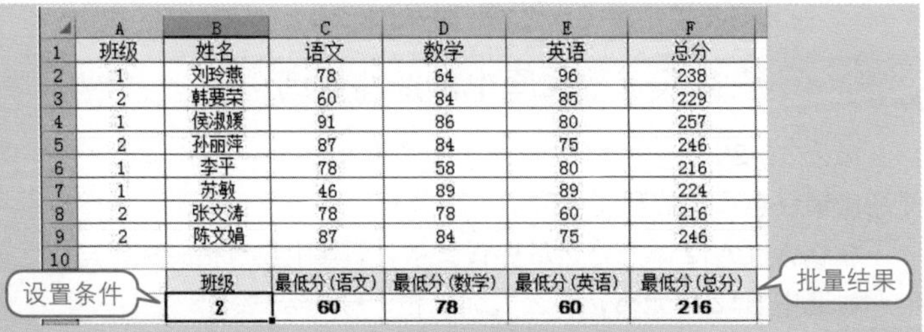

	A	B	C	D	E	F
1	班级	姓名	语文	数学	英语	总分
2	1	刘玲燕	78	64	96	238
3	2	韩要荣	60	84	85	229
4	1	侯淑媛	91	86	80	257
5	2	孙丽萍	87	84	75	246
6	1	李平	78	58	80	216
7	1	苏敏	46	89	89	224
8	2	张文涛	78	78	60	216
9	2	陈文娟	87	84	75	246
10						
11		班级	最低分(语文)	最低分(数学)	最低分(英语)	最低分(总分)
12		2	60	78	60	216

图 10-24

公式解析

$$= \text{DMINX}(\$A\$1:\$F\$9, \text{COLUMN}(C1), \$B\$11:\$B\$12)$$

①返回 C 列的列号，即返回值为 3。

②\$A\$1:\$F\$9 为绝对引用目标数据区域。①步返回值为指定返回
\$A\$1:\$F\$9 单元格区域哪一列上的值。

③\$B\$11:\$B\$12 为绝对条件区域，条件区域注意包含列标识。

专家点拨

要想返回某一班级各个科目的最低分，其查询条件不改变，需要改变的
是 field 参数，即指定对哪一列进行求最。本例中为了方便对公式的复制，所
以使用 COLUMN(C1) 公式来返回这一列数。随着公式的复制，COLUMN(C1)
的值会不断变化。

10.1.7 DGET 函数（从数据库中提取符合条件的单个值）

【功能】

DGET 函数用于从列表或数据库的列中提取符合指定条件的单个值。

【语法】

DGET(database, field, criteria)

【参数】

● database：构成列表或数据库的单元格区域。列表的第一行为每一列的
标签，即符合数据库的特征。

● field：指定函数所使用的列。输入两端带双引号的列标签，如"姓名"
"成绩"等；或是代表在数据库列表中位置的数字，1 表示第一列，2
表示第二列，以此类推。

● criteria：包含指定条件的单元格区域。此区域包含至少一个列标签，
并且列标签下方至少包含一个条件。

技巧 20　在列表或数据库中按条件查询

如图 10-25 所示表格中统计了各个专柜各个月份的销售利润，要求查询
任意店铺任意月份的利润金额。

❶ 在 A11:A12 单元格区域中设置条件，其中要包括列标识与指定的专柜。

❷ 选中 B12 单元格，在公式编辑栏中输入公式：

```
=DGET(A1:D9,3,A11:A12)
```

按 Enter 键，即可查询到“太湖路店”3 月份的利润金额，如图 10-25 所示。

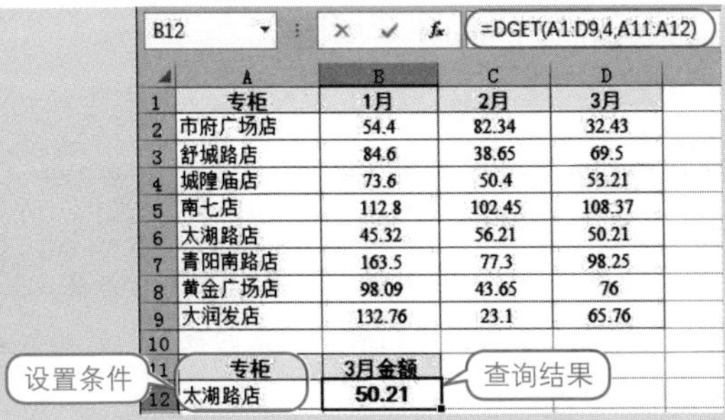

	A	B	C	D
1	专柜	1月	2月	3月
2	市府广场店	54.4	82.34	32.43
3	舒城路店	84.6	38.65	69.5
4	城隍庙店	73.6	50.4	53.21
5	南七店	112.8	102.45	108.37
6	太湖路店	45.32	56.21	50.21
7	青阳南路店	163.5	77.3	98.25
8	黄金广场店	98.09	43.65	76
9	大润发店	132.76	23.1	65.76
10				
11	专柜	3月金额		
12	太湖路店	50.21		

图 10-25

❸ 如果要查询其他专柜，则需要在 A12 单元格中更改专柜的名称；要查询其他月份，则需要更改公式中的 field 参数，即指定从哪一列中返回结果，如图 10-26 所示。

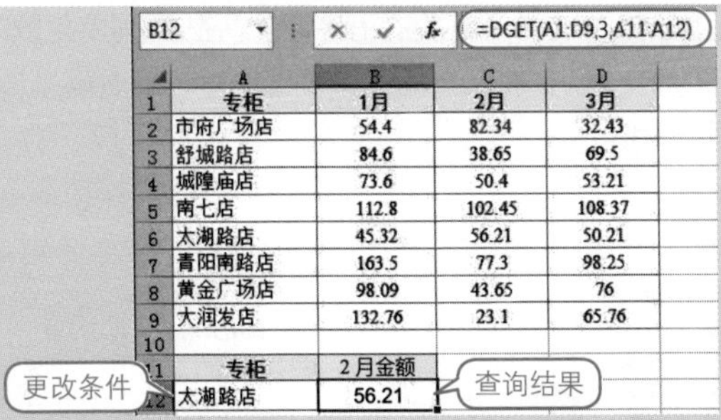

	A	B	C	D
1	专柜	1月	2月	3月
2	市府广场店	54.4	82.34	32.43
3	舒城路店	84.6	38.65	69.5
4	城隍庙店	73.6	50.4	53.21
5	南七店	112.8	102.45	108.37
6	太湖路店	45.32	56.21	50.21
7	青阳南路店	163.5	77.3	98.25
8	黄金广场店	98.09	43.65	76
9	大润发店	132.76	23.1	65.76
10				
11	专柜	2月金额		
12	太湖路店	56.21		

图 10-26

公式解析

= DGET(A1:D9,3,A11:A12)

① A1:D9 为目标数据区域。

② 3 为指定返回 A1:D9 单元格区域第 3 列上的值。

③ A11:A12 为条件区域，条件区域注意包含列标识。

10.1.8 DPRODUCT 函数（从数据库中返回满足指定条件的数值的乘积）

【功能】

DPRODUCT 函数用于返回列表或数据库中满足指定条件的记录字段（列）中的数值的乘积。

【语法】

DPRODUCT(database, field, criteria)

【参数】

● database：构成列表或数据库的单元格区域。列表的第一行为每一列的标签，即符合数据库的特征。

● field：指定函数所使用的列。输入两端带双引号的列标签，如"姓名""成绩"等；或是代表在数据库列表中位置的数字，1 表示第一列，2表示第二列，以此类推。

● criteria：包含指定条件的单元格区域。此区域包含至少一个列标签，并且列标签下方至少包含一个条件。

技巧 21　判断指定类别与品牌的商品是否被维修过

如图 10-27 所示表格中统计了商品的销售记录，在 D 列中用数字"0"表示商品被维修过，用数字"1"表示商品没有被维修过。现在要查询指定类别与品牌的商品是否被维修过。

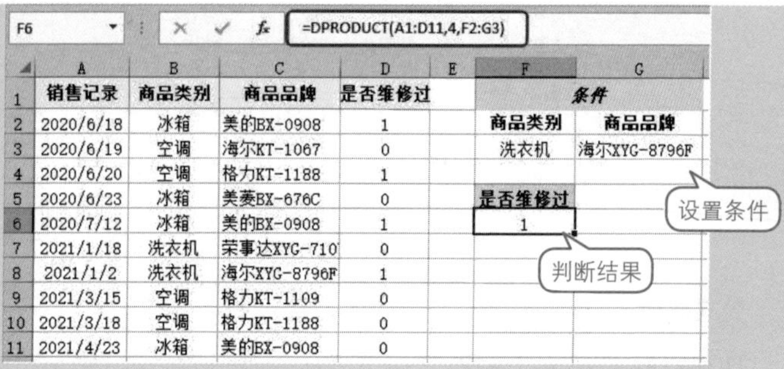

图 10-27

❶ 在 F2:G3 单元格区域中设置条件，并指定商品类别与商品品牌。

❷ 选中 F6 单元格，在公式编辑栏中输入公式：

```
=DPRODUCT(A1:D11,4,F2:H3)
```

按 Enter 键，即可判断出指定类别与品牌的商品是否被维修过，如图 10-27所示。

❸ 在 F2:G3 单元格区域中更改条件，可以得出相应的查询结果，如图 10-28 所示。

F6	▼	:	×	✓	f_x	=DPRODUCT(A1:D11,4,F2:G3)	

	A	B	C	D	E	F	G
1	销售记录	商品类别	商品品牌	是否维修过		条件	
2	2020/6/18	冰箱	美的EX-0908	1		商品类别	商品品牌
3	2020/6/19	空调	海尔KT-1067	0		冰箱	美菱BX-676C
4	2020/6/20	空调	格力KT-1188	1			
5	2020/6/23	冰箱	美菱BX-676C	0		是否维修过	
6	2020/7/12	冰箱	美的EX-0908	1		0	
7	2021/1/18	洗衣机	荣事达XYG-710	0			
8	2021/1/2	洗衣机	海尔XYG-8796F	1			
9	2021/3/15	空调	格力KT-1109	0			
10	2021/3/18	空调	格力KT-1188	0			
11	2021/4/23	冰箱	美的EX-0908	0			
12							

更改条件

判断结果

图 10-28

公式解析

= DPRODUCT(A1:D11,4,F2:H3)

① A1:D11 为目标数据区域。

② 4 为指定返回 A1:D11 单元格区域第 4 列上的值。

③ F2:H3 为条件区域，条件区域注意包含列标识，当前为双条件。

10.2 方差、标准差计算

10.2.1 DVAR 函数（按条件通过样本估算总体方差）

【功能】

DVAR 函数用于返回利用列表或数据库中满足指定条件的记录字段（列）中的数字作为一个样本估算出的总体方差。

【语法】

DVAR(database, field, criteria)

【参数】

● database：构成列表或数据库的单元格区域。列表的第一行为每一列的标签，即符合数据库的特征。

● field：指定函数所使用的列。输入两端带双引号的列标签，如"姓名""成绩"等；或是代表在数据库列表中位置的数字，1 表示第一列，2 表示第二列，以此类推。

● criteria：包含指定条件的单元格区域。此区域包含至少一个列标签，并且列标签下方至少包含一个条件。

391

技巧 22　计算指定机器生产零件直径的总体方差

如图 10-29 所示表格为某工厂两台机器生产的零件直径的测量数据（每台机器各取 10 个数据），现在要计算其中一台机器生产出的零件直径的总体方差（以此样本估计出的总体方差）。

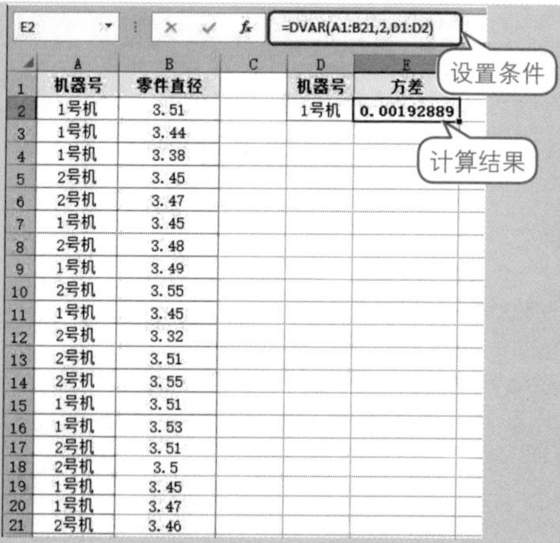

	A	B	C	D	E
1	机器号	零件直径		机器号	方差
2	1号机	3.51		1号机	0.00192889
3	1号机	3.44			
4	1号机	3.38			
5	2号机	3.45			
6	2号机	3.47			
7	1号机	3.45			
8	2号机	3.48			
9	1号机	3.49			
10	2号机	3.55			
11	1号机	3.45			
12	2号机	3.32			
13	2号机	3.51			
14	2号机	3.55			
15	1号机	3.51			
16	1号机	3.53			
17	2号机	3.51			
18	2号机	3.5			
19	1号机	3.45			
20	1号机	3.47			
21	2号机	3.46			

图 10-29

❶ 在 D1:D2 单元格区域中设置条件，指定机器号为“1 号机”。

❷ 选中 E2 单元格，在公式编辑栏中输入公式：

```
=DVAR(A1:B21,2,D1:D2)
```

按 Enter 键，即可估计出“1 号机”生产出的零件直径的总体方差，如图 10-29 所示。

公式解析

=DVAR(A1:B21,2,D1:D2)

① A1:B21 为目标数据区域。

② 2 为指定返回 A1:B21 单元格区域第 2 列上的值。

③ D1:D2 为条件区域，条件区域注意包含列标识。

10.2.2　DVARP 函数（按条件计算样本的方差）

【功能】

DVARP 函数用于通过使用列表或数据库中满足指定条件的记录字段(列)中的数字计算样本的总体方差。

【语法】

DVARP(database, field, criteria)

【参数】

- database：构成列表或数据库的单元格区域。列表的第一行为每一列的标签，即符合数据库的特征。
- field：指定函数所使用的列。输入两端带双引号的列标签，如“姓名”“成绩”等；或是代表在数据库列表中位置的数字，1 表示第一列，2 表示第二列，以此类推。
- criteria：包含指定条件的单元格区域。此区域包含至少一个列标签，并且列标签下方至少包含一个条件。

技巧 23　计算指定机器生产零件直径的样本总体方差

如图 10-30 所示表格为某工厂两台机器生产的零件直径的测量数据（每台机器各取 10 个数据），现在要计算其中一台机器生产出的零件直径的样本总体方差。

E2　=DVARP(A1:B21,2,D1:D2)

设置条件

	A	B	C	D	E
1	机器号	零件直径		机器号	方差
2	1号机	3.51		1号机	0.001736
3	1号机	3.44			
4	1号机	3.38			
5	2号机	3.45			
6	2号机	3.47			
7	1号机	3.45			
8	2号机	3.48			
9	1号机	3.49			
10	2号机	3.55			
11	1号机	3.45			
12	2号机	3.32			
13	2号机	3.51			
14	2号机	3.55			
15	1号机	3.51			
16	1号机	3.53			
17	2号机	3.51			
18	2号机	3.5			
19	1号机	3.45			
20	1号机	3.47			
21	2号机	3.46			

计算结果

图 10-30

❶ 在 D1:D2 单元格区域中设置条件，指定机器号为“1 号机”。

❷ 选中 E2 单元格，在公式编辑栏中输入公式：

```
=DVARP(A1:B21,2,D1:D2)
```

按 Enter 键即可估计出“1 号机”生产出的零件直径的样本总体方差，如图 10-30 所示。

📝 公式解析

=DVARP(A1:B21,2,D1:D2)

① A1:B21 为目标数据区域。

② 2 为指定返回 A1:B21 单元格区域第 2 列上的值。

③ D1:D2 为条件区域，条件区域注意包含列标识。

10.2.3 DSTDEV 函数（按条件通过样本估算总体标准偏差）

【功能】

DSTDEV 函数用于返回利用列表或数据库中满足指定条件的记录字段（列）中的数字作为一个样本估算出的总体标准偏差。

【语法】

DSTDEV(database, field, criteria)

【参数】

● database：构成列表或数据库的单元格区域。列表的第一行为每一列的标签，即符合数据库的特征。

● field：指定函数所使用的列。输入两端带双引号的列标签，如"姓名""成绩"等；或是代表在数据库列表中位置的数字，1 表示第一列，2 表示第二列，以此类推。

● criteria：包含指定条件的单元格区域。此区域包含至少一个列标签，并且列标签下方至少包含一个条件。

技巧 24　计算不同性别身高数据的总体标准偏差

例如，为开展某项活动，对人员身高的要求为，男性与女性的身高的标准偏差不要超过 0.04，否则为不合格。现男性与女性各抽出 10 个数据，可以分别根据样本数据估算总体标准偏差。

❶ 在 D1:D2 单元格区域中设置条件，指定性别为"男"。

❷ 选中 E2 单元格，在公式编辑栏中输入公式：

=DSTDEV(A1:B21,2,D1:D2)

按 Enter 键，即可估计出男性身高数据的总体标准偏差，如图 10-31 所示。

❸ 选中 E5 单元格，在公式编辑栏中输入公式：

=DSTDEV(A1:B21,2,D4:D5)

按 Enter 键，即可估计出女性身高数据的总体标准偏差，如图 10-32 所示。

图 10-31

图 10-32

公式解析

=DSTDEV(A1:B21,2,D1:D2)

① A1:B21 为目标数据区域。

② 2 为指定返回 A1:B21 单元格区域第 2 列上的值。

③ D1:D2 为条件区域，条件区域注意包含列标识。

10.2.4　DSTDEVP 函数（按条件计算样本的标准偏差）

【功能】

DSTDEVP 函数用于返回利用列表或数据库中满足指定条件的记录字段（列）中的数字作为样本总体计算出的总体标准偏差。

【语法】

DSTDEVP(database, field, criteria)

【参数】

● database：构成列表或数据库的单元格区域。列表的第一行为每一列的标签，即符合数据库的特征。

● field：指定函数所使用的列。输入两端带双引号的列标签，如"姓名""成绩"等；或是代表在数据库列表中位置的数字，1 表示第一列，2 表示第二列，以此类推。

● criteria：包含指定条件的单元格区域。此区域包含至少一个列标签，并且列标签下方至少包含一个条件。

第 10 章　数据库函数范例

395

技巧 25　计算不同性别身高数据的样本总体标准偏差

例如，为开展某项活动，对人员身高的要求为，男性与女性的身高的标准偏差不要超过 0.04，否则为不合格。现男性与女性各抽出 10 个数据，可以计算出该样本的总体标准偏差。

❶ 在 D1:D2 单元格区域中设置条件，指定性别为“男”。

❷ 选中 E2 单元格，在公式编辑栏中输入公式：

```
=DSTDEVP(A1:B21,2,D1:D2)
```

按 Enter 键，即可估计出男性身高数据的样本总体方差，如图 10-33 所示。

❸ 选中 E5 单元格，在公式编辑栏中输入公式：

```
=DSTDEVP(A1:B21,2,D4:D5)
```

按 Enter 键，即可估计出女性身高数据的样本总体方差，如图 10-34 所示。

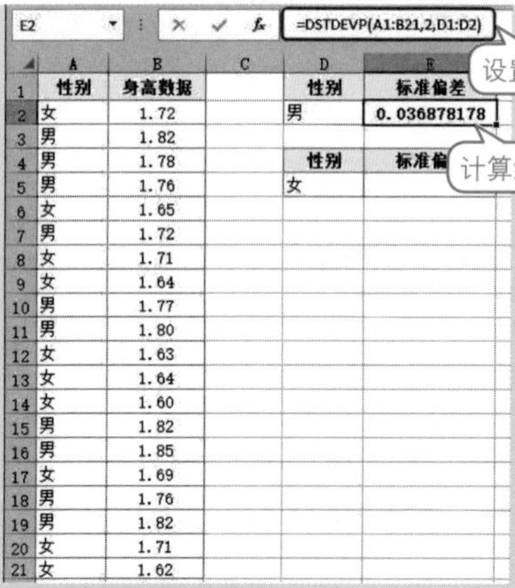

	A	B	C	D	E
1	性别	身高数据		性别	标准偏差
2	女	1.72		男	0.036878178
3	男	1.82			
4	男	1.78		性别	标准偏差
5	男	1.76		女	
6	女	1.65			
7	男	1.72			
8	女	1.71			
9	女	1.64			
10	男	1.77			
11	男	1.80			
12	女	1.63			
13	女	1.64			
14	女	1.60			
15	男	1.82			
16	男	1.85			
17	女	1.69			
18	男	1.76			
19	男	1.82			
20	女	1.71			
21	女	1.62			

图 10-33

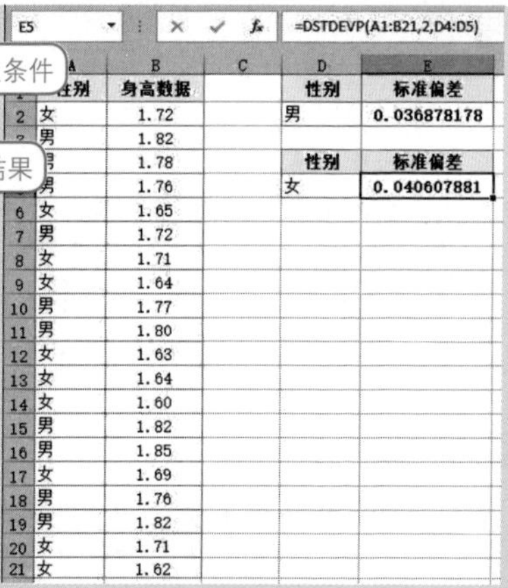

	A	B	C	D	E
1	性别	身高数据		性别	标准偏差
2	女	1.72		男	0.036878178
3	男	1.82			
4	男	1.78		性别	标准偏差
5	男	1.76		女	0.040607881
6	女	1.65			
7	男	1.72			
8	女	1.71			
9	女	1.64			
10	男	1.77			
11	男	1.80			
12	女	1.63			
13	女	1.64			
14	女	1.60			
15	男	1.82			
16	男	1.85			
17	女	1.69			
18	男	1.76			
19	男	1.82			
20	女	1.71			
21	女	1.62			

图 10-34

公式解析

=DSTDEVP(A1:B21,2,D1:D2)

① A1:B21 为目标数据区域。

② 2 为指定返回 A1:B21 单元格区域第 2 列上的值。

③ D1:D2 为条件区域，条件区域注意包含列标识。

第11章 用公式设置单元格格式及限制数据输入

11.1 函数在条件格式中的应用

技巧 1 次日值班人员自动提醒

如图 11-1 所示为一份值班人员安排表，假定今日为 2021 年 5 月 31 日，需要通过设置公式可实现自动提醒次日需要值班的人员。

	A	B
1	值班人姓名	值班日期
2	韩要荣	*2021/6/1*
3	韩要荣	2021/6/12
4	黄博	2021/6/3
5	黄博	2021/6/10
6	李平	*2021/6/1*
7	李平	2021/6/4
8	柯娜	2021/6/5
9	柯娜	2021/6/9
10	姚金年	2021/6/4
11	姚金年	2021/6/12
12	李杰	2021/6/15
13	李杰	2021/6/12
14	何灵灵	2021/6/7
15	何灵灵	2021/6/9
16	林云	2021/6/8

图 11-1

❶ 选中需要设置的数据区域，在"开始"→"样式"选项组中单击 条件格式▾ 下拉按钮，在弹出的下拉菜单中选择"新建规则"命令，打开"新建格式规则"对话框。

❷ 在列表中选择最后一条规则类型，设置公式为"=B2=TODAY()+1"，如图 11-2 所示。

❸ 单击"格式"按钮，打开"设置单元格格式"对话框，切换到"字体"选项卡下设置字体，如图 11-3 所示；再切换到"填充"选项卡下，选择填充颜色，如图 11-4 所示。

❹ 单击"确定"按钮，回到"新建格式规则"对话框中，可以看到预览格式，如图 11-5 所示。

图 11-2

图 11-3

图 11-4

图 11-5

❺ 单击"确定"按钮，就可以看到值班人员提醒显示。

专家点拨

TODAY 函数用于返回当前日期。公式"=B2=TODAY()+1"表示判断 B2 单元格的日期是否是当前日期加 1，如果满足条件则被设置格式。

技巧2 自动标识周末日期

如图11-6所示，考勤表中显示了当月的各个日期，通过条件格式的设置可以实现自动标识出周末日期。

图 11-6

❶ 选中第2行中显示日期的数据区域，在"开始"→"样式"选项组中单击 **条件格式 ▾** 下拉按钮，在弹出的下拉菜单中选择"新建规则"命令，打开"编辑格式规则"对话框。

❷ 在列表中选择最后一条规则类型，设置公式为"=WEEKDAY (B2,2)>5"，如图11-7所示。

❸ 单击"格式"按钮，打开"设置单元格格式"对话框，切换到"字体"选项卡下设置字体，如图11-8所示；再切换到"填充"选项卡下，选择填充颜色，如图11-9所示。

❹ 单击"确定"按钮，回到"编辑格式规则"对话框中，可以看到预览格式，如图11-10所示。

图 11-7   图 11-8

图 11-9　　　　　　　　　　　　　图 11-10

❺ 单击"确定"按钮，即可达到如图 11-6 所示效果。

专家点拨

WEEKDAY 函数用于返回某日期为星期几。公式"=WEEKDAY(B3,2)>5"中的参数"2"表示返回"数字 1 到数字 7（星期一到星期日）"，参数">5"表示当条件大于 5 时，即周末（因为星期六和星期日返回的数字为 6 和 7），就为其设置格式。

技巧3　比较两个单元格采购价格是否相同

如图 11-11 所示，1 月份与 2 月份中各商品的采购价格有部分不同，通过条件格式设置，可以实现当两个月份的采购价格出现不同时就以特殊格式显示。

	A	B	C
1	品名	1月份价格(元)	2月份价格(元)
2	蓝色洋河	52	52
3	三星迎驾	20	22
4	竹青	60	60
5	荟藏	30	30
6	金种子	78	80
7	口子窖	280	280
8	剑南春	40	40
9	雷奥诺干红	68	68
10	珠江金小麦	13	13
11	张裕赤霞珠	58.5	58.5

不一样的采购价格显示特殊格式

图 11-11

❶ 选中 B 列与 C 列中显示价格的单元格区域，在"开始"→"样式"选项组中单击 条件格式 下拉按钮，在弹出的下拉菜单中选择"新建规则"命令，

打开"新建格式规则"对话框。

❷ 在列表中选择最后一条规则类型，设置公式为"=NOT(EXACT ($B2,$C2))"，如图 11-12 所示。

❸ 单击"格式"按钮，打开"设置单元格格式"对话框，切换到"填充"选项卡下，选择填充颜色；再切换到"字体"选项卡下设置字体。

❹ 单击"确定"按钮，回到"新建格式规则"对话框中，可以看到预览格式，如图 11-13 所示。

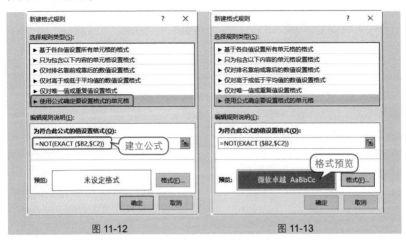

图 11-12   图 11-13

❺ 单击"确定"按钮，即可达到如图 11-11 所示效果。

📢 专家点拨

EXACT 函数用于比较两个值是否相等。公式"=NOT(EXACT($B2, $C2))"表示当判断出两个值不相等时为其设置格式。

技巧 4 将成绩大于指定分数的标注为"优"

如图 11-14 所示表格中显示了各学生的总成绩。通过设置条件格式，实现自动将成绩大于或等于 600 分的在姓名后面添加"优"，并设置特殊格式。

❶ 选中 A 列单元格区域，在"开始"→"样式"选项组中单击📊条件格式▾下拉按钮，在弹出的下拉菜单中选择"新建规则"命令，打开"新建格式规则"对话框。

❷ 在列表中选择最后一条规则类型，设置公式为"=B2>=600"，如图 11-15 所示。

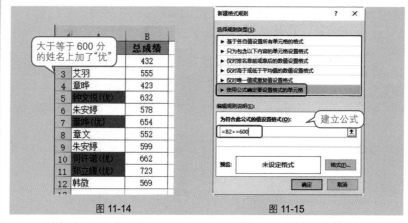

图 11-14　　　　　　　　图 11-15

❸ 单击"格式"按钮，打开"设置单元格格式"对话框。切换到"数字"选项卡下，在"分类"列表框中选择"自定义"选项，在"类型"文本框中输入"o;o;o;@"(优)""，如图 11-16 所示。

图 11-16

❹ 切换到"填充""字体"选项卡下，分别设置填充颜色、文字格式等。设置完成后，单击"确定"按钮，回到"新建格式规则"对话框中。

❺ 单击"确定"按钮，即可得到如图 11-14 所示效果。

技巧 5　突出显示"缺考"或未填写数据的单元格

如图 11-17 所示，要实现当成绩列中不是数值时就以特殊格式来显示。

	A	B	C
1	姓名	面试成绩	面试成绩
2	张明亮	85	86
3	石兴红	85	80
4	周燕飞	不合格	缺考
5	周松	78	缺考
6	何亮亮	90	92
7	李丽	不合格	72
8	郑磊	91	78
9	杨亚	83	缺考
10	李敏	不合格	88
11	李小辉	92	91
12	韩微	75	63
13			

非数字的单元格都显示特殊格式

图 11-17

❶ 选中 B 列与 C 列中显示成绩的数据区域，在"开始"→"样式"选项组中单击 条件格式 ▾ 下拉按钮，在弹出的下拉菜单中选择"新建规则"命令，打开"新建格式规则"对话框。

❷ 在列表中选择最后一条规则类型，设置公式为"=NOT(ISNUMBER (B2))"，如图 11-18 所示。

❸ 单击"格式"按钮，打开"设置单元格格式"对话框，设置想使用的特殊格式。设置后单击"确定"按钮，回到"新建格式规则"对话框中，可以看到预览格式，如图 11-19 所示。

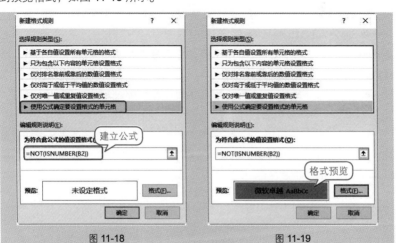

图 11-18　　　　　　　图 11-19

403

❹ 单击"确定"按钮，即可达到如图 11-17 所示的效果。

📢 专家点拨

ISNUMBER 函数可以判断引用的参数或指定单元格中的值是否为数字。
公式"=NOT(ISNUMBER(B2))"表示当 B2 单元格中的值不为数字时就为其设置特殊格式。

技巧 6　满足条件的整行突出显示 1

某招聘单位在招聘主管时要求年龄为 30 ~ 35 岁，即希望在如图 11-20
所示的面试人员年龄列中设置条件格式，将满足指定年龄段的人员信息的整行
以特殊格式标记出来，以方便查看。

	A	B	C	D
1	面试人员	年龄	学历	工作经验
2	吴丹晨	29	专科	6
3	蓝琳达	31	本科	7
4	陈强	27	本科	4
5	钟琛	33	本科	8
6	谭谢生	34	专科	8
7	黄中杨	27	专科	6
8	周成	28	研究生	2
9	简佳丽	26	专科	5
10	胡家兴	42	本科	12
11	苏海涛	33	研究生	7
12	王保国	30	本科	6
13	周玲	36	专科	10
14	唐雨萱	28	本科	5
15	胡杰	29	专科	7

图 11-20

❶ 选中 A2:D15 单元格区域，在"开始"→"样式"选项组中单击
📇条件格式▾下拉按钮，在弹出的下拉菜单中选择"新建规则"命令，打开"新
建格式规则"对话框。

❷ 在列表中选择最后一条规则类型，设置公式为"=AND($C2>=30,$C2<=35)"，
如图 11-21 所示。

❸ 单击"格式"按钮，打开"设置单元格格式"对话框，根据需要对需要
标识的单元格进行格式设置，这里以设置单元格背景颜色为"黄色"为例，如
图 11-22 所示。

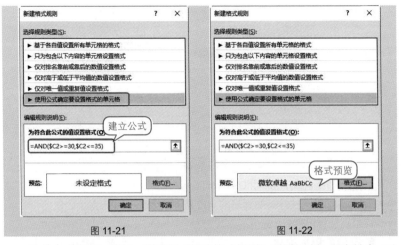

图 11-21　　　　　　　　　　　　　图 11-22

❹ 单击"确定"按钮，返回到"新建格式规则"对话框中，再次单击"确定"按钮，就可以看到年龄为 30 ～ 35 岁的记录整行以黄色底纹填充效果显示，如图 11-23 所示。

	A	B	C	D
1	面试人员	年龄	学历	工作经验
2	吴丹晨	29	专科	6
3	蓝琳达	31	本科	7
4	陈强	27	本科	4
5	钟琛	33	本科	8
6	谭谢生	34	专科	8
7	黄中杨	27	专科	6
8	周成	28	研究生	2
9	简佳丽	26	专科	5
10	胡家兴	42	本科	12
11	苏海涛	33	研究生	7
12	王保国	30	本科	6
13	周玲	36	专科	10
14	唐雨萱	28	本科	5
15	胡杰	29	专科	7

图 11-23

专家点拨

AND 函数用于当所有的条件均为"真"（TRUE）时，返回的运算结果为"真"（TRUE）；反之，返回的运算结果为"假"（FALSE）。所以它一般用来检验一组数据是否都满足条件。公式"=AND($C2>=30,$C2<=35)"表示当"C2>=30"与"C2<=35"单元格中的值这两个条件是否都满足。

技巧 7　满足条件的整行突出显示 2

我们在 Excel 条件格式使用中，经常需要将符合条件的整行改变颜色。如

图 11-24 所示将所有内容为"黑色"单元格的整行改变颜色。

图 11-24

❶ 选择数据区域，如 A2:D9 的单元格，在"开始"→"样式"选项组中单击 条件格式 下拉按钮，在弹出的下拉菜单中选择"新建规则"命令，打开"新建格式规则"对话框。

❷ 在列表中选择最后一条规则类型，设置公式为"=IF($D2="黑色",1,0)"，如图 11-25 所示。

❸ 单击"格式"按钮，打开"设置单元格格式"对话框，切换到"填充"选项卡下，选择特殊的填充颜色。设置后单击"确定"按钮，回到"新建格式规则"对话框中，可以看到预览格式，如图 11-26 所示。

图 11-25   图 11-26

❹ 单击"确定"按钮，即可达到如图 11-24 所示的效果。

技巧 8　突出显示每行的最高与最低分

某公司招聘人员，各面试官对应聘者的成绩进行了打分，现在想直观显示出每位面试者的最高分与最低分，如图 11-27 所示，蓝色单元格为最低分，黄色单元格为最高分。

图 11-27

❶ 选择分数单元格区域，在"开始"→"样式"选项组中单击 条件格式 ▾下拉按钮，在弹出的下拉菜单中选择"新建规则"命令，打开"新建格式规则"对话框。

❷ 在列表中选择最后一条规则类型，设置公式为"=C2=MAX($C2:$G2)"，如图 11-28 所示。

❸ 单击"格式"按钮，打开"设置单元格格式"对话框，切换到"填充"选项卡下，选择填充颜色；再切换到"字体"选项卡下设置字体。

❹ 单击"确定"按钮，回到"新建格式规则"对话框中，可以看到预览格式，如图 11-29 所示。

新建格式规则	? ×	新建格式规则	? ×
选择规则类型(S):		**选择规则类型(S):**	
▶ 基于各自值设置所有单元格的格式		▶ 基于各自值设置所有单元格的格式	
▶ 只为包含以下内容的单元格设置格式		▶ 只为包含以下内容的单元格设置格式	
▶ 仅对排名靠前或靠后的数值设置格式		▶ 仅对排名靠前或靠后的数值设置格式	
▶ 仅对高于或低于平均值的数值设置格式		▶ 仅对高于或低于平均值的数值设置格式	
▶ 仅对唯一值或重复值设置格式		▶ 仅对唯一值或重复值设置格式	
▶ 使用公式确定要设置格式的单元格		▶ 使用公式确定要设置格式的单元格	
编辑规则说明(E):	建立公式	**编辑规则说明(E):**	
为符合此公式的值设置格式(O):		为符合此公式的值设置格式(O):	
=C2=MAX($C2:$G2)		=C2=MAX($C2:$G2)	
			格式预览
预览：未设定格式 格式(F)...		预览：*微软卓越 AaBbCc* 格式(F)...	
确定 取消		确定 取消	

图 11-28   图 11-29

❺ 再次打开"新建格式规则"对话框，在列表中选择最后一条规则类型，设置公式为"=C2=MIN($C2:$G2)"，如图 11-30 所示。

❻ 单击"格式"按钮，打开"设置单元格格式"对话框，切换到"填充"选项卡下，选择填充颜色；再切换到"字体"选项卡下设置字体。

❼ 单击"确定"按钮，回到"新建格式规则"对话框中，可以看到预览格式，如图 **11-31** 所示。

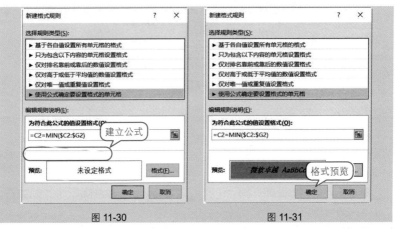

图 11-30   图 11-31

❽ 单击"确定"按钮，即可达到如图 **11-27** 所示效果。

技巧 9　加班时长最长的员工特殊显示

关于最大值的判断及突出显示，通过灵活地变化公式则又可以达到不同的可视化显示目的。例如下面的例子中，要求将加班时长最长的员工姓名特殊显示（见图 **11-32**），其操作方法如下。

	A	B	C	D	E
1	加班日期	加班员工	加班开始时间	加班结束时间	加班耗时
2	2020/4/1	王艳	17:30:00	19:30:00	2
3	2020/4/2	周全	17:30:00	21:00:00	3.5
4	2020/4/3	韩燕飞	18:00:00	19:30:00	1.5
5	2020/4/4	陶毅	11:00:00	16:00:00	5
6	2020/4/6	伍先泽	17:30:00	21:00:00	3.5
7	2020/4/7	方小飞	17:30:00	19:30:00	2
8	2020/4/8	钱丽丽	17:30:00	20:00:00	2.5
9	2020/4/11	彭红	12:00:00	13:30:00	1.5
10	2020/4/11	夏守梅	11:00:00	16:00:00	5
11	2020/4/12	陶菊	11:00:00	16:00:00	5
12	2020/4/14	张明亮	17:30:00	18:30:00	1
13	2020/4/16	石兴红	17:30:00	20:30:00	3
14	2020/4/19	周燕飞	14:00:00	17:00:00	3
15	2020/4/20	周松	19:00:00	22:30:00	3.5
16	2020/4/21	何亮亮	17:30:00	21:00:00	3.5
17	2020/4/22	李丽	18:00:00	19:30:00	1.5

图 11-32

❶ 选中 B 列中"加班员工"列下的单元格区域，在"开始"→"样式"选项组中单击 条件格式 ▾ 下拉按钮，在弹出的下拉菜单中选择"新建规则"命令，打开"新建格式规则"对话框。

专家点拨

由于此处要求让"加班员工"这一列突出显示，而不是"加班耗时"那一列特殊显示，因此选择目标区域时注意是这一列。

❷ 在列表中选择最后一条规则类型，在下面的文本框中输入公式"=E2=MAX(E$2:E$19)"，然后单击"格式"按钮打开"设置单元格格式"对话框，设置格式后返回，如图 11-33 所示。

图 11-33

❸ 单击"确定"按钮，即可看到"加班耗时"这一列中的最大值所对应在"加班员工"这一列中的姓名以特殊颜色标记。

❹ 当源数据发生改变时，条件格式的规则会自动重新判断当前数据并重新标记，如图 **11-34** 所示。

	A	B	C	D	E	F
1	加班日期	加班员工	加班开始时间	加班结束时间	加班耗时	主管核实
2	2020/4/1	王艳	17:30:00	19:30:00	2	王勇
3	2020/4/2	周全	17:30:00	21:00:00	3.5	李南
4	2020/4/3	韩燕飞	18:00:00	19:30:00	1.5	王丽义
5	2020/4/4	陶毅	11:00:00	16:00:00	5	叶小菲
6	2020/4/6	伍先泽	17:30:00	21:00:00	3.5	林佳
7	2020/4/7	方小飞	17:30:00	19:30:00	2	彭力
8	2020/4/8	钱丽丽	17:30:00	20:00:00	2.5	范琳琳
9	2020/4/11	彭红	12:00:00	13:30:00	1.5	易亮
10	2020/4/11	夏守梅	11:00:00	17:45:00	6.75	黄燕
11	2020/4/12	陶菊	11:00:00	16:00:00	5	李亮
12	2020/4/14	张明亮	17:30:00	18:30:00	1	蔡敏
13	2020/4/16	石兴红	17:30:00	20:30:00	3	吴小莉
14	2020/4/19	周燕飞	14:00:00	17:00:00	3	陈述
15	2020/4/20	周松	19:00:00	22:30:00	3.5	张芳

图 11-34

11.2 函数在数据有效性中的应用

技巧 10 避免输入重复值

如图 **11-35** 所示，通过数据验证的设置，实现当输入了重复的商品编码时就弹出错误提示信息。

图 11-35

❶ 选中需要设置数据验证的单元格区域（如本例中选择"编码"列从 C3 单元格开始的单元格区域）。在"数据"→"数据工具"选项组中单击 数据验证 下拉按钮，打开"数据验证"对话框。

❷ 在"允许"下拉列表框中选择"自定义"选项，在"公式"编辑栏中输入公式："=COUNTIF(C:C,C3)=1"，如图 **11-36** 所示。

❸ 切换到"出错警告"标签下，设置警告信息，如图 **11-37** 所示。设置完成后，单击"确定"按钮。

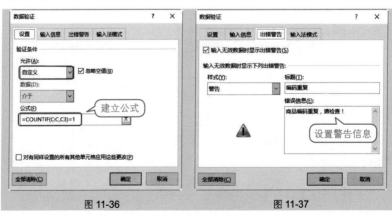

图 11-36   图 11-37

专家点拨

COUNTIF 函数用于对指定区域中符合指定条件的单元格计数。公式 "=COUNTIF(C:C,C3)=1" 用于统计 C 列中 C3 单元格值出现的次数是否等于 1，如果等于 1 则允许输入，如果大于 1 则弹出错提示信息。公式依次向下取值，即判断完 C3 单元格后再判断 C4 单元格，以此类推。

技巧 11　禁止出库数量大于库存数量

表格中记录了商品上月的结余量和本月的入库量，当商品要出库时，显然出库数量应当小于库存数。为了保证可以及时发现错误，需要设置数据验证，禁止输入的出库数量大于库存数量，如图 11-38 所示。

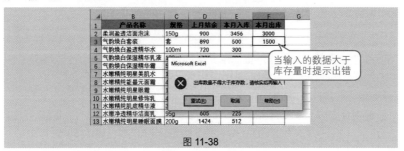

图 11-38

❶ 选中要设置数据验证的单元格区域，在"数据"→"数据工具"选项组中单击 数据验证 下拉按钮，打开"数据验证"对话框。

❷ 在"允许"下拉列表框中选择"自定义"选项。在"公式"编辑栏中输入公式："=D2+E2>F2"，如图 11-39 所示。

❸ 切换到"出错警告"标签下，设置提示信息，如图 11-40 所示。最后单击"确定"按钮完成设置。

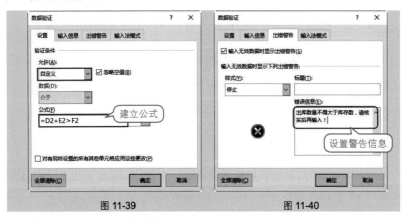

图 11-39　　　　　　　　　　　　　图 11-40

如图 11-41 所示，通过验证的设置，实现禁止在特定的单元格中输入文本值。

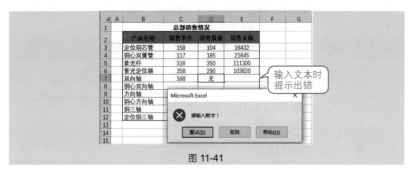

图 11-41

❶ 选中需要设置数据验证的单元格区域（如本例中选择"销售数量"列从 D3 单元格开始的单元格区域）。在"数据"→"数据工具"选项组中单击 数据验证 下拉按钮，打开"数据验证"对话框。

❷ 在"允许"下拉列表框中选择"自定义"选项。在"公式"编辑栏中输入公式：=IF(ISNONTEXT(D3),FALSE,TRUE)= FALSE，如图 11-42 所示。

❸ 切换到"出错警告"标签下，设置出错提示信息，如图 11-43 所示。最后单击"确定"按钮完成设置。

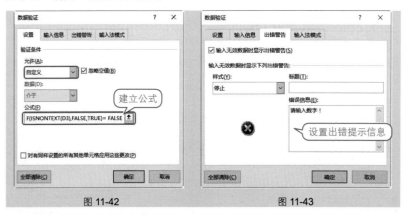

图 11-42　　　　　　　　　　　图 11-43

📢 专家点拨

ISNONTEXT 函数用于判断引用的参数是否为文本，如果是，则返回 TRUE；不是，则返回 FALSE。公式"=IF(ISNONTEXT(D3),FALSE,TRUE)=

FALSE"用于判断D3单元格的值是否是文本，如果不是文本，则允许输入；如果是文本，则会弹出提示信息。

技巧 13 　限制输入的数据必须小于两位

在商品单价表中规定：只允许输入两位小数位数的数值。当输入了不满足条件的数值时，就会弹出如图11-44所示的警告提示框。

图 11-44

❶ 选中需要设置的单元格或单元格区域（如本例中选择"价格（元）"列单元格区域）。在"数据"→"数据工具"选项组中单击"数据验证"按钮，在弹出的下拉菜单中选中"数据验证"命令，打开"数据验证"对话框。

❷ 在"允许"下拉列表框中选择"自定义"选项。在"公式"编辑栏中输入公式"=TRUNC(C2,2)=C2"，如图11-45所示。

❸ 切换到"出错警告"选项卡下，设置警告信息，如图11-46所示。

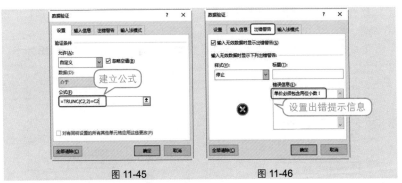

图 11-45　　　　　　　　图 11-46

❹ 设置完成后，单击"确定"按钮，如果在选择的单元格区域内输入数据没有两位小数，将会弹出提示对话框。

专家点拨

TRUNC 函数用于对数据进行截尾取整。

413

公式"=TRUNC(C2,2)=C2"用于对 C2 单元格的值进行截尾取整，保留两位小数，即判断 D2 中的值是否是两位小数，如果不是两位小数就弹出错误提示。

高效随身查——Excel 2021 必学的函数与公式 应用技巧（视频教学版）

技巧 14　禁止输入空格

手工输入数据时经常会有意或无意地输入一些多余的空格，这些数据如果只是用于查看，有空格并无大碍，但数据要用于统计、查找，如"李菲"和"李　菲"则会作为两个完全不同的对象，这时的空格则为数据分析带来了困扰。例如，当设置查找对象为"李菲"时，则会出现找不到的情况。为了规范数据的录入，可以使用数据验证限制空格的录入，一旦有空格录入就会弹出提示框，如图 11-47 所示。

图 11-47

❶ 选中要设置数据验证的单元格区域，在"数据"→"数据工具"选项组中单击 数据验证 下拉按钮，打开"数据验证"对话框。

❷ 在"允许"下拉列表框中选择"自定义"选项。在"公式"编辑栏中输入公式："=ISERROR(FIND(" ",B2))"，如图 11-48 所示。

❸ 切换到"出错警告"选项卡下，设置出错提示信息，如图 11-49 所示。

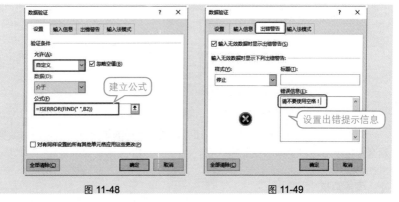

图 11-48　　　　　　　　　　图 11-49

❹ 设置完成后，单击"确定"按钮。

专家点拨

先用 FIND 函数在 B2 单元格中查找空格的位置，如果找到，则返回位置值；如果未找到，则返回一个错误值。ISERROR 函数则判断值是否为任意错误值，如果是，则返回 TRUE；如果不是，则返回 FALSE。本例中当结果为 TRUE 时则允许输入，否则不允许输入。

技巧 15　禁止录入不完整的产品规格

如图 11-50 所示，通过"数据验证"设置，实现输入的产品规则要为"?*×?*"的形式，否则弹出错误提示。

图 11-50

❶ 选中需要设置单元格或单元格区域（如本例中选择"规格型号"列从 D2 单元格开始的单元格区域）。在"数据"→"数据工具"选项组中单击"数据验证"按钮，在弹出的下拉菜单中选择"数据验证"命令，打开"数据验证"对话框。

❷ 在"允许"下拉列表框中选择"自定义"选项。在"公式"编辑栏中输入公式"=ISNUMBER(SEARCH("?*×?*",D2))"，如图 11-51 所示。

❸ 切换到"出错警告"选项卡下，设置提示信息，如图 11-52 所示。

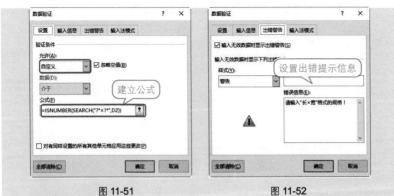

图 11-51　　　　　　　图 11-52

❹ 设置完成后，单击"确定"按钮。

🎺 **专家点拨**

　　ISNUMBER 函数可以判断引用的参数或指定单元格中的值是否为数字。SEARCH 函数用来返回指定的字符串在原始字符串中首次出现的位置公式。"=ISNUMBER(SEARCH("?*×?*",D2))" 用于判断 D2 单元格中输入的值是否为"×××"的形式（只有这种形式才能在 SEARCH 函数的参数"?*×?*"中被找到并返回起始位置），如果是，公式结果为 TRUE，则允许输入；如果不是，公式结果为 FALSE，则弹出提示信息。

技巧 16　设置单元格输入必须包含指定内容

　　如图 11-53 所示，通过"数据验证"设置实现输入的数据必须包含"NL_"，否则弹出提示信息。

图 11-53

　　❶ 选中需要设置单元格或单元格区域（如本例中选择"编码"列从 A2 单元格开始的单元格区域）。在"数据"→"数据工具"选项组中单击"数据验证"按钮，在弹出的下拉菜单中选择"数据验证"命令，打开"数据验证"对话框。

　　❷ 在"允许"下拉列表框中选择"自定义"选项。在"公式"编辑栏中输入公式"=COUNTIF(A2,"NL_*")=1"，如图 11-54 所示。

　　❸ 切换到"出错警告"选项卡下，设置提示信息，如图 11-55 所示。

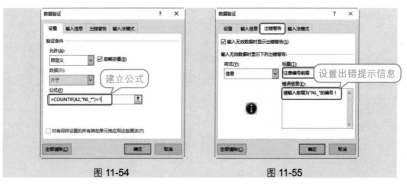

图 11-54　　　　　　　　　　图 11-55

　　❹ 设置完成后，单击"确定"按钮。

专家点拨

　　COUNTIF 函数用于对指定区域中符合指定条件的单元格计数。公式
"=COUNTIF(A2,"NL_*")=1" 用于判断 A2 单元格中输入的值是否以 "NL_"
开头，如果是，则允许输入；如果不是，则弹出提示信息。

　　公式依次向下取值，即判断完 A2 单元格后再判断 A3 单元格，依次向下。

技巧 17　限制数据输入的长度

　　有些单元格输入的数据的长度是固定的，例如身份证号码只有 **18** 位。通
过本技巧中数据验证的设置，可以实现限制数据输入的长度。如图 **11-56** 所示，
当输入身份证号码的位数不符时，则弹出错误提示。

图 11-56

　　❶ 选中需要设置数据验证的单元格区域（如本例中选择 D 列从 D2 单元格
开始需要输入身份证号码的单元格区域）。在 "数据"→"数据工具" 选项组
中单击 数据验证 下拉按钮，打开 "数据验证" 对话框。

　　❷ 在 "允许" 下拉列表框中选择 "自定义" 选项。在 "公式" 编辑栏中输
入公式："=LEN(D2)=18"，如图 **11-57** 所示。

　　❸ 切换到 "出错警告" 标签下，设置警告信息，如图 **11-58** 所示。设置完成后，
单击 "确定" 按钮。

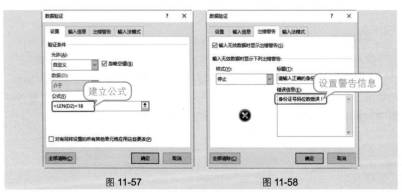

图 11-57　　　　　　　　　　　　　图 11-58

417

A1 公式运算问题

问题 1 想复制公式却找不到填充柄了

问题描述：

当选中单元格时，将光标放在单元格右下角，光标变成实心十字形，如图 A-1 所示；如果发现找不到填充柄（见图 A-1），那么无论怎样拖动鼠标都不能进行数据填充了。

	A	B	C	D	E	F
					E2 =SUM(B2:D2)	
1	姓名	语文	数学	英语	总分	
2	吴丹晨	82	76	71	229	
3	胡杰	77	80	83		
4	胡家兴	62	66	71		
5	柯娜	77	80	79	有填充柄	
6	蓝依琳	89	90	93		
7	何许诺	88	75	68		
8	丁瑞	80	62	77		
9	庄界良	66	77	80		
10	曾利	85	89	83		
11	侯淑媛	92	88	89		

图 A-1

问题解答：

这是因为填充柄和拖放功能被取消了，重新选中即可使用。

选择"文件"→"选项"命令，打开"Excel 选项"对话框。选择"高级"选项卡，在"编辑选项"栏中重新将"启用填充柄和单元格拖放功能"复选框选中，如图 A-2 所示，单击"确定"按钮退出即可。

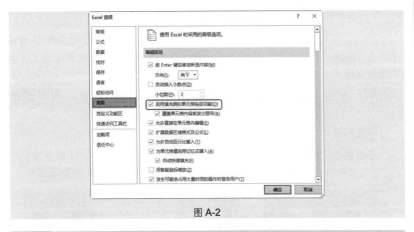

图 A-2

问题 2　利用公式计算时不显示计算结果只显示公式

问题描述：

在对数据进行计算时，计算结果的单元格中始终显示输入的公式，却不显示公式的计算结果。

问题解答：

出现这种情况，是由于启用了"在单元格中显示公式而非其计算结果"这一功能。将这一功能取消即可恢复计算功能。

选择"文件"→"选项"命令，打开"Excel 选项"对话框。选择"高级"选项卡，在"此工作表的显示选项"栏中取消选中"在单元格中显示公式而非其计算结果"复选框，如图 A-3 所示，单击"确定"按钮即可。

图 A-3

应用扩展

"Excel 选项"对话框中的这一设置与在"公式"→"公式审核"选项组中单击 显示公式（显示公式）按钮得到的效果是一样的。单击一次显示公式，再次单击取消显示。

问题 3　两个日期相减时不能得到差值天数，却返回一个日期值

问题描述：

在根据员工的出生日期计算年龄，或者根据员工入职时间计算员工的工龄，或者其他根据日期计算结果时，通常得到的结果还是日期，如图 A-4 所示。

▲	A	B	C	D
1	编号	姓名	出生日期	年龄
2	NN001	侯淑媛	1984/5/12	1900/2/1
3	NN002	孙丽萍	1986/8/22	1900/1/30
4	NN003	李平	1982/5/21	1900/2/3
5	NN004	苏敏	1980/5/4	1900/2/5
6	NN005	张文涛	1980/12/5	1900/2/5
7	NN006	孙文胜	1987/9/27	1900/1/29
8	NN007	周保国	1979/1/2	1900/2/6
9	NN008	崔志飞	1980/8/5	1900/2/5

▲	A	B	C	D
1	编号	姓名	入公司日期	工龄
2	NN001	侯淑媛	2009/2/10	1900/1/7
3	NN002	孙丽萍	2009/2/10	1900/1/7
4	NN003	李平	2011/1/2	1900/1/5
5	NN004	苏敏	2012/1/2	1900/1/4
6	NN005	张文涛	2012/2/19	1900/1/4
7	NN006	孙文胜	2013/2/19	1900/1/3
8	NN007	周保国	2013/5/15	1900/1/3
9	NN008	崔志飞	2014/5/15	1900/1/2

图 A-4

问题解答：

这是因为根据日期进行计算，显示结果的单元格会默认自动设置为日期格式，出现这种情况时手动把这些单元格设置成常规格式，就会显示数字。

选择需显示常规数字的单元格，在"开始"→"数字"选项组中单击下拉按钮，在下拉菜单中选择"常规"命令，即可将日期变成数字，如图 A-5 所示。

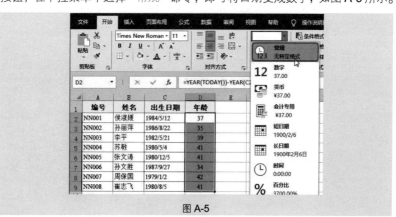

图 A-5

问题 4　更改了数据源的值，公式的计算结果并不自动更新是什么原因

问题描述：

在单元格中输入公式后，被公式引用的单元格只要发生数据更改，公式就会自动重算得出计算结果。现在无论怎么更改数值，公式计算结果始终保持不变。

问题解答：

出现这种计算结果不能自动更新的情况，是因为关闭了"自动重算"这项功能，可按如下方法进行恢复。

选择"文件"→"选项"命令，打开"Excel 选项"对话框。选择"公式"选项卡，在"计算选项"栏中重新选中"自动重算"单选按钮即可，如图 A-6 所示，单击"确定"按钮即可。

图 A-6

问题 5　公式引用单元格明明显示的是数据，计算结果却为 0

问题描述：

如图 A-7 所示表格中，当使用公式来计算 B1 单元格中指定公司名称的应收金额时，却出现计算结果为 0 的情况。可是 D 列中明明显示的是数字，为何无法计算呢？

图 A-7

问题解答：

出现这种情况是因为 D 列中的数据都使用了文本格式，看似显示为数字，实际是无法进行计算的文本格式。

选中"应收金额（元）"列的数据区域，单击左上的 ⚠ 按钮的下拉按钮，在下拉列表中单击"转换为数字"（见图 A-8），即可显示正确的计算结果。

图 A-8

问题 6 数字与"空"单元格相加时，结果却报错

问题描述：

在工作表中对数据进行计算时，有一个单元格为空，用一个数字与其相加时却出现了错误值。

问题解答：

出现这种情况是因为这个空单元格是空文本而并非真正的空单元格。对于空单元格，Excel 可自动转换为 0，而对于空文本的单元格则无法自动转换为 0，

因此出现错误。

选中 C4 单元格，可看到编辑栏中显示"'"，说明该单元格是空文本，而非空单元格，如图 A-9 所示。选中 C4 单元格，在编辑栏中删除"'"，同理删除 C7 单元格中的"'"，即可重新得出计算结果，如图 A-10 所示。

C4		✕ ✓ fx	'
	A	B	C	D
1	姓名	面试成绩	笔试成绩	总成绩
2	林丽	72	83	155
3	甘会杰	86	89	175
4	崔小娜	81		#VALUE!
5	李洋	75	80	155
6	刘玲玲	88	85	173
7	管红同	84		#VALUE!
8	杨丽	69	79	148
9	苏冉欣	85	89	174
10	何雨欣	82	95	177

图 A-9

	A	B	C	D
1	姓名	面试成绩	笔试成绩	总成绩
2	林丽	72	83	155
3	甘会杰	86	89	175
4	崔小娜	81		81
5	李洋	75	80	155
6	刘玲玲	88	85	173
7	管红同	84		84
8	杨丽	69	79	148
9	苏冉欣	85	89	174
10	何雨欣	82	95	177

图 A-10

问题 7   新输入的行中不能自动填充上一行的公式

问题描述：

在建立公式后，如果在下一行中输入新数据，那么公式是可以自动向下填充的，但是现在出现了不能自动填充的情况，如图 A-11 所示。

	A	B	C	D	E
1	编号	品名	单价	销量	总额
2	001	修身荷花九分袖外套	156	16	2496
3	002	薰衣草飘袖夏装裙	189	15	2835
4	003	OL气质风衣	266	19	5054
5	004	牛仔夏季半身裙	126	23	2898
6	005	韩范破洞牛仔裤	129	22	
7	006	民族风长款流苏雪纺衫	199		
8	007	纯色宽松半袖恤	79		
9	008	印花七分袖雪纺连衣裙	88		

图 A-11

问题解答：

要让新输入的行中自动填充上一行的公式，需要满足两个条件，一是插入行之前至少要有 4 行以上有相同的公式，下一行才可以执行自动填充。如果满足条件一还是不能自动填充公式，则需要确认是否关闭了"扩展数据区域格式及公式"的功能。

选择"文件"→"选项"命令，打开"Excel 选项"对话框。选择"高级"选项卡，在"编辑选项"栏中重新选中"扩展数据区域格式及公式"复选框，如图 A-12 所示。

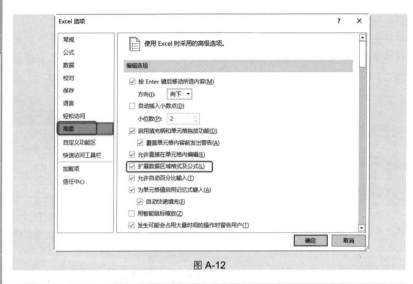

图 A-12

问题 8　LOOKUP 函数查找总是找不到正确结果

问题描述：

利用 LOOKUP 函数查找数据时，有时会出现给出的条件和查找的结果不相匹配的情况，如图 A-13 所示。根据员工编号查找员工姓名，查找到的姓名与编号不匹配。

图 A-13

问题解答：

出现这种情况是因为 LOOKUP 函数是模糊查找，而员工编号是随意编辑的，而不是有序编辑的，所以 LOOKUP 函数无法找到对应的数据。只需要将员工编号按升序排序即可实现正确查找。

选中"员工编号"列任意单元格，在"数据"→"排序和查找"选项组，单击"升序"↕↓按钮，进行升序排列。然后再输入公式进行查找，即可实现正确查找，如图 A-14 所示。

	A	B	C	D	E	F	G
				=LOOKUP(D2,A2:A10,B2:B10)			
1	员工编号	员工姓名		员工编号	员工姓名		
2	PR001	麦子聪		PR008	张毅		
3	PR002	曲飞亚					
4	PR003	江小莉					
5	PR004	叶文静					
6	PR005	黄家					
7	PR006	海文升					
8	PR007	周成文					
9	PR008	张毅					
10	PR009	方可可					

图 A-14

问题 9 **VLOOKUP 查找时，查找内容与查找区域首列内容不精确匹配，有办法实现查找吗？**

问题描述：

如图 A-15 所示统计了单位的销售数量，如图 A-16 所示统计了单位的库存量，现在需要将两张表格合并成一张，都显示在"销售数量"工作表中。但是从图中可以看见"单位名称"列不太一样，"库存量"表中单位名称前添加了编号，这使得查找出现不匹配的情况。有没有办法实现对这样数据的匹配查找？

	A	B
1	单位名称	销售数量
2	96广西路	78
3	通达	531
4	花园桥水站	56
5	16支队	86
6	华信超市	145
7	25专卖	79
8	志诚水站	234
9	徽州府	28
10	玉泽园	102

销售数量 | 库存量

图 A-15

	A	B
1	单位名称	库存量
2	0001 96广西路	63
3	0002 通达	125
4	0007 花园桥水站	74
5	0010 16支队	30
6	0012 华信超市	81
7	25专卖 0013	72
8	0014 志诚水站	165
9	徽州府 0015	236
10	0018玉泽园	42

销售数量 | 库存量 | Sheet3

图 A-16

425

问题解答：

这样的情况就要通过通配符实现模糊查找，然后再进行匹配，如图 A-17 所示。

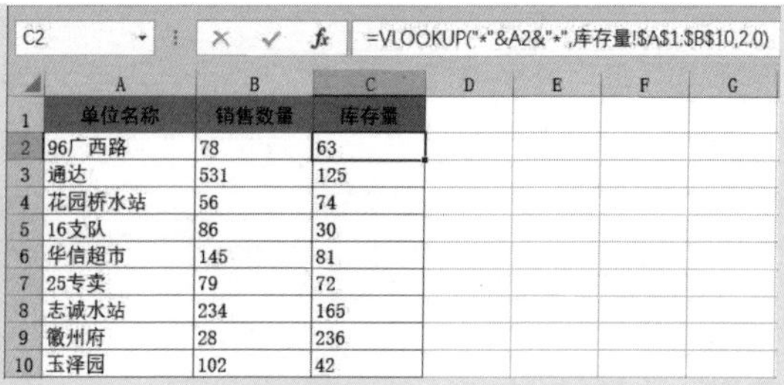

图 A-17

选中 C2 单元格，在编辑栏中输入公式：=VLOOKUP("*"&A2&"*", 库存量!$A$1:$B$10,2,0)，按 Enter 键得出结果。

选中 C2 单元格，拖动右下角的填充柄向下复制公式，即可批量得出其他库存。

利用这种方法来设计 VLOOKUP 函数的第一个参数，如 "*"&A2&"*" 代表第一个参数查找值，得到 "*96 广西路 *"，即只要包含"96 广西路"就能匹配。然后再在库存量的 $A$1:$B$10 单元格区域中寻找与 A2 单元格中相同的值。找到后即可返回对应在 $A$1:$B$10 单元格区域第 2 列上的值。

| 问题 10 | 在设置按条件求和（按条件计数等）函数的 criteria（用于条件判断的）参数时，如何处理条件判断问题 |

问题描述：

判断成绩大于 60 的人数，设定的公式如图 A-18 所示，按 Enter 键返回结果时，弹出错误提示，无法得出结果。

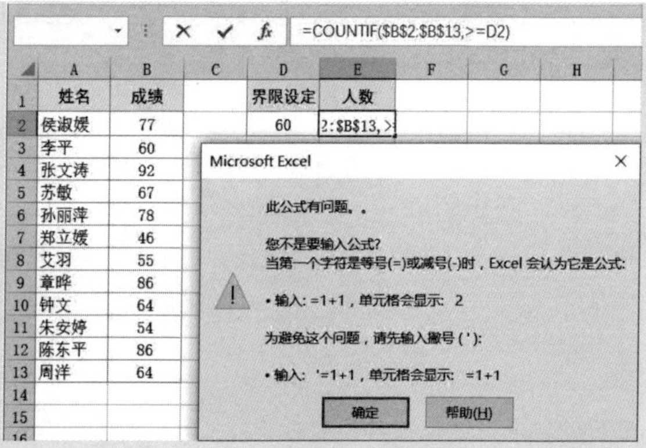

图 A-18

高效随身查——Excel 2021 必学的函数与公式 应用技巧（视频教学版）

问题解答：

出现上述错误的原因是设置按条件计数函数的 criteria 参数的格式不对，这个问题是众多读者都会遇到的一个问题，读者应该记住该如何进行此类条件的设置。即要使用 ""<">="&D2"" 这种方式来表达，而不能直接使用判断符号。

选中 E2 单元格，在公式编辑栏中输入公式："=COUNTIF($B$2:$B$13,">=" &D2)"，按 Enter 键得出结果，如图 A-19 所示。

	E2		⋮ × ✓ fx	=COUNTIF($B$2:$B$13,">="&D2)		
	A	B	C	D	E	F	G
1	姓名	成绩		界限设定	人数		
2	侯淑媛	77		60	9		
3	李平	60					
4	张文涛	92					
5	苏敏	67					
6	孙丽萍	78					
7	郑立媛	46					
8	艾羽	55					
9	章晔	86					
10	钟文	64					
11	朱安婷	54					
12	陈东平	86					
13	周洋	64					

图 A-19

问题 11　解决浮点运算造成 ROUND 函数计算不准确的问题

问题描述：

在使用 ROUND 函数保留指定的小数位进行四舍五入时，出现了不能进行自动舍入的问题，如图 A-20 所示。B 列中显示的是不使用 ROUND 函数的结果，C 列中显示的是使用 ROUND 函数保留两位小数的结果，B 列中值的第 3 位小数都为 5，而使用 ROUND 函数保留两位小数时，并未向前进位。

	C2	⋮ × ✓ fx	=ROUND((A2-2000)*0.05,2)
	A	B	C
1	数据	(A2-2000)*0.05计算结果	ROUND((A2-2000)*0.05,2)计算结果
2	2049.7	2.485	2.48
3	2078.7	3.935	3.93
4	2119.7	5.985	5.98

图 A-20

问题解答：

这个错误来源于浮点运算。

选中 C2 单元格，在公式编辑栏中按下面所示选择表达式：

```
=ROUND((A2-2000)*0.05,2)
```

按 F9 键进行计算，A2-2000 的结果不等于 **49.7**，而是

```
=ROUND(49.6999999999998*0.05,2)
```

所以才会出现如上面所描述的情况。解决办法通常是使用 ROUND 函数。

选中 **C2** 单元格，在公式编辑栏中输入公式：

```
=ROUND(ROUND((A2-2000),1)*0.05,2)
```

按 **Enter** 键，即可返回正确结果，如图 **A-21** 所示。

图 A-21

A2　公式返回错误值问题

问题 12　公式返回 "#DIV/0!" 错误值（ "0" 值或空白单元格被作为了除数）

问题描述：

输入公式后，按 **Enter** 键，返回 "#DIV/0!" 错误值，如图 **A-22** 所示。

图 A-22

问题解答：

当公式中将 "0" 值或空白单元格作为除数时，计算结果返回 "#DIV/0!" 错误值。

选中 **C2** 单元格，在公式编辑栏中输入公式： "=IF(ISERROR(A2/B2),"", A2/B2)" ，按 **Enter** 键即可解决公式返回 "#DIV/0!" 错误值的问题。

将光标移到 **C2** 单元格的右下角，向下复制公式，即可解决所有公式返回

高效随身查——Excel 2021 必学的函数与公式应用技巧（视频教学版）

428

结果为“#DIV/0!”错误值的问题，如图 A-23 所示。

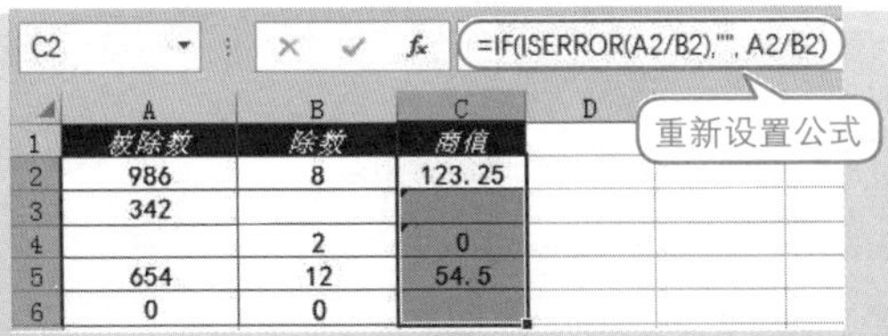

	A	B	C	D
1	被除数	除数	商值	
2	986	8	123.25	
3	342			
4		2	0	
5	654	12	54.5	
6	0	0		

图 A-23

问题 13 公式返回“#N/A”错误值（公式中引用的数据源不正确或不能使用）

问题描述：

输入公式后返回“#N/A”错误值。

问题解答：

当在函数或公式中没有可用的数值时，将会产生此错误值。

如图 A-24 所示的公式中，VLOOKUP 函数进行数据查找时，找不到匹配的值时就会返回“#N/A”错误值。我们看到公式中引用了 F2 单元格的值作为查找源，而 A1:A16 单元格区域中找不到 F2 单元格中指定的值，这是因为 F2 单元格的产品名称中的括号使用了半角符号，而 A1:A16 单元格区域中使用的括号为全角符号，二者是不匹配的，所以返回了错误值。

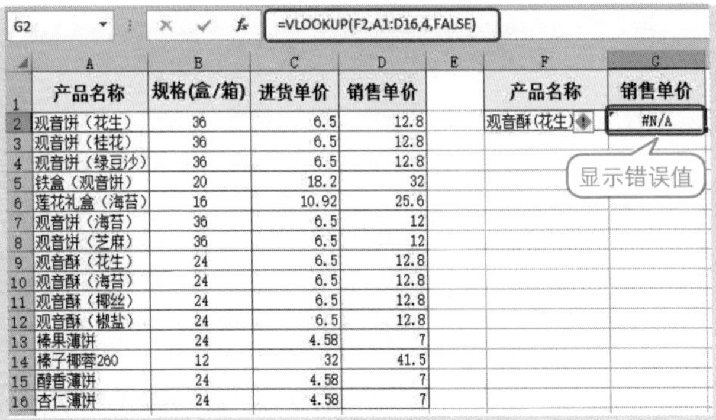

	A	B	C	D	E	F	G
1	产品名称	规格(盒/箱)	进货单价	销售单价		产品名称	销售单价
2	观音饼（花生）	36	6.5	12.8		观音酥(花生)	#N/A
3	观音饼（桂花）	36	6.5	12.8			
4	观音饼（绿豆沙）	36	6.5	12.8			
5	铁盒（观音饼）	20	18.2	32			
6	莲花礼盒（海苔）	16	10.92	25.6			
7	观音饼（海苔）	36	6.5	12			
8	观音饼（芝麻）	36	6.5	12			
9	观音酥（花生）	24	6.5	12.8			
10	观音酥（海苔）	24	6.5	12.8			
11	观音酥（椰丝）	24	6.5	12.8			
12	观音酥（椒盐）	24	6.5	12.8			
13	榛果薄饼	24	4.58	7			
14	榛子椰蓉260	12	32	41.5			
15	醇香薄饼	24	4.58	7			
16	杏仁薄饼	24	4.58	7			

图 A-24

选中 F2 单元格，在单元格中将产品名称中的括号也更改为与 A1:A16 单元格区域中相匹配的全角括号，即可消除错误值，从而得到正确的查询结果，如图 A-25 所示。

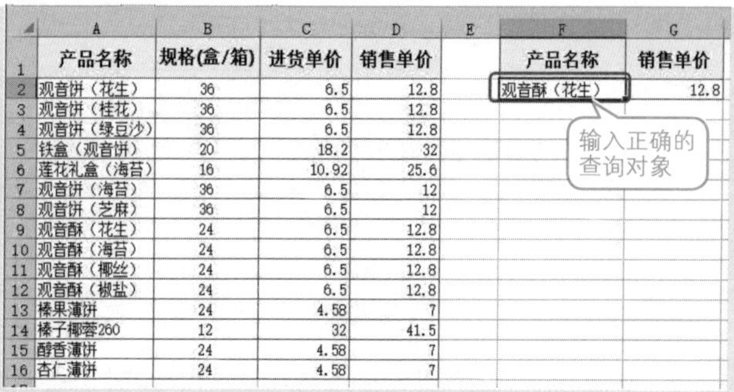

	A	B	C	D	E	F	G
1	产品名称	规格(盒/箱)	进货单价	销售单价		产品名称	销售单价
2	观音饼（花生）	36	6.5	12.8		观音酥（花生）	12.8
3	观音饼（桂花）	36	6.5	12.8			
4	观音饼（绿豆沙）	36	6.5	12.8			
5	铁盒（观音饼）	20	18.2	32			
6	莲花礼盒（海苔）	16	10.92	25.6			
7	观音饼（海苔）	36	6.5	12			
8	观音饼（芝麻）	36	6.5	12			
9	观音酥（花生）	24	6.5	12.8			
10	观音酥（海苔）	24	6.5	12.8			
11	观音酥（椰丝）	24	6.5	12.8			
12	观音酥（椒盐）	24	6.5	12.8			
13	榛果薄饼	24	4.58	7			
14	榛子椰蓉260	12	32	41.5			
15	醇香薄饼	24	4.58	7			
16	杏仁薄饼	24	4.58	7			

图 A-25

问题 14　公式返回“#NAME?”错误值 1（输入的函数和名称拼写错误）

问题描述：

输入公式后返回“#NAME?”错误值。

问题解答：

输入的函数和名称拼写错误会导致此错误。

如图 A-26 所示，在计算总销售金额时，在公式中将“SUMPRODUCT”函数错误地输入为“SUMRODUCT”时，会返回“#NAME?”错误值。重新输入正确的函数名称，即可得出正确的计算结果。

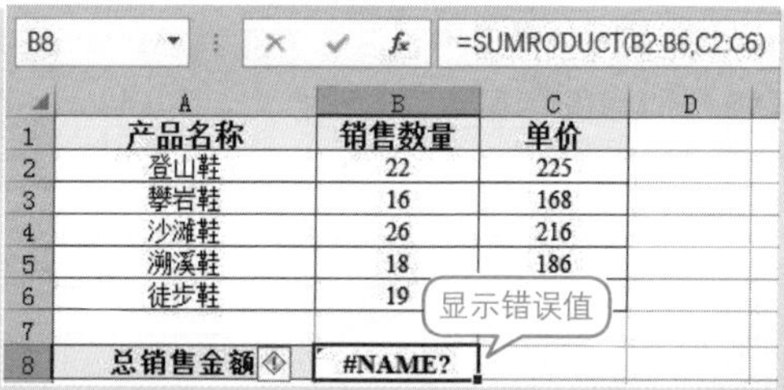

B8　=SUMRODUCT(B2:B6,C2:C6)

	A	B	C	D
1	产品名称	销售数量	单价	
2	登山鞋	22	225	
3	攀岩鞋	16	168	
4	沙滩鞋	26	216	
5	溯溪鞋	18	186	
6	徒步鞋	19		
7				
8	总销售金额	#NAME?		

图 A-26

问题 15　公式返回“#NAME?”错误值 2（公式中使用文本作为参数时未加双引号）

问题描述：

输入公式后返回“#NAME?”错误值。

问题解答：

公式中使用文本作为参数时未加双引号会导致此错误。

如图 A-27 所示，在计算某一位销售人员的总销售金额时，在公式中没有对"刘吉平"这样的文本常量加上双引号（半角状态下），从而导致返回"#NAME?"错误值。

	A	B	C	D	E	F
F2		× ✓ fx	=SUM((C2:C11=刘吉平)*D2:D11)			
1	序号	品名	经办人	销售金额		刘吉平的总销售金额
2	1	老百年	刘吉平	1300		#NAME?
3	2	三星迎驾	张飞虎	1155		
4	3	五粮春	刘吉平	1149		显示错误值
5	4	新月亮	李梅	192		
6	5	新地球	刘吉平	1387		
7	6	四开国缘	张飞虎	2358		
8	7	新品兰十	李梅	3122		
9	8	今世缘兰地球	张飞虎	2054		
10	9	珠江金小麦	刘吉平	2234		
11	10	张裕赤霞珠	李梅	1100		

图 A-27

选中 F2 单元格，将公式重新输入为"=SUM((C2:C11="刘吉平")*D2:D11)"，按 **Shift+Ctrl+Enter** 组合键即可返回正确结果，如图 A-28 所示。

	A	B	C	D	E	F
F2		× ✓ fx	{=SUM((C2:C11="刘吉平")*D2:D11)}			
1	序号	品名	经办人	销售金额		刘吉平的总销售金额
2	1	老百年	刘吉平	1300		6070
3	2	三星迎驾	张飞虎	1155		
4	3	五粮春	刘吉平	1149		在公式中正
5	4	新月亮	李梅	192		确引用文本
6	5	新地球	刘吉平	1387		
7	6	四开国缘	张飞虎	2358		
8	7	新品兰十	李梅	3122		
9	8	今世缘兰地球	张飞虎	2054		
10	9	珠江金小麦	刘吉平	2234		
11	10	张裕赤霞珠	李梅	1100		

图 A-28

问题 16　公式返回"#NAME?"错误值 3（在公式中使用了未定义的名称）

问题描述：

输入公式后返回"#NAME?"错误值。

问题解答：

在公式中使用了未定义的名称会导致此错误。

如图 A-29 所示，公式 "=SUM(第一季度)+SUM(第二季度)" 中的 "第一季度" 或 "第二季度" 名称并未事先定义，输入公式按 Enter 键时，返回 "#NAME?" 错误值。

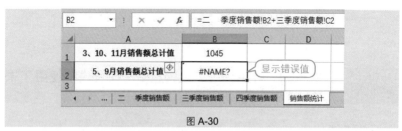

图 A-29

选中 "第一季度" 的数据源将它先定义为名称（ "第二季度" 定义方法相同 ），然后再将该名称应用于公式中即可得到正确的计算结果。

问题 17 公式返回 "#NAME?" 错误值 4（引用其他工作表时工作表名称包含空格）

问题描述：

输入公式后返回 "#NAME?" 错误值。

问题解答：

引用其他工作表时工作表名称包含空格会导致此错误。

如图 A-30 所示，使用公式 "= 二 季度销售额 !B2+ 三季度销售额 !C2" 计算时出现 "#NAME?" 错误值。这是因为 "二 季度销售额" 工作表的名称中包含空格。

图 A-30

出现这种情况并非说明工作表名称中不能使用空格，如果工作表名称中包含空格，那么在引用数据源时就需要在工作表的名称上使用单引号。

选中 B2 单元格，将公式更改为 "=' 二 季度销售额 '!B2+ 三季度销售额 ! C2"，按 Enter 键即可得到正确结果，如图 A-31 所示。'

图 A-31

问题 18 公式返回 "#NUM!" 错误值（引用了无效的参数）

问题描述：

输入公式后返回 "#NUM!" 错误值。

问题解答： 函数引用了无效的参数会导致此错误。

如图 A-32 所示，在求某数值的算术平均值时，SQRT 函数中引用了 A5 单元格，而 A5 单元格中的值为负数，所以会返回 "#NUM！" 错误值。

图 A-32

确保正确地引用函数的参数，即可返回正确值。

问题 19 公式返回 "#VALUE!" 错误值 1（公式中将文本类型的数据参与了数值运算）

问题描述：

输入公式后返回 "#VALUE!" 错误值。

问题解答：

公式中将文本类型的数据参与了数值运算会导致此错误。

如图 A-33 所示，在计算销售员的销售金额时，参与计算的数值带上数量单位或单价单位（为文本数据），导致返回 "#VALUE!" 错误值。

	A	B	C	D
1	销售员	数量	单价	总金额
2	邓敏	78	88元	#VALUE!
3	钟琛	58套	90	#VALUE!
4	李知晓	76	88	6688
5	陶一诺	90	88.5	7965
6				

显示错误值

图 A-33

在 B3 和 C2 单元格中，分别将“套”和“元”文本删除，即可返回正确的计算结果，如图 A-34 所示。

	A	B	C	D
1	销售员	数量	单价	总金额
2	邓敏	78	88	6864
3	钟琛	58	90	5220
4	李知晓	76	88	6688
5	陶一诺	90	88.5	7965
6				

图 A-34

问题 20 公式返回“#VALUE!”错误值 2（公式中函数使用的参数与语法不一致）

问题描述：

输入公式后返回“#VALUE!”错误值。

问题解答：

公式中函数的参数与语法不一致会导致此错误。

如图 A-35 所示，在计算上半年产品销售量时，在 B7 单元格中输入的公式为“=SUM(B2:B5+C2:C5)”，按 Enter 键返回“#VALUE!”错误值。

B7 =SUM(B2:B5+C2:C5)

	A	B	C	D	E
1	员工姓名	一季度	二季度	三季度	四季度
2	简佳丽	132	143	139	148
3	胡杰	135	139	135	140
4	柯娜	126	142	141	146
5	陈振涛	123	138	137	142
6					
7	上半年销售合计	#VALUE!			

显示错误值

图 A-35

选中 B7 单元格，在公式编辑栏中重新更改公式为“=SUM(B2:B5:C2:C5)”，按 Enter 键即可返回正确的计算结果，如图 A-36 所示。

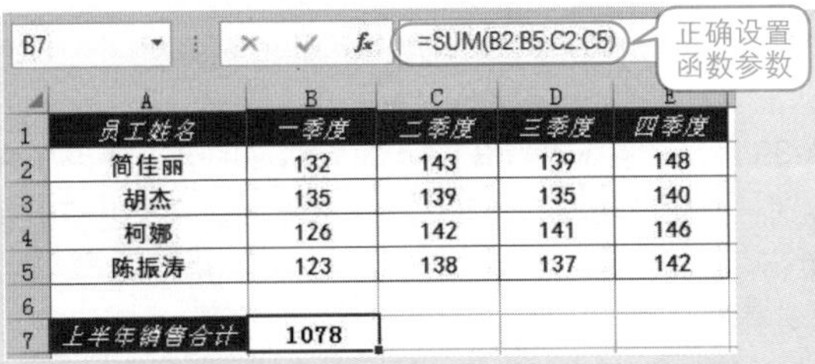

图 A-36

问题 21	公式返回 "#VALUE!" 错误值 3（数组运算未按 Shift+Ctrl+Enter 组合键结束）

问题描述：

输入公式后返回 "#VALUE!" 错误值。

问题解答：

有些数组运算未按 Shift+Ctrl+Enter 组合键结束会导致此错误。

如图 A-37 所示，在 B1 单元格中输入了数组公式 "=AND(A4:B12>0.1,A4:B12<0.2)"，直接按 Enter 键会返回 "#VALUE!" 错误值。

数组运算公式输入完成后，按 Shift+Ctrl+Enter 组合键结束，即可得到正确结果，如图 A-38 所示。

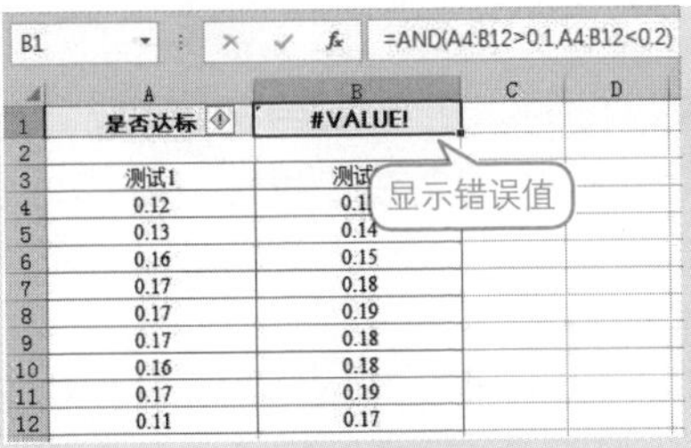

图 A-37

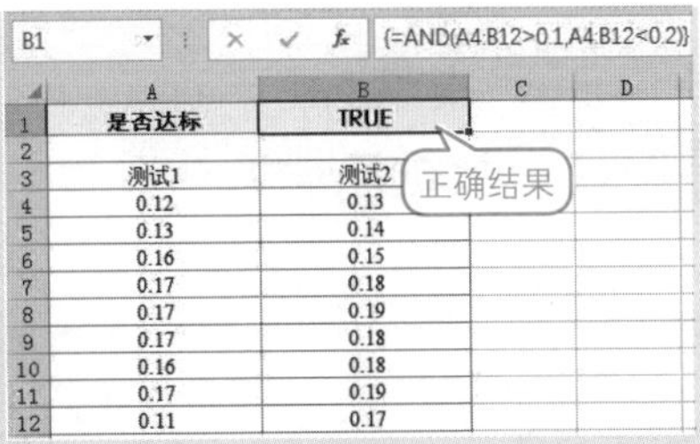

图 A-38

问题 22	公式返回 "#REF!" 错误值（公式计算中引用了无效的单元格）

问题描述：

输入公式后返回 "#REF!" 错误值。

问题解答：

公式返回“#REF!”错误值是因为公式计算中引用了无效的单元格。

如图 A-39 所示，在 F2、F3、F4 单元格中的公式使用了 A 列的数据，当将 A 列删除时，公式已经找不到可以用于计算的数据，出现错误值“#REF!”，如图 A-40 所示。

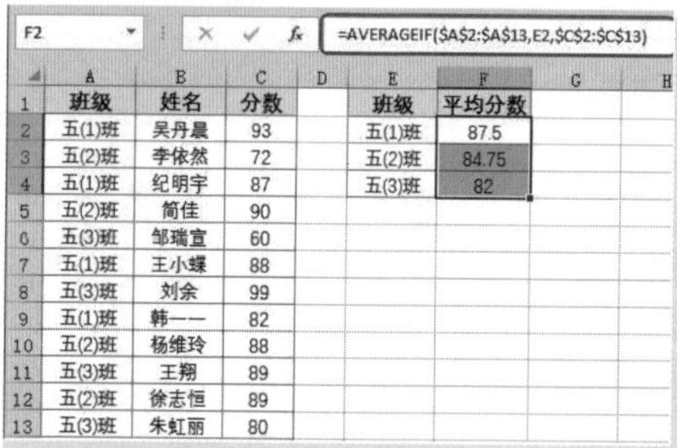

F2　=AVERAGEIF($A$2:$A$13,E2,$C$2:$C$13)

	A	B	C	D	E	F	G	H
1	班级	姓名	分数		班级	平均分数		
2	五(1)班	吴丹晨	93		五(1)班	87.5		
3	五(2)班	李依然	72		五(2)班	84.75		
4	五(1)班	纪明宇	87		五(3)班	82		
5	五(2)班	简佳	90					
6	五(3)班	邹瑞宣	60					
7	五(1)班	王小蝶	88					
8	五(3)班	刘余	99					
9	五(1)班	韩一一	82					
10	五(2)班	杨维玲	88					
11	五(3)班	王翔	89					
12	五(2)班	徐志恒	89					
13	五(3)班	朱虹丽	80					

图 A-39

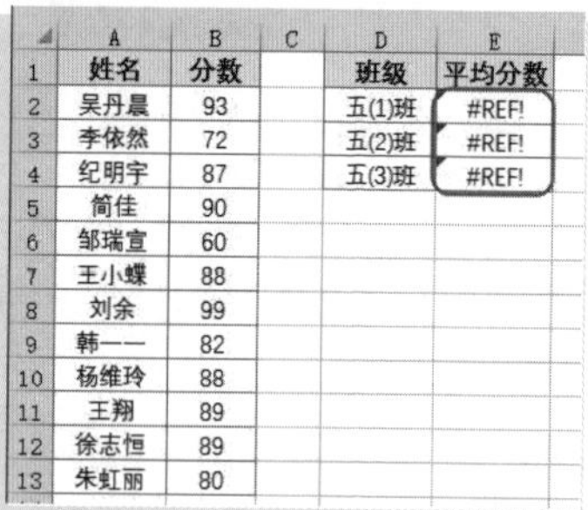

	A	B	C	D	E
1	姓名	分数		班级	平均分数
2	吴丹晨	93		五(1)班	#REF!
3	李依然	72		五(2)班	#REF!
4	纪明宇	87		五(3)班	#REF!
5	简佳	90			
6	邹瑞宣	60			
7	王小蝶	88			
8	刘余	99			
9	韩一一	82			
10	杨维玲	88			
11	王翔	89			
12	徐志恒	89			
13	朱虹丽	80			

图 A-40

同理，如果在 A 工作表中引用了 B 工作表中的数据参与运算，当 B 工作表被删除时，A 工作表中计算单元格也会出现错误值“#REF!”。

所以，如果公式引用的数据源一定要删除，为了保留公式的运算结果，可以先将公式的计算结果转换为数值。

A3　Excel 应用中的其他常见问题

问题 23　滑动鼠标中键向下查看数据时，工作表中的内容却随之进行缩放

问题描述：

滑动鼠标中键向下查看数据时，工作表中的内容却随之进行缩放，并不向下显示数据。

问题解答：

出现这种情况，是因为人为启用了智能鼠标缩放功能，通过如下步骤将其关闭即可。

选择“文件”→“选项”命令，打开“Excel 选项”对话框。选择“高级”选项卡，在“编辑选项”栏中取消选中“用智能鼠标缩放”复选框，如图 A-41 所示，单击“确定”按钮即可。

图 A-41

问题 24	要输入一串产品代码，按下 Enter 键后显示为科学计数方式的数字

问题描述：

输入保单号后，按 Enter 键，显示如图 A-42 所示。

	A	B	C	D
1	序号	代理人姓名	保单号	佣金率
2	1	陈坤	5.5E+11	
3	2	杨蓉蓉		
4	3	周陈发		
5	4	赵韵		
6	5	何海丽		
7	6	崔娜娜		
8	7	张恺		
9	8	文生		
10	9	李海生		

图 A-42

问题解答：

保单号是由一串数字组成的，当将这一串数字输入到单元格中时，Excel 默认其为数值型数据，当数据长度大于 6 时将显示为科学计数，所以出现了 "5.5E+11" 这种样式。

选中要输入保单号的单元格区域，在 "开始" → "数字" 选项组中单击设置框右侧的 按钮，在打开的下拉菜单中选择 "文本" 命令，在设置了 "文本" 格式的单元格中输入保单号即可正确显示，如图 A-43 所示。

图 A-43

问题 25　填充序号时不能自动递增

问题描述：

在 A2 单元格输入序号"1"，然后拖动 A2 单元格右下角的填充柄向下填充序号，结果序列不自动递增，出现如图 A-44 所示情况。

图 A-44

问题解答：

仅仅输入一个序号"1"，程序自动判断是复制数据，所以还要进一步操作才能自动填充递增序列。

方法 1：输入两个填充源。

在 A2 单元格输入"1"，在 A3 单元格输入"2"，然后选中 A1:A2 单元格区域，拖动右下角的填充柄，即可自动填充递增序列，如图 A-45 所示。

方法 2：利用"自动填充选项"功能。

在 A2 单元格输入"1"，然后拖动 A2 单元格右下角的填充柄向下填充，出现"自动填充选项"按钮，单击此按钮，在弹出的菜单中选中"填充序列"单选按钮，如图 A-46 所示，即可自动填充递增序列。

	A	B	C	D
1	序号	代理人姓名	保单号	佣金率
2	1	陈坤	550000241780	0.06
3	2	杨蓉蓉	550000255442	0.06
4		陈发	550000244867	0.06
5		赵韵	550000244832	0.1
6		何海丽	550000241921	0.08
7		崔娜娜	550002060778	0.2
8		张恺	550000177463	0.13
9		文生	550000248710	0.06
10	9 再生		550000424832	0.06

图 A-45

	A	B	C	D
1	序号	代理人姓名	保单号	佣金率
2	1	陈坤	550000241780	0.06
3	2	杨蓉蓉	550000255442	0.06
4	3	周陈发	550000244867	0.06
			550000244832	0.1
			550000241921	0.08
			550002060778	0.2
			550000177463	0.13
			550000248710	0.06
11			550000424832	0.06

○ 复制单元格(C)
● 填充序列(S)
○ 仅填充格式(F)
○ 不带格式填充(O)
○ 快速填充(F)

图 A-46

问题 26 　填充时间时为何不能按分钟数（秒数）递增

问题描述：

在 A2 单元格输入时间，然后向下填充时间，结果是按小时递增的，如图 A-47 所示，而希望得到的是按秒递增的结果。

	A	B	C	D	E
1	计时	出场选手			
2	8:30:15	张扬			
3	9:30:15	李凯旋			
4	10:30:15	华盛宇			
5	11:30:15	陈竺			
6	12:30:15	张锦梁			
7	13:30:15	陈润			
8	14:30:15	周成宇			
9	15:30:15	余成风			
10	16:30:15	朱乐			

图 A-47

问题解答：

在 A2 单元格输入"8:30:15"，在 A3 单元格输入"8:30:16"，然后选择A2、A3 单元格区域，拖动右下角填充柄即可实现按秒递增，如图 A-48 所示。

	A	B	C	D	E
1	计时	出场选手			
2	8:30:15	张扬			
3	8:30:16	李凯旋			
4		盛宇			
5		陈竺			
6		张锦梁			
7		陈润			
8		周成宇			
9		金成风			
10		8:30:23			

图 A-48

问题描述：

在 D 列输入售价，有时会弹出如图 A-49 所示对话框。

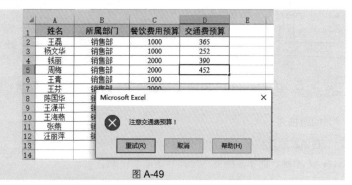

图 A-49

问题解答：

这是因为 D 列单元格被设置了数据有效性。选择 D 列数据区域，在"数据"→"数据工具"选项组中单击"数据验证"按钮，打开"数据验证"对话框，可以看到单元格被设置了数据验证，按照设置要求输入正确的数字，或者重新设置条件，如图 A-50 所示。

图 A-50

问题 28 对于文本型数字，为它应用了"数值"格式后怎么还
是没有变成数值（无法计算）

问题描述：

选中数值单元格，为它们应用"数值"格式，但是"数值"格式数据并没
有显示成数值数据（如图 A-51 所示）。

图 A-51

问题解答：

对于已经输入了的文本数值，为其应用"数值"格式，则"数值"格式数
据并不会显示成数值数据，如图 A-52 所示。

选中单元格，按 F2 键激活编辑状态，再按 Enter 键，即可将文本数据转
换为数值数据，如图 A-53 所示。

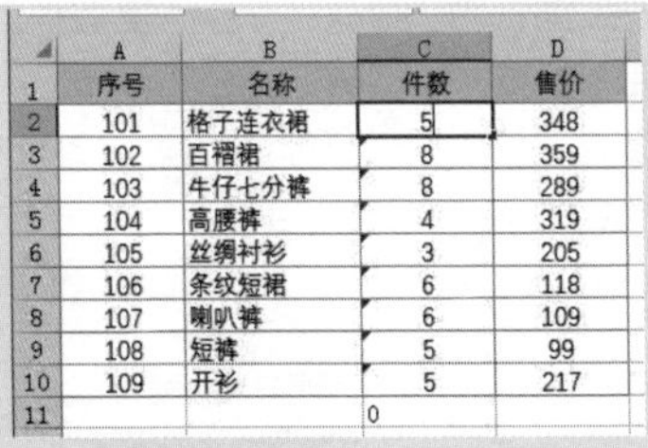

图 A-52

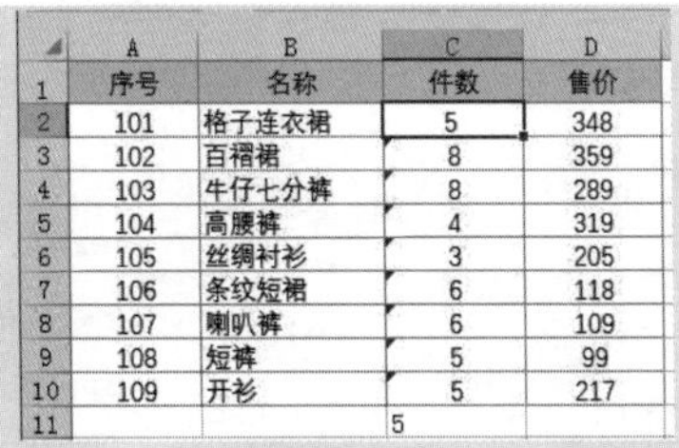

图 A-53

问题 29 在 Excel 中编辑时按 Enter 键无法换行

问题描述：

我们都知道在 Word 中编辑文档时可以随时按 Enter 键换行，但是在

Excel 中编辑时按 Enter 键却无法换行。

问题解答：

要实现在 Excel 中的任意位置换行，将光标放在要换行的位置（见图 A-54），按 Alt+Enter 组合键，单元格内文字即可在指定位置换行（见图 A-55）。

图 A-54   图 A-55

问题 30　在 Excel 中查找时总是无法精确找到

问题描述：

在 Excel 中查找时只要包含查找关键字的单元格都会被找到，怎么才能实现精确地查找那个关键字呢？

问题解答：

在默认情况下，在工作表中查找数据时，所有包含查找内容的单元格都会被找到，例如，设置查找内容为"黄荆"，而单元格内容是"黄荆（果）""黄荆（根）"的都会被查找到（见图 A-56）。针对这样的情况，在查找时，打开"查找和替换"对话框。输入查找关键词后，一定要选中"单元格匹配"复选框（见图 A-57），单击"确定"按钮即可实现精确查找，如图 A-58 所示。

图 A-56   图 A-57

图 A-58

问题 31　添加了"自动筛选"后，日期值却不能自动分组筛选

问题描述：

添加了"自动筛选"后，默认情况下日期可以分组筛选，这样可以方便对同一阶段下日期进行筛选，如同一年的记录、同一月的记录。可是现在添加"自动筛选"后，却无法自动分组筛选，如图 A-59 所示。

图 A-59

问题解答：

如果出现日期不能分组的情况（见图 A-60），是因为这一功能被取消了。可以按如下方法恢复。

选择"文件"→"选项"命令，打开"Excel 选项"对话框。选择"高级"选项卡，在"此工作簿的显示选项"栏中重新将"使用'自动筛选'菜单分组日期"复选框选中，如图 A-60 所示。单击"确定"按钮退出，即可看到日期可以分组筛选了，如图 A-61 所示。

图 A-60   图 A-61